普通高等教育“十一五”国家级规划教材

一流学科教材

机器人系统设计与算法

第2版

ROBOT SYSTEM DESIGN AND ALGORITHMS

张培仁　编著

中国科学技术大学出版社

内容简介

智能机器人近十年来飞速发展，特别在工业、水下、空间、核工业、医用、军事、服务业、娱乐等方面都有很大发展和应用。本书以旋转环形倒立摆、自平衡两轮电动车、小型足球机器人等随动系统中三种典型智能机器人设计和算法为基础，向读者介绍基于功能分解的体系结构设计和控制随动电机系统的各种算法。硬件主要包括各种传感器系统，微处理器平台，电机、开关、通信等输入和输出驱动系统。软件包括机器人操作系统平台、各种机器的力学建模和控制算法，以及相应的通信、路径、图像识别等各种人工智能的应用。

本书可作为高等院校研究生及高年级本科生机器人学相关课程的教材，也可供从事智能机器人研究、开发和应用的科技人员参考。

图书在版编目(CIP)数据

机器人系统设计与算法/张培仁编著. —2 版. —合肥：中国科学技术大学出版社，2024. 1
中国科学技术大学一流规划教材
普通高等教育"十一五"国家级规划教材
ISBN 978-7-312-05593-5

Ⅰ. 机…　Ⅱ. 张…　Ⅲ. ① 机器人—系统设计—高等学校—教材 ② 机器人—算法理论—高等学校—教材　Ⅳ. TP242

中国国家版本馆 CIP 数据核字(2023)第 059650 号

机器人系统设计与算法
JIQIREN XITONG SHEJI YU SUANFA

出版　中国科学技术大学出版社
安徽省合肥市金寨路 96 号，230026
http://press.ustc.edu.cn
https://zgkxjsdxcbs.tmall.com
印刷　安徽国文彩印有限公司
发行　中国科学技术大学出版社
开本　787 mm×1092 mm　1/16
印张　21.25
字数　527 千
版次　2008 年 10 月第 1 版　2024 年 1 月第 2 版
印次　2024 年 1 月第 2 次印刷
定价　56.00 元

再版前言

随着人工智能近十年的飞速发展，智能机器人有了很大进展。本书第1版是我与中国科学技术大学嵌入式微处理器和远程控制网络实验室的同事十余年前编写的，但书中的研究对当前智能机器人教学和科研都还有现实意义，在此基础上，我们对书稿内容进行修订，改正了一些明显的差错，删除了一些过时的内容，也就有了这次的再版。

本书主要以旋转环形倒立摆、自平衡两轮电动车、小型足球机器人三种典型随动系统机器人为例，对机器人设计、力学分析、机器人硬件设计、随动系统软件控制算法等相关方面内容进行了理论分析和实际设计及制作，并列出相应的实验结果。本书是我们实验室多年科研经验和成果的总结，书中内容谨供同行人士参考。

本书中旋转环形倒立摆、自平衡两轮电动车、小型足球机器人三个科研项目前后进行了十多年，参与人员众多，其中赵鹏、郑艳霞、张志坚在旋转环形倒立摆项目，屠运武、张华滨、杨兴明在自平衡两轮电动车项目，徐勇明、徐俊艳在小型足球机器人项目中分别作出了重要贡献，其他人员未能一一列出，深表歉意。在此特向所有参与过相关项目的人员一并表示深深的感谢！

张培仁

2023年2月

前　言

机器人技术已成为现代高科技的重要发展方向之一。机器人的研究关系到多个学科,而且这些学科相互交叉融合,它对国民经济各个部门的发展都有重要意义。中国科学技术大学嵌入式微处理器和远程控制网络实验室从事嵌入和微处理器研究已有30多年的历史,具有丰富的经验和深厚的理论基础。2000年以来,本实验室着重从事智能机器人的设计和制造及其控制算法的研究,先后开展了旋转式垂直倒立摆和旋转式环形倒立摆、电机随动系统、自平衡两轮电动车(代步车)、无线自平衡两轮机器人以及小型足球机器人等多项科研工作,并多次代表中国科学技术大学参加国内外足球机器人(小型组)比赛。

旋转环形倒立摆和随动系统由以张培仁教授为组长的研发组完成,参加人员有赵鹏、郑艳霞、邓超、张恩亮、杨兴明等。

旋转式垂直倒立摆系统由孙德敏教授和张培仁教授共同领导研究完成,对该研究作出重要贡献的还有王永、卿志远、都改欣、黄南晨、赵鹏等人。而后本实验室与上海富方软件工程有限公司合肥自动化分公司合作,在此基础上进行了全面的重新设计,完成了XZ-FF Ⅰ型、Ⅱ型倒立摆和随动系统的研制,参加此项研究的有赵鹏、郑艳霞、邓超、杨兴明等人。

无线自平衡两轮机器人研究项目由张培仁教授和屠运武、张志坚、杨兴明、张华滨等人共同完成。

自平衡电动车研究项目由张培仁教授和张培强教授共同领导完成。对该项目作出重要贡献的有张先舟、屠运武、杨兴明、张志坚、丁学明等人。

足球机器人(小型组)项目以王东进教授为组长,由张培仁、汪增福、陈小平、杨杰四位教授以及陈继荣副教授各自带领博士、硕士研究生共同完成。本实验室对此作出重要贡献的有徐俊艳、徐勇明、郑旭东、杨兴明、邓超等人。

本书经教育部批准为普通高等教育"十一五"国家级规划教材,它是我们多年来科研和教学的总结。书中DSP基础部分参考了相关公司所公布的技术资料,结合我们使用中得出的体会,简述了核心、常用的知识。

本书在原教材讲义基础上删减了60%,重新编著,增加了近几年的科研成果和教学体会。中国科学技术大学自动化系张培仁教授负责选材、审核、组织编写并校验。第 1 章至第 7 章由张培仁执笔，赵鹏、郑艳霞参与共同完成。第 8 章至第 11 章由屠运武、张先舟、杨兴明执笔，张培仁、张华滨参与共同完成。第 12 章至第 15 章由张培仁、徐俊艳、徐勇明、郑旭东等人共同完成。

XZ-FF Ⅰ型、Ⅱ型倒立摆和随动系统最终由中国科学技术大学与上海富方软件工程有限公司合肥自动化分公司联合研制和生产。倒立摆和随动系统的实验教材由张恩亮执笔，赵鹏、郑艳霞、邓超、杨兴明参与共同完成。

教材编写时引用了实验室各同仁的论文，对此表示感谢。

由于水平有限且编著时间较紧，书中难免存在疏漏及不妥之处，望读者给予谅解，并敬请批评指正。

张培仁

2008 年 5 月

目　录

第1章　机器人学的发展和相关机器人系统介绍

1.1　机器人学发展概述

自20世纪60年代人类研究出第一台机器人以来，机器人技术就显示出强大的生命力，在随后的时间里，机器人技术得到迅速发展。机器人学是现代高科技发展的重要方向之一。

机器人在工业、民用以及军事等领域具有广泛的应用前景。它对我国国防、工业和农业现代化，提高人民生活水平有重要意义。机器人技术是一个多学科交叉的高科技领域，对人工智能、模式识别、自动控制、电子电气、机械设计、电子电路等多个学科提出了很高的要求。因此，开展机器人的研究对人工智能、自动控制、电子电气、机械设计，以及相关领域的发展具有重要的推动作用。

国内外专家学者一直在讨论到底什么是机器人。早在1967年，日本召开国际机器人学术会议，就有人提出了"机器人是一种具有移动性、个体性、智能性、半机械半人性、自动性、作业性、通用性、信息性、柔性、有限特征的柔性机器"这一概念。也有人把机器人描述为"一种用于搬运材料、邮件或其他特种装置的可重复编程的多功能操作机"。日本工业机器人协会则把它定义为"一种带有存储器的通用机械，能通过编程和自动控制来执行作业等任务的机器"。我国科学家认为："机器人是一种自动化机器，所不同的是这种机器具备一些与人或生物相似的智能能力，具有高度的灵活性。"以上定义虽不一致，但基本上都认为机器人是这样一种机器：具有一定仿人性的能力，可以代替人工作的自动化设备。

机器人的发展大致经历了三个阶段：

第一阶段，可编程的示教再现机器人。这类机器人无传感器，采用开关控制、示教再现控制和可编程控制。机器人的作业路径或运动参数都需要编程给定或者示教给定，它无法感知环境变化，例如工业上用于焊接、喷漆、装配、分拣、分类的机器人。

第二阶段，具有一定感知功能和适应能力的离线编程型机器人。这类机器人配备了简单的内部传感器，能感知自身运动的速度、位置、姿态等物理量，并以这些信息的反馈构成闭环控制；它还配有简单外部传感器，因此具有部分适应外部环境的能力。到20世纪70年代和80年代，随着计算机和人工智能的发展，特别是微处理器的进步，机器人进入实用时代。这一时期，发展了不少具有移动机构、通过传感器控制的机器人。

第三阶段，智能型机器人。这类机器人具有由多种外部传感器组成的传感系统，可通过它们获取大量外部数据、信息，再进行处理，从而确切地描述外部环境，自主完成某一项任务。它应具有知识库，能根据环境变化做出相应的决策。到20世纪90年代，人工智能、模糊控制、神经网络、遗传算法等先进技术的应用,使机器人具有了能够自主判断和决策的功能,其应用领域不断扩大。在这一阶段,深海探测、火星探测、微小型足球机器人、仿人型机器人相继问世。

目前机器人研究的领域可分三类,即工业机器人、服务机器人以及娱乐机器人。工业机器人现已应用于许多领域,在技术水平、应用范围、产业规范等方面占有绝对主导地位,目前的应用热点是在水下、空间、核工业、医用、军用等方面。娱乐机器人包括机器人宠物、在PC机平台上操作的比赛机器人以及自主决策的足球机器人等。服务机器人以人为服务对象,从事医疗、引路、家政等服务。

1.2 机器人研究的热点和内容

机器人研究的热点也就是设计机器人要解决的关键技术。机器人系统主要由机械结构、传感器系统、控制系统和信息处理系统等部分组成。因此机器人的研究内容涉及许多方面,主要包括机械结构设计、体系结构设计、电子电路各种接口设计、运动学建模、动力学建模、机器人仿真平台研制、移动机器人定位、路径规划、环境建模、多个传感器的信息获取及融合等技术。另外还有一个重要分支,即多机器人系统的研究。下面讨论部分主要内容。

1.2.1 机械结构设计

机器人的机械结构形式选择和设计非常重要。就机器人结构而言,机器人在各种领域和场合,特别是在极端条件下(如深海中),开展丰富而具创造性的工作是很困难的。当前,很多研究单位都在设计地上、地下、水中、空中、宇宙等作业环境的各种移动机构,尤其对足式步行机器人、履带式机器人、特种机器人的研究比较多。由于轮式机器人技术最为普及和成熟,本书主要介绍轮式移动机器人。

1.2.2 体系结构设计

机器人是一个具有高度复杂性的综合系统,为了使系统能够可靠、及时地工作,应解决如下问题:需要什么样的体系结构和软件支持?因此,研究人员在解决机器人具体技术问题的同时,必须致力于体系结构的研究。机器人的体系结构通常也称为机器人控制器的体系结构,是指把感知、建模、规划、决策、行动等多种功能模块有机结合起来,从而在静态、动态环境中完成目标任务的机器人结构框架。目前机器人的体系结构主要有三种:慎思式体系结构、基于行为的反应式体系结构和混合式体系结构。

慎思式体系结构(Deliberative Architecture)又称基于功能分解的体系结构,按照"感知—建模—规划—执行"的模式来实现机器人的学习与控制。它按照图1.1(a)所示的操作序列循环执行。

在这种体系结构下,机器人系统首先通过各种传感器感知外界环境信息,然后更新机器人的知识库,如环境地图信息、路径信息等,并由中心控制器对已知的信息予以推理,用以进行规划与决策，最后将规划的命令送到末端执行器。

这种体系结构的主要优点是：在静态或动态环境已知的条件下，对机械结构力学、动力学的分析比较清楚，建模比较准确，方法简单，便于学习和控制。这种结构的主要缺点是：(1) 要求环境已知或部分已知，对完全未知、移动、不可预测的环境适应性差。(2) 反应速度慢。这是因为，机器人要通过大量运算来分析自身所处状态，而后再执行相应动作。特别是机器人遇到意外和偶发突然情况时，由于事先建模没有包括此种情况，所以不得不停下来重新进行规划。

基于行为的反应式体系结构(Behavior - Based Reactive Architecture)不依赖于规划，而是将感知直接映射为动作，即机器人在整个动作空间是按照行为来分解的，如图1.1(b)所示。这种结构由于不需要规划行为，直接对外界环境的感知做出反应，使得机器人反应速度快；但同时正是由于没有远期规划，缺少全局整体观点，导致智能低，难于优化机器人的学习和行为控制。

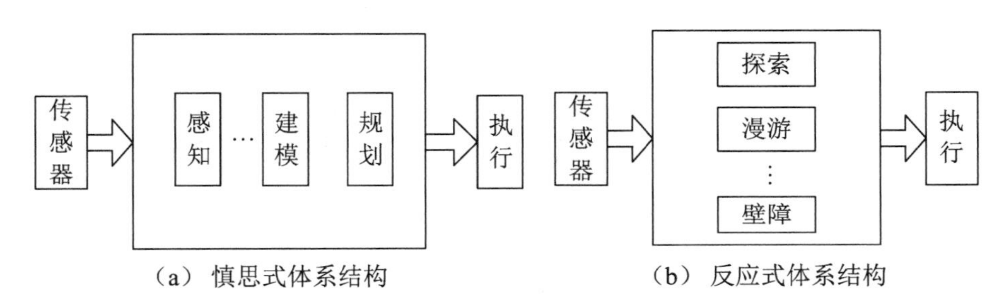

(a) 慎思式体系结构　　(b) 反应式体系结构

图1.1　机器人体系结构

基于行为的反应式体系结构源于对动物环境反应机制的模仿，但它完全脱离环境建模和规划，这样就很难完成复杂任务。目前不少研究者把基于功能分解的体系结构与基于行为的反应式体系结构相互结合，包容二者体系，设计出多种混合式结构。大多数混合式结构包含三个部分：(1) 一个反应式反馈控制机制；(2) 一个基于功能分解的体系结构机制；(3) 联系上述两部分的序列控制机制。

要使机器人能够在复杂多变的环境中自主地完成任务，就要使机器人具备更高的智能。传统的人工智能研究和机器人制造采取的是自上而下的研究方法，即先确定一个复杂的高层认知任务，接着把这个任务分解为一系列子任务，然后构造实现这些任务的完整系统。这种事先把相关知识存储起来，然后利用计算机的大容量存储能力和快速计算能力对相关知识进行处理的方法又称为“以知识为基础的研究方法”。这种方法在已知条件下可以具备规划和推理“思维”能力，但在未知环境中应变能力和学习能力可能比较差，在未知环境下系统的实时性、鲁棒性都可能面临挑战。在此背景下，近年来如何使机器人具有自学能力成为新的机器人研究热点，即研究机器人如何能够通过学习技术增强自身智能，改善行为策略。其中，强化学习是应用最广泛的一种方法。

1.2.3　多机器人系统的研究

多机器人系统目前也引起普遍重视，这是由于单机器人在信息的获取、处理及控制能力等方面存在局限性，难以适应复杂的工作任务及多变的工作环境。于是人们考虑通过多机器人的协作与协调来弥补机器人个体能力的不足，扩大完成任务的能力范围以及提高完成任务的效率。美国、欧盟和日本等都非常重视多机器人系统的研究，也建立了一些仿真系统和实际系统。

多机器人系统协调控制的研究热点包括：(1) 群体的体系结构；(2) 通信与磋商，即多机器人通信时会产生竞争，如何进行有效同步将是关键问题；(3) 感知与学习；(4) 建模与规划；(5) 防止死锁和避碰；(6) 智能机器人控制系统的实现。分布式多机器人系统中每个机器人作为一个独立的智能体，根据自身的感知和其他机器人交互，自主进行决策与行动，这种系统通过分工合作带来好处的同时，也给控制系统的设计带来了更多难题，即控制系统实施是局部的，而系统设计追求的目标是全局的，在这种分布式多智能体系中，局部与局部、局部与整体往往充满矛盾与冲突，尤其当系统中机器人数量越来越多时，这种冲突更加严重，使得系统的组织、规划、协调与控制问题变得更加困难。

1.2.4　机器人的传感器和传感器信息融合

机器人发展到现阶段已向着带有感觉和具有智能的方向发展。机器人感觉系统是由各种传感器及由其组成的传感器系统来实现的，其作用是使机器人具有理解目标，掌握外界情况，并做出决策以适应外界环境变化而进行工作的能力。因此机器人传感器是一类具有特定用途的传感器，它涉及多种学科。

机器人传感器一般可以分为外部传感器和内部传感器两类。机器人外部传感器又可以分为视觉式和非视觉式两大类。

视觉式包括单点视觉、线阵视觉、平面视觉和立体视觉。非视觉式包括距离觉、听觉、力觉、触觉、滑觉、压觉。

外部传感器的主要功能是检测外部状况信息，使机器人适应外界环境变化。例如作业环境中对象变化，障碍物状态、位置变化等。

机器人内部传感器包括位置、速度、加速度、力、温度、平衡、倾斜角、异常等传感器。它们的功能是检测机器人自身状态，如自身的运动、位置和姿态等信息。

机器人传感器与一般传感器相比有如下特点：(1) 种类众多，高度集成化、综合化；(2) 各种传感器之间联系密切，因此需要信息融合技术；(3) 传感器实质上包括获取和处理两部分；(4) 传感器往往是机器人控制系统中的一部分，直接用于反馈控制从而直接参与机器人的动作控制；(5) 体积小，易于安装。

传感器信息融合技术是指人们不仅仅要了解和掌握单一、孤立传感器的情况，还需要知道整个传感器系统的状态。传感器信息融合(Sensor Data Fusion)又称为数据融合，它是对多种信息的获取、表示及其内在联系进行综合处理和优化的技术。传感器信息融合技术对多种信息进行处理及综合，得到各种信息的内在联系和规律，从而剔除错误信息，保留正确有用成分，最终实现信息的优化。

智能机器人的仿生机构研究和探索，机器人视觉中三维、时变图像处理，主动视觉研究，机器人内部非视觉传感器信息的获取和理解，智能机器人的行为控制，环境建模与处理，知识的认识与逻辑推理，以及神经网络技术在机器人控制和传感器信息处理方面的应用等，都与信息融合思想有关，因而信息融合技术在机器人设计中占有重要地位。

传感器信息融合技术方法分四类：组合、综合、融合与相关。由此产生多种算法，例如加权平均法、贝叶斯估计、卡尔曼滤波、统计决策理论、D-S证据推理、神经网络和模糊推理法等。

1.2.5　机器人电路系统硬软件设计概述

机器人的功能越来越复杂，因此对机器人电路系统的要求也越来越高。电路系统包括硬件和软件，而硬件又包括模拟和数字两个方面。硬件的核心器件是微处理器。微处理器可以是嵌入式微处理器、DSP，也可以是PC机或PC104。

当一个微处理器无法完成特定功能时，往往选择多个微处理器通过网络、总线连接起来，共同完成机器人的特定功能。如何选用总线和网络控制方式是机器人电路系统设计的一个重要方面。

机器人电路系统对软件有很高的要求。选择合适的实时操作系统平台(RTOS)，如何裁减RTOS系统，RTOS系统如何与机器人各个功能模块接口相互传递信息，是机器人电路系统需要解决的关键问题。

下面列出机器人电路控制系统应具有的特性。

(1) 开放性。目前对机器人控制器的开放性还没有一个统一的定义，但我们可以从计算机方面借鉴一下，即开放性包括：

① 易扩展性。指新的功能模块(例如传感器或者执行器)能够方便地加入到电路控制系统中，并且很容易对现有模块进行改进。

② 可裁减性。指用户可以方便地将不需要的模块从系统中移出。

③ 硬件独立性。指通过对硬件的抽象，开发者无需了解具体硬件细节即可方便地进行软件开发。

④ 可移植性。指系统的软件能够顺利地移植到不同硬件平台上。

(2) 计算实时性。机器人是一个非常复杂的系统，各个功能模块之间存在各种复杂的时序关系，某些功能模块内部同样存在多种在时序上互相交错的任务。系统必须保证各个任务能够在规定时间内完成计算。

(3) 可靠性。机器人系统必须保证能够长时间稳定地工作，即使某些模块或部分电路出现问题，也不影响系统的整体性能。

针对以上要求，设计者应从电路控制系统的软硬件以及体系结构两方面入手，对机器人控制器进行研究，提出一个完整的机器人开发平台。

RTOS是高效率实时多任务内核，它能够根据各个任务的优先级，合理地在不同任务之间分配CPU时间，由此实现多个任务的实时执行。优秀的RTOS可以面向嵌入式微处理器、DSP提供类似的API接口，而且基于RTOS的C语言程序应具有优良的可移植性。在嵌入式微处理器上运行RTOS时，存储器容量不能占用太多，要做好精心选择和裁减工作。例如μc/OS-Ⅱ操作系统就是一个很好的选择。

μc/OS-Ⅱ包括任务调度、时间管理、内存管理、资源管理(信息量、邮箱、消息队列)四大部分，设有文件系统、网络接口及输入输出界面。将感知系统和执行模块内部的各项功能划分为适当的任务，充分利用μc/OS-Ⅱ的任务调度功能，便可以实现对模块各功能的良好控制与协调。

从硬件体系结构上讲，控制器的功能分布应具备易扩展性和开放性。早期的机器人控制器特别是工业机器人的控制器所采用的结构基于特定使用环境,因此不便于对系统进行扩展和改进。目前国际上普遍使用的机器人控制器主要有三种结构类型:

(1) 集中控制方式。利用一台计算机实现全部功能,这种方式具有结构简单、经济的特点,但处理能力有限,难以满足高性能或者移动式的控制要求。

(2) 主从控制方式。用主、从两个 CPU 进行控制,主 CPU 用于坐标变换、轨迹生成等,从 CPU 用于机器人各个关节控制。

(3) 分级控制方式。采用多个微处理器,分为两级控制,上位机负责整个系统管理,下位机实现对各个关节的插补运算和伺服控制。

为了实现系统的开放性,机器人电路控制系统应遵循如下原则:

(1) 利用基于非封闭计算机平台开发系统,有效使用标准计算机软硬件。

(2) 利用标准操作系统和控制语言(如 C 语言)。

(3) 采用标准总线结构。

(4) 利用网络,实现资源共享或远程通信。

以上这些考虑能够较好地保证机器人控制系统的可扩展性和开放性,最终使机器人设计平台所设计的机器人系统具有通用性、可靠性和易维护性。

1.3 多种机器人简介

1.3.1 足球机器人主要组成部分

国际机器人足球赛是由硬件机器人或仿真机器人进行的足球赛,比赛规则与人类正规的足球赛相似。机器人足球队的研制涉及计算机、自动控制、传感与感知融合、无线通信、精密机械和仿生学等众多学科的前沿研究与综合集成。仿真机器人足球赛在标准软件平台上进行,平台设计充分体现了控制、通信、传感和人体机能等方面的实际限制,使仿真球队程序易于转化为硬件球队的控制软件。

机器人足球是由加拿大大不列颠哥伦比亚大学教授 Alan Mackworth 在 1992 年的一次国际人工智能会议上首次提出的,他的目的是通过机器人足球比赛,为人工智能和智能机器人学科的发展提供一个具有标志性和挑战性的课题。此想法一经提出,便得到了各国科学家的普遍赞同和积极响应,国际上许多著名的研究机构和组织开始开展研究,将其付诸实施并不断推动其发展。

经过多年发展,RoboCup 如今共有三大类比赛项目:机器人足球赛(RoboCup Soccer)、青少年组比赛(RoboCup Junior)和救援机器人比赛(RoboCup Rescue)。本书中主要介绍机器人足球赛。

1.3.2 自平衡两轮电动车简介

自平衡两轮电动车,其运作主要是建立在一种被称为"动态稳定"(Dynamic Stabilization)的基本原理上,利用车体内部的精密固态陀螺仪和加速度等传感器,通过精密且高速的中央微处理器计算出适当的指令后,来检测车体姿态的变化,并利用伺服控制系统,精确地驱动电机进行相应的调整,以保持系统的平衡。它是现代人用来作为代步工具、休闲娱乐的一种新型的绿色环保产品。

自平衡两轮电动车的相关研究始于1987年,由日本东京电信大学自动化系的山藤一雄教授提出类似的设计思想,并于1996年在日本通过了专利申请。

1995年,美国著名发明家Dean Kaman开始秘密研制Segway,直到2001年12月,这项高度机密的新发明才被公布出来,并于2003年3月正式在美国市场上市(参见第8章图8.2)。

2002年,瑞士联邦工学院的Aldo D'arrigo等人也研制出一种类似Segway的无线控制的两轮式倒立摆,它具有行走功能(参见第8章图8.3)。

2003年,中国科学技术大学自动化系与力学和机械工程系联合研发了自平衡两轮电动车(如图1.2所示),并具有自主知识产权(专利号02258100.4)。由于该项目的实用性、新颖性,并且有很大的产业化空间和诱人的市场前景,实验样机在第二届和第三届中国合肥高新技术项目资本对接会上受到广泛关注。中国中央电视台CCTV-4、安徽卫视、合肥电视台以及新安晚报、安徽市场报、合肥晚报等多家媒体对此做了宣传和报道,使该产品在安徽以及全国都具有了一定的知名度。该产品还参加了第八届“挑战杯”全国大学生课外学术科技作品竞赛,并获三等奖。

图1.2 自平衡两轮电动车

2003年我们成功研制自平衡两轮电动车时,美国一台售价要5万~10万美元,而我们的研制成本只要5 000人民币。近年来我国已有十几家公司开始成批生产自平衡两轮电动车,每台售价已降到两三千元。这显现了我国强大的科研能力和生产能力。

自平衡两轮电动车的实物照片如图1.3所示。

1.3.3 倒立摆机器人系统概述

倒立摆是典型的非线性控制系统,它的控制原理是步行机器人的研究基础,也是典型机器人手臂的模型。由于其严重非线性和高阶次,可以用它来研究各种控制算法。现实生活中有很多现象都是倒立摆的模型,比如搬运火箭的发射车、行驶的自行车,甚至直立的人。

从工程背景来讲,小到日常生活中所见到的各种重心在上、支点在下的物体的稳定问题,大到火箭的垂直发射控制等关键技术,都与倒立摆控制很相似。因此,倒立摆成为控制领域中经久不衰的研究课题,有人将它比喻为“每一个自动控制部门都在追求的皇冠上的珍珠”。简单的一级倒立摆可以用于自动控制的教学实验,而复杂的两级、三级倒立摆,则可以用作更为复杂而有效的实时控制算法研究的验证手段。

倒立摆作为一种实验装置,具有直观、形象、简单的特点,而且其形状和参数都易于改

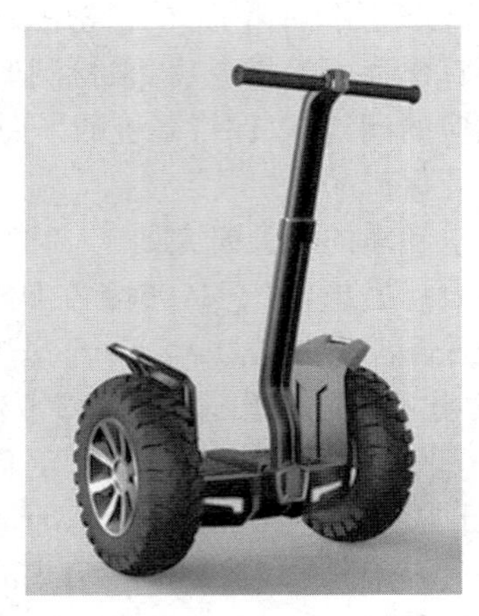

图 1.3 自平衡两轮电动车

变。但是,作为一个被控对象,它同时又是一个相当复杂的、高阶次、多变量、非线性、强耦合、不确定的绝对不稳定系统,必须施加十分强有力的控制手段才能使之稳定。因此,倒立摆控制已经成为自动控制领域中的一个十分经典而具有挑战性的研究课题,许多新的实时控制理论都通过倒立摆控制试验来加以验证。

1.4 本书主要内容介绍

本书主要介绍慎思式体系结构——基于功能分解的体系结构。各种机器人是千差万别的,本书不可能一一详述,而且也很难用一种算法解决各种机器人的控制问题。因此本书以倒立摆、两轮电动车、足球机器人等随动系统为例进行设计与算法研究和教学。基本思路是从理论分析、力学分析入手,建立模型并进行必要仿真;完成机械结构、计算机硬件软件设计,并在相应机器人上实现算法的控制;最后通过相应机器人的实时测试,分析各种状态曲线,验证理论分析和仿真结果,从而进一步改进设计和算法。用户通过具体和个别的实例,学习机器人一般设计规律和可用控制算法,从而达到理论和实际相结合。以上几个实例是我们多年科研和教学的成果,所用的设计都是经过反复调试改进后的成果,用户可以作为参考直接在自己的设计中引用。

因为机器人控制要求实时性好、执行算法快、接口方便、片内功能丰富,所以我们选用以TMS320LF2407 DSP 为 MCU 的控制器。为了在实例中不重复叙述,我们在第 2 章和第 3 章集中简述 2407 的主要功能和使用方法。

第 2 章　TMS320LF2407 结构概述

2.1　TMS320C2000 系列 DSP 概况

TMS320C2000 系列主要包括 TMS320LF2407 和 TMS320C28x 系列，当然还有其他系列，但目前国内外用于机电一体化、机器人设计的主要还是 C2000 大系列中的 240x 系列和 28x 系列，其中，28x 系列较 240x 系列在性能上有较大的提高。本书着重介绍 C2000 系列中最流行、使用最普遍、性价比较高的 240x 和 28x 系列 DSP。

2.2　TMS320LF2407 DSP 芯片特点

在 TMS320 系列 DSP 的基础上，TMS320LF2407 具有以下特点：

(1) 采用高性能静态 CMOS 技术，使得供电电压降为 3.3 V，减小了控制器的功耗。高达 40 MIPS 的执行速度使得指令周期缩短到 25 ns，从而提高了控制器的实时控制能力。

(2) 基于 TMS320C2x CPU 的内核，保证了 TMS320LF2407 的代码和 F240/F241/C242/F243 系列 DSP 兼容。

(3) 拥有 Flash(LF)和 ROM(LC)两种片内存储器类型。

(4) 片内有高达 32 K 字(16 bit)的 Flash 程序存储器和高达 2.5 K 字(16 bit)的数据/程序 RAM，有 544 字的双口 RAM(DARAM)和 2 K 字的单口 RAM(SARAM)。

(5) 片内启动 ROM(LF2407A 系列独有)。

(6) 两个事件管理器模块 EVA 和 EVB，每个包括 2 个 16 位通用定时器和 8 个 16 位的脉宽调制(PWM)通道。它们能够实现：三相反相器控制；PWM 的对称和非对称波形；当外部引脚$\overline{\text{PDPINTX}}$上出现低电平时快速关闭 PWM 通道；可编程的 PWM 死区控制，以防止上、下桥臂同时输出触发脉冲；3 个捕获单元；片内光电编码器接口电路；16 通道 A/D 转换器。事件管理器模块适用于控制交流感应电机、无刷直流电机、开关磁阻电机、步进电机、多级电机和逆变器。

(7) 可扩展的寻址空间、外部存储器(LF2407A)总共 192 K 字空间：64 K 字程序存储器空间，64 K 字数据存储器空间，64 K 字 I/O 口寻址空间。

(8) 看门狗定时器模块(WDT)。

(9) 10 位 A/D 转换器最小转换时间为 500 ns，可选择由两个事件管理器来触发两个 8 通道输入 A/D 转换器或一个 16 通道输入 A/D 转换器。

(10) 控制器局域网络(CAN)2.0 B 模块(LF2407A、2406A、2403A)。

(11) 串行通信接口(SCI)模块。

(12) 16 位的串行外设接口(SPI)模块(LF2407A、2406A,LC2404A、2403A)。

(13) 基于锁相环的时钟发生器。

(14) 高达 40 个可单独编程或复用的通用输入/输出引脚(GPIO)。

(15) 5 个外部中断(2 个电机驱动功率保护、1 个复位和 2 个可屏蔽中断)。

(16) 电源管理,包括 3 种低功耗模式,能独立地将外设器件转入低功耗工作模式。

(17) 实时 JTAG 调试接口。

2.3　TMS320LF2407 DSP 的 PGE 封装图和 CPU 控制器功能结构图

图 2.1 和图 2.2 分别给出了 TMS320LF2407/2404/2406 的 PGE 封装图和 TMS320LF2407 DSP 的 CPU 控制器功能结构图。

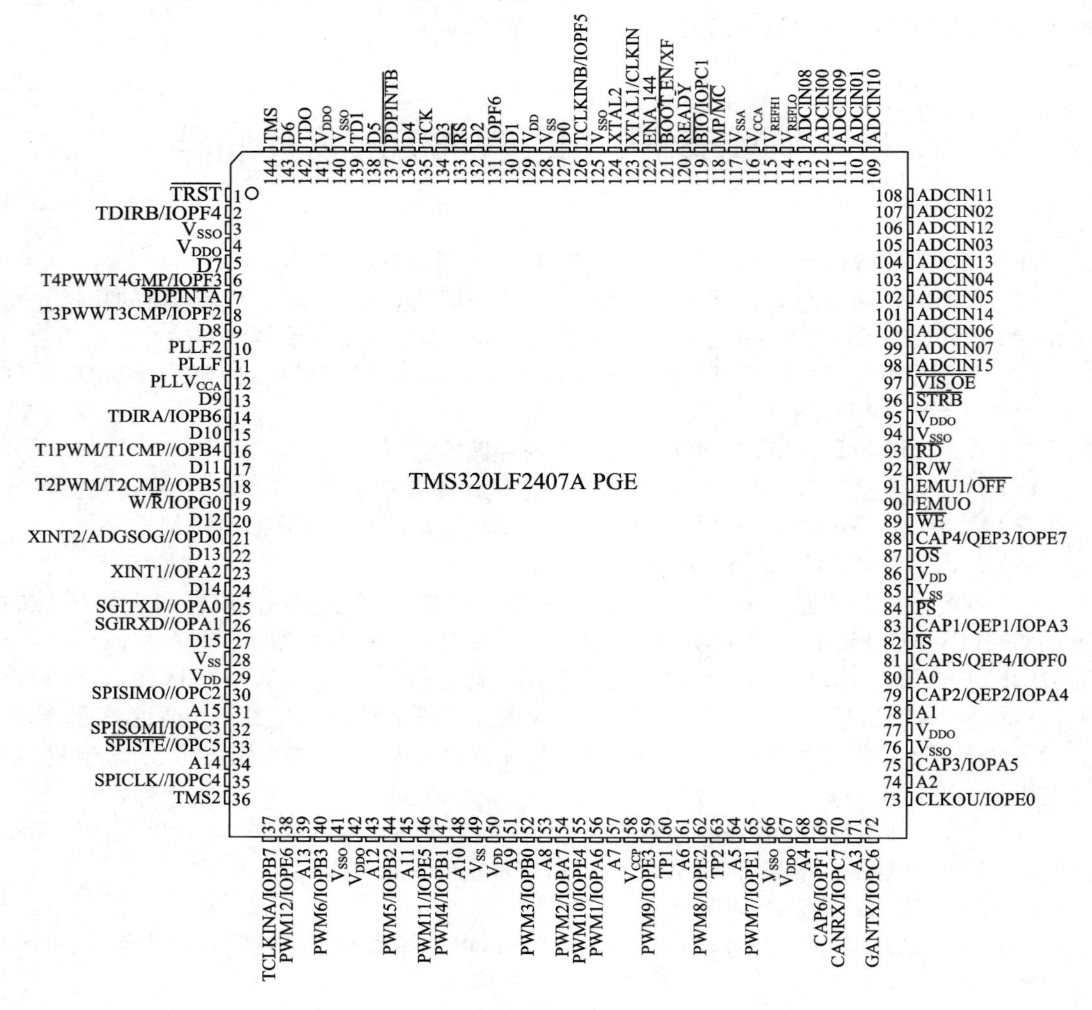

图 2.1　TMS320LF2407 的 PGE 封装图(俯视)

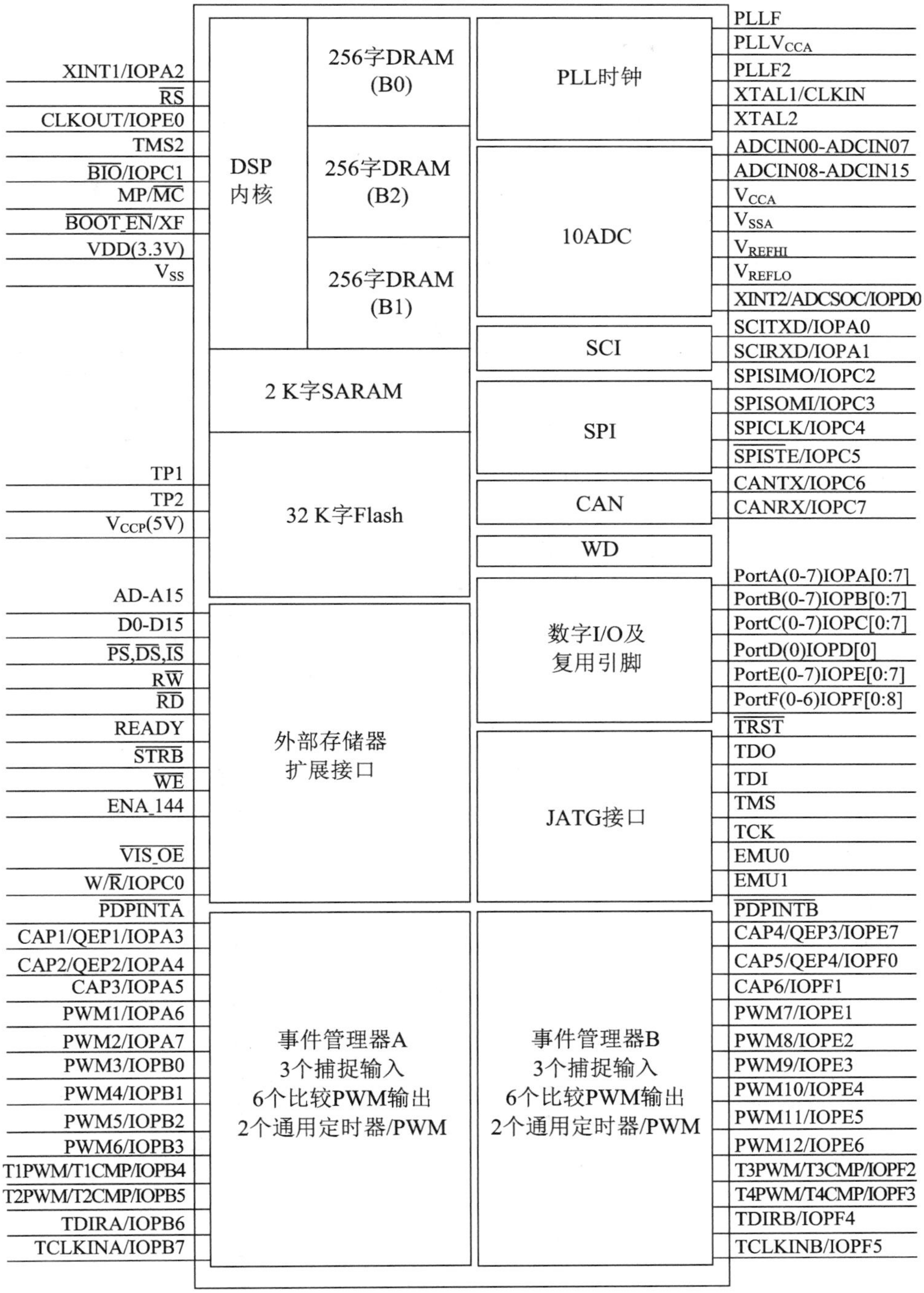

XINT1/IOPA2
RS
CLKOUT/IOPE0
TMS2
BIO/IOPC1
MP/MC
BOOT_EN/XF
VDD(3.3V)
V_{SS}
TP1
TP2
V_{CCP}(5V)
AD-A15
D0-D15
PS,DS,IS
RW
RD
READY
STRB
WE
ENA_144
VIS_OE
W/R/IOPC0
PDPINTA
CAP1/QEP1/IOPA3
CAP2/QEP2/IOPA4
CAP3/IOPA5
PWM1/IOPA6
PWM2/IOPA7
PWM3/IOPB0
PWM4/IOPB1
PWM5/IOPB2
PWM6/IOPB3
T1PWM/T1CMP/IOPB4
T2PWM/T2CMP/IOPB5
TDIRA/IOPB6
TCLKINA/IOPB7

DSP
内核

256字DRAM
(B0)

256字DRAM
(B2)

256字DRAM
(B1)

2 K字SARAM

32 K字Flash

外部存储器
扩展接口

事件管理器A
3个捕捉输入
6个比较PWM输出
2个通用定时器/PWM

PLL时钟

10ADC

SCI

SPI

CAN

WD

数字I/O及
复用引脚

JATG接口

事件管理器B
3个捕捉输入
6个比较PWM输出
2个通用定时器/PWM

PLLF
$PLLV_{CCA}$
PLLF2
XTAL1/CLKIN
XTAL2
ADCIN00-ADCIN07
ADCIN08-ADCIN15
V_{CCA}
V_{SSA}
V_{REFHI}
V_{REFLO}
XINT2/ADCSOC/IOPD0
SCITXD/IOPA0
SCIRXD/IOPA1
SPISIMO/IOPC2
SPISOMI/IOPC3
SPICLK/IOPC4
SPISTE/IOPC5
CANTX/IOPC6
CANRX/IOPC7
PortA(0-7)IOPA[0:7]
PortB(0-7)IOPB[0:7]
PortC(0-7)IOPC[0:7]
PortD(0)IOPD[0]
PortE(0-7)IOPE[0:7]
PortF(0-6)IOPF[0:8]
TRST
TDO
TDI
TMS
TCK
EMU0
EMU1
PDPINTB
CAP4/QEP3/IOPE7
CAP5/QEP4/IOPF0
CAP6/IOPF1
PWM7/IOPE1
PWM8/IOPE2
PWM9/IOPE3
PWM10/IOPE4
PWM11/IOPE5
PWM12/IOPE6
T3PWM/T3CMP/IOPF2
T4PWM/T4CMP/IOPF3
TDIRB/IOPF4
TCLKINB/IOPF5

图 2.2　TMS320LF2407 DSP 的 CPU 控制器功能结构图

2.4 TMS320LF2407 DSP 引脚功能

TMS320LF2407 控制器是 240x 系列中功能最全的一种控制器，2407 控制器上有该系列所有的信号。表 2.1 列出了 240x 控制器上可用的所有引脚信号及其功能描述。

表 2.1 LF2407 控制器引脚列表

引脚名称	编号	功能描述
事件管理器 A(EVA)		
CAP1/QEP1/IOPA3	83	捕捉输入＃1/正交编码脉冲输入＃1(EVA)或通用 I/O(↑)
CAP2/QEP2/IOPA4	79	捕捉输入＃2/正交编码脉冲输入＃2(EVA)或通用 I/O(↑)
CAP3/IOPA5	75	捕捉输入＃3(EVA)或通用 I/O(↑)
PWM1/IOPA6	56	比较/PWM 输出引脚＃1(EVA)或通用 I/O(↑)
PWM2/IOPA7	54	比较/PWM 输出引脚＃2(EVA)或通用 I/O(↑)
PWM3/IOPB0	52	比较/PWM 输出引脚＃3(EVA)或通用 I/O(↑)
PWM4/IOPB1	47	比较/PWM 输出引脚＃4(EVA)或通用 I/O(↑)
PWM5/IOPB2	44	比较/PWM 输出引脚＃5(EVA)或通用 I/O(↑)
PWM6/IOPB3	40	比较/PWM 输出引脚＃6(EVA)或通用 I/O(↑)
T1PWM/T1CMP/IOPB4	16	TMR1 比较输出(EVA)或通用 I/O(↑)
T2PWM/T2CMP/IOPB5	18	TMR2 比较输出(EVA)或通用 I/O(↑)
TDIRA/IOPB6	14	通用定时器计数方向选择(EVA)或通用 I/O(↑)
TCLKINA/IOPB7	37	通用定时器(EVA)的外部时钟输入或通用 I/O(↑)
事件管理器 B(EVB)		
CAP4/QEP3/IOPE7	88	捕捉输入＃4/正交编码脉冲输入＃3(EVB)或通用 I/O(↑)
CAP5/QEP4/IOPF0	81	捕捉输入＃5/正交编码脉冲输入＃4(EVB)或通用 I/O(↑)
CAP6/IOPF1	69	捕捉输入＃6(EVB)或通用 I/O(↑)
PWM7/IOPE1	65	比较/PWM 输出引脚＃7(EVB)或通用 I/O(↑)
PWM8/IOPE2	62	比较/PWM 输出引脚＃8(EVB)或通用 I/O(↑)
PWM9/IOPE3	59	比较/PWM 输出引脚＃9(EVB)或通用 I/O(↑)

续表

引脚名称	编号	功能描述
PWM10/IOPE4	55	比较/PWM 输出引脚＃10(EVB)或通用 I/O(↑)
PWM11/IOPE5	46	比较/PWM 输出引脚＃11(EVB)或通用 I/O(↑)
PWM12/IOPE6	38	比较/PWM 输出引脚＃12(EVB)或通用 I/O(↑)
T3PWM/T3CMP/IOPF2	8	TMR3 比较输出(EVB)或通用 I/O(↑)
T4PWM/T4CMP/IOPF3	6	TMR4 比较输出(EVB)或通用 I/O(↑)
TDIRB/IOPF4	2	通用定时器计数方向选择(EVB)或通用 I/O(↑)
TCLKINB/IOPF5	126	通用定时器(EVB)的外部时钟输入或通用 I/O(↑)
模/数转换器 ADC		
ADCIN00	112	ADC 的模拟输入＃0
ADCIN01	110	ADC 的模拟输入＃1
ADCIN02	107	ADC 的模拟输入＃2
ADCIN03	105	ADC 的模拟输入＃3
ADCIN04	103	ADC 的模拟输入＃4
ADCIN05	102	ADC 的模拟输入＃5
ADCIN06	100	ADC 的模拟输入＃6
ADCIN07	99	ADC 的模拟输入＃7
ADCIN08	113	ADC 的模拟输入＃8
ADCIN09	111	ADC 的模拟输入＃9
ADCIN10	109	ADC 的模拟输入＃10
ADCIN11	108	ADC 的模拟输入＃11
ADCIN12	106	ADC 的模拟输入＃12
ADCIN13	104	ADC 的模拟输入＃13
ADCIN14	101	ADC 的模拟输入＃14
ADCIN15	98	ADC 的模拟输入＃15
V_{REFHI}	115	ADC 模拟输入参考电压高电平输入端
V_{REFLO}	114	ADC 模拟输入参考电压低电平输入端
V_{CCA}	116	ADC 模拟供电电压(3.3 V)
V_{SSA}	117	ADC 模拟地
CAN、SCI 和 SPI		
CANRX/IOPC7	70	CAN 接收数据引脚或通用 I/O(↑)
CANTX/IOPC6	72	CAN 发送数据引脚或通用 I/O(↑)
SCITXD/IOPA0	25	SCI 异步串行口发送数据引脚或通用 I/O(↑)

续表

引脚名称	编号	功能描述
SCIRXD/IOPA1	26	SCI 异步串行口接收数据引脚或通用 I/O(↑)
SPICLK/IOPC4	35	SPI 时钟引脚或通用 I/O(↑)
SPISIMO/IOPC2	30 30	SPI 从动输入、主控输出引脚或通用 I/O(↑)
SPISOMI/IOPC3	32 32	SPI 从动输出、主控输入引脚或通用 I/O(↑)
$\overline{\text{SPISTE}}$/IOPC5	33 33	SPI 从动发送使能(可选)引脚或通用 I/O(↑)
外部中断和时钟		
$\overline{\text{RS}}$	133	控制器复位引脚;当$\overline{\text{RS}}$拉为高电平时,从程序存储器的 0 位置开始执行(↑)
$\overline{\text{PDPINTA}}$	7	功率驱动保护中断引脚;可封锁 PWM 输出(↑)
XINT1/IOPA2	23	外部用户中断 1 或通用 I/O;XINT1、2 都是边沿信号有效,边沿极性可编程(↑)
XINT2/ADCSOC/IOPD0	21	外部用户中断 2 可作为 A/D 转换开始输入引脚或通用 I/O;XINT1、2 都是边沿有效,边沿极性可编程(↑)
CLKOUT/IOPE0	73	时钟输出或通用 I/O(↑)
$\overline{\text{PDPINTB}}$	137	功率驱动保护中断引脚;同引脚 7(↑)
振荡器、PLL、Flash、引导程序及其他		
XTAL1/CLKIN	123	PLL 振荡器输入引脚
XTAL2	124	晶振、PLL 振荡器输入引脚
PLLF	11	锁相环外接滤波器输入 1
PLLV$_{CCA}$	12	PLL 电压 (3.3 V)
PLLF2	10	锁相环外接滤波器输入 2
$\overline{\text{BOOT\_ENEN}}$/XF	121	引导 ROM 使能,通用 I/O,XF 引脚(↑)
IOPF6	131	通用 I/O 引脚(↑)
V$_{CCP}$(5V)	58	Flash 编程输入引脚
TP1(FLASH)	60	Flash 阵列测试引脚,悬空
TP2(FLASH)	63	Flash 阵列测试引脚,悬空
$\overline{\text{BIO}}$/IOPC1	119	分支控制输入引脚(↑)
仿真和测试		
EMU0	90	带内部上拉仿真器 I/O 引脚 0#(↑)
EMU1/$\overline{\text{OFF}}$	91	仿真器引脚 1#;该引脚可禁止所有输出(↑)

续表

引脚名称	编号	功能描述
TCK	135	带内部上拉的 JTAG 测试时钟(↑)
TDI	139	带内部上拉的 JTAG 测试数据输入(↑)
TDO	142	JTAG 扫描输出,测试数据输出(↑)
TMS	144	带内部上拉的 JTAG 测试方式选择
TMS2	36	带内部上拉的 JTAG 测试方式选择 2(↑)
$\overline{\text{TRST}}$	1	带内部下拉的 JTAG 测试复位(↓)
地址、数据和存储器控制信号		
$\overline{\text{DS}}$	87	数据空间选通引脚;这些引脚为高阻态
$\overline{\text{IS}}$	82	I/O 空间选通引脚;这些引脚为高阻态
$\overline{\text{PS}}$	84	程序空间选通引脚;这些引脚为高阻态
R/$\overline{\text{W}}$	92	读/写选定信号;该引脚被置为高阻态
W/$\overline{\text{R}}$/IOPC0	19	写/读选定或通用 I/O(↑)
$\overline{\text{RD}}$	93	读使能引脚;读使能表示一个有效的外部读周期,它对所有外部程序、数据和 I/O 读有效;当 EMU1/$\overline{\text{OFF}}$低电平有效时,该引脚被置为高阻态
$\overline{\text{WE}}$	89	写使能引脚
$\overline{\text{STRB}}$	96	外部存储器访问选通
READY	120	访问外部设备时 READY 被拉低来增加等待状态(↑)
MP/$\overline{\text{MC}}$	118	微处理器/微控制器方式选择引脚(↓)
ENA_144	122	高电平有效时使能外部接口信号(↓)
$\overline{\text{VIS\_OE}}$	97	透视度($\overline{\text{VIS}}$)输出使能(当数据总线输出时有效)
地址和数据		
A0	80	16 位地址总线的 bit 0
A1	78	16 位地址总线的 bit 1
A2	74	16 位地址总线的 bit 2
A3	71	16 位地址总线的 bit 3
A4	68	16 位地址总线的 bit 4
A5	64	16 位地址总线的 bit 5
A6	61	16 位地址总线的 bit 6
A7	57	16 位地址总线的 bit 7
A8	53	16 位地址总线的 bit 8
A9	51	16 位地址总线的 bit 9

续表

引脚名称	编号	功能描述
A10	48	16 位地址总线的 bit 10
A11	45	16 位地址总线的 bit 11
A12	43	16 位地址总线的 bit 12
A13	39	16 位地址总线的 bit 13
A14	34	16 位地址总线的 bit 14
A15	31	16 位地址总线的 bit 15
D0	127	16 位数据总线的 bit 0（↑）
D1	130	16 位数据总线的 bit 1（↑）
D2	132	16 位数据总线的 bit 2（↑）
D3	134	16 位数据总线的 bit 3（↑）
D4	136	16 位数据总线的 bit 4（↑）
D5	138	16 位数据总线的 bit 5（↑）
D6	143	16 位数据总线的 bit 6（↑）
D7	5	16 位数据总线的 bit 7（↑）
D8	9	16 位数据总线的 bit 8（↑）
D9	13	16 位数据总线的 bit 9（↑）
D10	15	16 位数据总线的 bit 10（↑）
D11	17	16 位数据总线的 bit 11（↑）
D12	20	16 位数据总线的 bit 12（↑）
D13	22	16 位数据总线的 bit 13（↑）
D14	24	16 位数据总线的 bit 14（↑）
D15	27	16 位数据总线的 bit 15（↑）
	供电电源	
V_{DD}	29,50,86,129	内核电源电压+3.3 V;数字逻辑电源电压
V_{DDO}	4,42,67,77,95,141	I/O 缓冲器电源电压+3.3 V;数字逻辑和缓冲器电源电压
V_{SS}	28,49,85,128	内核地;数字参考地
V_{SSO}	3,41,66,76,95,125,140	I/O 缓冲器地;数字逻辑和缓冲器参考地

注：1. 复位后所有的通用 I/O 口为输入状态。

2. V_{CCA}与数字供电电压分开供电（V_{SSA}与数字地分开），已达到 ADC 的精确度并提高抗干扰能力。

3. 为使控制器能够正常地运行，所有的电源引脚（V_{DD}、V_{DDO}、V_{SS}、V_{SSO}）必须正确连接，任一电源引脚都不能悬空。

4. （↑）为内部上拉，（↓）为内部下拉。典型的上拉、下拉有效值为 16 μA。

2.5　TMS320LF2407 DSP 存储器映射图

TMS320LF2407 DSP 的存储器映射图如图 2.3 所示。

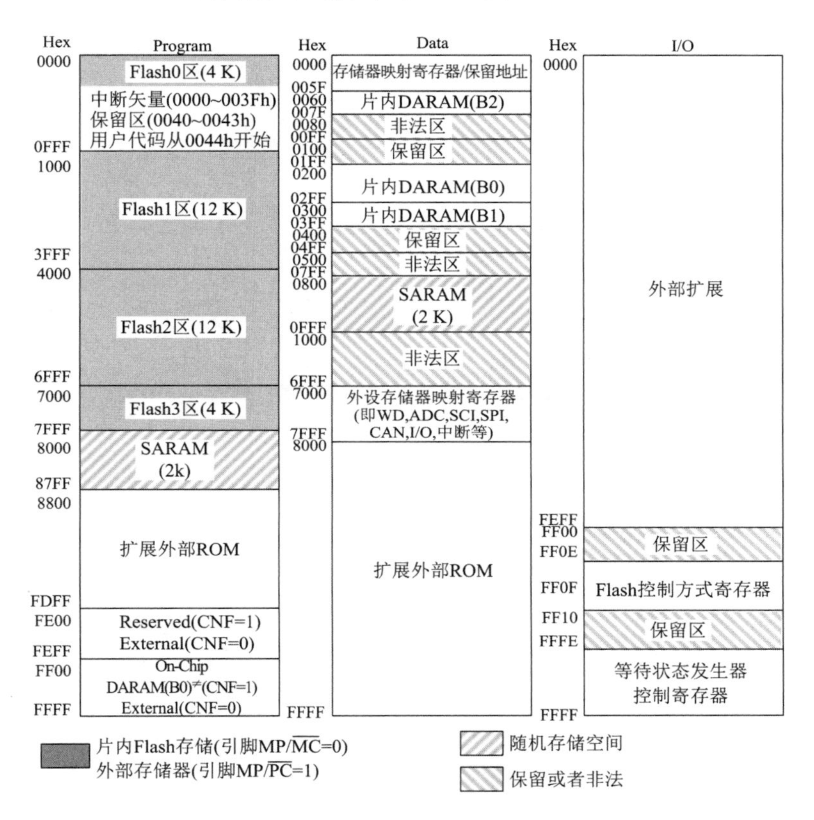

1. 如果使能引导 ROM，则程序存储器空间的 0000h～00FFh 被引导 ROM 占用。
2. 程序存储器空间的 0040h～0043h 为保留空间。
3. 当 CNF=1 时，地址 FE00h～FEFFh 和 FF00h～FFFFh 被映射到程序存储器空间的同一物理区（B0）。
4. 当 CNF ＝ 0 时，地址 0100h～01FFh 和 0200h～02FFh 被映射到程序存储器空间的同一物理区（B0）。
5. 地址 0300h～03FFh 和 0400h～04FFh 被映射到程序存储器空间的同一物理区（B1）。

图 2.3　TMS320LF2407 的存储器映射图

2.6 TMS320LF2407 DSP 外设存储器映射图

TMS320LF2407 DSP 的外设存储器映射图如图 2.4 所示。

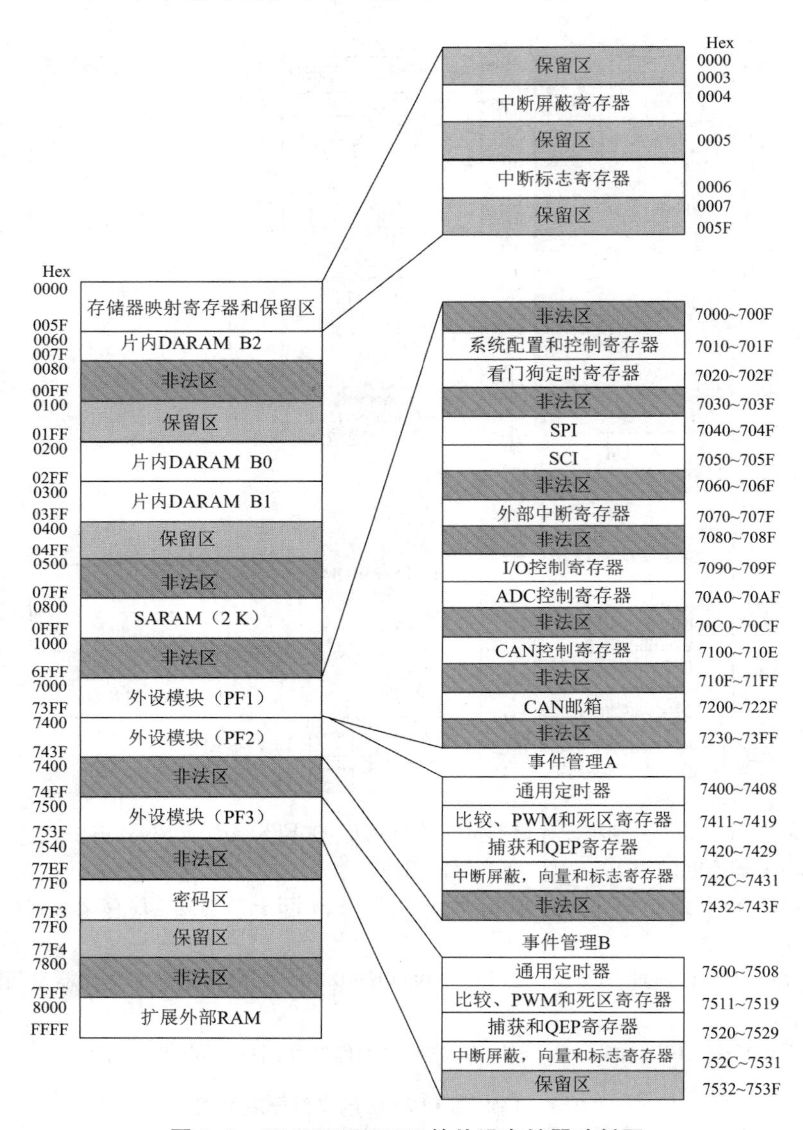

图 2.4 TMS320LF2407 的外设存储器映射图

2.7　TMS320LF2407 的存储器和 I/O 空间

TMS320LF2407 系列 DSP 的设计基于增强的哈佛结构。TMS320LF2407 可以通过三组并行总线访问多个存储空间，它们分别是程序地址总线(PAB)、数据读地址总线(DRAB)和数据写地址总线(DWAB)。其中的任意一组都可访问不同的程序空间，以实现不同的器件操作。由于总线工作是分离的，所以可以同时访问程序和数据空间。在一个给定的机器周期内，CALU 可以执行多达 3 次的并行存储器操作。

TMS320LF2407 DSP 的地址映像被组织为 3 个可独立选择的空间：程序存储器(64 K 字)、数据存储器(64 K 字)、输入/输出(I/O)空间(64 K 字)，这些空间提供了共 192 K 字的地址范围。

2.7.1　程序存储器

程序存储器空间用于保存程序代码以及数据表信息和常量。程序存储器空间的寻址范围为 64 K，这包括片内 DARAM 和片内 Flash、EEPROM/ROM。当需要访问片外程序地址空间时，DSP 自动产生一个访问外部程序地址空间的信号 PS。图 2.5 为 LF2407 的程序存储器映射图。

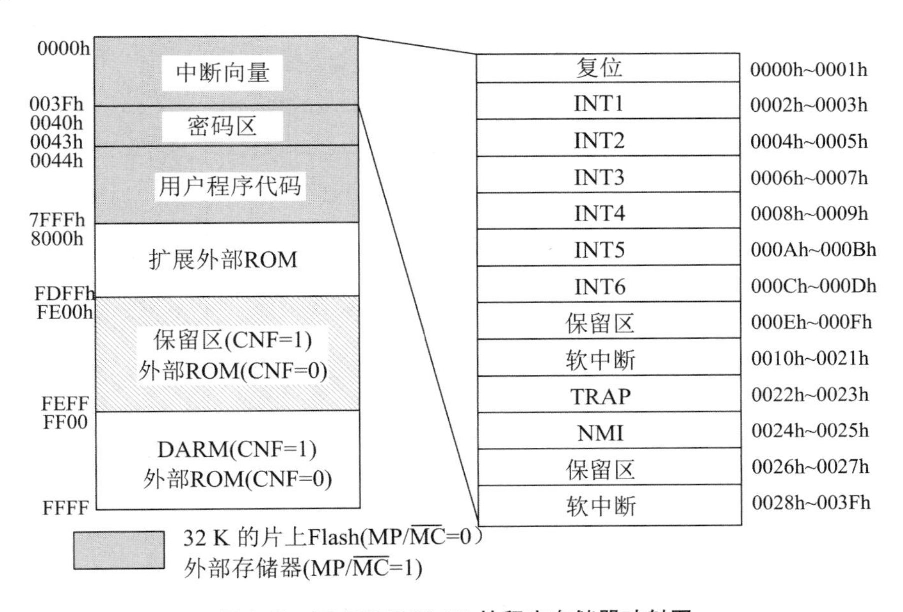

图 2.5　TMS320LF2407 的程序存储器映射图

有两个因素决定程序存储器的配置：

(1) CNF 位。CNF 为 0 时 B0 块被映射为片外程序空间，CNF 为 1 时 B0 块被映射为片内程序空间。

(2) MP/$\overline{MC}$引脚。MP/$\overline{MC}$引脚为 0 时，器件被配置为微控制器方式，片内 ROM 或

Flash 可以被访问，器件从片内程序存储器中读取复位向量；当 MP/$\overline{MC}$为 1 时，器件被配置为微处理器方式，器件从外部程序存储器中读取复位向量。无论 MP/$\overline{MC}$为何值，TMS320LF2407 系列 DSP 都从程序存储器的 0000h 单元读取复位向量。仅仅有外部程序存储器接口的器件才有 MP/$\overline{MC}$引脚。

2.7.2 数据存储器

数据存储器空间的寻址范围高达 64 K 字。图 2.4 中每个器件都有 3 个片内 DARAM 块：B0、B1 和 B2。B0 块既可配置为数据存储器，也可配置为程序存储器；Bl 和 B2 块则只能配置为数据存储器。

存储器可以采用两种寻址方式：直接寻址和间接寻址。当使用直接寻址时，按 128 字(称作数据页)的数据块对数据存储器进行寻址。图 2.6 显示了这些块如何被寻址。全部 64 K 的数据存储器包含 512 个数据页，标号为 0～511。当前页内状态寄存器 ST0 中的 9 位数据由指针(DP)的值来确定。因此，当使用直接寻址指令时，用户必须事先指定数据页，并在访问数据存储器的指令中指定偏移量。

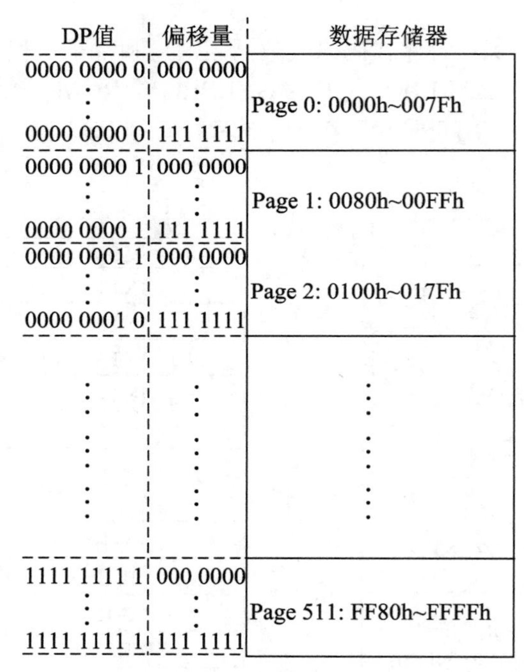

图 2.6 数据存储器页

1. 第 0 页数据页地址映射

数据存储器中包括存储器映射寄存器，它们位于数据存储器的第 0 页(地址 0000h～007Fh)，见表 2.2。用户必须注意以下几点：

(1) 可以以零等待状态访问两个映射寄存器：中断屏蔽寄存器(IMR)和中断标志寄存器(IFR)。

(2) 测试/仿真保留区被测试和仿真系统用于特定信息发送，因此不能对测试/仿真地址进行写操作，否则可能使器件改变其工作方式，影响正常工作。

(3) 32 个字的 B2 块用于变量的存储,同时又不会弄碎较大的内部和外部 RAM 块。此 RAM 支持双口访问操作,且可用任何数据存储器寻址方式寻址。

表 2.2　第 0 页数据页地址映射

地址	名称	描述
0000h～0003h	—	保留
0004h	IMR	中断屏蔽寄存器
0005h	—	保留
0006h	IFR	中断标志寄存器
00223h～0027h	—	保留
002Bh～002Fh	—	保留用作仿真和测试
0060h～007Fh	B2	双口 RAM(DARAM B2)

2. 数据存储器配置

CNF 位决定数据存储器的配置:CNF 为 0 时,B0 块被映射为片外程序空间;CNF 为 1 时,B0 块被映射为片内程序空间;复位时,B0 块被配置为数据存储空间。

2.7.3　I/O 空间

I/O 空间存储器共可寻址 64 K 字,图 2.7 给出了 TMS320LF2407 的 I/O 空间地址映射图。

地址	内容
0000～FEFF	外部
FF00～FF0E	保留
FF0F	Flash控制方式寄存器
FF10～FFFE	保留
FFFF	等待状态发生器控制寄存器

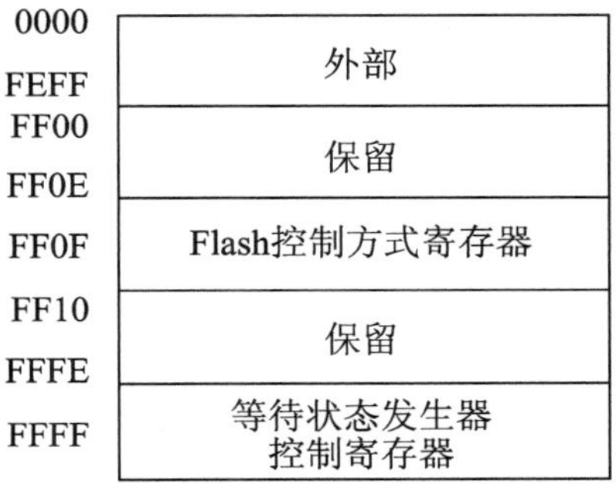

图 2.7　TMS320LF2407 的 I/O 空间地址映射图

第3章　TMS320LF2407 DSP 的资源

3.1　TMS320LF2407 DSP 的 CPU 功能模块

TMS320LF2407 DSP 的 CPU 功能模块图如图 3.1 所示。表 3.1 给出了其中的符号说明。

表 3.1　TMS320LF2407 DSP 的 CPU 内部硬件功能模块图符号说明

符号	名称	描述
ACC	累加器	一个 32 位寄存器，用来保存 CALU 的计算结果并为下一次 CALU 操作提供输入，它具有移位和循环操作功能
ARAU	辅助寄存器算术单元	一个无符号、16 位的算术单元，间接寻址时用辅助寄存器算术单元来计算辅助寄存器地址
AUX REGS (AR)	辅助寄存器 0～7	这些 16 位寄存器可用作指针，指向数据存储空间范围内的任何地址；它们面向 ARAU 单元操作，由辅助寄存器指针 ARP 选定；AR0 可用作更新 ARx(1～7)的参考值，也可作为 ARx 的比较值
C	进位	寄存器进位由 CALU 输出，C 被反馈到 CALU 单元，以用于扩展运算操作；C 位位于状态寄存器 1(ST1)，其状态可通过条件指令测试；C 位也可用于累加器移位和循环
CALU	中央算术逻辑单元	TMS320C2x 核的 32 位主要算术逻辑单元；CALU 在一个单机器周期内执行 32 位操作；CALU 对来自 ISCALE 或者 PSCALE 的数据和来自 ACC 的数据进行运算，并将运算后的状态结果存于 PCTRL 单元
DARAM	双口 RAM	如果片内 RAM 配置控制位(CNF)被设置为 0，那么可配置的双口 RAM 块 B0 被映射到数据存储器空间，否则块 B0 被映射到程序存储器空间；块 B1 和块 B2 分别映射到地址为 0300h～03FFh 和 0060h～007Fh 的数据存储器空间；块 B0 和块 B1 的容量为 256 字，而块 B2 的容量为 32 字

续表

符号	名称	描述
DP	数据存储器页面指针	9 位 DP 寄存器与一个指令的低 7 位(LSBs)一起形成一个 16 位的直接寻址地址;DP 值可由 LST 和 LDP 指令改变
GREG	全局存储器配置寄存器	GREG 指定全局数据存储器的空间大小;由于 240x 器件没有使用全局存储器空间,这个寄存器被保留下来
IMR	中断屏蔽寄存器	IMR 寄存器各个位分别屏蔽或使能对应的 7 个中断
IFR	中断标志寄存器	IFR 的 7 个位分别指示 TMS320C2x 已经进入 7 个可屏蔽的中断中的任意一个
INT#	中断陷阱	总共有 32 个可通过硬件、软件产生的中断
ISCALE	输入数据定标移位器	它是一个 16 位到 32 位的桶式左向移位器;ISCALE 能将输入的 16 位数据的 0 到 16 位在本周期内向左移动,以得到 32 位的输出,因此输入定标移位操作不需要额外的周期
MPY	乘法器	MPY 可在一个周期内完成一个 16 位×16 位乘法运算,得到一个 32 位的乘积;能进行有符号或者无符号的二进制补码乘法运算
MSTACK	宏堆栈	当程序地址生成逻辑电路用来在数据存储空间内生成连续的地址时,MSTACK 单元为下一条指令的地址提供暂存空间
MUX	多路选择器	完成多选一功能
NPAR	下一程序地址寄存器	该单元保存下一指令周期出现在程序地址总线上的程序地址
OSCALE	输出数据定标移位器	是一个 16 位到 32 位的桶式左向移位器;OSCALE 能将 32 位累加器输出左移 0 到 7 位,以实现数据的归一化管理,并把移位后 32 位数据的高 16 位或者低 16 位输出到数据写总线(DWEB)
PAR	程序地址寄存器	保存当前程序地址总线上出现的程序地址,保存多个指令周期,直到 CPU 完成了当前的总线周期所排定的所有存储器操作
PC	程序计数器	PC 计数器每次将 NPAR 的值加 1,以便为下一次的取指令操作和数据传递操作提供地址

续表

符号	名称	描述
PREG	乘积寄存器	32位,以保存16位×16位的乘法结果
PSCALE	乘积定标移位器	将乘积结果左移0、1、4或者6位;左移可得到由二进制补码乘法运算产生的附加标志位;右移可用来将数字量按比例减少,以防止CALU内的乘积累加溢出;PSCALE输入连接到乘法器,输出连接到CALU或者数据写总线(DWEB),移位操作不需要额外的指令周期
STACK	堆栈	STACK是一块存储器单元,用来存放子程序和中断服务程序的返回地址,或用来存储数据
TREG	临时寄存器	一个16位寄存器,保存乘法运算操作数中的一个;或保存LACT、ADDT和SUBT指令的移位个数;或保存BITT指令测试位的位置

3.1.1 状态寄存器ST0和ST1

TMS320LF2407系列DSP有两个状态寄存器ST0和ST1,其中含有多个状态位和控制位,是应用中特别重要的两个寄存器。可以将这两个寄存器的内容保存到数据存储器,也可将内容从数据存储器读出并加载到ST0和ST1,从而在子程序调用或进入中断时实现CPU各种状态的保存。

加载状态寄存器指令LST将数据写入ST0和ST1,而保存状态寄存器指令SST则将ST0和ST1的内容读出并保存起来。INTM不受LST指令的影响。当采用SETC指令和CLRC指令时,这些寄存器的每一位都可被单独置位或清零。

图3.2给出了状态寄存器ST0和ST1的结构,指出了每个寄存器包含的所有状态位。这些状态寄存器中的一些位保留未用,读出时为逻辑1。表3.2列出了状态寄存器每个字段的意义。

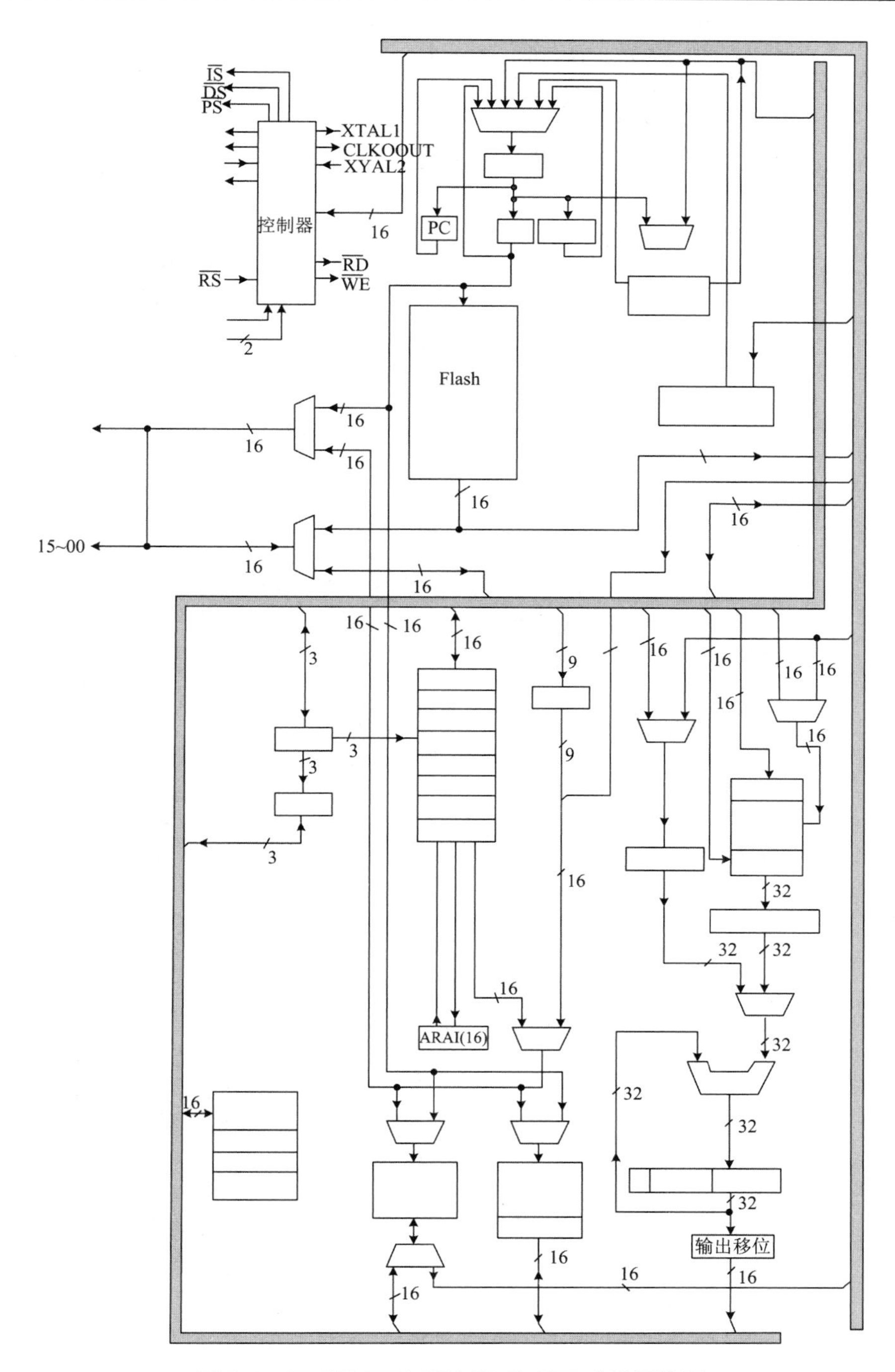

图 3.1　TMS320LF2407 DSP 的 CPU 功能模块图

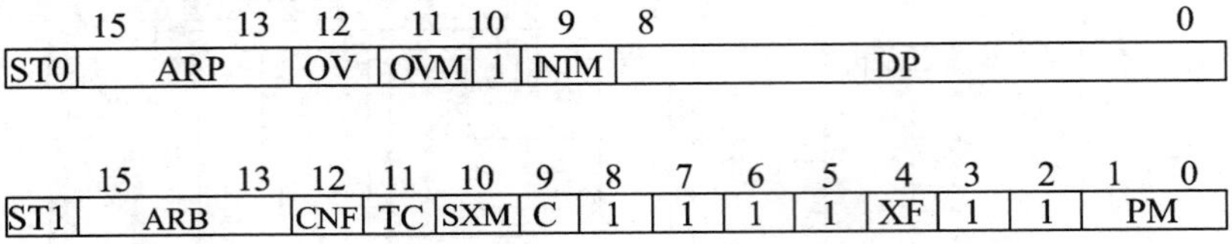

	15 13	12	11	10	9	8 0
ST0	ARP	OV	OVM	1	INTM	DP

	15 13	12	11	10	9	8	7	6	5	4	3	2	1 0
ST1	ARB	CNF	TC	SXM	C	1	1	1	1	XF	1	1	PM

图 3.2 状态寄存器 ST0 和 ST1

表 3.2 状态寄存器 ST0 和 ST1 的字段定义

符号	功能
ARB	辅助寄存器指针缓冲器：当 ARP 被装载时(如 ST0)，除了执行 LST 指令外，原有的 ARP 值将被复制到 ARB 中；当通过 LST ＃1 指令装载 ARB 时，也把相同的 ARB 值复制到 ARP
ARP	辅助寄存器指针：它决定哪一个寄存器作为当前辅助寄存器参与操作
C	进位位：此位在加法结果产生进位时被置为 1，或在减法结果产生借位时被清零；移位 1 位和循环指令也可影响进位位 C，SETC、CLRC 和 LST 指令可以影响 C；条件转移、调用和返回指令可以根据 C 的状态进行执行；复位时 C 被置为 1
CNF	片内 DARAM 配置位：若 CNF=0，可配置的双口 RAM 单元区被映射到数据存储空间；若 CNF=1，可配置的双口 RAM 单元区被映射到程序存储空间。CNF 位可通过 SETC CNF、CLRC CNF 和 LST 指令修改；RS 复位时 CNF 被置为 0
DP	数据存储器页指令：9 位的 DP 寄存器与一个指令字的低 7 位一起形成一个 16 位的直接寻址地址；可通过 LST 指令和 LDP 指令对其进行修改
INTM	中断模式位：当 INTM 被置为 0 时，所有未被屏蔽的中断使能；当它被置为 1 时，所有可屏蔽的中断禁止。注意 INTM 位不受 LST 指令的影响；复位时该位被置为 1；在处理可屏蔽中断时，该位被置为 1
OVM	溢出方式位：当 OVM=0 时，累加器中的结果正常溢出；当 OVM=1 时，根据遇到的溢出情况，累加器被设置为它的最大正值或负值。SETC 指令和 CLRC 指令分别对该位进行置位和复位；也可用 LST 指令对 OVM 进行修改
OV	溢出标志位：该位保存一个被锁存的值，用以指示 CALU 中是否有溢出发生；一旦发生溢出，OV 位保持为 1，直到下列条件中的一个发生才能被清除——复位、溢出时条件转移，无溢出时条件转移指令或 LST 指令
PM	乘积移位方式位
SXM	符号扩展方式位：当 SXM=1 时，数据通过定标移位器传送到累加器时将产生符号扩展；SXM=0 时，将抑制符号扩展。复位时 SXM 被置为 1
TC	测试/控制标志位；条件转移、调用和返回指令可根据 TC 位的条件来执行。BITT、BIT、CMPR、LST 和 NORM 指令影响 TC 位
XF	XF 引脚状态位；复位时 XF 被置为 1

TMS320x240xA的中央处理器(CPU)拥有一个16位的输入定标移位器,一个16位×16位的并行乘法器,一个32位的中央算术逻辑单元(CALU),一个32位的累加器。

3.1.2 输入定标移位器和乘法器

TMS320LF2407器件提供了一个输入定标移位器,该移位器将来自程序存储器或数据存储器的16位数据调整为32位数据送到中央算术逻辑单元(CALU)。其16位输入和数据总线相连,32位输出和CALU单元相连。输入定标移位器作为从程序/数据存储空间到CALU间数据传输路径的一部分,不会占用时钟开销。该移位器在算术定标以及逻辑操作时对屏蔽定位设置非常有用。

输入定标移位器对输入数据0~15位进行左移。左移时,输出的最低有效位LSBs段填0,最高有效位MSBs根据状态寄存器ST1的符号扩展方式位(SXM)的值决定是否需要进行符号扩展。当SXM位为1时,高位进行符号扩展;当SXM位为0时,高位填0。移位量由包含在指令字中的常量或者由TREG指定。由指令字指定的移位量允许用户用特定的数据定标或调整运算来得到特定的代码。基于TREG的移位允许动态调整数据定标因子,从而可以适应不同的系统性能。

TMS320LF2407采用一个16位×16位的硬件乘法器,可以在单个机器周期内产生一个32位结果的有符号或无符号数。除了MPYU指令(无符号乘法指令),所有的乘法指令都执行有符号的乘法操作。即被乘的两个数都作为2的补码数,而运算结果为一个32位的2的补码数。乘法接收的两个输入,一个来自16位的临时寄存器(TREG),另一个通过数据读总线(DRDB)来自数据存储器或通过程序读总线(PRDB)来自程序存储器。两个输入值相乘后,32位的乘积结果存放在32位的乘积寄存器(PREG)中。PREG的输出连接到乘积定标移位器,通过乘积定标移位器(PSCALE),乘积结果可以从PREG送到CALU或数据存储器。

乘积定标移位器PSCALE对乘积结果采用4种乘积移位方式,见表3.3。移位方式由状态寄存器ST1的乘积移位方式位(PM)指定。这些移位方式对于执行乘法/累加操作、进行小数运算或者进行小数乘积的调整都是很有用的。

表3.3 PSCALE乘积移位方式

PM	移位方式	描述
00	没有移位	乘积结果没有移位地送到CALU单元或者数据总线
01	左移1位	移去在一次2的补码乘法运算中产生的1位附加符号位以得到一个Q31格式的乘积
10	左移4位	当与一个13位的常数相乘时,移去在16位×13位的2的补码乘法运算中产生的4位附加符号位以生成一个Q31格式的乘积
11	右移6位	对乘积结果进行定标,以使得运行128次的乘积累加而累加器不会溢出

注:Q31格式是一种二进制小数格式,该格式在二进制小数点的后面有31个数字。

在32位乘积结果被装入32位乘积结果寄存器PREG后,通过执行储存乘积的高字节指令 SPH 和储存乘积的低字节指令 SPL，PREG 寄存器中的乘积可以传送到 CALU 单元或数据存储器。注意，不管是把 PREG 寄存器中的乘积传送至 CALU 单元还是数据总线，都要通过乘积定标移位器 PSCALE。由于在数据传送过程中 PSCALE 的值受 PM 位段所规定的乘积移位方式的影响，在执行中断服务程序前必须对 PREG 的值进行保存，可通过执行 MPY＃0 指令将 PREG 寄存器清零。在把被保存的低半字装入 TREG 寄存器并执行一条 MPY＃1 指令后，乘积寄存器中的值可恢复。再通过 LPH 指令，高半字也可装入 TREG 寄存器。

3.1.3 中央算术逻辑部分

中央算术逻辑部分主要由表 3.4 所示的三个部分组成。

表 3.4 中央算术逻辑部分的组成

名称	作用
中央算术逻辑单元（CALU）	实现大动态范围内的算术和逻辑运算
32 位累加器（ACC）	接收来自 CALU 的输出，并且可以根据进位位（C）的值实现移位
输出数据定标移位器	将累加器的高位字和低位字在送入数据存储器之前进行移位

1. 中央算术逻辑单元（CALU）

中央算术逻辑单元实现许多算术和逻辑运算功能，且大多数功能都只需要 1 个时钟周期即可实现。这些运算功能包括 16 位加、16 位减、布尔运算、位测试以及移位和旋转等。

CALU 有两个输入，一个由累加器提供，另一个由乘积定标移位器或输入数据定标移位器提供。当 CALU 执行完一次操作后，将结果送至 32 位累加器，由累加器对其结果进行移位。累加器的输出连至 32 位输出数据定标移位器。经过输出数据定标移位器，累加器的高、低 16 位可被分别移位或存入数据寄存器。

对绝大多数指令，状态寄存器 ST1 的第 10 位符号扩展位（SXM）决定了在 CALU 计算时是否使用符号扩展。若 SXM 为 0，则符号扩展被抑制；若 SXM 为 1，则符号扩展使能。

2. 累加器（ACC）

一旦 CALU 中的运算完成，其结果就被送至累加器，并在累加器中执行单一的移位或循环操作，累加器高位字和低位字中的任意一个可以被送至输出数据定标移位器，在此定标移位后，又可被存至数据存储器。

和累加器有关的状态位有 4 个。

（1）进位位（C）

位于状态寄存器 ST1 的第 9 位。下述情况之一将影响进位位。

① 加至累加器或从累加器减。

C＝0：当减结果产生借位时；当加结果未产生进位时。

特例：当 ADD 指令和移位 16 位一同使用但无进位产生时，该指令对 C 无影响。

C＝1：当加结果产生进位时；当减结果未产生借位时。

特例：当 SUB 指令和移位 16 位一同使用但无借位产生时，该指令对 C 无影响。

② 将累加器数值移 1 位或循环移位 1 位。

在左移或循环左移的过程中，累加器的最高有效位送至 C 位；在右移或循环右移过程中，累加器的最低有效位被送至 C 位。

(2) 溢出方式位(OVM)

位于状态寄存器 ST0 的第 11 位。OVM 决定累加器如何反映算术运算的溢出。当累加器处于溢出方式(OVM=1)且有溢出发生时，累加器被填充下列两个特定位之一。

① 若为正溢出，则累加器被填充以最大正数 7FFF FFFFh。

② 若为负溢出，则累加器被填充以最大负数 8000 0000h。

当 OVM=0 时，累加器中的结果正常溢出。

(3) 溢出标志位(OV)

位于状态寄存器 ST0 的第 12 位。当未检测到累加器溢出时，OV 未被锁存，其值为 0；当溢出发生时，OV 位被置为 1 且被锁存。

(4) 测试/控制标志位(TC)

位于状态寄存器 ST1 的第 11 位。根据被测试位的该位值，被置 0 或 1。

和累加器有关的转移指令大都取决于位 C、位 OV、位 TC 的状态和累加器的数值。详细介绍可参见 TI 的相关数据表。

3. 输出数据定标移位器

输出数据定标移位器存储指令中指定的位数，将累加器输出的内容左移 0～7 位，然后用 SACH 或 SACL 指令将移位器的高位字或低位字存至数据存储器中。在此过程中，累加器的内容保持不变。

3.1.4　辅助寄存器算术单元(ARAU)

CPU 中还包括辅助寄存器算术单元，该算术单元完全独立于中央算术逻辑单元 CALU。ARAU 的主要功能是在 CALU 操作的同时执行 8 个辅助寄存器(AR0～AR7)上的算术运算。这 8 个辅助寄存器提供了强大而灵活的间接寻址能力，利用包含在辅助寄存器中的 16 位地址可以访问 64 K 数据存储器空间中的任意单元。

以下介绍 ARAU 和辅助寄存器功能。ARAU 可执行下述操作：

(1) 通过执行任何 1 条支持间接寻址的指令将辅助寄存器值增加或者减少 1，也可以增加或减少 1 个变址值。

(2) 将 1 个常数加至辅助寄存器值(ADRK 指令)或从辅助寄存器值中减去 1 个常数(SBRK 指令)。常数取自指令字的 8 位最低有效位。

(3) 比较 AR0 和当前 AR 的内容，然后将比较结果放至状态寄存器 ST1 中的测试/控制位 TC(CMPR 指令)，结果经由数据写总线 DWEB 传送至 TC。

通常，在流水线的译码阶段(当指令所指明的操作正被译码时)，ARAU 执行其算术运算。这使得在下一条指令的译码阶段之前能够产生本条指令的地址。但有一种情况例外：在处理 NORM 指令时，是在流水线的执行过程中完成对辅助寄存器和 ARP 的修改的。

辅助寄存器除了被用作数据存储器地址参考外，还有以下用途：

(1) 通过 CMPR 指令，利用辅助寄存器支持条件转移、调用和返回。CMPR 指令将 AR0 的内容和当前 AR 的内容进行比较，并将比较结果存至状态寄存器 ST1 中的测试/控制位 TC。

(2) 将辅助寄存器作为暂存单元。例如，使用 LAR 指令向辅助寄存器装入数值，以及使用 SAR 指令将辅助寄存器值存至数据存储器。

(3) 将辅助寄存器用作软件计数器，根据需要使其增加或减少。

3.2 系统配置和中断

本节主要介绍系统的配置寄存器和与 LF2407 系列 DSP 有关的中断。主要内容有：系统配置寄存器；中断优先级和中断向量表；外设中断扩展控制器(PIE)；中断向量；中断响应的流程；中断响应的延时；CPU 中断寄存器；外设中断寄存器；复位；无效地址检测；外部中断控制寄存器。

240x 系列 DSP 内核与各外设之间的体系结构如图 3.3 所示。

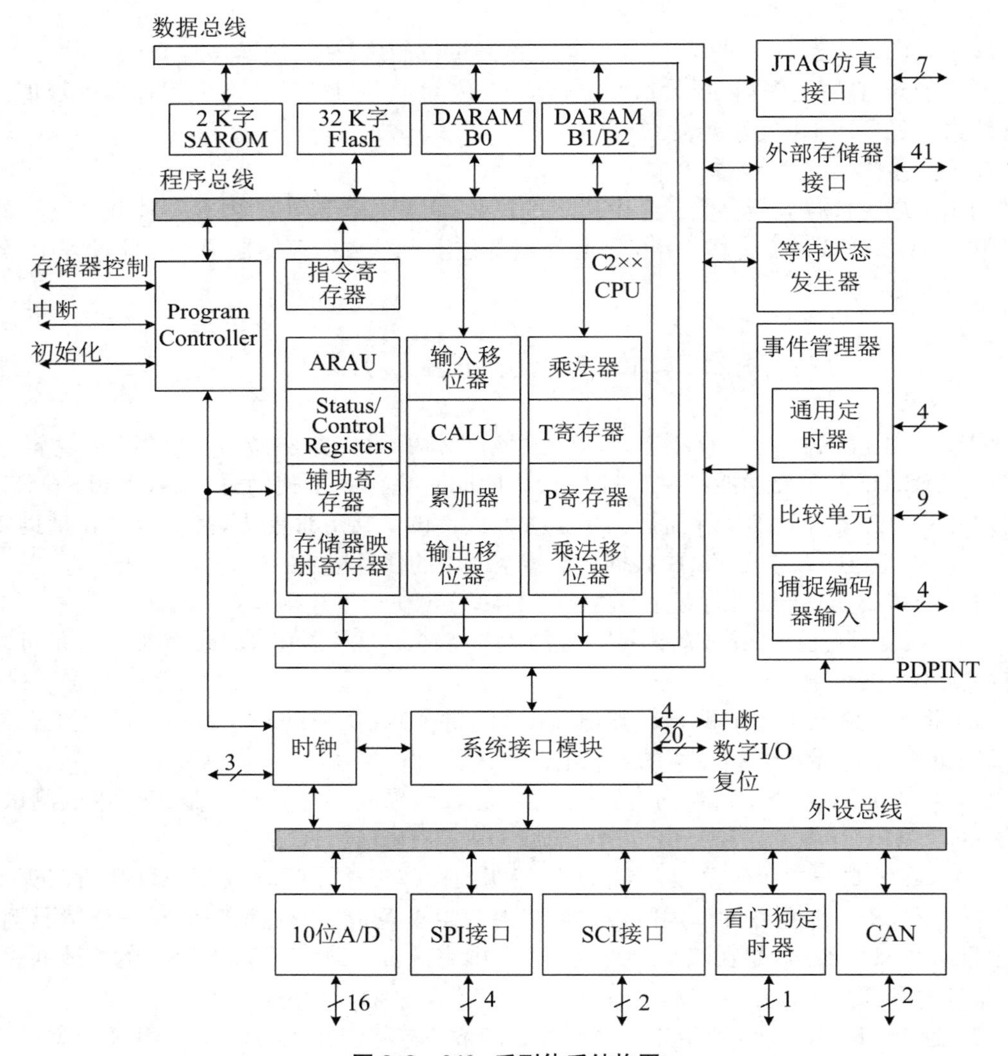

图 3.3　240x 系列体系结构图

PWM/数字输入输出、A/D 转换的通道个数以及外设模块的数量取决于设备系列

C24x系列DSP拥有由6个独立的16位宽总线组成的数据和程序总线结构，如图3.4所示，其具体作用如表3.5所示。

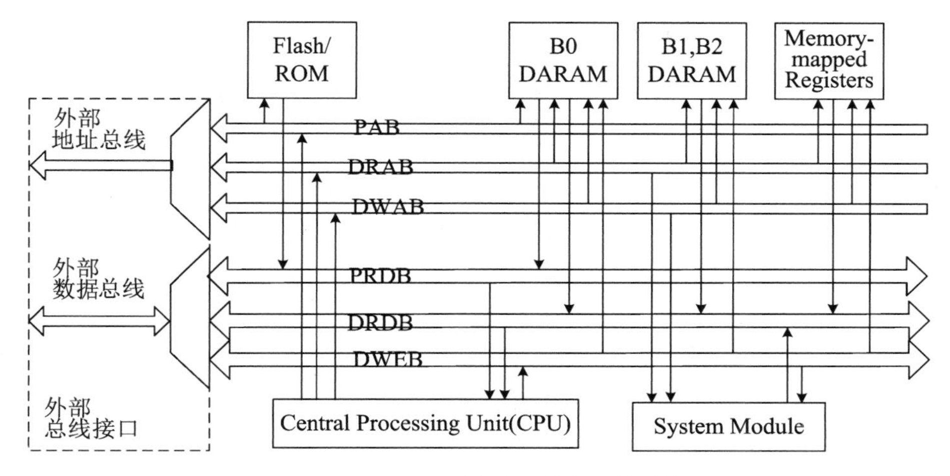

图3.4　C24x系列程序和数据总线结构

表3.5　C24x系列DSP总线

名称	描述
PAB	程序地址总线，为读写程序空间提供地址
DRAB	数据读地址总线，为从数据空间读数据提供地址
DWAB	数据写地址总线，为向数据空间写数据提供地址
PRDB	程序读总线，负责从程序空间向CPU传输指令和立即数
DRDB	数据读总线，负责从数据空间向CALU和ARAU传输数据
DWEB	数据写总线，负责向程序和数据空间传输数据

由于拥有了独立的数据读地址总线(DRAB)和数据写地址总线(DWAB)，使得CPU可以在一个机器周期里完成读和写。

外设通过PBUS(Peripheral Bus，外设总线)接口与CPU内部存储器接口相连。所有的片上外设通过PBUS存取。对于低速外设，存取时为0周期等待，单时钟周期完成。除了看门狗时钟计时器以外，所有外设都以CPU时钟为计时单位。

3.2.1　系统配置寄存器

1. 系统控制和状态寄存器1(SCSR1)——地址7018h

系统控制和状态寄存器1中各字段的定义如图3.5所示。

15	14	13	12	11	10	9	8
Reserved	CLKSRC	LPM1	LPM0	CLK PS2	CLK PS1	CLK PS0	Reserved
R-0	RW-0	RW-0	RW-0	RW-1	RW-1	RW-1	R-0

7	6	5	4	3	2	1	0
ADC CLKEN	SCI CLKEN	SPI CLKEN	CAN CLKEN	EVB CLKEN	EVA CLKEN	Reserved	ILLADR
RW-0	RW-0	RW-0	RW-0	RW-0	RW-0	R-0	RC-0

图 3.5 系统控制和状态寄存器 1

R=可读,W=可写,C=清除,0=复位值

位 15 Reserved。保留位。

位 14 CLKSRC。CLKOUT 引脚源选择位。

0 CLKOUT 引脚输出 CPU 时钟。

1 CLKOUT 引脚输出 WDCLK 时钟。

位 13～12 LPM1,LPM0。低功耗模式选择位,这两位表明了 CPU 在执行 IDLE 指令时进入哪一种低功耗方式。

00 CPU 进入 IDLE1(LMP0)模式。

01 CPU 进入 IDLE2(LMP1)模式。

1x CPU 进入 HALT(LMP2)模式。

位 11～9 CLK PS2,CLK PS1,CLK PS0。PLL 时钟预定标选择位。这 3 位对输入时钟选择 PLL 倍频系数,见表 3.6。

表 3.6 PLL 时钟预定选择位对系统时钟频率的选择

CLK PS2	CLK PS1	CLK PS0	系统时钟频率
0	0	0	4 ×fin
0	0	1	2×fin
0	1	0	1.33×fin
0	1	1	1×fin
1	0	0	0.8×fin
1	0	1	0.66×fin
1	1	0	0.57×fin
1	1	1	0.5×fin

注:fin 为输入时钟频率。

位 8 Reserved。保留位。

位 7 ADC CLKEN。ADC 模块时钟使能控制位。

0 禁止 ADC 模块时钟(即关断 ADC 模块以降低功耗)。

1 使能 ADC 模块时钟。

位 6 SCI CLKEN。SCI 模块时钟使能控制位。

0　禁止 SCI 模块时钟(即关断 SCI 模块以降低功耗)。

1　使能 SCI 模块时钟。

位 5　SPI CLKEN。SPI 模块时钟使能控制位。

0　禁止 SPI 模块时钟(即关断 SPI 模块以降低功耗)。

1　使能 SPI 模块时钟。

位 4　CAN CLKEN。CAN 模块时钟使能控制位。

0　禁止 CAN 模块时钟(即关断 CAN 模块以降低功耗)。

1　使能 CAN 模块时钟。

位 3　EVB CLKEN。EVB 模块时钟使能控制位。

0　禁止 EVB 模块时钟(即关断 EVB 模块以降低功耗)。

1　使能 EVB 模块时钟。

位 2　EVA CLKEN。EVA 模块时钟使能控制位。

0　禁止 EVA 模块时钟(即关断 EVA 模块以降低功耗)。

1　使能 EVA 模块时钟。

注意　必须通过向相应的位写 1 来使能到外设的时钟,才能修改或读取任何外设寄存器的内容。

位 1　Reserved。保留位。

位 0　ILLADR。无效地址检测值。

注意　在检测到一个无效的地址时,位 0 被置 1。被置 1 后该位需要用户软件清零。向这一位写 1 可将其清零。在初始化程序中应将该位清零。无效的地址将会导致 NMI 发生。

2. 系统控制和状态寄存器 2(SCSR2)——地址 7019h

系统控制和状态寄存器 2 中各字段的定义如图 3.6 所示。

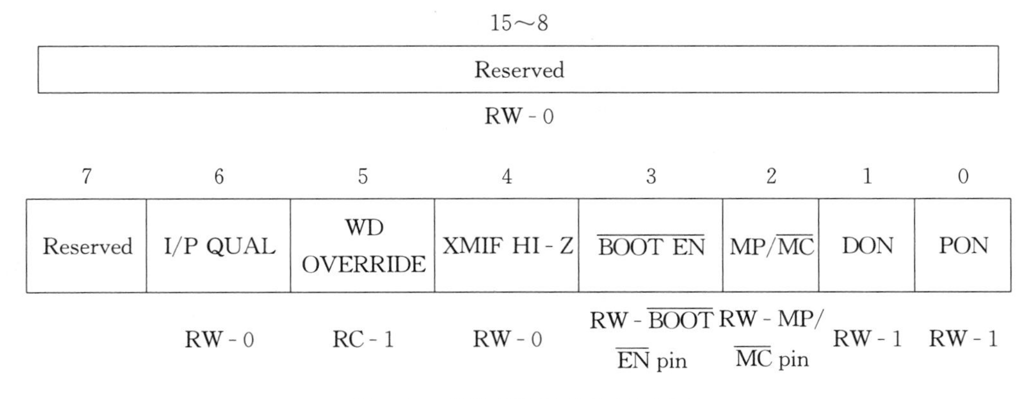

图 3.6　系统控制和状态寄存器 2

位 15～7　Reserved。保留位。读出值不确定,而写入则无影响。

位 6　I/P QUAL。输入时钟限定器。它限定输入到 LF2407 器件的 CAP1～CAP6、XINT1～XINT2、ADCSOC 以及 PDINTA/B 引脚上的信号。如果这些引脚作为 I/O 功能使用,则不会使用输入时钟限定电路。当这些引脚使用特殊功能时,这一位规定了输入到这些引脚上的信号被正确锁存时需要的最小脉冲宽度。脉冲只有达到这个宽度之后,内部的输入状态才会改变。

0　输入限定器锁存脉冲至少 5 个时钟周期长。

1 输入限定器锁存脉冲至少11个时钟周期长。

注意 虽然CLKOUT和内部时钟的频率一样，但两者并不完全相同。

位5 WD OVERRIDE。WD保护位。复位后的缺省值为1，从而使用户可以通过软件将WDCR寄存器中的WDDIS位置1来禁止WD工作。这一位是一个只能清零的位，通过向这一位写入1来对其清零。

0 使用户不能通过软件来禁止WD，该位是一个只能清零的位，只能通过软件来置1。

1 复位时的缺省值，使用户能够通过软件来禁止WD操作。

位4 XMIF HI-Z。XMIF高阻控制位。这一位控制外部存储器接口信号(XMIF)。

0 所有XMIF信号处于正常驱动模式(即非高阻态)。

1 所有XMIF信号处于高阻态。

位3 $\overline{\text{BOOT EN}}$。BOOT使能脚。这一位反映了$\overline{\text{BOOT EN}}$/XF引脚在复位时的状态，该位可被软件改变。

0 使能引导ROM，地址空间0000h～00FFh被片内引导ROM块占用，禁止使用Flash存储器。

1 禁止引导ROM，对TMS320LF2407A和TMS320LF2406A片内Flash程序存储器，映射地址范围为0000h～7FFFh；对TMS320LF2402A，地址范围为0000h～1FFFh。

注意 在ROM器件中没有片内引导ROM。

位2 MP/$\overline{\text{MC}}$。微处理器/微控制器选择位。这一位反映了器件复位时MP/$\overline{\text{MC}}$引脚上的状态。复位之后，可通过软件来改变这一位，以动态映射存储器到片内或片外。

0 器件设置为微控制器方式，程序地址范围0000h～7FFFh被映射到片内。

1 器件设置为微处理器方式，程序地址范围0000h～7FFFh被映射到片外(即用户必须自己提供外部存储器器件)。

位1～0 DON，PON。SARAM程序/数据空间选择位。具体情况如表3.7所示。

表3.7 SARAM程序/数据空间选择位

DON	PON	SARAM状态
0	0	地址空间不被映射，该空间被分配到外部存储器
0	1	SARAM被映射到片内程序空间
1	0	SARAM被映射到片内数据空间
1	1	SARAM既被映射到片内程序空间又被映射到片内数据空间

3.2.2 中断优先级和中断向量表

通常认为，中断是一种通过硬件来调用中断服务子程序的方式。但是

TMS320LF2407A DSP 除了可以通过硬件中断源引发中断外，还可以通过软件实现中断。不管是硬件中断还是软件中断，都可以分为两类：可屏蔽中断和不可屏蔽中断。对于TMS320LF2407A DSP，不可屏蔽中断包括硬件/RS 引脚复位和软件中断。可屏蔽中断是指中断可以通过软件加以屏蔽或解除屏蔽。以下主要讨论可屏蔽中断。

TMS320LF2407 系列的 DSP 支持 6 个可屏蔽中断，采用集中化的中断扩展设计来满足大量外设中断需求。在了解这部分内容时，要特别注意内核级和外设级两者之间的区别。表 3.8 为 TMS320LF2407 器件的中断源优先级和中断入口地址向量表。

表 3.8　240x 系列中断源优先级和中断向量表

<table>
<tr><th>中断名称</th><th>优先级</th><th>CPU 中断和向量地址</th><th>在 PIRQRx 和 PIACKRx 中的数位位置</th><th>外围中断向量（PIV）</th><th>能否被屏蔽</th><th>外围中断源模块</th><th>描述</th></tr>
<tr><td>Reset</td><td>1</td><td>RSN 0000h</td><td></td><td>N/A</td><td>N</td><td>$\overline{RS}$引脚，看门狗</td><td>来自引脚的复位信号，看门狗溢出</td></tr>
<tr><td>保留位</td><td>2</td><td>— 0026h</td><td></td><td>N/A</td><td>N</td><td>CPU</td><td>用于仿真</td></tr>
<tr><td>NMI</td><td>3</td><td>NMI 0024h</td><td></td><td>N/A</td><td>N</td><td>不可屏蔽中断</td><td>不可屏蔽中断，只能软件中断</td></tr>
<tr><td>PDPINTA</td><td>4</td><td rowspan="10">INT1 0002h</td><td>0.0</td><td>0020h</td><td>Y</td><td>EVA</td><td rowspan="2">功率驱动保护引脚中断</td></tr>
<tr><td>PDPINTB</td><td>5</td><td>2.0</td><td>0019h</td><td>Y</td><td>EVB</td></tr>
<tr><td>ADCINT</td><td>6</td><td>0.1</td><td>0004h</td><td>Y</td><td>ADC</td><td>高优先级模式的 ADC 中断</td></tr>
<tr><td>XINT1</td><td>7</td><td>0.2</td><td>0001h</td><td>Y</td><td>外部中断逻辑</td><td rowspan="2">高优先级模式的外部引脚中断</td></tr>
<tr><td>XINT2</td><td>8</td><td>0.3</td><td>0011h</td><td>Y</td><td>外部中断逻辑</td></tr>
<tr><td>SPIINT</td><td>9</td><td>0.4</td><td>0005h</td><td>Y</td><td>SPI</td><td>高优先级模式的 SPI 中断</td></tr>
<tr><td>RXINT</td><td>10</td><td>0.5</td><td>0006h</td><td>Y</td><td>SCI</td><td>高优先级模式的 SCI 接收中断</td></tr>
<tr><td>TXINT</td><td>11</td><td>0.6</td><td>0007h</td><td>Y</td><td>SCI</td><td>高优先级模式的 SCI 发送中断</td></tr>
<tr><td>CANMBINT</td><td>12</td><td>0.7</td><td>0040h</td><td>Y</td><td>CAN</td><td>高优先级模式的 CAN 邮箱中断</td></tr>
<tr><td>CANERINT</td><td>13</td><td>0.8</td><td>0041h</td><td>Y</td><td>CAN</td><td>高优先级模式的 CAN 错误中断</td></tr>
</table>

续表

中断名称	优先级	CPU中断和向量地址	在PIRQRx和PIACKRx中的数位位置	外围中断向量(PIV)	能否被屏蔽	外围中断源模块	描述
CMP1INT	14	INT2 0004h	0.9	0021h	Y	EVA	Compare 1 中断
CMP2INT	15		0.10	0022h	Y	EVA	Compare 2 中断
CMP3INT	16		0.11	0023h	Y	EVA	Compare 3 中断
T1PINT	17		0.12	0027h	Y	EVA	Timer 1 周期中断
T1CINT	18		0.13	0028h	Y	EVA	Timer 1 比较中断
T1UFINT	19		0.14	0029h	Y	EVA	Timer 1 下溢中断
T1OFINT	20		0.15	002Ah	Y	EVA	Timer 1 上溢中断
CMP4INT	21	INT2 0004h	2.1	0024h	Y	EVB	Compare 4 中断
CMP5INT	22		2.2	0025h	Y	EVB	Compare 5 中断
CMP6INT	23	INT3 0006h	2.3	0026h	Y	EVB	Compare 6 中断
T3PINT	24		2.4	002Fh	Y	EVB	Timer 3 周期中断
T3CINT	25		2.5	0030h	Y	EVB	Timer 3 比较中断
T3UFINT	26		2.6	0031h	Y	EVB	Timer 3 下溢中断
T3OFINT	27		2.7	0032h	Y	EVB	Timer 3 上溢中断
T2PINT	28		1.0	002Bh	Y	EVA	Timer 2 周期中断
T2CINT	29		1.1	002Ch	Y	EVA	Timer 2 比较中断
T2UFINT	30		1.2	002Dh	Y	EVA	Timer 2 下溢中断
T2OFINT	31		1.3	002Eh	Y	EVA	Timer 2 上溢中断
T4PINT	32		2.8	0039h	Y	EVB	Timer 4 周期中断
T4CINT	33		2.9	003Ah	Y	EVB	Timer 4 比较中断
T4UFINT	34		2.10	003Bh	Y	EVB	Timer 4 下溢中断
T4OFINT	35		2.11	003Ch	Y	EVB	Timer 4 上溢中断
CAP1INT	36	INT4 0008h	1.4	0033h	Y	EVA	Capture 1 中断
CAP2INT	37		1.5	0034h	Y	EVA	Capture 2 中断
CAP3INT	38		1.6	0035h	Y	EVA	Capture 3 中断
CAP4INT	39		2.12	0036h	Y	EVB	Capture 4 中断
CAP5INT	40		2.13	0037h	Y	EVB	Capture 5 中断
CAP6INT	41		2.14	0038h	Y	EVB	Capture 6 中断

续表

中断名称	优先级	CPU 中断和向量地址	在 PIRQRx 和 PIACKRx 中的数位位置	外围中断向量（PIV）	能否被屏蔽	外围中断源模块	描述
SPIINT	42	INT5 000Ah	1.7	0005h	Y	SPI	低优先级模式的 SPI 中断
RXINT	43		1.8	0006h	Y	SCI	低优先级模式的 SCI 接收中断
TXINT	44		1.9	0007h	Y	SCI	低优先级模式的 SCI 发送中断
CANMBINT	45		1.10	0040h	Y	CAN	低优先级模式的 CAN 邮箱中断
CANERINT	46		1.11	0041h	Y	CAN	低优先级模式的 CAN 错误中断
ADCINT	47	INT6 000Ch	1.12	0004h	Y	ADC	低优先级模式的 ADC 中断
XINT1	48		1.13	0001h	Y	外部中断逻辑	低优先级模式的外部引脚中断
XINT2	49		1.14	0011h	Y	外部中断逻辑	
保留位		000Eh		N/A	Y	CPU	分析中断
TRAP	N/A	0022h		N/A	N/A	CPU	TRAP 指令
假中断向量	N/A	N/A		0000h	N/A	CPU	假中断向量
INT8～INT16	N/A	0010h～0020h		N/A	N/A	CPU	软件中断向量
INT20～INT31	N/A	0028h～003Fh		N/A	N/A	CPU	

注：可参考 TMS320LF/LC240xA DSP Controllers Reference Guide System and Peripherals，以获得更多信息。

3.2.3　外设中断扩展控制器(PIE)

LF2407 内核提供了一个不可屏蔽的中断 NMI 和 6 个按优先级获得服务的可屏蔽中断 INT1 至 INT6。由于 240x 的 CPU 无法为所有的外设中断都提供一个相对应的内核中断，故这 6 个可屏蔽中断是通过外设中断扩展控制器(PIE)被众多外设中断请求所共享的。

中断分为两个层次，一般情况下分为内核级中断请求和外设级中断请求两个部分。

在底层中断中，从几个外设来的外设中断请求(PIRQ)在中断控制器处“相或”后产生一个到 CPU 的中断请求(INTn)。这一般被称为内核级的中断请求。

在外设配置寄存器中,对每一个能产生外设中断请求的事件都有中断使能位和中断标志位。如果一个引起中断的外设事件发生且相应的中断使能位被置 1,则会产生一个从外设到中断控制器的中断请求。我们一般把这部分中断请求归为外设级中断请求。外设中断请求反映了外设中断标志位的状态和中断使能位的状态,当中断标志位被清零时,中断请求也被清零。

当某些要拥有不同中断优先级的外设事件发生时,其中断优先级的值被送到中断控制器,而外设中断请求(PIRQ)也将被保持到中断应答或者保持到软件将其清零。

在高层中断,多个外设中断请求在“相或”后产生一个到 CPU 的内核级中断(INTn)请求,240x 中断请求信号为一个 2 倍 CPU 时钟宽度的低电位脉冲。任何一个外设中断请求 PIRQ 有效事件都会产生一个到 CPU 的中断请求脉冲 INTn(n 由具体的外设中断决定)。如果一个外设中断请求 PIRQ 在 CPU 对 INTn 应答后的一个周期内仍然有效,则另一个中断请求脉冲 INTn 也会产生。中断应答信号自动清除现有已悬挂的最高优先级中断请求信号(PIRQ)。在 CPU 内核,CPU 中断标志在 CPU 响应中断时自动清零(不是在外设中断级将中断标志清零,要特别注意内核级和外设级之间的区别)。

3.2.4 中断向量

当 CPU 接受中断请求时,它所知道的仅为内核级的 INTn,并不知道是哪一个具体的外设事件引起的中断请求。因此,为了让 CPU 能够区别这些在同一组中断中的外设中断事件,在每个外设中断请求有效时都会产生一个唯一的外设中断向量,这个外设中断向量被装载到外设中断向量寄存器(PIVR)里面,CPU 应答外设中断时,从 PIVR 寄存器中读取相应的中断向量,从而产生一个转到该中断服务程序入口的向量。

所以实际上有两个向量表。内核级的向量表用来得到响应内核级 INTn 中断请求的一级通用中断服务子程序(GISR)。外设级向量表用来得到响应某一内核级中断下的某一特定外设事件的特定中断服务子程序(SISR)。GISR 中的程序代码应该读出 PIVR 中的值,在保存必要的上下文之后,用 PIVR 中的值来产生一个转移到 SISR 的向量。

1. 假(Phantom)中断向量

假中断向量是保持中断系统完整性的一个特性。当一个中断已被响应,但无外设将中断向量地址偏移量装入外设中断向量寄存器 PIVR 时,假中断向量 0000h 就被装入 PIVR。这种缺省机制保证了系统按照可控的方式进行处理。产生假中断向量的原因有:

(1) CPU 执行一个软件中断指令 INTR,使用参数 1~参数 6,用于请求服务 6 个可屏蔽中断级(INT1~INT6)之一。

(2) 中断请求线发生故障,外设发出中断请求,而其 INTn 标志位却在 CPU 应答请求之前已经被清零,因此中断响应时没有外设向 PIVR 装入中断向量地址偏移量,此时向 PIVR 中装入假中断向量。

2. 软件结构

中断服务子程序有两级:通用中断服务子程序 GISR 和特定中断服务子程序 SISR。在 GISR 中保存必要的上下文,从外设中断向量寄存器 PIVR 中读取外设中断向量,这个向量用来产生转移到 SISR 的地址入口。对每一个从外设来的中断都有一个特定的 SISR,在

SISR 中执行对该外设事件的响应。

程序一旦进入中断服务子程序后，所有的可屏蔽中断都被屏蔽。GISR 必须在中断被重新使能之前读取 PIVR 中的值，否则在另一个中断请求发生之后 PIVR 中将装入另一个中断请求的偏移量，这将导致原外设中断向量参数永久丢失。

外设中断扩展 PIE 不包括复位和 NMI 这样的不可屏蔽中断。

3. 不可屏蔽中断(NMI)

TMS320LF2407 器件设有 NMI 引脚，在访问无效地址时，不可屏蔽中断 NMI 就会发出请求，程序转到不可屏蔽中断向量入口地址 0024h 处。没有与 NMI 相对应的控制寄存器。

3.2.5　中断响应的流程

外设事件要引起 CPU 中断，必须保证：外设事件的中断使能位被开启，CPU 内核级的 6 个可屏蔽中断中能控制该外设事件的高级中断至少有一个被使能。在外设事件发生时，首先将其在外设中断控制器中的标志位置 1，从而引起 CPU 内核的 INT1～INT6 中的一个产生中断。否则，中断控制器中的标志位将保留直至被软件清零。如果在 INTn 使能之前相应的中断标志位已被置 1，且还未清零，则在使能相应 INTn 的同时将产生中断响应。图 3.7 为响应外设中断的流程图。

3.2.6　中断响应的延时

有 3 种因素可导致中断响应的延时：外设同步接口时间；CPU 响应时间；ISR 转移时间。

外设同步接口时间是指从外设接口识别出从外设发来的中断请求，经判断优先级、转换后将请求发送至 CPU 的时间。

CPU 响应时间是指从 CPU 识别出已经被使能的中断、响应中断、清除流水线，到从 CPU 的中断向量表中获得第一条指令的时间。

ISR 转移时间是指为了转移 ISR 中特定部分而必须执行一些转移所需要的时间。该时间长度根据用户所实现的 ISR 的不同而有所变化。

3.2.7　CPU 中断寄存器

CPU 中断寄存器包括中断标志寄存器和中断屏蔽寄存器。

1. CPU 中断标志寄存器(IFR)——地址 0006h

16 位的中断标志寄存器用于识别和清除挂起的中断，IFR 中包含了用于所有可屏蔽中断的标志位。

当一个可屏蔽中断被请求时，相应中断控制寄存器的相应标志位被置 1。如果对应中断屏蔽寄存器中的中断使能位也为 1，则该中断请求被送到 CPU，并设置 IFR 的相应位。这表示该中断正被挂起或等待响应。

读取 IFR 可以识别挂起的中断，而写 IFR 则将清除已挂起的中断。为了清除一个中断请求，要向相应的 IFR 位写 1。把 IFR 中当前的内容写回 IFR 则可清除所有挂起的中断。器件复位时将清除所有的 IFR 位。

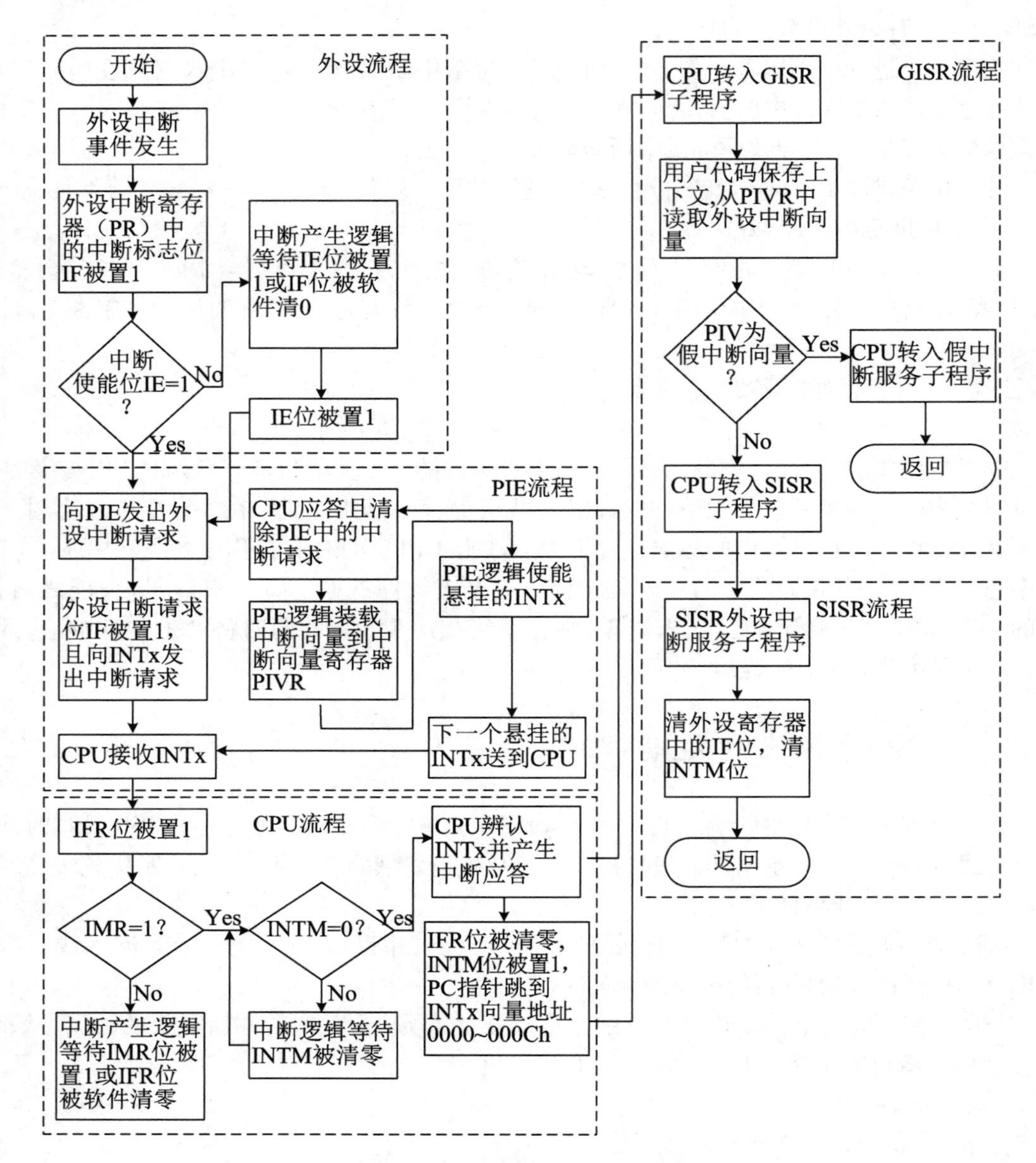

图 3.7　CPU 响应外设中断流程图

IF:中断标志;IE:中断使能;GISR:通用 ISR;SISR:专用 ISR;PR:外设寄存器

CPU 响应中断或者器件复位都能将 IFR 标志清除。

注意　(1) 为清除一个 IFR 位,必须向其写 1,而不是 0。

(2) 当一个可屏蔽中断被响应时,只有 IFR 位被清除。相应外设控制寄存器中的标志位不会被清除,如果需要清除这些外设控制寄存器中的标志位,应由用户软件来清除。

(3) 当通过 INTR 指令来请求中断且相应的 IFR 位被置 1 时,CPU 不会自动清除该位,该位必须由软件来清除。

(4) 对于 IMR 和 IFR 寄存器控制内核级的中断,所有外设在它们各自的配置/控制寄存器中都有相应的中断屏蔽和标志位。

中断标志寄存器中各字段的定义如图 3.8 所示。

15～6	5	4	3	2	1	0
Reserved	INT6 flag	INT5 flag	INT4 flag	INT3 flag	INT2 flag	INT1 flag
0	RW1C-0	RW1C-0	RW1C-0	RW1C-0	RW1C-0	RW1C-0

图 3.8　中断标志寄存器

0=读出为 0,R=可读,W1C=写 1 是清除该位,0=复位值

位 15～6　Reserved。保留位。这些位读出时始终为 0。

位 5　INT6 flag。中断 6 标志位。该位用作连至第 6 级中断 INT6 的所有中断标志。

0　无 INT6 级的中断挂起。

1　至少一个 INT6 级的中断挂起,向该位写 1 可将该值清除为 0,即清除中断请求。

位 4　INT5 flag。中断 5 标志位。该位用作连至第 5 级中断 INT5 的所有中断标志。

0　无 INT5 级的中断挂起。

1　至少一个 INT5 级的中断挂起,向该位写 1 可将该值清除为 0,即清除中断请求。

位 3　INT4 flag。中断 4 标志位。该位用作连至第 4 级中断 INT4 的所有中断标志。

0　无 INT4 级的中断挂起。

1　至少一个 INT4 级的中断挂起,向该位写 1 可将该值清除为 0,即清除中断请求。

位 2　INT3 flag。中断 3 标志位。该位用作连至第 3 级中断 INT3 的所有中断标志。

0　无 INT3 级的中断挂起。

1　至少一个 INT3 级的中断挂起,向该位写 1 可将该值清除为 0,即清除中断请求。

位 1　INT2 flag。中断 2 标志位。该位用作连至第 2 级中断 INT2 的所有中断标志。

0　无 INT2 级的中断挂起。

1　至少一个 INT2 级的中断挂起,向该位写 1 可将该值清除为 0,即清除中断请求。

位 0　INT1 flag。中断 1 标志位。该位用作连至第 1 级中断 INT1 的所有中断标志。

0　无 INT1 级的中断挂起。

1　至少一个 INT1 级的中断挂起,向该位写 1 可将该值清除为 0,即清除中断请求。

2. CPU 中断屏蔽寄存器(IMR)——地址 0004h

IMR 是一个映射至数据存储器空间 0004h 处的 16 位寄存器。IMR 中包含所有中断级(INT1～INT6)的屏蔽位,见图 3.9。IMR 中不包含 NMI 和 RS,因此 IMR 对这两个引脚无影响。

读 IMR 寄存器可以识别出已屏蔽或使能的中断级,而向 IMR 中写则可屏蔽中断级或使能中断级。为了使能中断,应设置相应的 IMR 位为 1,而屏蔽中断时只需将相应的 IMR 位设为 0。

15～6	5	4	3	2	1	0
Reserved	INT6 mask	INT5 mask	INT4 mask	INT3 mask	INT2 mask	INT1 mask
0	RW	RW	RW	RW	RW	RW

图 3.9　中断屏蔽寄存器

0=读出为 0,R=可读,W1C=写 1 是清除该位,0=复位值

位 15～6　Rexerved。保留位。

位 5　INT6 mask。中断 6 的屏蔽位。

0　中断级 INT6 被屏蔽。

1　中断级 INT6 被使能。

位 4　INT5 mask。中断 5 的屏蔽位。

0　中断级 INT5 被屏蔽。

1　中断级 INT5 被使能。

位 3　INT4 mask。中断 4 的屏蔽位。

0　中断级 INT4 被屏蔽。

1　中断级 INT4 被使能。

位 2　INT3 mask。中断 3 的屏蔽位。

0　中断级 INT3 被屏蔽。

1　中断级 INT3 被使能。

位 1　INT2 mask。中断 2 的屏蔽位。

0　中断级 INT2 被屏蔽。

1　中断级 INT2 被使能。

位 0　INT1 mask。中断 1 的屏蔽位。

0　中断级 INT1 被屏蔽。

1　中断级 INT1 被使能。

3.2.8　外设中断寄存器

外设中断寄存器包括外设中断向量寄存器(PIVR)、外设中断请求寄存器 0/1/2(PIRQR0/1/2,其中各位定义见表 3.9 至表 3.11)和外设中断应答寄存器 0/1/2(PIACKR0/1/2,其中各位定义见表 3.12 至表 3.14)。

外设中断请求寄存器 0/1/2 和外设中断应答寄存器 0/1/2 都属于外设中断扩展模块,是用来向 CPU 产生 INT1～INT6 中断请求的内部寄存器。这些寄存器用于测试目的,而非用户应用目的,因此在编程时可忽略。

1. 外设中断向量寄存器(PIVR)——地址 701Eh

各位定义如图 3.10 所示。

15	14	13	12	11	10	9	8
V15	V14	V13	V12	V11	V10	V9	V8
R-0	R-0	R-0	R-0	R-0	R-0	R-0	R-0

7	6	5	4	3	2	1	0
V7	V6	V5	V4	V3	V2	V1	V0
R-0	R-0	R-0	R-0	R-0	R-0	R-0	R-0

图 3.10　外设中断向量寄存器(PIVR)

R＝可读，0＝复位值

位 15～0　V15～V0。中断向量 15～0。该寄存器包含了最近一次被应答的外设中断的地址向量。

2. 外设中断请求寄存器 0(PIRQR0)——地址 7010h

各位定义如图 3.11 所示，具体含义如表 3.9 所示。

15	14	13	12	11	10	9	8
IRQ0.15	IRQ0.14	IRQ0.13	IRQ0.12	IRQ0.11	IRQ0.10	IRQ0.9	IRQ0.8
RW-0	RW-0	RW-0	RW-0	RW-0	RW-0	RW-0	RW-0

7	6	5	4	3	2	1	0
IRQ0.7	IRQ0.6	IRQ0.5	IRQ0.4	IRQ0.3	IRQ0.2	IRQ0.1	IRQ0.0
RW-0	RW-0	RW-0	RW-0	RW-0	RW-0	RW-0	RW-0

图 3.11　外设中断请求寄存器 0(PIRQR0)

表 3.9　外设中断请求寄存器 PIRQR0 各位的定义

位的位置	中断	中断描述	中断优先级
IRQ 0.0	PDPINTA	功率驱动保护中断引脚	INT1
IRQ 0.1	ADCINT	高优先级模式的 ADC 中断	INT1
IRQ 0.2	XINT1	高优先级模式的外部引脚 1 中断	INT1
IRQ 0.3	XINT2	高优先级模式的外部引脚 2 中断	INT1
IRQ 0.4	SPIINT	高优先级模式 SPI 中断	INT1
IRQ 0.5	RXINT	高优先级模式 SCI 接收中断	INT1
IRQ 0.6	TXINT	高优先级模式 SPI 发送中断	INT1
IRQ 0.7	CANMBINT	高优先级模式 CAN 邮箱中断	INT1
IRQ 0.8	CANERINT	高优先级模式 CAN 错误中断	INT1
IRQ 0.9	CMP1INT	Compare 1 中断	INT2
IRQ 0.10	CMP2INT	Compare 2 中断	INT2
IRQ 0.11	CMP3INT	Compare 3 中断	INT2

续表

位的位置	中断	中断描述	中断优先级
IRQ 0.12	T1PINT	Timer 1 周期中断	INT2
IRQ 0.13	T1CINT	Timer 1 比较中断	INT2
IRQ 0.14	T1UFINT	Timer 1 下溢出中断	INT2
IRQ 0.15	T1OFINT	Timer 1 上溢出中断	INT2

位 15～0　IRQ0.15～IRQ0.0。中断请求 15～0。

0　相应的中断请求未被悬挂。

1　中断请求被悬挂。

注意　写入 1 会发出一个中断请求到 DSP 核，写入 0 没有影响。

3. 外设中断请求寄存器 1(PIRQR1)——地址 7011h

各位定义如图 3.12 所示，具体含义如表 3.10 所示。

15	14	13	12	11	10	9	8
Reserved	IRQ1.14	IRQ1.13	IRQ1.12	IRQ1.11	IRQ1.10	IRQ1.9	IRQ1.8
R-0	RW-0	RW-0	RW-0	RW-0	RW-0	RW-0	RW-0

7	6	5	4	3	2	1	0
IRQ1.7	IRQ1.6	IRQ1.5	IRQ1.4	IRQ1.3	IRQ1.2	IRQ1.1	IRQ1.0
RW-0	RW-0	RW-0	RW-0	RW-0	RW-0	RW-0	RW-0

图 3.12　外设中断请求寄存器 1(PIRQR1)

表 3.10　外设中断请求寄存器 PIRQR1 各位的定义

位的位置	中断	中断描述	中断优先级
IRQ 1.0	T2PINT	Timer 2 周期中断	INT3
IRQ 1.1	T2CINT	Timer 2 比较中断	INT3
IRQ 1.2	T2UFINT	Timer 2 下溢出中断	INT3
IRQ 1.3	T2OFINT	Timer 2 上溢出中断	INT3
IRQ 1.4	CAP1INT	Capture 1 中断	INT4
IRQ 1.5	CAP2INT	Capture 2 中断	INT4
IRQ 1.6	CAP3INT	Capture 3 中断	INT4
IRQ 1.7	SPIINT	低优先级模式的 SPI 中断	INT5
IRQ 1.8	RXINT	低优先级模式的 SCI 接收中断	INT5
IRQ 1.9	TXINT	低优先级模式的 SCI 发送中断	INT5
IRQ 1.10	CANMBINT	低优先级模式的 CAN 邮箱中断	INT5
IRQ 1.11	CANERINT	低优先级模式的 CAN 错误中断	INT5

续表

位的位置	中断	中断描述	中断优先级
IRQ 1.12	ADCINT	低优先级模式的 ADC 中断	INT6
IRQ 1.13	XINT1	低优先级模式的外部引脚 1 中断	INT6
IRQ 1.14	XINT2	低优先级模式的外部引脚 2 中断	INT6

位 15　Reserved。保留位。读出为 0，写入没有影响。

位 14～0　IRQ1.14～IRQ1.0。

0　相应的中断请求未被悬挂。

1　中断请求被悬挂。

注意　*写入 1 会发出一个中断请求到 DSP 核，写入 0 没有影响。*

4. 外设中断请求寄存器 2(PIRQR2)——地址 7012h

各位定义如图 3.13 所示，具体含义如表 3.11 所示。

15	14	13	12	11	10	9	8
Reserved	IRQ2.14	IRQ2.13	IRQ2.12	IRQ2.11	IRQ2.10	IRQ2.9	IRQ2.8
R-0	RW-0	RW-0	RW-0	RW-0	RW-0	RW-0	RW-0

7	6	5	4	3	2	1	0
IRQ2.7	IRQ2.6	IRQ2.5	IRQ2.4	IRQ2.3	IRQ2.2	IRQ2.1	IRQ2.0
RW-0	RW-0	RW-0	RW-0	RW-0	RW-0	RW-0	RW-0

图 3.13　外设中断请求寄存器 2(PIRQR2)

表 3.11　外设中断请求寄存器 PIRQR2 各位的定义

位的位置	中断	中断描述	中断优先级
IRQ 2.0	PDPINTB	功率驱动保护中断引脚	INT1
IRQ 2.1	CMP4INT	Compare 4 中断	INT2
IRQ 2.2	CMP5INT	Compare 5 中断	INT2
IRQ 2.3	CMP6INT	Compare 6 中断	INT2
IRQ 2.4	T3PINT	Timer 3 周期中断	INT2
IRQ 2.5	T3CINT	Timer 3 比较中断	INT2
IRQ 2.6	T3UFINT	Timer 3 下溢出中断	INT2
IRQ 2.7	T3OFINT	Timer 3 上溢出中断	INT2
IRQ 2.8	T4PINT	Timer 4 周期中断	INT3
IRQ 2.9	T4CINT	Timer 4 比较中断	INT3
IRQ 2.10	T4UFINT	Timer 4 下溢出中断	INT3
IRQ 2.11	T4OFINT	Timer 4 上溢出中断	INT3
IRQ 2.12	CAP4INT	Capture 4 中断	INT4

续表

位的位置	中断	中断描述	中断优先级
IRQ 2.13	CAP5INT	Capture 5 中断	INT4
IRQ 2.14	CAP6INT	Capture 6 中断	INT4

位 15　Reserved。保留位。

位 14～0　IRQ2.14～IRQ2.0。

0　相应的中断请求未被悬挂。

1　中断请求被悬挂。

注意　写入 1 会发出一个中断请求到 DSP 核，写入 0 没有影响。

5. 外设中断应答寄存器 0(PIACKR0)——地址 7014h

各位定义如图 3.14 所示，具体含义如表 3.12 所示。

15	14	13	12	11	10	9	8
IAK0.15	IAK0.14	IAK0.13	IAK0.12	IAK0.11	IAK0.10	IAK0.9	IAK0.8
RW-0	RW-0	RW-0	RW-0	RW-0	RW-0	RW-0	RW-0

7	6	5	4	3	2	1	0
IAK0.7	IAK0.6	IAK0.5	IAK0.4	IAK0.3	IAK0.2	IAK0.1	IAK0.0
RW-0	RW-0	RW-0	RW-0	RW-0	RW-0	RW-0	RW-0

图 3.14　外设中断应答寄存器 0(PIACKR0)

表 3.12　外设中断应答寄存器 PIACKR0 各位的定义

位的位置	中断	中断描述	中断优先级
IAK 0.0	PDPINT	功率驱动保护中断引脚	INT1
IAK 0.1	ADCINT	高优先级模式的 ADC 中断	INT1
IAK 0.2	XINT1	高优先级模式的外部引脚 1 中断	INT1
IAK 0.3	XINT2	高优先级模式的外部引脚 2 中断	INT1
IAK 0.4	SPIINT	高优先级模式的 SPI 中断	INT1
IAK 0.5	RXINT	高优先级模式的 SCI 接收中断	INT1
IAK 0.6	TXINT	高优先级模式的 SCI 发送中断	INT1
IAK 0.7	CANMBINT	高优先级模式的 CAN 邮箱中断	INT1
IAK 0.8	CANERINT	高优先级模式的 CAN 错误中断	INT1
IAK 0.9	CMP1INT	Compare 1 中断	INT2
IAK 0.10	CMP2INT	Compare 2 中断	INT2
IAK 0.11	CMP3INT	Compare 3 中断	INT2
IAK 0.12	T1PINT	Timer 1 周期中断	INT2
IAK 0.13	T1CINT	Timer 1 比较中断	INT2

续表

位的位置	中断	中断描述	中断优先级
IAK 0.14	T1UFINT	Timer 1 下溢出中断	INT2
IAK 0.15	T1OFINT	Timer 1 上溢出中断	INT2

位15～0　IAK0.15～IAK0.0。协议引起相应的外设中断应答被插入，从而将相应的外设中断请求位清零。

注意　通过向该寄存器写1来插入的中断应答并不更新PIVR寄存器的内容，读这个寄存器得到的结果通常是0。

6. 外设中断应答寄存器1(PIACKR1)——地址7015h

各位定义如图3.15所示，具体含义如表3.13所示。

15	14	13	12	11	10	9	8
Reserved	IAK1.14	IAK1.13	IAK1.12	IAK1.11	IAK1.10	IAK1.9	IAK1.8
R-0	RW-0	RW-0	RW-0	RW-0	RW-0	RW-0	RW-0

7	6	5	4	3	2	1	0
IAK1.7	IAK1.6	IAK1.5	IAK1.4	IAK1.3	IAK1.2	IAK1.1	IAK1.0
RW-0	RW-0	RW-0	RW-0	RW-0	RW-0	RW-0	RW-0

图3.15　外设中断应答寄存器1(PIACKR1)

表3.13　外设中断应答寄存器PIACKR1各位的定义

位的位置	中断	中断描述	中断优先级
IAK 1.0	T2PINT	Timer 2 周期中断	INT3
IAK 1.1	T2CINT	Timer 2 比较中断	INT3
IAK 1.2	T2UFINT	Timer 2 下溢出中断	INT3
IAK 1.3	T2OFINT	Timer 2 上溢出中断	INT3
IAK 1.4	CAP1INT	Capture 1 中断	INT4
IAK 1.5	CAP2INT	Capture 2 中断	INT4
IAK 1.6	CAP3INT	Capture 3 中断	INT4
IAK 1.7	SPIINT	低优先级模式的SPI中断	INT5
IAK 1.8	RXINT	低优先级模式的SCI接收中断	INT5
IAK 1.9	TXINT	低优先级模式的SCI发送中断	INT5
IAK 1.10	CANMBINT	低优先级模式的CAN邮箱中断	INT5
IAK 1.11	CANERINT	低优先级模式的CAN错误中断	INT5
IAK 1.12	ADCINT	低优先级模式的ADC中断	INT6
IAK 1.13	XINT1	低优先级模式的外部引脚1中断	INT6
IAK 1.14	XINT2	低优先级模式的外部引脚2中断	INT6

位 15 Reserved。保留位。读出为 0,写入没有影响。

位 14～0 IAK1. 14～IAK1. 0。协议引起相应的外设中断应答被插入,从而将相应的外设中断请求位清零。

7. 外设中断应答寄存器 2(PIACKR2)——地址 7016h

各位定义如图 3. 16 所示,具体含义如表 3. 14 所示。

15	14	13	12	11	10	9	8
Reserved	IAK2. 14	IAK2. 13	IAK2. 12	IAK2. 11	IAK2. 10	IAK2. 9	IAK2. 8
R-0	R/W-0	R/W-0	R/W-0	R/W-0	R/W-0	R/W-0	R/W-0

7	6	5	4	3	2	1	0
IAK2. 7	IAK2. 6	IAK2. 5	IAK2. 4	IAK2. 3	IAK2. 2	IAK2. 1	IAK2. 0
R/W-0	R/W-0	R/W-0	R/W-0	R/W-0	R/W-0	R/W-0	R/W-0

图 3. 16 外设中断应答寄存器 2(PIACKR2)

表 3. 14 外设中断应答寄存器 PIACKR2 各位的定义

位的位置	中断	中断描述	中断优先级
IAK 2. 0	PDPINTB	功率驱动保护中断引脚	INT1
IAK 2. 1	CMP4INT	Compare 4 中断	INT2
IAK 2. 2	CMP5INT	Compare 5 中断	INT2
IAK 2. 3	CMP6INT	Compare 6 中断	INT2
IAK 2. 4	T3PINT	Timer 3 周期中断	INT2
IAK 2. 5	T3CINT	Timer 3 比较中断	INT2
IAK 2. 6	T3UFINT	Timer 3 下溢出中断	INT2
IAK 2. 7	T3OFINT	Timer 3 上溢出中断	INT2
IAK 2. 8	T4PINT	Timer 4 周期中断	INT3
IAK 2. 9	T4CINT	Timer 4 比较中断	INT3
IAK 2. 10	T4UFINT	Timer 4 下溢出中断	INT3
IAK 2. 11	T4OFINT	Timer 4 上溢出中断	INT3
IAK 2. 12	CAP4INT	Capture 4 中断	INT4
IAK 2. 13	CAP5INT	Capture 5 中断	INT4
IAK 2. 14	CAP6INT	Capture 6 中断	INT4

位 15 Reserved。保留位。

位 14～0 IAK2. 14～IAK2. 0。协议引起相应的外设中断应答被插入,从而将相应的外设中断请求位清零。

3.2.9　复位

LF2407 器件有两个复位源：一个外部复位引脚复位和一个程序监视定时器复位。

复位引脚为一个 I/O 脚，如果有内部复位事件(程序监视定时器复位)发生，则该引脚被设置为输出方式，并且被驱动为低，向外部电路表明 LF2407 器件正在自己复位。

外部复位引脚和程序监视定时器复位"相或"后一起驱动 CPU 复位信号。

3.2.10　无效地址检测

系统和外设模块控制寄存器地址映射中包含不可实现单元，译码逻辑能够检测任何对于这些无效地址的访问。一旦检测到对无效地址的访问，就将系统控制和状态寄存器 1 (SCSR1)中的无效地址标志位(ILLADR)置 1，从而产生一个不可屏蔽中断(NMI)。无论何时检测到访问无效地址，都会产生插入一个无效地址条件，无效地址标志位在无效地址条件发生后被置 1，并保持到软件将其清除。

3.2.11　外部中断控制寄存器

XINT1CR 和 XINT2CR 为控制和监视 XINT1 和 XINT2 引脚状态的两个外部中断控制寄存器。在 LF2407 器件中 XINT1 和 XINT2 引脚必须至少被拉低 6 个(或 12 个)CLK-OUT 周期才能被 CPU 内核认可。

1. 外部中断 1 控制寄存器(XINT1CR)——地址 7070h

各位定义如图 3.17 所示。

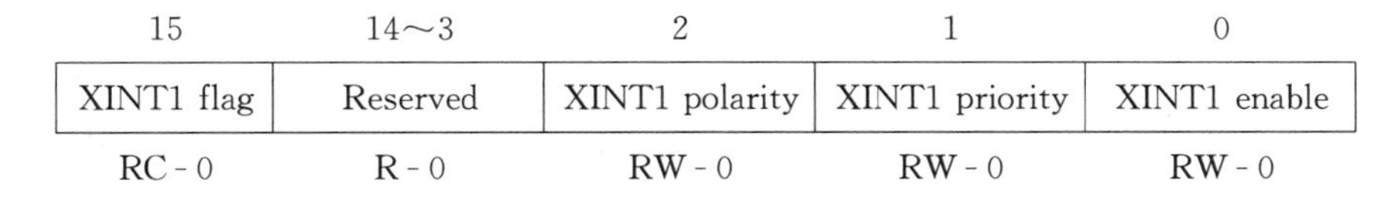

15	14～3	2	1	0
XINT1 flag	Reserved	XINT1 polarity	XINT1 priority	XINT1 enable
RC-0	R-0	RW-0	RW-0	RW-0

图 3.17　外部中断 1 控制寄存器(XINTlCR)

位 15　XINT1 flag。XINT1 标志位。这一位指示在该 XINT1 引脚上是否检测到一个所选的跳变，无论外部中断 1 是否被使能，该位都可以被置位。当相应的中断被应答时，这一位被自动清零。通过软件向该位写 1(写 0 无效)或者器件复位时，该位也被清零。

　　0　未检测到跳变。

　　1　检测到跳变。

位 14～3　Reserved。保留位。读出为 0，写入不影响。

位 2　XINT1 polarity。XINT1 极性。读/写该位决定了中断是在 XINT1 引脚信号的上升沿还是下降沿产生。

　　0　在下降沿(由高到低跳变)产生中断。

　　1　在上升沿(由低到高跳变)产生中断。

位 1　XINT1 priority。XINT1 优先级。读/写该位决定哪一个中断优先级被请求。

CPU 的优先级层次和相应的高低优先级已经被编码到外设中断扩展寄存器中，可参见表 3.8(中断源优先级和中断向量表)。

0　高优先级。

1　低优先级。

位 0　XINT1 enable。XINT1 使能位。读/写该位使能或屏蔽外部中断 XINT1。

0　屏蔽中断。

1　使能中断。

2. 外部中断 2 控制寄存器(XINT2CR)——地址 7071h

各位定义如图 3.18 所示。

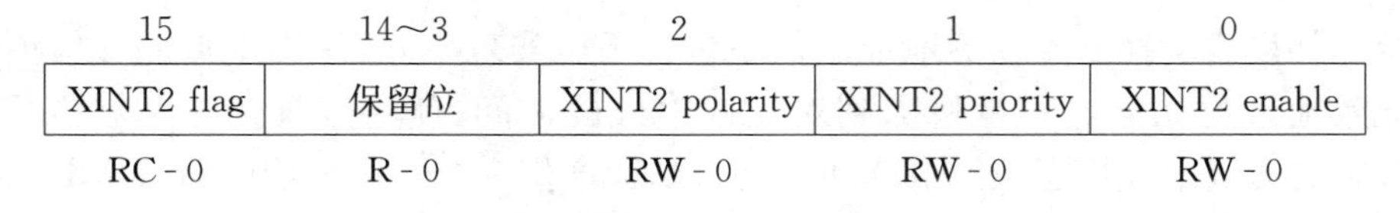

图 3.18　外部中断 2 控制寄存器(XINT2CR)

位 15　XINT2 flag。XINT2 标志位。这一位指示在该 XINT2 引脚上是否检测到一个所选的跳变，无论外部中断 2 是否被使能，该位都可以被置位。当相应的中断被应答时，这一位被自动清零。通过软件向该位写 1(写 0 无效)或者器件复位时，该位也被清零。

0　未检测到跳变。

1　检测到跳变。

位 14～3　Reserved。保留位。读出为零，写入不影响。

位 2　XINT2 polarity。XINT2 极性。读/写该位决定了中断是在 XINT2 引脚信号的上升沿还是下降沿产生。

0　在下降沿(由高到低跳变)产生中断。

1　在上升沿(由低到高跳变)产生中断。

位 1　XINT2 priority。XINT2 优先级。读/写该位决定哪一个中断优先级被请求。CPU 的优先级层次和相应的高低优先级已经被编码到外设中断扩展寄存器中，可参见表 3.8(中断源优先级和中断向量表)。

0　高优先级。

1　低优先级。

位 0　XINT2 enable。XINT2 使能位。读/写该位使能或屏蔽外部中断 XINT2。

0　屏蔽中断。

1　使能中断。

3.3　程序控制

程序控制执行一个或多个指令块的次序调动。通常程序是顺序执行的，器件执行这些连续程序存储器地址处的指令。但有时，程序必须转移到非顺序的地址并在新地址处开始顺序执行指令。因此，TMS320LF2407器件支持调用、返回和中断。

3.3.1　程序地址的产生

程序流要求处理器在执行当前指令的同时产生下一个程序地址（顺序或非顺序）。程序地址产生方式如图3.19所示，装入地址见表3.15。

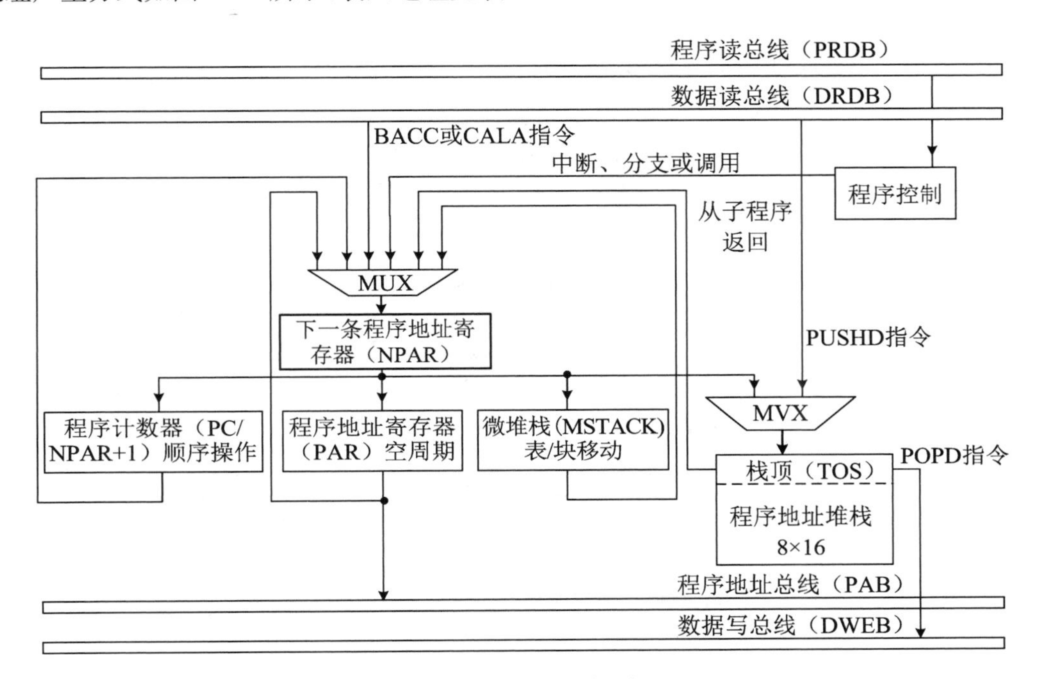

图3.19　程序地址产生框图

表3.15　程序地址产生小结

操作	程序地址源
顺序操作	PC(包含程序地址＋1)
空周期	PAR(包含程序地址)
从子程序返回	栈顶(TOS)
从表移动或者块移动返回	栈底(MSTACK)
转移或调用至指令规定的地址	使用程序读总线(PRDB)的转移或调用指令
转移或调用至累加器低位字规定的地址	使用数据读总线(DRDB)的累加器低位字
转移至中断服务子程序	使用程序读总线(PRDB)的中断向量存储单元

TMS320LF2407器件程序地址产生逻辑使用下列硬件：

(1) 程序计数器(PC)。TMS320LF2407具有16位的程序计数器(PC)，在取指时，它对内部或外部程序存储器进行寻址。

(2) 程序地址寄存器(PAR)。PAR驱动程序地址总线(PAB)。PAR是16位总线，为读和写程序提供地址。

(3) 堆栈。程序堆栈产生逻辑包含用于存储最多 8 个返回堆栈的 16 位宽度、8 级硬件逻辑堆栈。此外，用户还可将堆栈用于临时存储器。

(4) 微堆栈(MSTACK)。有时，程序地址产生逻辑使用 16 位宽度、1 级微堆栈 MSTACK 来存储一个返回地址。

(5) 重复计数器(RPTC)。16 位 RPTC 与重复(RPT)指令一起使用，以决定 RPT 之后的指令重复多少次。

1. 程序计数器(PC)

程序地址产生逻辑使用 16 位的程序计数器(PC)对内部或外部程序存储器寻址。PC 保存将被执行的下一条指令的地址。通过程序地址总线(PAB)，从程序存储器中该地址处取出指令并装入指令寄存器。当装载入指令寄存器时，PC 中保存下一地址。

TMS320LF2407 可以采用多种方法装载 PC，从而适应顺序和非顺序的程序流。表 3.16 列出的是依据所完成的代码操作，何种地址将被装入 PC。

表 3.16 装入程序计数器的地址

代码操作	装入 PC 地址
顺序执行	如果当前指令只有一个字，那么 PC 装入 PC+1；如果当前指令具有两个字，那么 PC 装入 PC+2
转移	PC 装入直接跟随在转移指令之后的长立即数的值
子程序调用和返回	对于调用，下一指令的地址从 PC 中压入堆栈，然后直接跟随在调用指令之后的长立即数被装入 PC；返回指令把返回地址弹回到 PC 内，从而返回到调用处的代码
软件和硬件中断	PC 装入适当的中断向量单元地址；在此单元中存放一条转移指令，该指令将把相应中断服务子程序的地址装入 PC
计算转移	累加器低 16 位内容装入 PC；利用 BACC(转移到累加器中的地址)或 CALA(调用累加器所规定的地址单元中的子程序)指令可实现计算转移操作

2. 堆栈

LF2407 具有 16 位宽度、8 级深度的硬件堆栈。当子程序调用或中断发生时，程序地址产生逻辑利用堆栈存储返回地址。当指令强迫 CPU 进入子程序或中断强迫 CPU 进入中断服务程序时，返回地址被自动装入堆栈顶部，该事件不需要附加的周期。当子程序或中断服务子程序完成时，返回指令把返回地址从堆栈顶部弹出到程序计数器。

当 8 级堆栈不用于保存地址时，在子程序或中断服务子程序内，堆栈可用于保存上下文数据或其他存储用途。

用户可以使用两组指令访问堆栈：

(1) PUSH(压入)和 POP(弹出)。PUSH 指令把累加器的低位字复制到堆栈顶部。POP 指令把堆栈顶部的数值复制到累加器的低位字。

(2) PUSHD 和 POPD。这两条指令允许用户在数据存储器中为超过 8 级的子程序或中断嵌套建立软件堆栈。PUSHD 指令把数据存储器的值压入软件堆栈的顶部。POPD 指令把数值从软件堆栈顶部弹出至数据存储器。

无论何时，利用指令或利用地址产生逻辑把数值压入堆栈顶部时，每一级的内容将向下推一级，而堆栈底部（第 8 个）单元的内容将被丢失。因此，如果在弹出堆栈之前发生了多于 8 次的连续压栈，那么数据将会丢失（堆栈发生溢出）。图 3.20 为压栈操作的示意图。

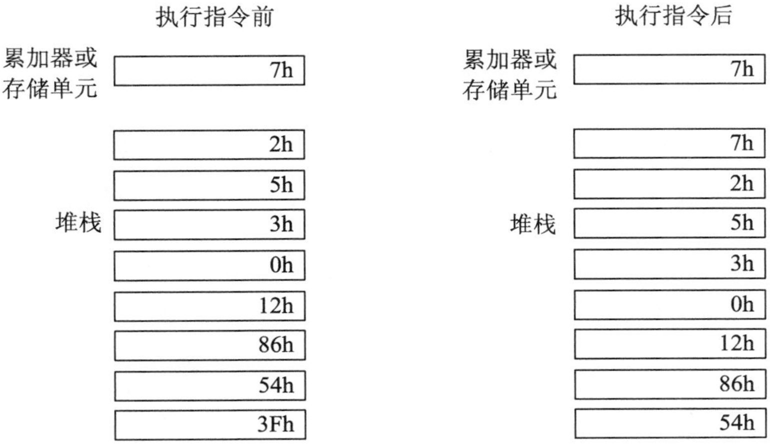

	执行指令前	执行指令后
累加器或存储单元	7h	7h
堆栈	2h	7h
	5h	2h
	3h	5h
	0h	3h
	12h	0h
	86h	12h
	54h	86h
	3Fh	54h

图 3.20　压栈操作

弹栈操作与压栈操作相反。弹栈操作把每一级的数值复制到相邻的较高一级。在连续 7 次的弹栈操作之后，因为此时底层的数值已被复制到堆栈的所有层，所以此后的任何弹栈操作都将与堆栈底部的值相同。图 3.21 为弹栈操作的示意图。

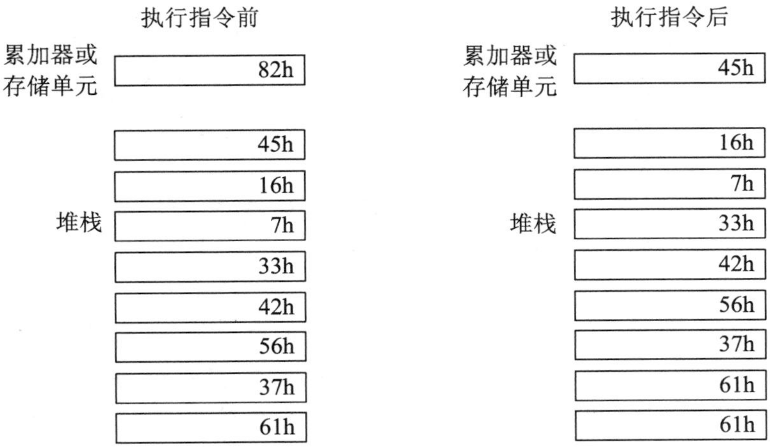

	执行指令前	执行指令后
累加器或存储单元	82h	45h
堆栈	45h	16h
	16h	7h
	7h	33h
	33h	42h
	42h	56h
	56h	37h
	37h	61h
	61h	61h

图 3.21　弹栈操作

3. 微堆栈（MSTACK）

在执行某些指令之前，程序地址产生逻辑使用 16 位宽度、1 级深度的 MSTACK 存储返回地址。这些指令使用程序地址产生逻辑提供双操作数指令的第二地址。这些指令包括 BLDD、BLPD、MAC、MACD、TBLR 以及 TDLW。在重复执行时，这些指令利用 PC 使第一个操作数地址增 1，并使用辅助寄存器算术单元（ARAU）产生第二个操作数地址。在使用这些指令时，返回地址（将被取出的下一指令的地址）被压入 MSTACK。重复指令执行完后,MSTACK 的值被弹出并送至程序地址产生逻辑。MSTACK 操作对用户是不可见的。与堆栈不同,MSTACK 只能被用于程序地址产生逻辑,不允许用户把 MSTACK 用于存储指令。

3.3.2 流水线操作

指令流水线由发生于指令执行期间内的总操作序列组成。LF2407 流水线具有 4 个独立的阶段:取指令、指令译码、取操作数以及指令执行。由于 4 个阶段是独立的,所以这些操作可以重叠。在任何给定的操作之内,1～4 条指令可以被激活,每条指令处于不同的阶段。图 3.22 表示适用于单字、单周期指令且无等待状态执行的 4 级流水线操作。

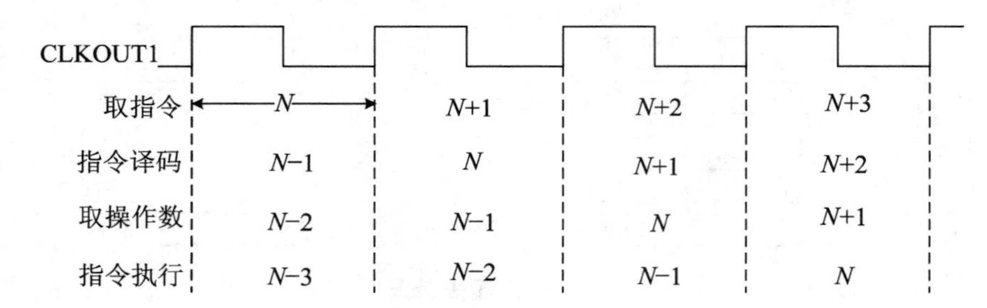

图 3.22 4 级流水线操作

3.3.3 转移、调用和返回

转移、调用和返回通过把控制传送到程序存储器的另一单元而中断顺序执行程序流。转移仅把控制传送到新的地址。调用还把返回地址(跟随在调用之后的指令地址)保存到硬件堆栈的顶部。每一被调用的子程序或中断服务程序以返回指令结束,该指令把返回地址弹出堆栈并送入程序计数器 PC。

LF2407 器件有两种类型的转移、调用和返回:无条件的和有条件的。本小节讲述无条件类型,有条件的调用、转移和返回在下一节讲述。

1. 无条件转移

当遇到无条件转移时,它总是被执行。在执行期间,PC 装入指定的程序地址且程序从该地址处开始执行。装入 PC 的地址来自调用指令的第 2 个字或累加器的低 16 位。

在转移指令到达流水线的执行节拍时,下两条指令已被取回。这两条指令字将从流水线中清除而不被执行,然后从转移至的地址处继续执行。无条件转移指令是 B(转移)和 BACC(转移到累加器指定的存储器单元)。

2. 无条件调用

当遇到无条件调用时,它总是被执行。在执行期间,PC 装入指定的程序地址且程序从该地址处开始执行。装入 PC 的地址来自调用指令的第 2 个字或累加器的低 16 位。在 PC 被装载之前,返回地址已被保存在堆栈内。在子程序或函数执行后,返回指令把来自堆栈的返回地址装入 PC,并从跟在调用之后的那条指令处恢复执行。

在无条件调用指令到达流水线的执行节拍时,下两条指令已被取回。这两条指令字将从流水线中清除从而不被执行。返回地址则被存储到堆栈,然后从被调用函数的开始处继续执行。无条件调用指令是 CALL 和 CALA(调用累加器指定单元地址处的子程序)。

3. 无条件返回

当遇到无条件返回(RET)指令时,它总是被执行。在无条件返回被执行时,PC 装入堆栈顶的值,且从该地址处恢复执行。

在无条件返回指令到达流水线的执行节拍时,下两条指令已被取回。这两条指令字将从流水线中清除从而不被执行。返回地址从堆栈中取出,然后从调用函数之后继续执行。

3.3.4　条件转移、调用和返回

LF2407 提供仅在满足一个或多个条件时才执行的转移、调用和返回指令。用户把条件规定为条件指令的操作数。表 3.17 列出了用户可以与这些条件指令一起使用的条件以及它们对应的操作数符号。

表 3.17　用于条件调用和返回的条件

操作数符号	条件	描述
EQ	ACC = 0	累加器值等于 0
NEQ	ACC≠ 0	累加器值不等于 0
LT	ACC < 0	累加器值小于 0
LEQ	ACC ≤ 0	累加器值小于 0 或等于 0
GT	ACC > 0	累加器值大于 0
GEQ	ACC ≥ 0	累加器值大于 0 或等于 0
C	C = 1	进位位被设置为 1
NC	C = 0	进位位被清除为 0
OV	OV = 1	检测到累加器溢出
NOV	OV = 0	没有检测到累加器溢出
BIO	BIO low	BIO 引脚为低
TC	TC = 1	测试/控制标志位被设置为 1
NTC	TC = 0	测试/控制标志位被清除为 0

1. 使用多个条件

可以把多个条件列为条件指令的操作数。如果列出了多个条件,那么为了执行这些指令,所有的条件都必须满足。注意,只有某些条件组合才有意义。对于每一种组合,必须从组 1 和组 2 中选择条件,见表 3.18。

表 3.18 条件分组

组 1		组 2		
A 类	B 类	A 类	B 类	C 类
EQ	OV	TC	C	BIO
NEQ	NOV	NTC	NC	
LT				
LEQ				
GT				
GEQ				

组 1,用户最多可以选择两个条件。这些条件的每一个必须来自不同的类(A 或 B),用户不能使用来自同一类的两个条件。例如,用户可以同时测试 EQ 和 OV,但是不能同时测试 GT 和 NEQ。

组 2,用户最多可以选择 3 个条件。这些条件的每一个必须来自不同的类(A、B 或 C),用户不能使用来自同一类的两个以上的条件。例如,用户可以同时测试 TC、C 和 BIO,但是不能同时测试 C 和 NC。

2. 条件状态

条件指令必须能测试状态位的最近值。因此,直到流水线的第 4 阶段,即前一条指令已被执行之后的一个周期,才认为条件是稳定的。在条件稳定之前,流水线控制器停止条件指令之后的任何指令的译码。

3. 条件转移

转移指令把程序控制转移到程序存储器中的任何地址。条件转移指令仅当满足用户一个或多个规定的条件(参见表 3.17)时才被执行。如果满足所有的条件,那么 PC 将装入转移指令的第 2 个字,它包含了将要转移值的地址,且从该处继续执行。

在条件已被测试时,条件转移指令后面的两条指令字也被取到流水线中。如果满足所有条件,那么这两个字将从流水线中清除而不被执行,然后从转移至的地址处继续执行。如果条件不满足,那么转移指令后的两条指令将被执行。因为条件转移使用的条件由前面两条指令的执行而决定,所以比非条件转移多用一个周期。

条件转移指令是 BCND(条件转移)和 BANZ(若当前辅助寄存器的内容不为 0,则转移)。BANZ 指令对实现循环很有用。

4. 条件调用

条件调用(CC)指令仅在满足规定的一个或多个条件时才被执行。这允许用户程序根据被处理的结果在多个子程序之间做出选择。如果满足所有的条件,那么调用指令的第 2 个字将被装入 PC,它包含了子程序的起始地址。在转移到子程序之前,处理器把调用指令后的那条指令的地址(即返回地址)存入堆栈。函数必须以返回指令作为结束,它将使返回地址弹出堆栈并使处理器恢复到调用前程序断点处执行。

在条件调用指令的条件已被测试时,调用指令后面的两条指令字也被取到流水线中。如果满足所有条件,那么这两个字将从流水线中清除而不被执行,然后从被调函数开始处继续执行。如果条件不满足,那么调用指令后的两条指令将被执行。由于需要一个等待周期条件才稳定，所以比无条件调用多用一个周期。

5. 条件返回

返回和调用与中断一起使用。调用或中断把返回地址存储到堆栈，然后把程序控制转移到程序存储器中新的单元地址。被调用的子程序或中断服务程序用返回指令结束，该指令把返回地址从堆栈顶弹出并送入程序计数器 PC。

条件返回指令(RETC)仅在一个或多个条件(参见表 3.17)被满足时才执行。通过使用 RETC 指令，用户可向子程序或中断服务程序提供多于一个的可能返回路径。被选择的路径取决于所处理的数据。此外，为了避免在子程序或中断服务程序结束处有条件地转移或者绕过返回指令，也可以使用条件返回指令。

如果满足执行 RETC 的所有条件，那么处理器将把返回地址从堆栈弹出到 PC，并恢复调用或从被中断的程序处继续执行。

RETC 和 RET 都是单字指令，但是，由于潜在的 PC 的不连续性，它的有效执行时间与条件转移(BCND)和条件调用(CC)相同。当条件返回指令也被测试时，返回指令后面的两条指令字也被取到流水线中。如果满足所有条件，那么这两个字将从流水线中清除而不被执行，然后执行调用程序。如果条件不满足，那么调用指令后的两条指令将被执行。由于需要一个等待周期条件才稳定，所以比无条件调用多用一个周期。

3.3.5　重复单条指令

LF2407 的重复(RPT)指令使单条指令执行(N+1)次，其中 N 为 RPT 指令的操作数。当执行 RPT 指令时，重复计数器(RPTC)PC 装入 N。然后重复指令每执行一次，RPTC 便减 1，直到 RPTC 等于 0 为止。当计数器值取自时间存储器单元时，RPTC 可以用作 16 位计数器。如果计数值规定为常量操作数，那么它是 8 位计数器。

重复特性可以与 NORM(规格化累加器的内容)、MACD(乘加并带数据移动)以及 SUBC(条件减)这样的指令一起使用。当指令被重复时，程序存储器的地址和数据总线被释放，同时通过数据存储器的地址和数据总线并行取回第 2 个操作数。这样使得 MACD 和 BLPD 这样的指令被重复时能在单个周期内有效地执行。

第4章　旋转式倒立摆系统设计

4.1　倒立摆系统的研究背景

倒立摆系统是学习与研究现代控制理论最理想的实验装置之一。作为一个被控对象，它具有典型的快速响应、多变量、非线性、开环不稳定的特点，必须施加一定的控制手段才能使之稳定；作为一种实验装置，倒立摆直观、形象、简单，而且其外观形状和机械参数都易于改变，具有多样性。因此，关于倒立摆的研究已经成为自动控制领域中的一个经典而具有挑战性的问题，许多新的控制理论，都是通过倒立摆控制实验来加以验证的。倒立摆作为一种自动控制教学实验设备，能够全面地满足自动控制教学的要求，许多抽象的控制概念如系统稳定性、可控性、系统收敛速度和系统抗干扰能力等，都可以通过倒立摆直观地表现出来。

从工程背景来讲，日常生活中所见到的各种重心在上、支点在下的物体的稳定问题，例如机器人行走过程中的平衡控制、火箭发射中的垂直度控制和卫星飞行中的姿态控制等，均涉及倒置问题，都与倒立摆的控制有很大的相似性，对倒立摆系统的研究在理论上和方法论上均有着深远意义。近年来，国内外不少专家学者对一级、二级及三级倒立摆进行了大量的研究，人们试图寻找不同的控制方法来实现对倒立摆的控制，以便验证该方法对严重非线性和绝对不稳定系统的控制能力。

从外观结构上看，常见的倒立摆有直线式和环形两种，如图4.1所示。直线式倒立摆的摆杆安装在与电机传动带相连的小车上，由电机带动小车在一定长度的轨道上做水平直线运动来控制摆杆的运动；环形倒立摆则将摆杆安装在与电机转轴相连的转杆上，通过电机带动转杆转动来控制摆杆的倒立。直线式倒立摆摆杆在垂直平面上运动，环形倒立摆摆杆在铅垂平面内转动，转杆则在水平面上转动。

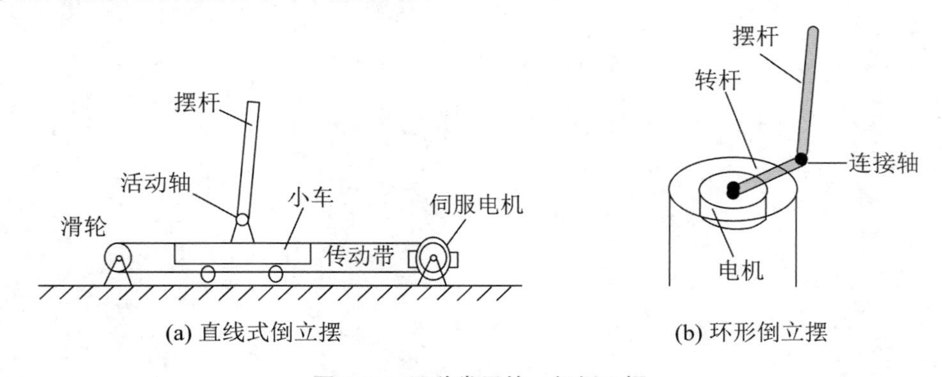

图4.1　两种常见的一级倒立摆

与同级数的直线式倒立摆相比，环形倒立摆的结构比较简单但数学模型更复杂。在直线式倒立摆中，作为控制执行机构的小车只有水平方向的直线运动，模型的非线性因素比较少，有利于倒立摆的控制；而在环形倒立摆中，作为控制执行机构的转杆绕轴在水平面转动，而摆杆则在铅垂平面内转动，系统在两个方向都有运动，模型中非线性因素比较多，对倒立摆的控制算法提出了更高的要求。

对于倒立摆的研究已经经历了一个很长的历程，很多研究者采用仿真的方法进行倒立摆算法研究。他们建立倒立摆数学模型，采用 Matlab 提供的各种控制工具箱，设计不同控制算法，通过仿真以验证控制算法的可行性；也有研究者采用 PC 机作为处理器，以数据采集卡作为接口，针对倒立摆实物进行控制研究；此外，很多研究者对小车驱动式倒立摆进行了深入研究，提出了多种不同的控制算法，取得了很多成就。

但是，仿真研究忽略了许多非线性因素，使得仿真结果与实控效果并不完全相符。采用 PC 机作为处理器时，常见的操作系统都不是实时操作系统，难以实现精确定时，从而无法准确确定采样周期，干扰了对控制算法的研究；小车式倒立摆需要有比较长的导轨提供给小车来回运动，占用空间大，并且在实验过程中装置容易损坏，整个装置有很多传动机构，比如电机转轴上的传送带，实践中常由于传动机构的一些故障或误差，齿轮间隙产生非线性误差，而不是控制方法本身的问题导致失败，因此不利于实验和研究。

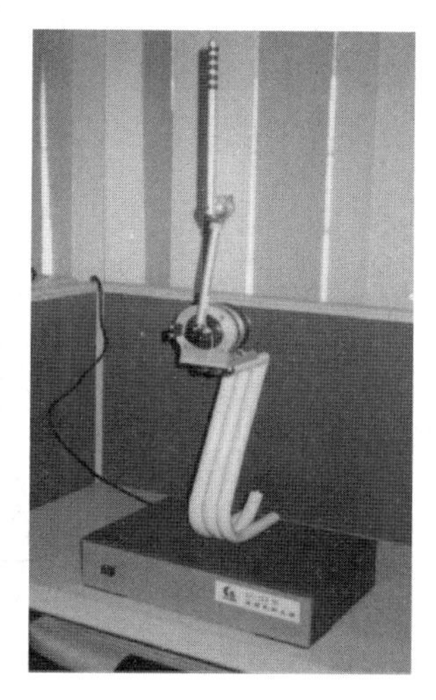

图 4.2　XZ - FFⅡ型旋转式倒立摆系统

为了给倒立摆研究提供一个良好的实验平台，中国科学技术大学自动化系嵌入式系统与控制网络实验室以及中国科学技术大学自动化系工业自动化研究所、科大创新自动化分公司曾联合研制和开发了如图 4.2 所示的旋转式倒立摆。该倒立摆由垂直面内的旋臂和摆杆组成，旋臂由电机带动以控制摆杆在垂直面内运动，并以 TI 公司的 TMS320F240 为处理器，取得了良好的效果。

中国科学技术大学自动化系和富方软件公司在 XZ - FFⅡ型的基础上，又研制了 XZ - FFⅠ型环形旋转倒立摆，新设计了基于 DSP 的环形倒立摆，主体部分由水平面上的转杆和垂直面上的摆杆组成，以 TMS320LF2407 为核心控制器，作为倒立摆研究的平台，以适应倒立摆算法研究中对系统结构、控制实时性等的要求。

4.2　环形倒立摆系统概述及总体设计方案

4.2.1　环形倒立摆系统设计目标

环形倒立摆主要是作为一个教学科研设备和科普仪器来开发的，总的设计目标和原则是：作为一个典型的被控对象，使系统具有满足一般控制理论学习与研究要求的数学模型；

在控制的执行上，能够根据控制策略迅速做出响应，同时结构简单、尽量避免机械误差；高精度采样能力，快速的计算能力，减少控制效果所受干扰；良好的人机交互能力，便于观察、分析控制效果和修改控制方案。

倒立摆系统是一个快速响应系统，要求快速采样、处理数据以及完成通信，并通过图形界面实时显示控制效果；作为教学科研设备，要提供一个良好的控制平台，使操作者易于使用，能专注于控制方法的研究。这里快速采样、处理数据用DSP控制器，而图形界面、显示、人机交互用另一台PC机，两者串行通信。

4.2.2 倒立摆系统的总体结构

倒立摆系统硬件主体包括转杆、摆杆、直流力矩电机、采样电位器、控制器和电机驱动电桥等，如图4.3所示。其中，DSP控制器、电源与驱动电路（包括变压器）等置于机箱内部，电源由外界照明电路接入，DSP控制器通过串口同上位机通信。

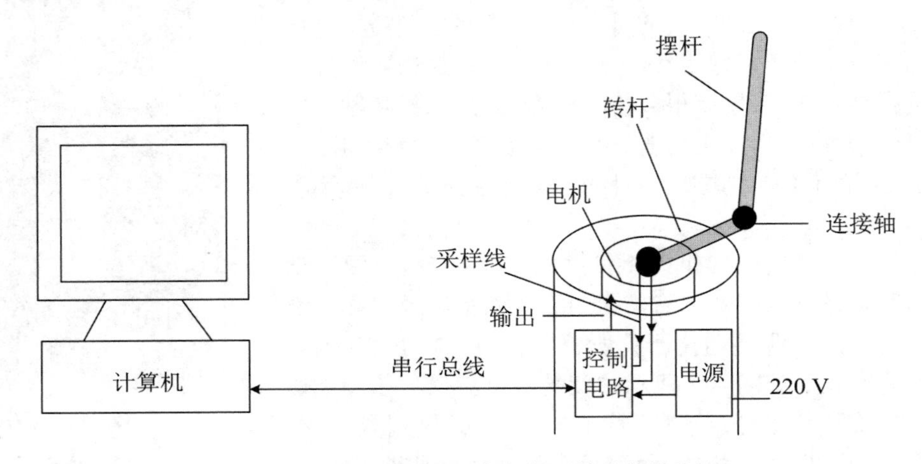

图4.3 XZ-FFⅠ型环形倒立摆系统总体结构图

倒立摆转杆固定在电机的转轴上，由电机带动；转杆和摆杆通过电位器的转轴相连，通过转杆的转动使摆杆平衡。连接摆杆和转杆的电位器可测量摆杆相对于铅垂线的夹角；测量转杆位置的电位器与电机转轴相连并固定于机箱内，电机带动转杆转动时，电机转轴同时也带动电位器转动，从而可测量转杆转角。控制电路板、电源变压器都固定于机箱底板，功率器件通过机箱散热。

4.2.3 环形倒立摆系统的总体设计方案

1. 系统控制方案

转杆由直流力矩电机带动，可绕转轴在水平面内转动。转杆和摆杆之间由电位器的活动转轴相连，摆杆可绕转轴在垂直平面内转动。转杆和摆杆的角位移信号由电位器测量得到（摆杆与铅垂线的夹角，转杆与初始位置之间的相对角度）；角速度信号由角度的位置差分获得，然后根据一定的控制算法，计算出控制律，并转化为电压信号提供给驱动电路，以驱动直流力矩电机的运动，通过电机带动转杆转动来控制摆杆的运动。其工作原理如图4.4

所示。

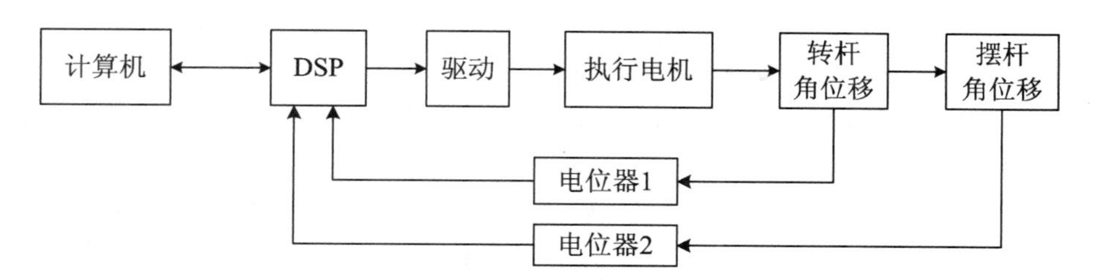

图 4.4 XZ-FFⅠ型环形倒立摆工作原理图

倒立摆的控制目标就是使倒立摆在不稳定平衡点附近的运动成为一个稳定的运动，控制摆杆在零点位置附近变化。整个过程是一个动态平衡，在实控中，表现为在平衡位置附近的来回振荡。由于倒立摆系统是一个速度比较快的系统，且线性度有限，要求的采样时间比较小（10 ms 左右），所以用连续系统的设计方法来设计数字控制器是可行且有效的，而无需用离散系统的方法来设计控制器。

2. 硬件方案

倒立摆的硬件设计主要是控制电路的设计。倒立摆是一个快速响应的系统，要求控制器能迅速实现控制算法，执行器能根据控制量快速做出控制动作。

系统采用 TI 公司的电机控制专用 DSP——TMS320LF2407 作为处理器，其高速运算能力能使数字控制系统实时进行运算，此外，2407 集成了丰富的外设，如数/模转换模块、PWM 产生电路、脉冲编码电路、串行通信模块、I/O 模块和看门狗定时器模块，简化了电路设计，且降低了系统成本。

倒立摆要求快速控制，执行电机必须具有良好的调速性能。系统采用单相永磁直流力矩电机作为执行电机，电机驱动芯片使用 Allegero 公司的全桥式脉宽调制芯片 A3952。通过 A3952 将 PWM 施加于执行电机，以实现控制量的输出。此外，A3952 具有内部电路保护功能，提高了电路的可靠性。

3. 人机交互界面设计方案

倒立摆系统是作为教学科研设备和科普仪器来开发的，良好的人机交互能力可以使操作者专注于控制方案的研究，为此，系统设计了两种运行模式、校正功能，以及数据保存、参数修改、控制情况显示等方案。

整个倒立摆系统有两种基本运行模式：

（1）控制模式。通过 RS-232C 串行总线与微机进行通信，DSP 充当上位机的采样和控制输出接口，利用上位机进行在线控制。

（2）监视模式。利用 DSP 自身具备的强大的数据处理功能，对数据进行实时处理、运算与实现控制，独立控制倒立摆的工作。在这种模式下，仍然可以通过 RS-232C 串行总线与上位机进行通信，利用上位机监视倒立摆的运行情况。

控制中，摆杆和转杆的角度是以坐标系（坐标系为 Z 轴垂直向上、X 轴与转杆初始位置重合的右手系）为基准的，在控制前需要对基准位置进行校正。摆杆位置校正方法为：手动将摆杆置于平衡位置，对该处电位器值做多次采样，进行数据滤波后保存作为摆杆位置基准值。转杆位置校正方法为：对转杆初始位置做多次采样，滤波后作为转杆位置初始值。

环形倒立摆的摆杆和转杆角度信号是用航空测量角度 WDD35D 导电塑料电位器测量

的。测量电位器 WDD35D 有效电气转角为 345°±2°，寿命达 5 000 万转。安装环形倒立摆时已把测量电位器固定在中值，但因实验中长期运行可能使机械固定偏移，因此在实验开始时要测量电位器是否严重偏离中值，否则可能产生从 345°到 0°的突变，使实验失败。

为了便于分析各种控制算法的控制效果，系统会保存控制过程中最近一段时间内的数据，包括采样数据和控制量。

鉴于多数控制方案都采用基于状态反馈的方法，系统提供反馈系数选择对话框，方便用户修改控制参数，修改后的参数将对上位机中的参数和底层 DSP 中的控制参数做更新；由于底层 DSP 程序不便修改，也无法更改底层的控制算法，作为科研设备，系统提供接口给用户，使用户能实现自己的控制算法，如模糊控制、滑模控制、变结构控制等。

每个电机都有不同的死区电压，同时采用不同的直流电压作为 PWM 的满额电压可能会对控制有不同影响，对此，系统提供了满额电压和死区电压设置对话框，以满足精确控制策略研究中对这两者所需的更改。

控制过程中摆杆、转杆的角位移变化曲线和控制量变化曲线通过用户界面实时显示，此外，还通过动画实时显示倒立摆的摆杆、转杆位置变化情况。由于摆杆和转杆在互相垂直的两个平面内运动，为在二维平面上显示倒立摆的运动情况，需要对倒立摆的三维图像进行坐标变换和投影操作。

4.3 倒立摆系统硬件设计

倒立摆系统硬件设计主要是控制电路的设计。控制电路包括电源、处理器、驱动电路、通信、采样等模块的电气连接，系统控制电路框图如图 4.5 所示。

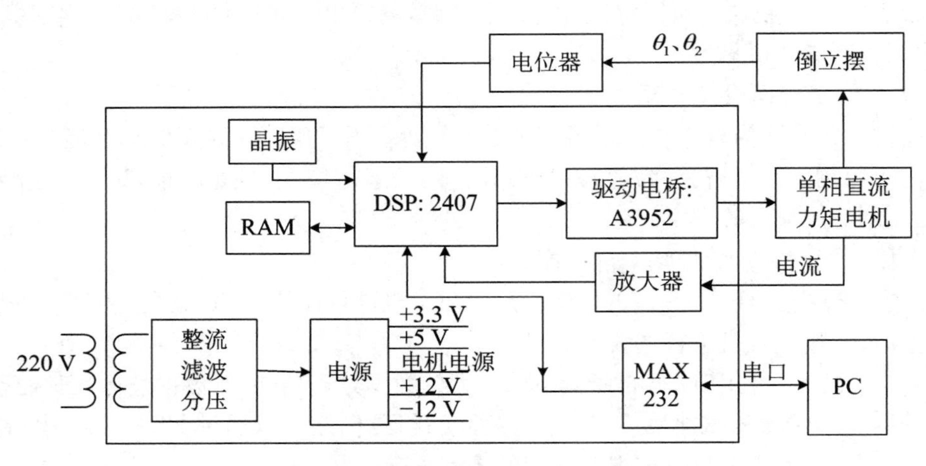

图 4.5 倒立摆系统控制电路框图

处理器是整个控制系统的核心，它的性能特点应满足倒立摆控制系统对数据处理和控制信号输出的要求。系统采用 TI 公司的电机控制专用 DSP——TMS320LF2407 作为处理器，其高速运算能力能使数字控制系统实时进行运算，强大的外设功能可以为应用提供不同的性价比方案。

由于TMS320LF2407片内RAM容量有限，而倒立摆控制中需对大量数据进行处理，系统扩展了64 K的片外SDRAM，增加了数据容量和处理能力。LF2407与片外SDRAM、晶振电路的最小系统如图4.6(a)所示。

倒立摆是一个快速响应的系统，要求执行器能根据控制量变化快速做出动作。系统采用永磁直流力矩电机作为执行机构，其具有良好的调速性能，且力矩波动小，能减少执行器对倒立摆控制的干扰。现代数字控制系统中，对电机的控制多采用脉宽调制波(PWM)进行驱动，系统采用全桥式脉宽调制芯片A3952作为驱动电桥，将控制器输出的控制量施加到驱动电机。

系统使用的各种电源由普通照明电路引入，经变压器降压，再经过全波整流、滤波、分压后得到整个控制电路的各种电源，包括用于驱动电机的直流电源(15 V)、采样电位器供电电源和芯片工作电源(5 V和3.3 V)、放大器电源(+12 V和−12 V)。驱动负载的直流电压大小可通过倒立摆数学模型计算出的控制量估算，并参考电机力矩对供电电压做出要求，该电压若取太大，则PWM的占空比只在小范围内变化，而较小的直流供电电压又导致电机能输出的力矩较小，使系统抗干扰能力减弱，经估算和多次测试，取为15 V。为提高系统抗干扰能力，在电源设计时，将数字电源、地线和模拟电源、地线分开，仅在一个位置将它们连接起来。电源电路如图4.6(b)所示。

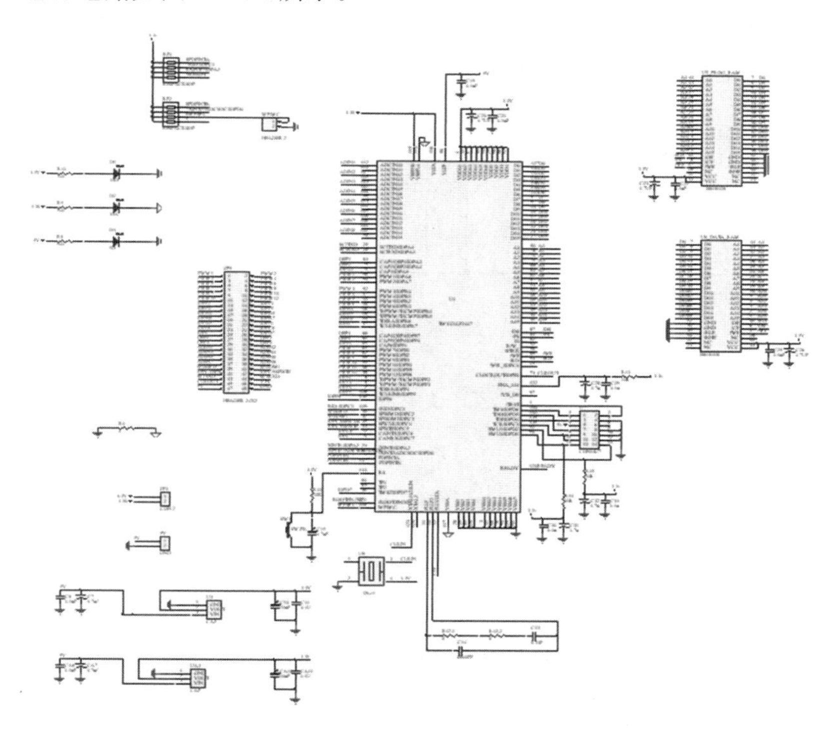

(a) 最小系统

图4.6 倒立摆系统电路图

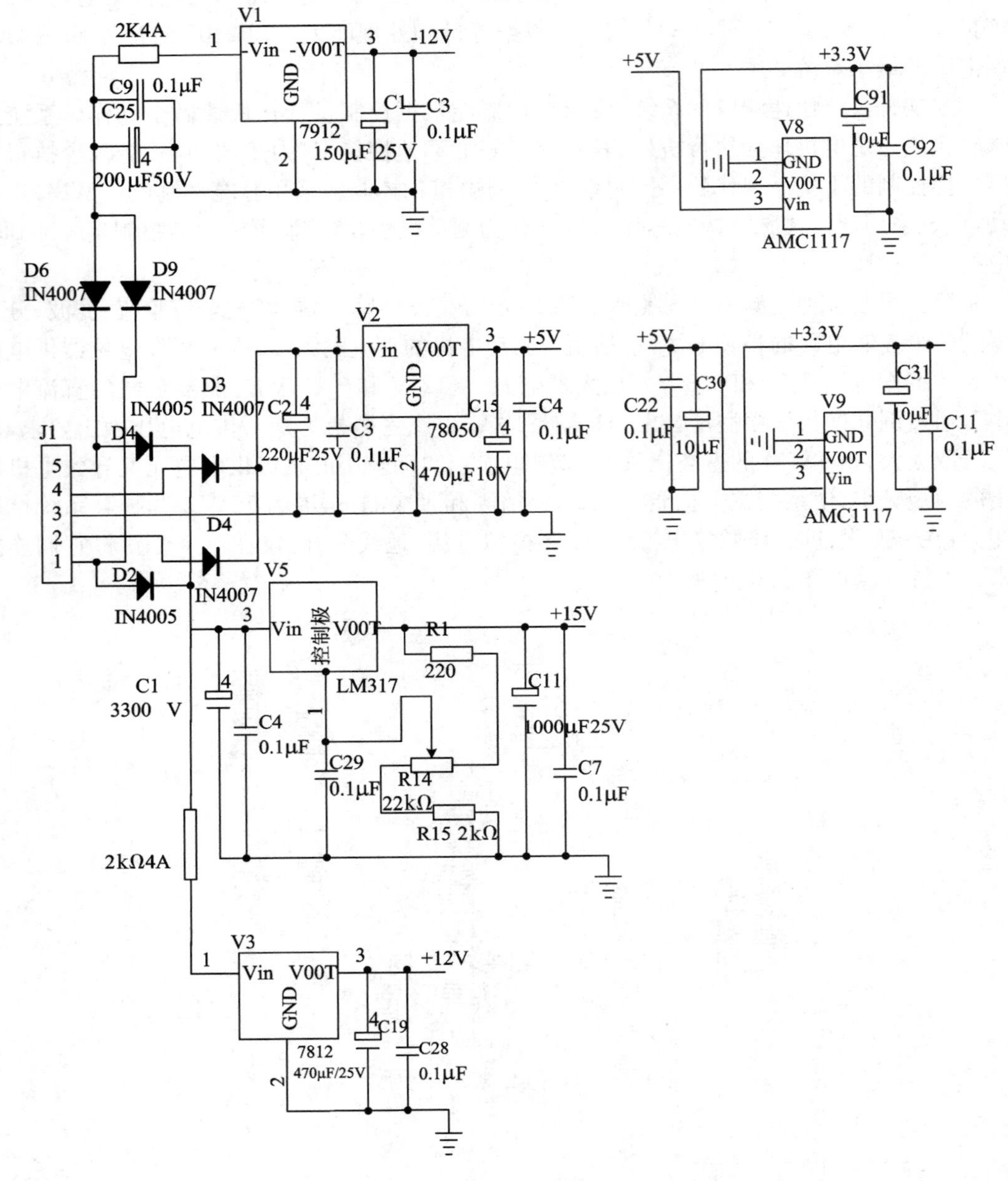

(b) 电源电路

图 4.6　倒立摆系统电路图(续)

系统采用高精度电位器作为传感器,采样摆杆位置信号、转杆位置信号与速度信号则由位置差分获得,以降低成本。

LF2407 集成了串行通信模块,其工作电压为 3.3 V,RS-232 标准的高电平为 −3 V～−15 V,低电平为+3 V～+15 V,系统采用电平转换器 MAX232 对电平进行转换,以实现通信。

XZ-FF Ⅰ 型和 XZ-FF Ⅱ 型环形倒立摆的随动系统硬件结构体系是一样的。TMS320LF2407 的有关部分可参见本书第 2 章和第 3 章。

4.3.1　TMS320LF2407 的片内外围设备

240xA 系列 DSP 具有丰富的片内外设，包括事件管理器、CAN 接口、A/D、SPI、SCI、看门狗定时器、通用双向数字 I/O 引脚。

1. 事件管理器

240xA 的事件管理模块(EV)主要管理定时器、用于数字电机控制的 PWM 发生器、用于连接光电编码器的正交编码脉冲电路(QEP)等。

2407 具有两个事件管理模块(EVA 和 EVB)，每个事件管理模块各有两个通用定时器，这些定时器可为如下应用提供时间基准：

(1) 控制系统的采样周期。

(2) 正交编码电路(QEP)和捕获单元。

(3) 比较单元和相关的产生 PWM 输出的 PWM 电路操作。

PWM 发生器可产生最多达 16 路的带可编程死区 PWM 波形输出，PWM 的最大分辨率为 16 位，脉宽可通过编程快速改变。

脉冲编码电路(QEP)用于连接光电编码器，可以获得旋转机械的位置和速率等信息。

2. A/D 模块

240xA 具有内置采样保持的 10 位 ADC 内核，转换时间为 375 ns，能够实现数据的快速采样，16 个模拟输入通道可同时对 16 个模拟信号进行采样，可通过软件启动、外部触发源启动等多种方式启动转换，使用方便。

A/D 模块提供了校正模式，可计算 ADC 零点、中点和满度时的测量误差。该偏移误差值的二进制补码被保存在寄存器中，在此基础上，ADC 硬件自动将偏移误差加到转换值上。

3. 串口通信模块(SCI)

240xA 的 SCI 模块支持 CPU 和其他使用标准 NRZ(非规零码)格式的异步外设之间进行异步数据通信。SCI 接收器和发送器都是双缓冲的，每个都有自己独立的使能和中断位，两者都可以独立工作或者在全双工模式下同时工作。

为确保数据的完整性，SCI 可以对收到的数据进行检测，如间断检测、奇偶性、超时和帧错误检测等。通信波特率可以通过一个 16 位的波特率选择寄存器进行编程，因此可以得到超过 65 000 种不同的速率。

SCI 有两种多处理器协议，允许在多个处理器之间进行有效的数据传输。此外，SCI 提供了与许多外围设备接口的通用异步接收器/发送器(UART)通信模式。异步发送的字符包括：

(1) 1 个起始位。

(2) 1～8 个数据位。

(3) 1 个奇偶校验位或无奇偶校验位。

(4) 1～2 个停止位。

4. 看门狗模块

看门狗定时器(WD)监视软件和硬件的运行，在 CPU 受干扰时完成系统的复位功能。正常情况下，可通过向 WD 复位关键字寄存器(WDKEY)写入正确组合值清除 WD 计数器，如果软件进入死循环，或 CPU 被暂时打断，则计数器不会被正确清除，WD 定时器上溢，并产生一个系统复位。多数暂时打断芯片运行和抑制 CPU 正常运作的情况都可以被看门狗清除并复位，从而增强了 CPU 的可靠性，确保了系统的完整性。

4.3.2 执行电机和驱动电路

环形倒立摆系统使用单相永磁直流力矩电机作为执行电机，该电机满额电压 27 V，满额电流 2.26 A，电磁时间常数 2.5 ms，堵转力矩 0.627 N·m，最大空载转速 900 rad/min，具有良好的调速性能。

电机驱动芯片使用 Allegero 公司的全桥式脉宽调制芯片 A3952，其功能框图如图 4.7 所示，它可以连续工作于输出电流±2 A，电压 50 V。A3952 内置的离线脉宽调制电流控制电路，可以通过外接参考电压和传感电阻设定最大负载电流为期望值，当负载电流达到所设定最大峰值电流时，关断所选择工作模式下的驱动器，以保护电路，关断时间可由外接的 *RC* 定时电路设定；此外，它还具有内部电路保护功能，包括滞后的高温掉电、钳制二极管回流和电流交叉保护，是一种安全、高效的电机驱动芯片。

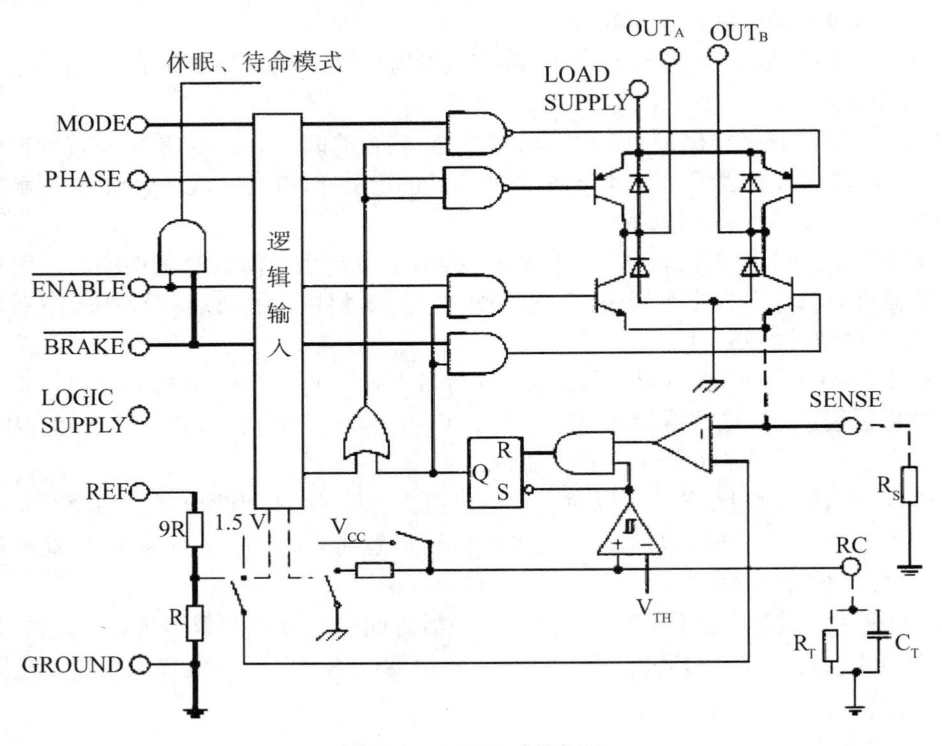

图 4.7 A3952 功能框图

A3952 内部为 H 桥结构，它的工作状态主要由 4 个逻辑输入引脚决定。当引脚 $\overline{\text{ENABLE}}$为低电平时，使能芯片工作，此时，PHASE 引脚的输入控制着输出的极性（正还是负）；MODE 引脚决定着脉宽调制电路（PWM）的工作模式（快衰减或慢衰减）；$\overline{\text{BRAKE}}$引脚确定是否对电机进行制动。当$\overline{\text{ENABLE}}$和$\overline{\text{BRAKE}}$为高电平时，所有电路停止工作，芯片处于休眠模式以降低功耗。相应真值表如表 4.1 所示。

表 4.1　A3952 真值表

$\overline{\text{BRAKE}}$	$\overline{\text{ENABLE}}$	PHASE	MODE	OUT_A	OUT_B	
H	H	X	H	Z	Z	休眠模式
H	H	X	L	Z	Z	旁观模式
H	L	H	H	H	L	快衰减模式
H	L	H	L	H	L	慢衰减模式
H	L	L	H	L	H	快衰减模式
H	L	L	L	L	H	慢衰减模式
L	X	X	H	L	L	快衰减、制动
L	X	X	L	L	L	制动、无电流控制

注：H 表示高电平，L 表示低电平，Z 表示高阻状态，X 表示无关。

A3952 有两种工作模式：快衰减模式和慢衰减模式。采用内部保护功能时，当负载电流达到最大峰值电流 I_{TRIP}，比较器将触发器置零，关断慢衰减模式下的接收驱动或者快衰减模式下的接收和源驱动对，此时输出被禁止，没有功率输出，电机电流衰减。在慢衰减模式下，由于接收驱动被禁止，电机的电感特性导致电流通过源驱动器和续流二极管疏流；快衰减模式下，接收和源驱动都被禁止，电流通过钳制地和续流二极管从地流向负载。两种工作模式下的电流波形如图 4.8 所示。

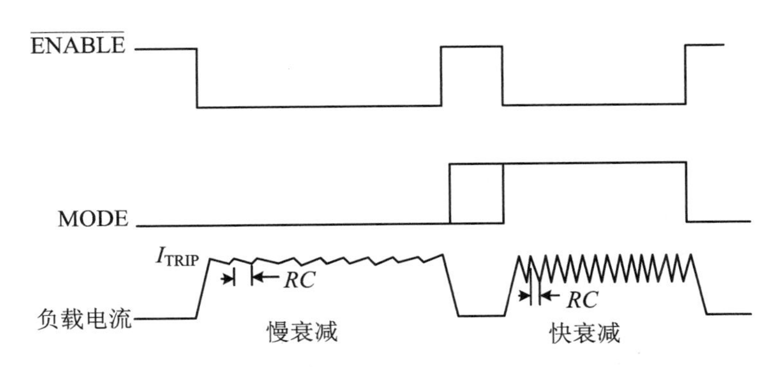

图 4.8　A3952 慢衰减和快衰减模式下的电流波形

在慢衰减和快衰减图形中，一般控制周期在 10 ms，而图中充放电波形由 PWM 工作频率、PWM 占空比及控制方式决定。工作频率在 10 RC，远大于控制频率(100 Hz)

负载峰值电流 I_{TRIP} 根据输入参考电压 V_{REF} 和外部电阻 R_{S} 设置：

$$I_{\text{TRIP}} = \frac{V_{\text{REF}}}{10 \cdot R_{\text{S}}}$$

衰减时间则由外部 RC 电路设定：

$$t_{\text{off}} = R_{\text{T}} \cdot C_{\text{T}}$$

当衰减时间到达时，RS 触发器被比较器置 1，接通接收驱动和源驱动，电机重新工作。

由表 4.1 所示的真值表可知，$\overline{\text{ENABLE}}$、PHASE 引脚和 $\overline{\text{BRAKE}}$ 引脚都可以接 PWM 作为输入来控制电机：当 $\overline{\text{ENABLE}}$ 或 $\overline{\text{BRAKE}}$ 接 PWM 而 PAHSE 固定时，产生单极性输出；当 PHASE 接 PWM 而 $\overline{\text{ENABLE}}$ 或 $\overline{\text{BRAKE}}$ 固定时，产生双极性输出。当采用 $\overline{\text{ENABLE}}$ 接

PWM 且工作于快衰减模式时，为防止 A3952 进入休眠状态，应将 $\overline{\text{ENABLE}}$的输入信号翻转后接 MODE；同样，当用$\overline{\text{BRAKE}}$接 PWM 且工作于慢衰减模式时，应将$\overline{\text{BRAKE}}$输入信号翻转接 MODE，以免制动时对电流不实施控制。

如果不采用内部保护功能，则参考电压输入端 REF 应接逻辑供电电压 V_{CC}，SENSE 端接地，RC 端悬空。此时，若用$\overline{\text{BRAKE}}$作为 PWM 输入，则由于电机制动时电流很大，容易烧坏芯片。

在倒立摆系统设计中，A3952 采用了慢衰减工作模式，它的电路更简单。为了控制倒立摆平衡，电机需要向不同方向转动，将$\overline{\text{ENABLE}}$接 PWM 信号，实现脉宽调制控制，PHASE 接 DSP 的 I/O 口，根据处理器的命令控制电机的转动方向，控制中不对电机制动。电路图如图 4.9 所示。

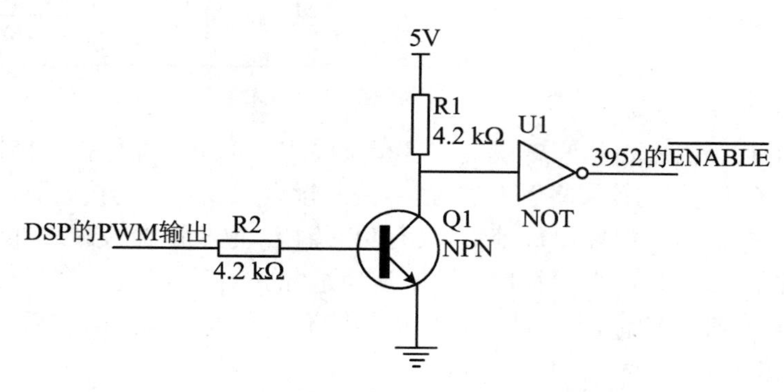

图 4.9　A3952 的逻辑输入电路

本节采用慢衰减模式，峰值电流 $I_{\text{TRIP}}=\frac{12}{0.5\times10}=2.4(\text{A})$，衰减时间为 20 μs，防止电机电流持续过大，保护电机和芯片本身。为了检测电机电流变化，将电阻 R_S 的电压经放大器放大，送 DSP 采样和处理，并可以通过通信接口送给上位机显示、分析，也可以用示波器观测 R_S 电压，以分析电机电流变化情况。

对于任何控制系统，在未加控制前，应处于初始状态，这要求在电路设计时，对于系统刚上电但没有进行控制的状态，输出应为零，对此通过设置 A3952 在初始上电时的输入引脚状态实现。此外，A3952 的核电压为 5 V，而 TMS320LF2407 的核电压为 3.3 V，需对 DSP 的输出做电平变换才可以用作 A3952 的输入，电平变换通过三极管实现。为使 A3952 输出为零，其逻辑控制输入引脚$\overline{\text{ENABLE}}$应为 5 V 高电平，而初始上电时 DSP 的 PWM 引脚和 I/O 引脚为 3.3 V 高电平，经过三极管电平变换后(3.3 V 变为 5 V)，电平被反相，所以需再做一次电平反相变换才能使 A3952 的$\overline{\text{ENABLE}}$引脚输入高电平。这样的设计，也实现了 DSP 和大功率的 A3952 的隔离，保护了电路。如图 4.9 所示。

4.3.3　采样器件

摆杆和转杆的位置信号由电位器测量。测量电位器为 WDD35D 导电塑料电位器，阻值为 1 kΩ，独立线性度为 0.1%，有效电气转角为 345°±2°，寿命达 5 000 万转，为航空用测量角度电位器。LF2407 片上集成了采样精度为 10 位、转换时间为 375 ns 的 ADC，采用高精度电位器测量时，对于 1°的角位置变化，对应的采样值变化为$\frac{1\,024}{345}$；相对于每圈 1 000 个脉冲的光电码盘，后者 1°的角位置变化对应的采样值变化为$\frac{1\ 000}{360}$，两者分辨率接近，但电位器价格仅为光电码盘价格的$\frac{1}{5}$，并且硬件电路简单，因此具有更高性价比。

为提高采样精度，在硬件和软件上都对采样数据做滤波处理。硬件上，通过在采样线与地线间并联 1 μF 的电容滤出高频噪声，如图 4.10 所示；软件上采用中值滤波和平均滤波结合，进一步平滑噪声。

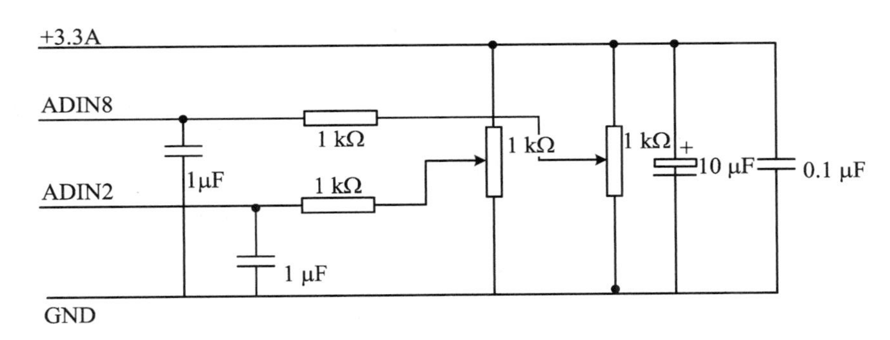

图 4.10　采样电路

4.4　人机交互接口设计

上位机提供人机交互接口，以方便对系统的操作，使操作者能专注于控制方案的设计。人机交互接口包括控制方式选择、参数设置、控制数据的实时显示以及倒立摆当前运动状况的实时动画等；同时为尽快获得底层所发送信息，上位机需时刻监视串口状态；此外，系统还将最近的控制数据保存，以便于进一步分析控制效果。由于 PC 机计算能力强大且可以方便地修改程序，所以系统也提供控制接口，以便于在上层实现控制算法。

系统实时显示控制过程中摆杆、转杆位置变化曲线和相应的控制量变化曲线，同时通过动画显示倒立摆运动状况，以便直观地了解倒立摆的控制效果，如图 4.11 所示。绘图为慢速操作，为缩短绘图时间，减少对数据接收等操作的干扰，在绘图时对数据再做一次采样，只用全部采样数据的$\frac{1}{2}$绘图。

图 4.11 中所示转杆、摆杆角度是相对于初始时相对移动的角度，不是电机和角度电位器的绝对移动角度。

由于摆杆和转杆在互相垂直的两个平面内运动，为在平面上显示倒立摆运动情况，并保持图像的真实感，需对倒立摆模型进行坐标变换和投影操作。将一个三维物体在平面上显示，需要做如下主要操作：

(1) 先用图形表示出物体。倒立摆系统比较简单，我们用圆平面代表倒立摆底座，用线段代表转杆和摆杆，如图 4.12 所示。

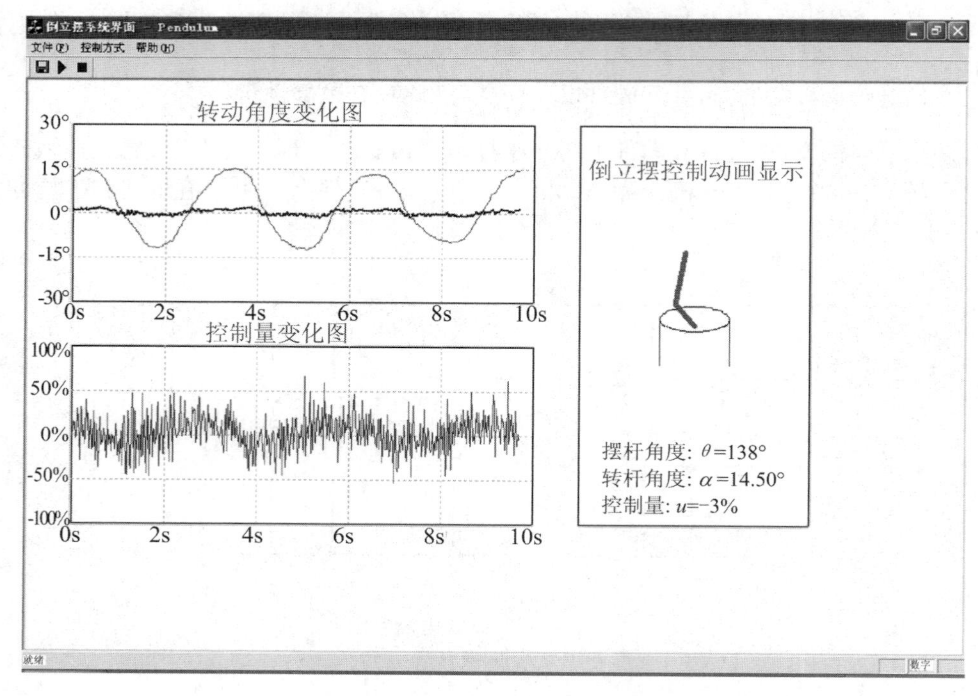

图 4.11 上位机交互界面

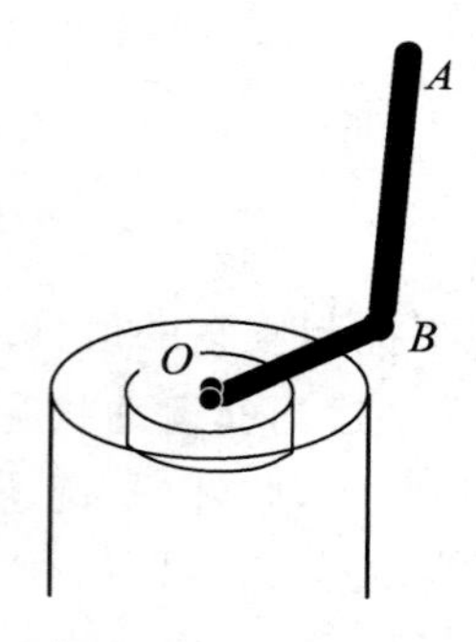

图 4.12 倒立摆三维图像

(2) 三维建模。对摆杆和转杆的实时位置建立方程。以端点 B 为坐标原点，沿转杆方向为 X 轴，垂直向上为 Z 轴，按右手定则建立摆杆坐标系，则运动过程中，摆杆角位移为 θ_2 时，端点 A 坐标为 $\begin{cases} x_2 = L_2\cos\theta_2 \\ y_2 = 0 \\ z_2 = L_2\sin\theta_2 \end{cases}$；以 O 点为坐标原点，转杆初始平衡位置为 X 轴，垂直向上为 Z 轴，按右手定则建立转杆坐标系，则转杆角位移为 θ_1 时，端点 B 坐标为 $\begin{cases} x_1 = L_1\cos\theta_1 \\ y_1 = L_1\sin\theta_1 \\ z_1 = 0 \end{cases}$。其中 L_1 为转杆长度，L_2 为摆杆长度。

(3) 建模坐标到世界坐标的模型变换。三维建模时，为方便确定摆杆和转杆的实时位置，为其定义了各自的坐标系；为对整个系统进行描述，需将摆杆和转杆从各自坐标系转换到一个统一的坐标系中进行描述。这里以转杆坐标系作为世界坐标系，则运动过程中，A 点在世界坐标系中的坐标为

$$\begin{cases} x = L_1\cos\theta_1 + L_2\sin\theta_1\sin\theta_2 \\ y = L_1\sin\theta_1 - L_2\cos\theta_1\sin\theta_2 \\ z = L_2\cos\theta_2 \end{cases}$$

(4) 世界坐标到观察坐标的观察变换。为了将三维图形在显示平面显示，需要指定一个观察物体的位置和视角，以及从该视角方向观察物体时物体投影的平面位置（类似于照相时选择一个照相的视角和相机胶片所在平面位置），即建立一个观察坐标系，然后将物体从世界坐标中的描述转换为观察坐标中的描述。由于摆杆角位移较小，本节的观察参考点（观

察物体的位置）采用世界坐标系原点，观察方向（即视角方向）的单位向量为 $\left(\frac{3}{10}\sqrt{10},0,-\frac{\sqrt{10}}{10}\right)$，投影平面 Y 轴的单位向量为 $\left(\frac{\sqrt{10}}{10},0,\frac{3}{10}\sqrt{10}\right)$，投影平面 X 轴的单位向量为 $(0,-1,0)$。

(5) 观察坐标到投影坐标的投影变换。投影变换将三维描述的物体投影到二维的投影平面上。为产生物体的真实感图像，对物体做透视投影，物体位置沿收敛于某一点（投影参考点）的直线变换到投影平面上，投影视图由投影线与观察平面交点获得。

(6) 投影坐标到设备坐标的工作站变换。将观察窗口内的图像在显示器上显示出来。

由于很多的控制算法基于转杆、摆杆位置和速度的状态反馈，系统提供了控制参数设置对话框以方便用户设置 4 个反馈系数（转杆位置 K0、摆杆位置 K1、转杆速度 K2、摆杆速度 K3，速度由位置差分获得）；因制作工艺、负载大小、摩擦等因素，每个电机死区可能不同，为便于倒立摆算法研究，系统也提供了死区设置；此外，还可以对满额电压进行设置。如图 4.13 所示。反馈系数、死区电压、满额电压的更新都通过串口发往底层 DSP，在底层与上层都更新设置。

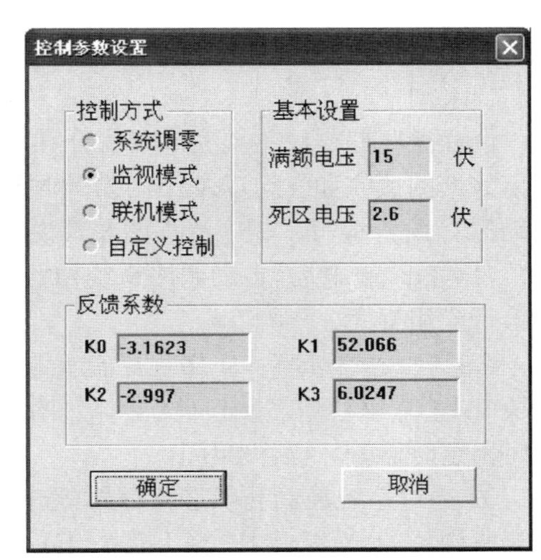

图 4.13　控制参数设置界面

系统最多保存最近 1 分钟内的控制数据，包括转杆位移、摆杆位移和控制量。在系统运行中，采样数据由监视串口的工作线程从串口缓冲区读取，然后根据转杆、摆杆的位移和采样时间间隔通过差分方式获得摆杆、转杆角速度，从而得到控制所需的参数：转杆位移、摆杆位移、转杆角速度、摆杆角速度。由控制算法计算出控制量后，将当前的控制数据（转杆、摆杆位移和控制量）自动保存到内存的数组里。由于 CPU 与内存能快速交换数据，所以控制数据都先保存在内存，将内存中数据保存到硬盘为慢速 I/O 操作，只有当保存数据的命令发生时，才将内存中保存的所有数据写到文件中保存。为避免因数据量不断增大导致内存占用过多，内存中最多保存 1 分钟内的采样数据（如果是 10 ms 一组，则最多6 000组），当内存中数据量到达上限时，如果没有保存数据到文件的命令，则将内存中的数据全部丢弃，再重新保存下一轮的控制数据。

为了使操作者能够实现不是基于状态反馈的控制方案，系统提供了自定义控制模式选择，此时，系统将控制需要的 4 个参数通过接口提供给操作者，操作者实现控制算法后，通过动态链接库（DLL）文件的形式将控制方案提交给系统，由系统实现控制。

4.5 倒立摆系统软件设计

系统软件设计包括底层 DSP 软件设计和上位机的软件设计。其中,底层主要负责采样、数据滤波、PWM 波形产生与输出、数据发送以及部分控制算法的实现。上位机主要是人机交互接口,包括数据的显示、保存以及和底层的通信。

4.5.1 底层软件设计

倒立摆底层程序主要完成对摆杆和转杆位置采样并进行滤波、PWM 波形产生与输出、通信数据的接收和发送以及控制模式时控制算法实现的功能。为缩短软件开发周期,程序代码用 C 语言编写。程序流程图及其说明如图 4.14 所示。

(1) 系统上电后,自动调用系统初始化函数 c_int0,初始化运行环境,然后调用主函数开始执行应用程序。

(2) 进入主程序后,应用程序首先初始化系统所用到的各个功能模块,包括模/数转换模块(ADC)、串行通信接口(SCI)、事件管理器中(EV)的定时器、PWM 产生模块、I/O 模块、看门狗定时器等。操作如下:

① 通过系统控制和状态寄存器,选择输入时钟倍频数,从而选择系统时钟频率;初始化使能所用到的 ADC 模块、SCI 模块、EV 模块和看门狗模块。设计时使用了 10 MHz 晶振,通过 PLL 模块对其 4 倍频,选择系统工作时钟为 40 MHz。

② ADC。对 ADC 进行校准,选择输入通道数目。通过对 ADC 的校准操作,可以减少 ADC 偏移造成的采样误差;控制中对摆杆和转杆电位器做采样,所以采样通道数设置为 2。

③ SCI。允许接收中断,关闭发送中断,设置通信波特率,使能发送、接收操作。由于倒立摆系统主要工作在实验室环境,通信距离短、所受干扰小,可采用较高的通信波特率,不妨将波特率设置为 38 400;通信时,发送操作可以选择在任意时刻发送,是主动的,不需要中断,而接收是被动的,只有通过串口中断才能知道是否有数据到达。

④ EV。设置定时器定时周期,选择 PWM 波形、PWM 的载波周期,允许定时器周期中断。定时器周期为控制系统中的各种控制应用计时,包括采样周期、控制周期和发送数据周期等;PWM 有非对称波形和对称波形,对称 PWM 信号调制脉冲关于每个 PWM 周期中心对称,具有两个相同时间长度的无效区,当使用正弦调制时,对称波形产生的谐波比非对称 PWM 波形产生的谐波小;PWM 载波频率不影响输出平均电压,但影响实际输出电压、电流波形,PWM 载波频率越高,实际输出波形越接近理想波形。为获得良好的实际输出波形,将 PWM 载波频率设为 10 kHz,PWM 输出波形选择为对称 PWM 波,由于倒立摆是一个快速控制系统,所以选择定时器定时周期为 10 ms。

⑤ I/O 模块。选择用于输入、输出的 I/O 口,并设置输入、输出工作电平。

⑥ 看门狗。设置看门狗溢出时间为 209 ms。

初始化开始前,需关闭中断,以免初始化过程受到干扰;初始化结束后,再打开中断,以使系统能响应各种事件。

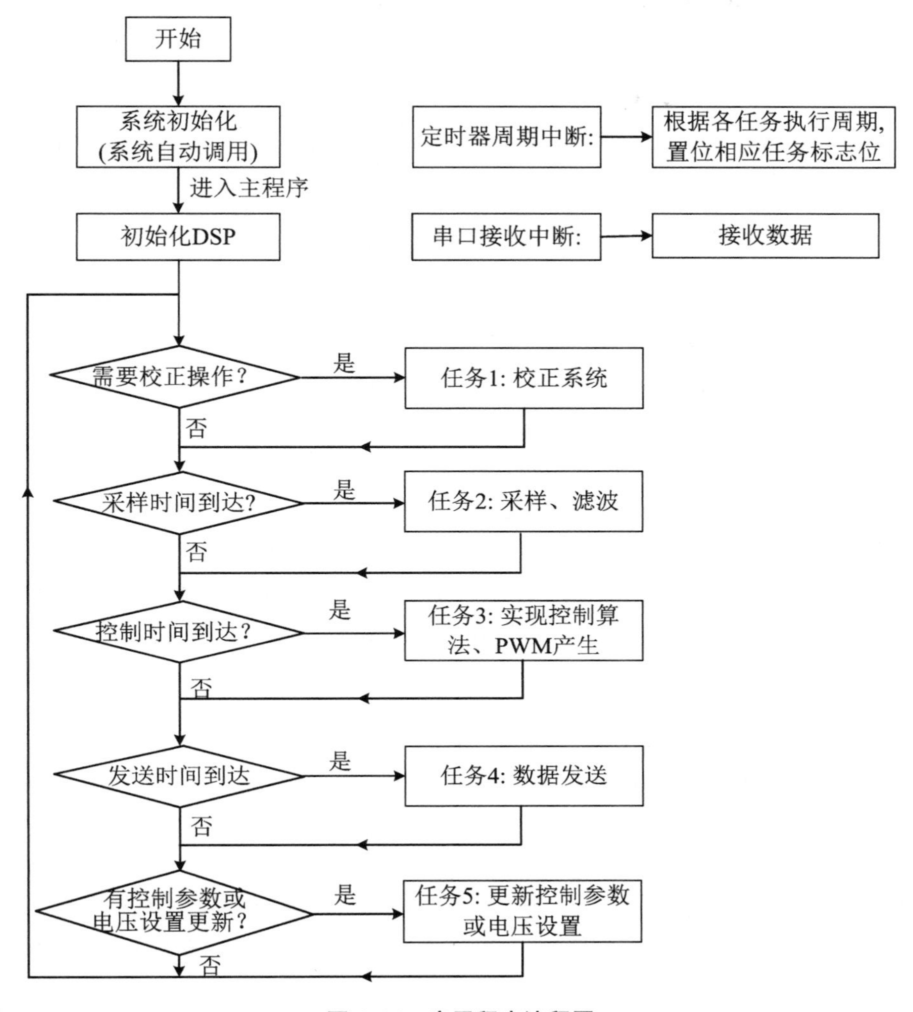

图 4.14　底层程序流程图

(3) 进入主循环,循环查询各任务的执行标志位,若标志位置位,则执行相应的操作。标志位由定时器中断服务子程序根据各任务执行周期做周期性置位或由串口中断服务程序根据上位机命令置位,任务执行后进行清除。

系统共有5个任务:校正系统、采样滤波、计算控制量并产生PWM输出、向上位机发送数据、更新控制参数或电压设置。其中在控制过程中,采样任务、控制任务和发送任务需周期性不断执行,执行周期都为10 ms,任务执行标志位由定时器中断服务程序周期性置位,以满足倒立摆系统的快速控制要求;校正任务和控制参数更新任务只有在收到命令时才需要执行,执行标志位由接收中断服务程序置位。

① 校正系统。当上位机发来校正命令时,对当前摆杆和转杆位置各采样100次,进行中值滤波去掉最大的$\frac{1}{4}$数据和最小的$\frac{1}{4}$数据,再将剩下的一半数据做平均滤波,取平均值作为系统位置初始值并保存,等待发送任务将初始位置发送到上位机。在校正前应保证系统处于静止状态,即摆杆处于平衡位置,转杆则静止不动。校正任务执行标志位由校正命令置位,只有上位机结束校正操作,改为其他控制模式时,才结束校正操作。

② 采样滤波。选择采样通道后通知ADC开始执行A/D操作，等待A/D操作完成。由于LF2407的ADC具有快速的转换时间(硬件采样保持时间375 ns，实际完成时间约2 μs)，故可以一次对同一个信号采样多次，再滤波减少干扰。滤波方法为先做中值滤波，去除最大的$\frac{1}{4}$采样值和最小的$\frac{1}{4}$采样值，然后做平均滤波，对剩下的一半采样数据取均值作为本次采样结果。

③ 计算控制量和PWM产生。在监视模式下，由底层DSP实现控制算法，此时根据采样值计算出控制量；在控制模式下，由上位机实现控制算法，发到底层，此时控制量由串口接收数据获得。由获得的控制量计算出PWM的占空比，设置LF2407用于产生PWM的寄存器；此外，根据控制量符号设置I/O口，以控制电机的正转和反转。

④ 发送数据。将待发送的数据写入发送数据缓冲寄存器，等待发送完成。

⑤ 更新控制参数或电压设置。根据上位机发送来的控制参数或电压设置，重新设置它们。

系统使用了两个中断：定时器周期中断和串口接收中断。定时器中断周期为10 ms，用于为系统中的3个任务执行周期计时；串口中断由上位机数据发送引发，中断服务程序中将串口收到数据保存到全局变量，以便于控制任务提取数据，当有控制参数更新和校正操作时，中断服务程序使校正任务和参数或电压设置任务执行此标志置位，使系统可以执行校正操作和更新控制参数、电压设置。数据接收为紧要事件，故设置串口中断的优先级高于定时器周期中断。

控制过程中，采样数据由采样任务得到，然后保存到一个全局变量中，控制任务从全局变量读取采样值，再根据采样值设置控制参数和计算控制量。同样，用一个全局数组来保存用于发送的数据，包括采样值和本次发送的序号，当采样结束时，将采样值按通信格式填入全局数组中保存，直到发送任务执行，再从该全局数组中提取数据，发送到上位机。

当有校正命令时，系统停止采样任务和控制任务，使系统处于静止状态。由于采样任务和校正任务对信号连续采样次数要求不一样，所以校正任务单独做采样操作，然后将采样值保存作为初始位置值，并将该采样值填入用于通信的全局数组，由发送任务发送到上位机。

当有控制参数更新任务时，串口中断服务程序先将接收到的数据依次保存到一个全局数组中，直到所有更新数据接收完成时，再令控制参数更新任务执行标志置位。更新数据接收完，当执行控制参数更新任务时，将该全局数组中保存的数据分别取出，用于设置反馈系数、满额电压和死区电压。

系统主频为40 MHz时，采样任务对两个采样数据连续做12次采样，并完成滤波大约需要2.5 ms；采用LQR控制算法时，控制任务执行时间大约1 ms，采用模糊控制时执行时间大约2.8 ms(两种控制方法的详细内容见5.2节和5.3节)；发送任务用时大约1 ms(一次发送4个字节数据)，系统对各个任务的执行周期为10 ms，能顺利执行完3个任务。校正操作时，系统对两个数据各自做100次采样和滤波，总时间约5.8 ms，此时不执行采样和控制任务，操作能正常完成；当有控制参数更新时，更新数据执行时间大约需0.6 ms，这不会对正常控制产生影响。

4.5.2 上位机软件设计

上位机程序设计以Microsoft公司的Visual C++为平台，并利用其提供的MFC(微软标准库)编写。Windows 程序运行机制是以消息为基础,依靠外部事件进行驱动。也就是说,程序不断等待任何可能的输入,然后做判断,再做适当的处理。这些输入被操作系统捕捉到后,以消息形式进入程序中,应用程序对各种消息采取相应的处理。

由于控制过程中,上位机和底层需要通信,所以上位机需时刻监视串口,以获得底层发送来的数据,而 Windows 系统是非实时操作系统,且不能直接访问硬件,所以在程序中要用一个线程来监视串口,如果串口有通信事件发生,则接收数据并进行处理。上位机程序流程图如图 4.15 所示。

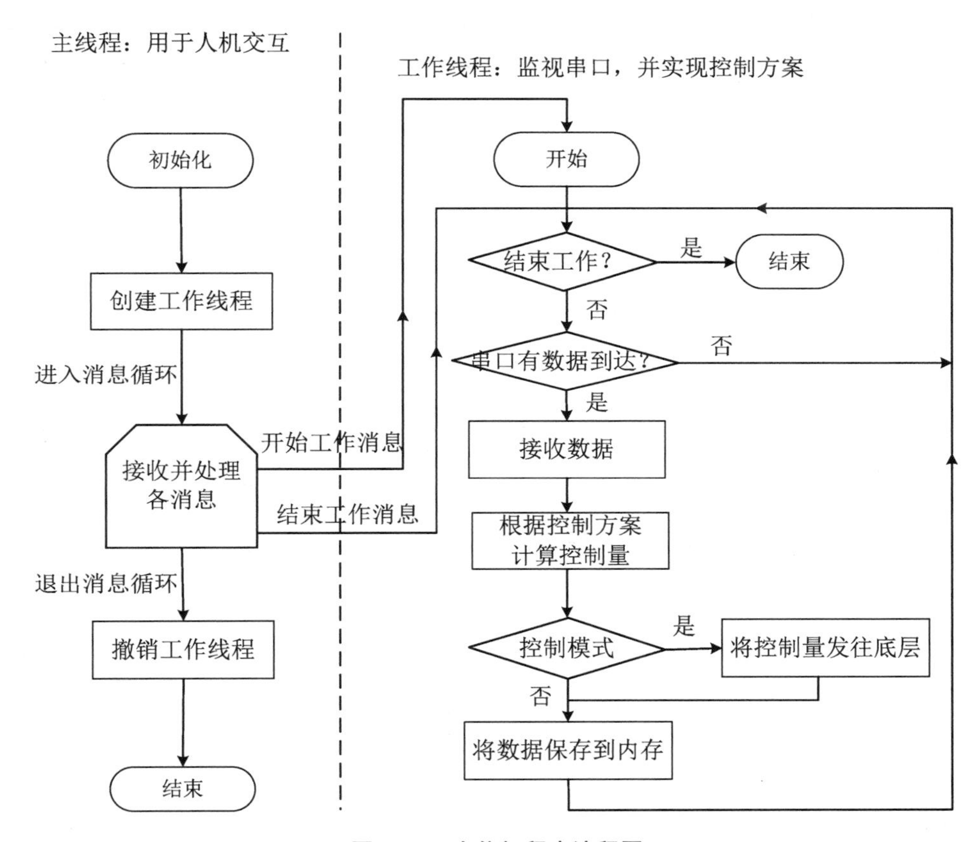

图 4.15　上位机程序流程图

主线程负责人机交互,处理各种用户输入以及绘图、保存数据等操作,此外主线程还创建工作线程并控制工作线程的工作状态。主线程完成初始化后,进入消息循环,等待并处理各种消息。系统主要消息有:

(1) 开始运行消息。由开始运行命令触发。使工作线程就绪,设定并打开定时器,发送选择的控制命令。

(2) 停止运行消息。由停止运行命令触发。挂起工作线程,关闭定时器。

(3) 定时器消息。由定时器周期性触发。发送消息,以更新图像。

(4) 参数设置消息。由参数设置命令触发。读取设置的控制参数并保存,以用于控制和发送到底层。

(5) 图像更新消息。由图像更新命令触发。显示实时控制曲线和倒立摆状态动画。

(6) 保存数据信息。由保存数据命令触发。将内存中的采样值、控制量保存到硬盘。

工作线程负责监视串口和实现控制方案。一旦有数据到达，程序就读取数据，然后根据控制方案计算控制量。由于PC机具有强大的数据处理能力，为减少通信数据量和简化通信协议的设计，在监视模式下，底层只是采样数据并发送到上位机，控制量由上位机根据相应控制方案再次计算，此时控制量仅用于保存以备分析；控制模式下，则将控制量发往底层以实现对倒立摆的控制。

系统采用了两个线程，两个线程间需要通信以实现数据的交换和保护。工作线程负责接收数据和将数据保存到内存，而主线程负责人机交互和将数据保存到硬盘，在将数据保存到硬盘和保存到内存之间，可能产生冲突，为保持数据一致性，设一个保存数据标志，在将内存数据保存到硬盘期间，工作线程只负责接收数据并执行控制计算，而不将数据保存到内存，主线程也不更新图像。此外，两个线程都有发送操作，采用关键区以防止两个线程同时发送产生的冲突，当线程需要发送时，如果另外一个线程没有在关键区中，则获得并进入关键区，发送结束后释放关键区；如果需要发送时另外一个线程在关键区中，则等待，直到关键区被释放。

Windows操作系统不能提供精确的定时，在控制模式下，上位机计算控制量时（主要是用位置差分方法计算速度时）不采用Windows定时器计时，而是根据接收到的数据序号，判断两次接收到数据的采样间隔来实现为控制定时。Windows定时器只用于绘图操作定时。

通信过程中可能发生数据丢失，且丢失情况具有不可预见性，而系统在计算角速度等控制参数和显示控制曲线等操作时，依赖于采样数据的时间间隔和顺序，为保证系统顺利运行，当数据被丢失时，需进行补充。当发生数据丢失时，采用三次样条插值的方法来补充丢失的数据。三次样条具有二阶连续性，可通过四个控制点来确定：当前接收值和之前的三个正确接收值，由这四个数据插值来补充丢失数据。

4.5.3 通信协议

系统中，上位机与底层DSP之间需要保持通信以交换信息，这些信息包括：上位机需要将用户选择的控制方式、参数设置和联机控制模式下的控制量发送给底层DSP，而底层DSP需将采样数据发送给上位机用于显示、控制或保存。

TMS320LF2407的SCI模块接收缓冲区为一个字节，对多个字节数据必须分多次接收，所以上位机一次只发送一个字节的数据，以实现信息的尽快传递。控制模式下，由上位机实现控制算法，需将控制量发送到底层DSP，控制量用对应PWM占空比和控制方向表示，而一个字节数据范围为0～255，所以控制量只取PWM占空比百分比的整数部分和符号位，其中最高位用于标识符号位，低7位用于表示PWM占空比，此时数据范围为0～228（128＋100，128为符号位数据，即128＝10000000B，100为PWM占空比的最大值），这样虽然牺牲了部分控制精度，但能达到控制的快速实施；对于控制命令，则用229～255范围的数据进行区分，本文中，以229（0xE5）表示校正操作，以234（0xEA）表示联机模式，以239（0xEF）表示监视模式，码字的选择主要基于让码字间有尽量大的码距，以增强抗干扰能力。

大部分控制方法都基于状态反馈，系统提供了反馈系数的设置，此外还提供了满额电压和死区电压设置，为实现底层和上层控制信息的一致性，这些数据也必须发往底层，以更新底层数据。由于反馈系数、满额电压、死区电压都为浮点数，所以必须分多次发送。发送前，需将浮点数用整数表示，以使其能填放到发送缓冲区中。这里用两个字节来表示每一个浮点数据,最高位表示符号位,低15位表示数据。第一个字节存放符号位和高7位,第二个字节存放低8位,这样两个字节能表示的数据范围为−32 768～32 767。对每一个需发送的浮点数值,将其精确到0.01,再倍乘100将浮点数转换为整数,则两个字节所能表示的数据范围为−327.68～327.67。

为了将更新的反馈系数、电压设置数据同正常控制量区分开来,在发送各设置数据前,发送一个开始标志(用251表示反馈系数发送开始,253表示电压设置发送开始),在发送结束时,发送一个结束标志(用252表示反馈系数发送结束,254表示电压设置发送结束)。此外,由于在联机控制模式下,由上位机实现控制,底层不需要这些设置信息,所以各更新的设置数据不在联机模式下发送,以避免同联机控制下发送的控制量混淆。

此外,发送的更新数据不能与命令控制字冲突。系统采用的通信波特率为38 400,对于几个字节的数据,能在ms级的时间内发送完毕,在这么短时间内不可能更改控制方式和做其他选择,也就不会在发送更新数据期间有其他发送任务,所以更新数据不能同表示发送开始和结束的命令字冲突(主要是结束命令字)。更新数据开始和结束的命令字数据范围为251～254,所以,用来表示更新数据的两个字节数据不能出现此范围内的数据,即每一个字节的数据范围是0～250。当发送的数据低8位处于251～254的数据范围时,以250近似表示,此时对应的浮点数据偏差为0.01～0.04,不影响控制精度;表示高7位数据的字节数据范围为0～250时,两个字节所表示的数据范围为−32 768～31 482(250＝11111010B,最高位为符号位,1为正,故数据位最大为1111010B,从而两个字节能表示的最大数为111101011111010B＝31 482),对应的浮点数据范围为−327.67～314.82。正常情况下反馈系数的范围为−100.00～100.00(见第6章)、满额电压和死区电压的范围为0～27 V,所以表示高数据位的字节在正常情况下不会出现处于251～254范围内的数据。

当通过控制参数设置对话框同时修改控制方式、反馈系数和电压设置时,先发送控制方式设置,再发送反馈系数和电压设置,以保证反馈系数和电压设置发送数据不受干扰。

底层DSP发往上位机的信息主要有摆杆、转杆的位置采样值。由于采用电位器进行采样,且TMS320LF2407的ADC为10位,两个采样数据共20位;此外,采样获得的位置值为摆杆、转杆所处的绝对位置,需知道初始位置才能获得两者角位移信息,所以校正操作时需发送摆杆、转杆初始位置并做标识。系统使用3个字节来发送这些数据:第一个字节的最高两位用于标识本次发送是初始位置还是非初始位置,第4、5位用于摆杆的最高两位,第0、1位用于转杆的最高两位;第二个字节用于发送摆杆的低8位;第三个字节用于发送转杆的低8位,如图4.16所示。由于发送的是绝对位置信息,不是相对位移,所以没有符号位。

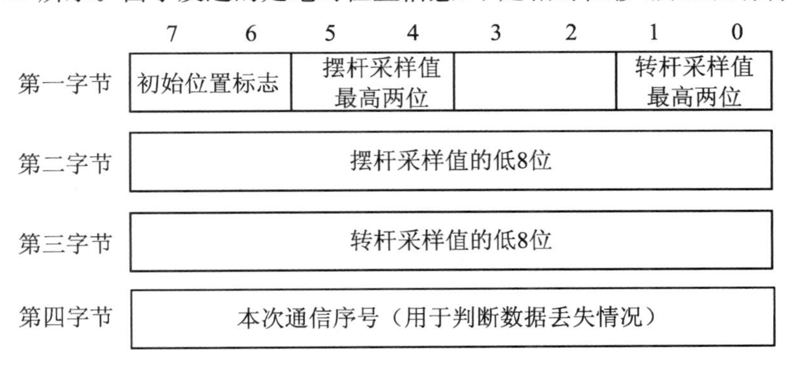

图4.16　底层发送数据时的通信格式

由于 Windows 系统不是实时操作系统，且不能直接访问硬件，所以上位机不能保证完全收到底层发出的数据，为了使上位机能判断数据丢失情况，底层 DSP 中设置了一个发送顺序号，用来标识各次发送的顺序，在每次发送时都将本次的发送顺序号一块发送。因上位机不会连续丢失数十组数据，发送序号范围取为 1～100，在一个字节以内，以减少发送的数据量。

上位机发送的控制字及其含义见表 4.2。根据表 4.2，若要发送控制量，则需先发送联机控制模式控制命令(234)，此时0～100和 128～228 范围内的数据为控制量；若要发送更新参数(包括反馈系数更新和电压设置的更新)，则需更改控制模式为校正或监视模式(在这两个模式下不会发送控制量)，再发送开始标志(251：反馈系数更新开始；253：电压设置更新开始)，此时 0～250 范围的数据为用于参数更新的数据(包括 229、234 和 239)，直到收到结束标志(252 或 253)。

表 4.2 上位机发送的控制字及其含义

控制字	命令
0～100	控制模式下为正的控制量
128～228	控制模式下为负的控制量
229	校正操作
234	控制模式(上位机控制)
239	监视模式(底层 DSP 控制)
251	开始发送反馈系数
252	反馈系数发送结束
253	开始发送电压设置
254	电压设置发送结束

第 5 章　环形旋转倒立摆的控制算法

5.1　系统数学模型

建立准确的数学模型是控制系统设计的基础。建立如图 5.1 所示坐标系，设转杆长为 L_1、质量为 m_1，摆杆长为 L_2、质量为 m_2，B 位置处电位器质量为 m_3，θ_1 为转杆与 X 轴正向夹角，θ_2 为摆杆与 Z 轴正向夹角。由变分法：对于摆杆上距离连接点 l_2 处长为 $\mathrm{d}l$ 的一段，其坐标为

$$\begin{cases} x = L_1\cos\theta_1 + l_2\sin\theta_1\sin\theta_2 \\ y = L_1\sin\theta_1 - l_2\cos\theta_1\sin\theta_2 \\ z = l_2\cos\theta_2 \end{cases} \tag{5.1}$$

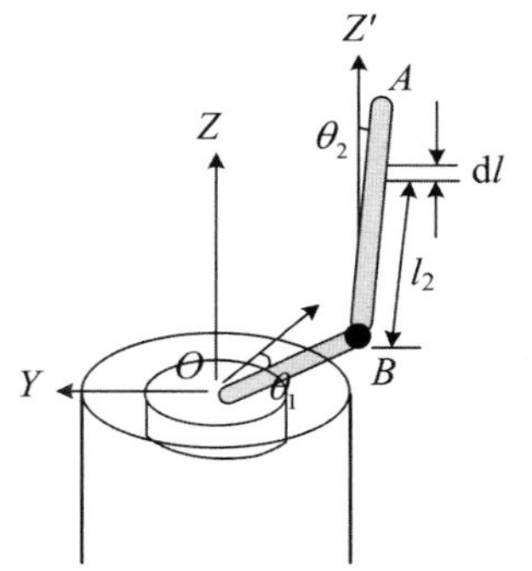

图 5.1　环形倒立摆数学模型参考坐标系

动能为

$$\mathrm{d}T = \frac{1}{2}\frac{m_2}{L_2}\mathrm{d}l(\dot{x}^2 + \dot{y}^2 + \dot{z}^2) \tag{5.2}$$

于是，摆杆上总动能为

$$\begin{aligned} T_2 &= \int_0^{l_2}\mathrm{d}T\int_0^{l_2}\frac{1}{2}\frac{m_2}{L_2}\mathrm{d}l(\dot{x}^2 + \dot{y}^2 + \dot{z}^2) \\ &= \left(\frac{1}{2}L_1^2 + \frac{1}{6}L_2^2\sin^2\theta_2\right)m_2\dot{\theta}_1^2 - \frac{1}{2}m_1L_1L_2\cos\theta_2\dot{\theta}_1\dot{\theta}_2 + \frac{1}{6}m_2L_2^2\dot{\theta}_2^2 \end{aligned} \tag{5.3}$$

同理，转杆的总动能为

$$T_1 = \frac{1}{6}m_1L_1^2\dot{\theta}_1^2 \tag{5.4}$$

摆杆与转杆连接处电位器动能为

$$T_3 = \frac{1}{2}m_3L_1^2 \tag{5.5}$$

系统总动能为

$$T = T_1 + T_2 + T_3 \tag{5.6}$$

以摆杆自然下垂时质心位置为势能零点，则系统总势能为

$$V = \frac{1}{2}m_1gL_2 + \frac{1}{2}m_2(1 + \cos\theta_2)gL_2 + \frac{1}{2}m_3gL_3 \tag{5.7}$$

记拉格朗日算子 $L = T - V$，系统广义坐标 $q = \{\theta_1, \theta_2\}$，广义坐标 θ_1 上非有势力对应广义外力为电机输出转矩和摩擦力，θ_2 上非有势力对应广义外力为摩擦力，由拉格朗日方程：

$$\frac{\mathrm{d}}{\mathrm{d}t}\frac{\partial L}{\partial \dot{q}_i} - \frac{\partial L}{\partial q_i} = f_i \qquad (i = 1, 2) \tag{5.8}$$

代入式(5.3)～式(5.8)，得系统运动方程：

$$\begin{cases}\left(\frac{1}{3}m_1L_1^2+m_2L_1^2+m_3L_1^2+\frac{1}{3}m_2L_2^2\sin^2\theta_2\right)\dot{\theta}_1+\frac{1}{3}m_2L_2^2\sin2\theta_2\dot{\theta}_1\dot{\theta}_2+\frac{1}{2}m_2L_1L_2\sin\theta_2\dot{\theta}_2^2\\ \qquad -\frac{1}{2}m_2L_1L_2\cos\theta_2\dot{\theta}_2^2=M-c_1\dot{\theta}_1=K_mU-(K_mK_e+c_1)\dot{\theta}_1\\ \frac{1}{3}m_2L_2^2\dot{\theta}_2^2-\frac{1}{2}m_2L_1L_2\cos\theta_2\dot{\theta}_1^2-\frac{1}{6}m_2L_2^2\sin2\theta_2\dot{\theta}_1^2-\frac{1}{2}m_2gL_2\sin\theta_2=-c_2\dot{\theta}_2\end{cases} \tag{5.9}$$

其中 $M=K_m(U-K_e\dot{\theta}_1)$ 为电机输出转矩，U 为电机输入电压，K_m 为电机力矩系数，K_e 为电机反电势系数，c_1、c_2 分别为转杆和摆杆绕轴转动的阻尼系数。

系统在 $\theta_1=0,\theta_2=0$ 处是平衡的，将运动方程在 $\theta_1=0,\theta_2=0,\dot{\theta}_1=0,\dot{\theta}_2=0$ 处线性化，忽略高次项，得

$$\begin{bmatrix}\left(\frac{1}{3}m_1+m_2+m_3\right)L_1^2 & -\frac{1}{2}m_2L_1L_2\\ -\frac{1}{2}m_2L_1L_2 & \frac{1}{3}m_2L_2^2\end{bmatrix}\begin{bmatrix}\dot{\theta}_1\\ \dot{\theta}_2\end{bmatrix}+\begin{bmatrix}K_mK_e & 0\\ 0 & c_2\end{bmatrix}\begin{bmatrix}\dot{\theta}_1\\ \dot{\theta}_2\end{bmatrix}$$

$$+\begin{bmatrix}0 & 0\\ 0 & -\frac{1}{2}m_2gL_2\end{bmatrix}\begin{bmatrix}\theta_1\\ \theta_2\end{bmatrix}=\begin{bmatrix}K_m\\ 0\end{bmatrix}U \tag{5.10}$$

令 $X=[\theta_1\ \theta_2\ \dot{\theta}_1\ \dot{\theta}_2]^T$，$Y=[\theta_1\ \theta_2]^T$，并代入物理参数，对式(5.10)进行整理，得系统状态空间方程：

$$\begin{cases}\dot{X}=AX+BU\\ Y=CX\end{cases} \tag{5.11}$$

其中 $A=\begin{bmatrix}0 & 0 & 1 & 0\\ 0 & 0 & 0 & 1\\ 0 & 15.2476 & -3.4727 & -0.2325\\ 0 & 74.9826 & -3.8965 & -1.1432\end{bmatrix}$，$B=\begin{bmatrix}0\\ 0\\ 4.8895\\ 5.4862\end{bmatrix}$，$C=\begin{bmatrix}1 & 0 & 0 & 0\\ 0 & 1 & 0 & 0\end{bmatrix}$。

给出倒立摆物理参数如表5.1所示，其中 K_m、K_e、c_1、c_2 的测量方法可以参照相关的文献。

表5.1　倒立摆物理参数表

参数	取值	参数	取值
转杆质量 m_1	165.3 g	摆杆质量 m_2	52.7 g
电位器质量 m_3	72.9 g	重力加速度 g	9.8 m/s^2
转杆长 L_1	19 cm	摆杆长 L_2	25.4 cm
电机力矩系数 K_m	0.0236 N·m/V	电机反电势系数 K_e	0.2865 V·s
转杆连接处阻尼系数 c_1	0.01 N·m·s	摆杆连接处阻尼系数 c_2	0.001 N·m·s

5.2　基于LQR的控制

5.2.1　LQR控制方法

根据得到的模型式(5.11)，系统特征值为{0，7.835 7，−9.846 8，−2.604 8}，由于有正的特征值，系统开环不稳定，这也同实际相符。

系统能控性矩阵：

$$M_c=[B\quad AB\quad A^2B\quad A^3B]=\begin{bmatrix}0 & 4.9 & -18.3 & 152.9\\ 0 & 5.5 & -25.3 & 511.4\\ 4.9 & -18.3 & 152.9 & -1\,036.1\\ 5.5 & -25.3 & 511.4 & -307\,9.4\end{bmatrix}\tag{5.12}$$

$$\text{rank}(M_c)=4\tag{5.13}$$

能观性矩阵：

$$M_o=\begin{bmatrix}C\\ CA\\ CA^2\\ CA^3\end{bmatrix}=\begin{bmatrix}1 & 0 & 0 & 0 & 0 & 0 & 0 & 0\\ 0 & 1 & 0 & 0 & 15.3 & 75 & -70.3 & -145.1\\ 0 & 0 & 1 & 0 & -3.5 & -3.9 & 18 & 186\\ 0 & 0 & 0 & 1 & -0.3 & -1.1 & 16.3 & 77.2\end{bmatrix}^{\mathrm{T}}\tag{5.14}$$

$$\text{rank}(M_o)=4\tag{5.15}$$

M_c、M_o满秩，所以系统是能控、能观的，因此可以设计一个基于状态反馈的控制器对系统进行极点配置，或基于线性二次型最优的控制器，使得闭环系统在零点附近保持平稳运动。采用极点配置法实现状态反馈的方法简单直观，但极点配置法对期望极点位置选择具有任意性，无法确定哪一组极点是最优的或较好的，主要依赖设计者的经验和反复实验来选取，所以本文采用基于最优控制的线性二次状态调节器(LQR)来设计控制器。

LQR问题可归结为：系统在受扰偏离原平衡状态时，通过控制使系统状态始终保持在平衡位置附近，并使控制过程中的动态误差和能量消耗综合最优。

LQR控制的意义是对于系统$\begin{cases}\dot{x}=Ax+Bu\\ y=Cx\end{cases}$，求控制量$u$，使得二次型的性能指标：

$$J=\int_0^{\infty}(x^{\mathrm{T}}Qx+u^{\mathrm{T}}Ru)\,\mathrm{d}t\tag{5.16}$$

达到最优，其中Q和R分别是状态向量和控制量的权重矩阵；第一积分项表示系统在控制过程中，对动态跟踪误差加权平均和的积分要求，是系统运动过程中动态跟踪误差的总度量；第二积分项表示控制过程中对系统加权后的控制能量消耗的总度量。

LQR问题的求解可以归结为求解Riccatti代数方程：

$$PA+A^{\mathrm{T}}P-PBR^{-1}B^{\mathrm{T}}P+Q=0\tag{5.17}$$

求出矩阵P，就可以得到状态反馈形式的控制量$u=-Kx=-R^{-1}B^{\mathrm{T}}Px$，可以满足使性能指标达到最小值。

求解式(5.17)需要两个参数 R 和 Q,这两个参数用来设置输入量和状态量的权重,分别体现控制过程对动态跟踪误差和消耗总能量的要求。倒立摆控制的目标首先是良好的动态性能,对能量的消耗是次要要求,这里取 $R=1$;矩阵 Q 中的非零元素代表了控制过程中对各状态误差的要求,经反复测试,并参照控制中摆杆和转杆位移大小,这里取为

$$Q=\begin{bmatrix}10 & 0 & 0 & 0\\ 0 & 3 & 0 & 0\\ 0 & 0 & 1 & 0\\ 0 & 0 & 0 & 1\end{bmatrix} \tag{5.18}$$

利用 Matlab 的 lqr 函数帮助求解(5.17)式,得到最优反馈增益矩阵:

$$K=[-3.1623 \quad 57.3401 \quad -3.3293 \quad 6.7544] \tag{5.19}$$

对于闭环系统 $\dot{x}=(A-BK)x$,令 $A_c=A-BK$,取初始状态为(30,10,0,0)(角度单位为度,角速度单位为度/秒),观察系统的零输入响应,结果如图 5.2 所示,可见系统是闭环稳定的。

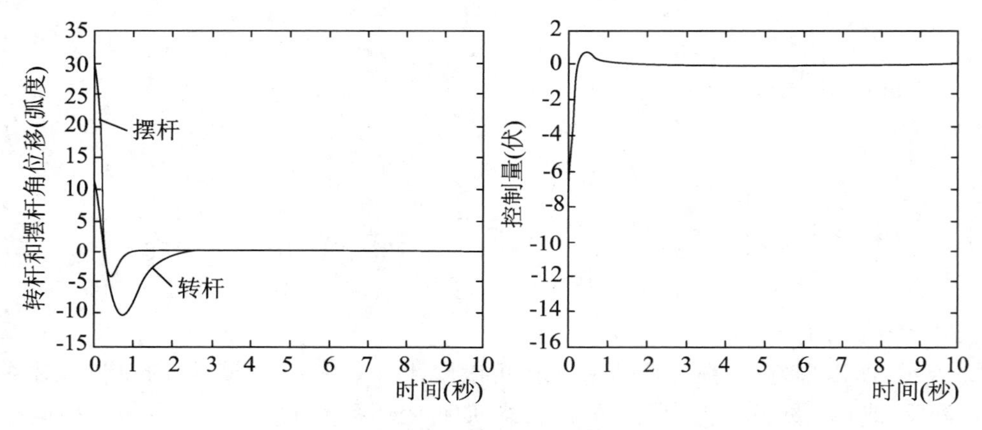

图 5.2 LQR 控制下系统零输入响应的仿真结果

从图中可以看出,在大约 3 s 以后,系统即进入稳定状态,所以,算法可以实现对倒立摆的控制。

5.2.2 系统实时控制

在监视模式下,采用式(5.19)中的反馈参数,对倒立摆进行实时控制,得控制曲线,如图 5.3 至图 5.7 所示。

从图 5.3 至图 5.7 可以看出,控制过程中摆杆的角度基本被控制在(−2°,+2°),转杆的转动范围基本在(−15°,+15°)内,控制量基本在满额电压的 20%以内(即 3 V 以内,满额电压为 15 V),转杆角速度在(−200°/s,+200°/s)范围,摆杆角速度在(−150°/s,+150°/s)范围。转杆和摆杆的运动周期约为 3 秒,整个控制过程平稳,控制效果良好。

图 5.3 至图 5.5 为控制过程中界面实时显示曲线;图 5.6 和图 5.7 为根据保存的控制数据,由 Matlab 绘出的图形。在图 5.6 和图 5.7 中,控制量和摆杆角速度有许多毛刺,图 5.7 中摆杆角速度曲线有许多尖峰,这些都是采样电位器的精度低引起的,如采用高精度码盘采样,可减少毛刺,但将大大增加成本。在本次控制实验中,转杆采用码盘作采样器件,所

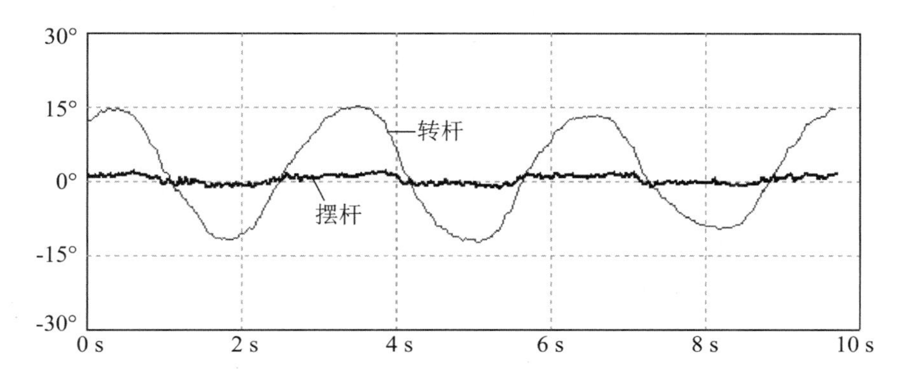

图 5.3　摆杆和转杆转动角度变化曲线

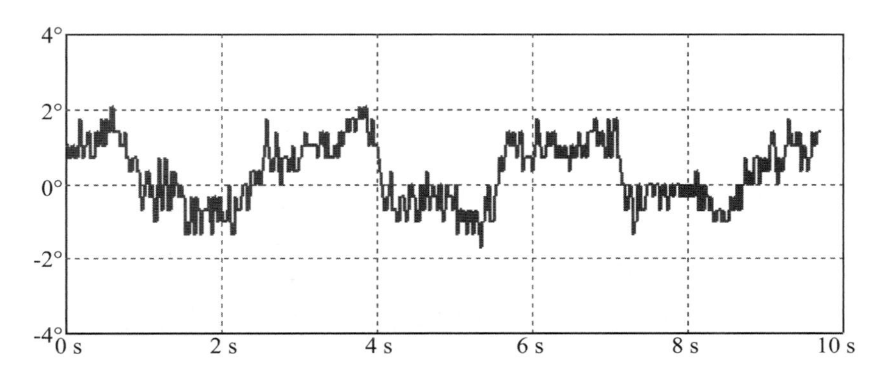

图 5.4　摆杆角度曲线放大图

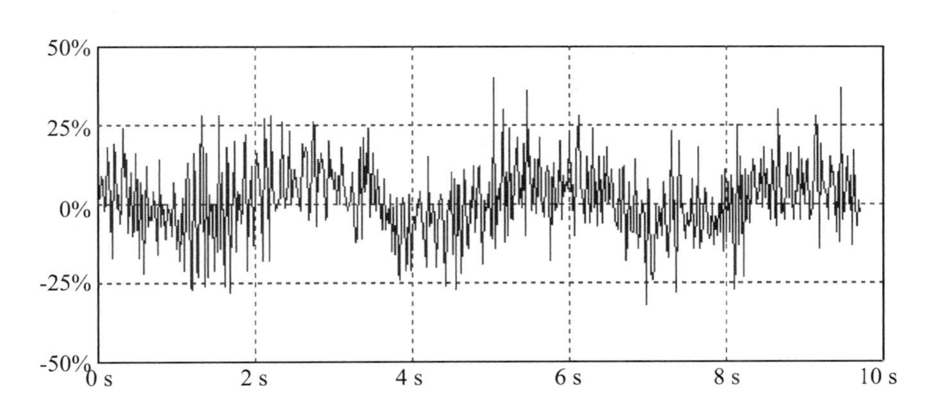

图 5.5　控制量变化曲线(纵轴为控制量对应 PWM 占空比百分比)

以转杆角速度比较有规律,而摆杆用电位器采样,信号几乎被噪声湮没,难以看出其规律,可在硬件上采用更大的滤波电容或采用码盘采样,以减少噪声。

由于执行电机有死区,控制时需对死区进行补偿,补偿方法为将死区电压加上控制电压作为执行电机输入电压。

为检测系统鲁棒性,对系统做抗干扰实验,结果如图 5.8 所示。

在实验中,连续给摆杆 4 个冲量,使摆杆偏离平衡位置,摆杆最大偏移达 31.4°,系统仍能迅速回到稳定控制状态，表明系统具有良好的抗干扰能力。

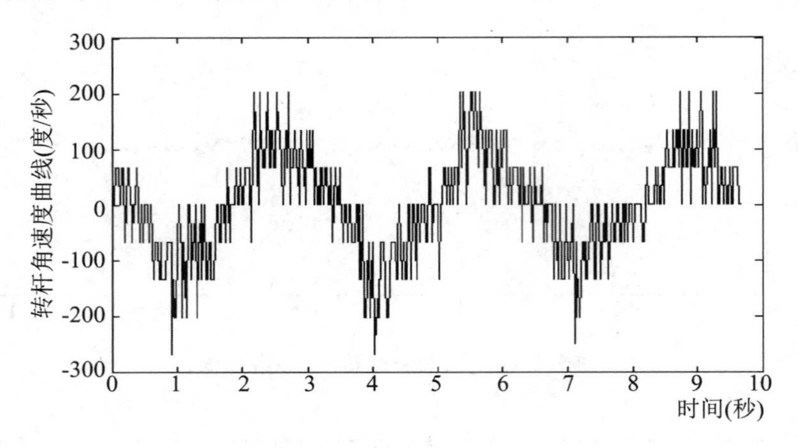

图 5.6 转杆角速度曲线

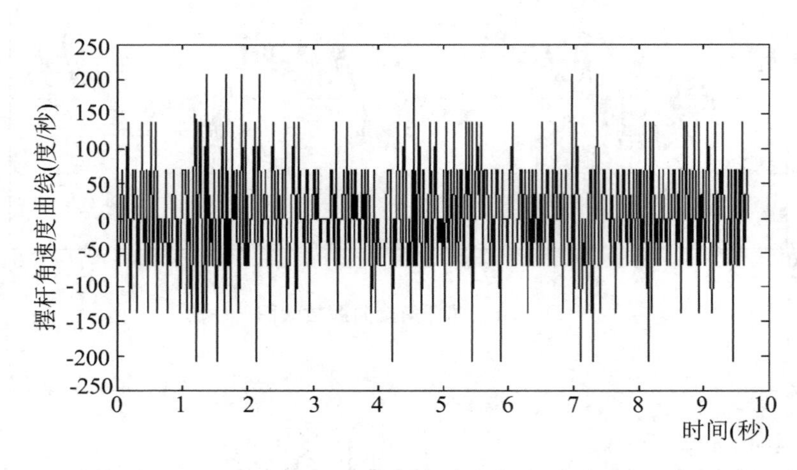

图 5.7 摆杆角速度曲线

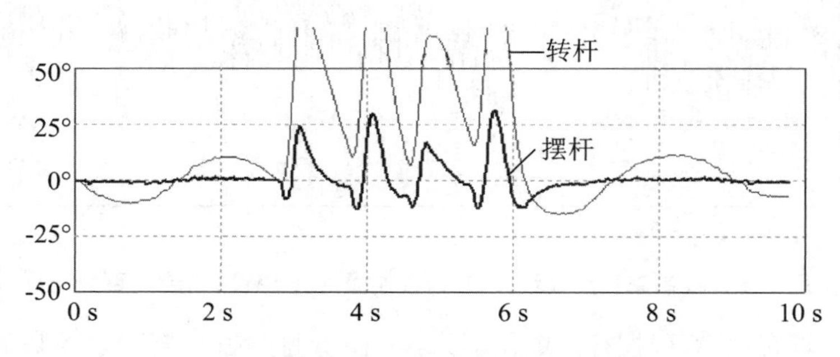

图 5.8 加扰动后系统角度变化曲线

5.3　模糊控制在倒立摆控制中的应用

5.3.1　模糊控制理论

模糊控制是建立在人工经验基础上的，对于一个熟练的操作人员，并不需要了解被控对象的精确数学模型，而可以凭借其丰富的实践经验，采取适当的对策来巧妙控制一个复杂的过程。模糊控制的基本思想就是利用计算机来实现人的控制经验，人的控制经验一般是由语言来表达的，通常用“如果 A，那么 B”的方式来表达在实际控制中的经验和知识，模糊控制规则就是将专家经验和知识表示成语言控制规则，然后用这些规则去控制系统。因此，模糊控制适合用于模拟专家对数学模型未知的、复杂的、非线性系统的控制。模糊控制具有以下特点：① 无需知道被控对象的数学模型；② 它是一种反映人类智慧思维的智能控制；③ 构造容易，易被人们所接受；④ 鲁棒性好。

由一种模糊规则构成的模糊系统可代表一个输入、输出的映射关系。从理论上说，模糊系统可以逼近任意的连续函数。要表示从输入到输出的函数关系，模糊系统除了模糊规则外，还必须具有模糊逻辑推理和解模糊的部分。模糊逻辑推理就是根据模糊关系合成的方法，从数条同时起作用的模糊规则中，按并行处理的方式产生对应输入量的输出模糊子集；解模糊过程则是将输出模糊子集转化为非模糊的数字量。

实现模糊控制的一般步骤为：

(1) 通过传感器获得监测信号，再经过模/数转换把它转换成精确的数字量，然后将其模糊化，转换成模糊集合的隶属度。

(2) 根据专家经验制定出模糊控制规则，并进行模糊逻辑推理，以得到每一个模糊规则下的输出集合。

(3) 根据模糊逻辑推理得到的各输出模糊隶属函数，找出一个具有代表性的精确值作为控制量，这一步称为模糊输出量的解模糊判决，其目的是把多条模糊规则产生的输出合成为单点的输出值，加到执行器上实现控制。

模糊推理控制器原理如图 5.9 所示。

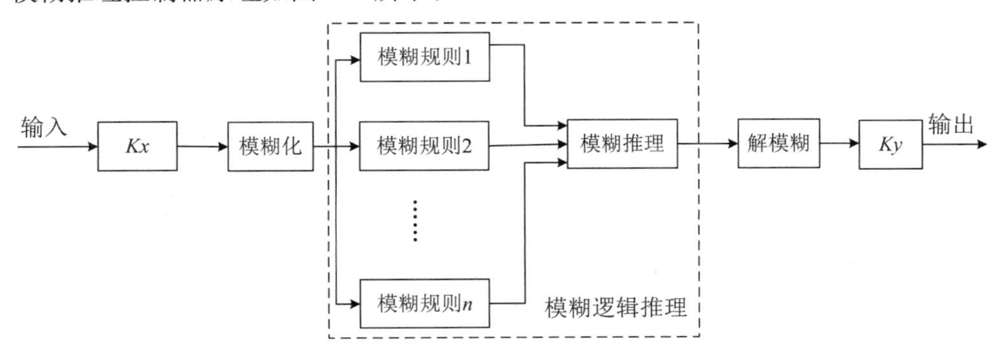

图 5.9　模糊推理控制器方框图

在模糊控制系统设计中，怎样设计和调整模糊控制器及其参数是一项很重要的工作。设计模糊控制器主要包括以下几项内容：

（1）确定模糊控制器的输入、输出变量和论域。论域就是信号的实际变换范围，各变量论域由系统相联系的变量的应用范围所决定。论域的离散化称为量化，是将一个论域离散成确定数目的几小段（量化集），每段为一个模糊标记，对应一组模糊语言名称，可通过对每个特定的模糊标记赋予隶属度函数来定义模糊集。

（2）量化因子和比例因子的选择。为进行模糊化处理，需将变量从基本论域转化到模糊集的论域，所以必须将输入变量乘以相应的因子，即量化因子。

（3）确定模糊控制器的控制规则及模糊推理方法。模糊控制规则是设计模糊控制器的核心，可通过专家经验和控制工程知识、实际控制过程、参考控制模型、基于学习等方法产生。根据模糊控制规则，由输入变量获得输出的过程就是模糊推理，主要方法有 Mamdani 模糊推理、Larsen 模糊推理、Takagi - Sugeno 型模糊推理。

（4）确定模糊化和解模糊化方法。将精确量通过模糊集合的隶属函数转化为模糊量的过程称为模糊化。从模糊推理得到的模糊集合中找出最能代表这个模糊集合的单值，称为解模糊，其方法主要有质心法、最大隶属度法、系数加权平均法、隶属度限幅元素平均法等。

5.3.2 基于模糊策略的环形倒立摆控制

1. 输入、输出变量和论域确定

所设计的倒立摆系统为单级倒立摆，是一个两输入单输出的多变量系统，控制目标是使摆杆角位移和转杆角位移为零或是在零点附近动态调整。为对倒立摆进行有效控制，还需利用摆杆和转杆的角速度信息，因此，模糊控制器的输入为 4 个：摆杆角位移、转杆角位移、摆杆转动角速度、转杆转动角速度。系统输出为施加到执行电机上的控制电压。

摆杆和转杆的实际变化范围为$-180°\sim180°$，由于这里主要研究倒立摆平衡控制，根据 LQR 算法下的控制效果，摆杆运动范围大都处于$-2°\sim2°$，转杆运动范围为$-20°\sim20°$，摆杆角速度变化范围为$-150°/\mathrm{s}\sim150°/\mathrm{s}$，转杆角速度变化范围为$-200°/\mathrm{s}\sim200°/\mathrm{s}$，控制量的变化范围为$-3\mathrm{V}\sim3\mathrm{V}$；此外，由 LQR 算法下各输入变量和控制量的关系可见，转杆角位移对控制量变化影响不大。所以，摆杆的基本论域定为$-10°\sim10°$，转杆基本论域定为$-30°\sim30°$，摆杆角速度基本论域定为$-150°/\mathrm{s}\sim150°/\mathrm{s}$，转杆角速度基本论域定为$-200°/\mathrm{s}\sim200°/\mathrm{s}$，控制量基本论域定为$-15\ \mathrm{V}\sim15\ \mathrm{V}$。如图 5.10 所示。

2. 量化及模糊化

由于倒立摆控制的首要目标是使摆杆处于平衡状态，同时参考 LQR 算法下各输入量的反馈系数及它们在其论域内对控制量的影响，将摆杆角位移和其角速度论域量化为 7 个模糊集，转杆角位移论域量化为 3 个模糊集，转杆角速度量化为 5 个模糊集，控制量论域量化为 9 个模糊集。

参考 LQR 控制下，摆杆角位移大部分在$-2°\sim2°$内，所以摆杆角位移采用非均匀分布的隶属函数，为简化计算，对于每个输入模糊子集都采用三角型隶属函数。在稳定控制时，控制量范围基本在$-3\ \mathrm{V}\sim+3\ \mathrm{V}$，而当系统受到干扰时，控制量将很大，为了获得良好的稳定控制效果，并使系统具有较强抗干扰能力，输出控制量采用非均匀分布模糊隶属函数，并采用单点隶属函数。各隶属函数如图 5.11 和图 5.12 所示（为简化设计，系统直接对输入量在其基本论域进行模糊化，没有引入量化因子）。

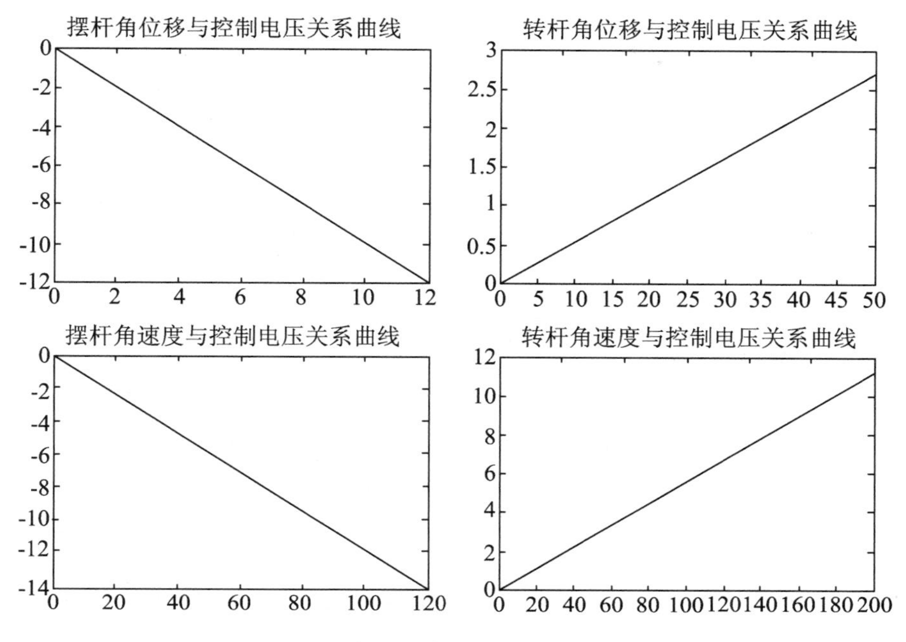

图 5.10　LQR 控制下各输入变量与控制量的关系

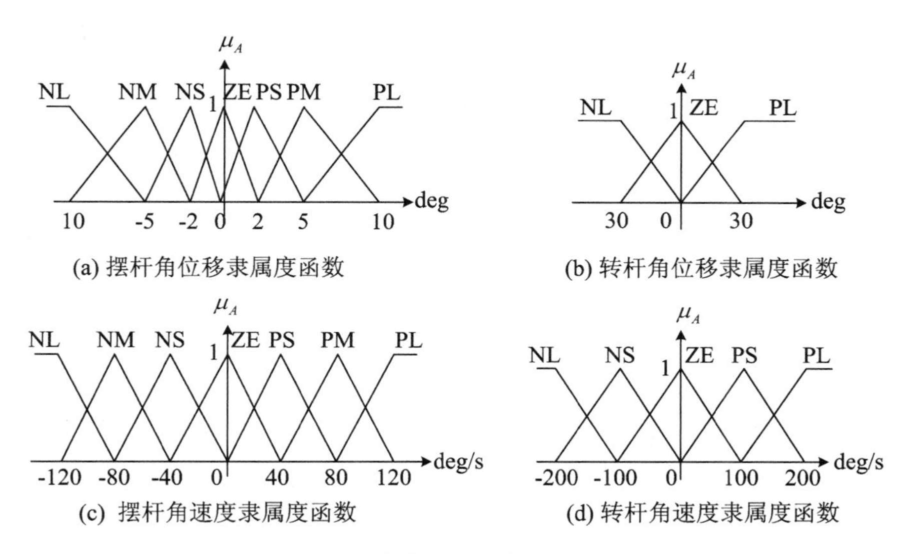

图 5.11　各输入变量的隶属度函数

3. 制定模糊规则和模糊推理

由于倒立摆可以建立数学模型，所以，模糊控制规则可以参考倒立摆数学模型式(5.11)建立。

系统共有 4 个输入变量：摆杆位移、摆杆角速度、转杆位移、转杆角速度，若对每个输入变量定义 5 个模糊子集，则模糊控制规则最多将有 $5^4=625$ 条，而且每个控制规则有 4 个条件和 1 个结论，这样就会使得模糊控制规则的设计过于复杂，而且模糊控制的执行时间也将

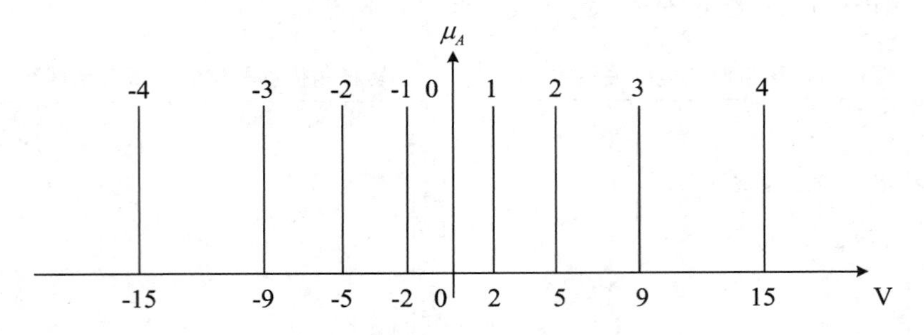

图 5.12　控制量隶属度函数

很长，不能实时运行，因此，我们将 4 个输入分为两部分设计两个模糊控制器，再结合两个控制器的输出获得最终控制量。

摆杆是首要控制目标，通过转杆的转动来控制摆杆的平衡。假设转杆位于初始位置，且角速度为零，当摆杆位移或角速度为正时，转杆需做顺时针运动（负方向运动），才能使摆杆趋于平衡；当摆杆位移或角速度为负时，转杆需做逆时针转动（正方向转动），才能使摆杆趋于平衡。由于正的控制电压使转杆做正方向运动，所以，正的摆杆位移和摆杆角速度需要负的控制电压才能趋于平衡；负的摆杆位移和摆杆角速度需要正的控制电压才能使摆杆趋于平衡。在控制过程中，转杆已有的位移和角速度可看成是为了平衡摆杆已经转动的角度和转动趋势，所以控制量可看成由两部分组成：为平衡摆杆位移及其角速度所需的电压（假设转杆处于初始状态）；在使摆杆平衡的过程中，使转杆达到已产生的位移和转动速度时所对应的控制电压。从而总的控制量 U 可看成是为平衡摆杆位移及其角速度所需控制量 U_1 和转杆位移及其角速度所用控制量 U_2 的矢量和，即总控制量为 $U=U_1+U_2$，表示在当前状态下，为使摆杆平衡还需要的控制量。由 LQR 算法得到的反馈系数，说明了上述分析的正确性。

基于以上分析，在设计模糊控制器时，以摆杆位移及其角速度作为输入，并制定控制规则，获得为使摆杆平衡所需的总控制量，作为第一个控制器输出；以转杆位移和角速度作为输入，制定控制规则，获得为平衡摆杆，转杆达到当前状态所对应的控制量，作为第二个控制器输出，两个控制器输出之和作为总的控制量。控制器设计方案如图 5.13 所示。

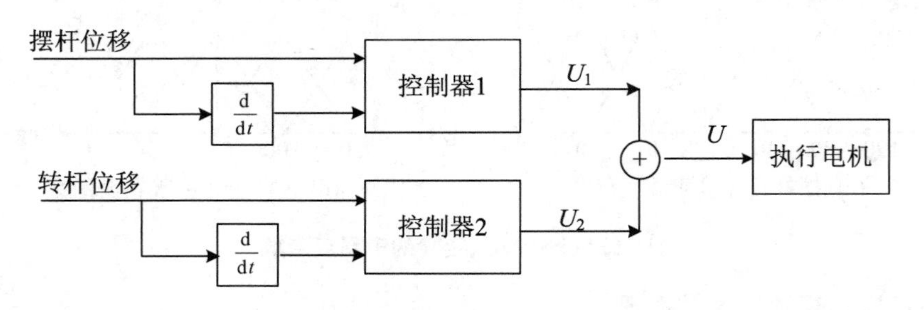

图 5.13　模糊控制器设计

参考 LQR 控制下各个输入量所产生的控制量增益，并根据控制效果进行调整，得到两个控制器对应控制规则分别如表 5.2、表 5.3 所示。

表 5.2　摆杆控制规则

角速度 \ 位移	NL	NM	NS	ZE	PS	PM	PL
NL	4	4	4	3	3	2	1
NM	4	4	3	3	2	2	1
NS	4	3	2	2	1	0	−1
ZE	3	2	1	0	−1	−2	−3
PS	1	0	−1	−2	−2	−3	−4
PM	−1	−2	−2	−3	−3	−4	−4
PL	−1	−2	−3	−3	−4	−4	−4

表 5.3　转杆控制规则

角速度 \ 位移	NL	ZE	PL
NL	−3	−3	−3
NS	−2	−2	−1
ZE	−1	0	1
PS	1	2	2
PL	3	3	3

表 5.2、表 5.3 中数据分别为摆杆、转杆前、后两次测量后，模糊控制器设计的设定值，由位移变化和角速度变化两个状态确定。其中 NL、NM、NS 是角速度前、后两次测量的变化量大小，被分成三种状态。ZE 是针对角速度变化量变化很小而设计的状态。PS、PM、PL 是角速度的实际变化加速度的值，被分成三种状态。表中值大小是根据表中横向各状态和纵向各状态组合设计而得到的模糊量的值。实际上表中有变化量大小的状态，有变化量加速度大小的状态，还有变化量很小的状态，把它们排列组合，设定相应模糊量如 1，2，3，4 或 −1，−2，−3，−4 等，再执行解模糊算法，就可找到相应控制方法。

这种算法的优点是不需要复杂计算，通过多次实践就能得到很好的控制效果。

模糊逻辑推理采用 Mamdani 模糊推理（最小-最大合成法），每一个控制规则的强度为输入量隶属度的最小值；对于具有相同输出行为的控制规则，取强度最大者作为该输出行为的强度。

4. 解模糊

对于每个控制器，采用质心法解模糊。设有 N 个不同的输出行为，第 i 个输出行为的输出控制量为 y_i，强度为 μ_i，则控制器最终控制量输出为

$$Y=\frac{\sum_{i=1}^{N} y_i \cdot \mu_i}{\sum_{i=1}^{N} \mu_i} \tag{5.20}$$

5. 仿真结果

令系统初始状态为(10，−3，0，0)（状态变量依次为转杆位移、摆杆位移、转杆角速度、摆

杆角速度，角度的单位为度，角速度的单位为度/秒），采用本节所设计的模糊控制器对系统做仿真控制实验，实验结果如图 5.14 所示。

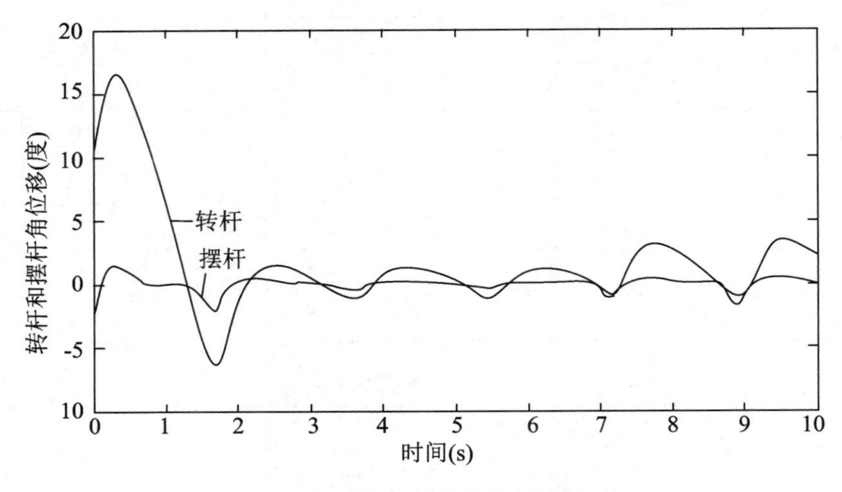

图 5.14　倒立摆模糊控制仿真

从图 5.14 中可以看出，系统能快速进入稳定控制状态，摆杆、转杆都在平衡点附近运动，可见模糊控制是有效的。

6. 实验结果

将设计的模糊控制器应用于控制环形倒立摆系统，结果如图 5.15 至图 5.20 所示。

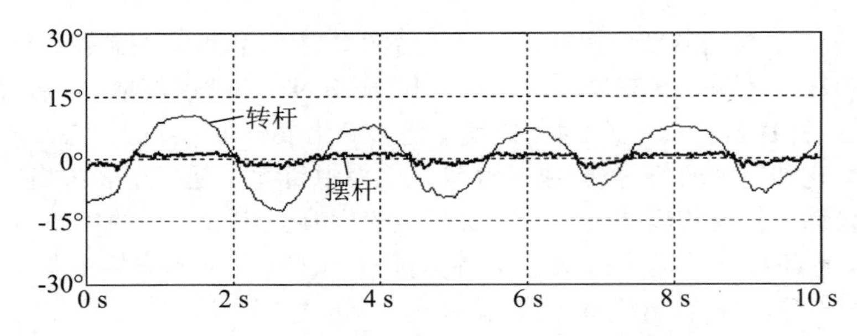

图 5.15　模糊控制下倒立摆运动状况

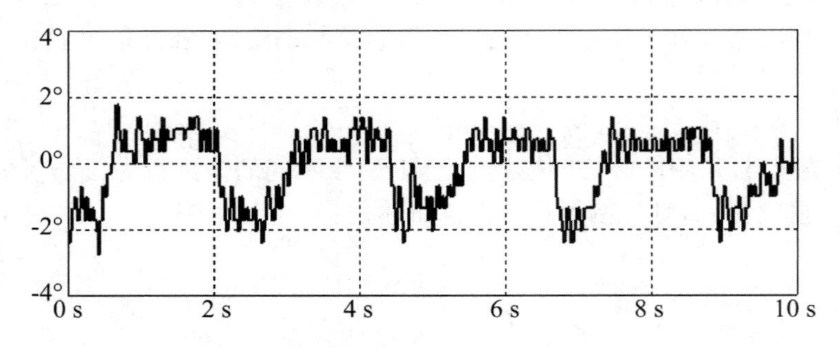

图 5.16　模糊控制下摆杆角度曲线放大图

从图 5.15 至图 5.19 可以看出，采用本书设计的模糊控制器，控制过程中摆杆的角度基

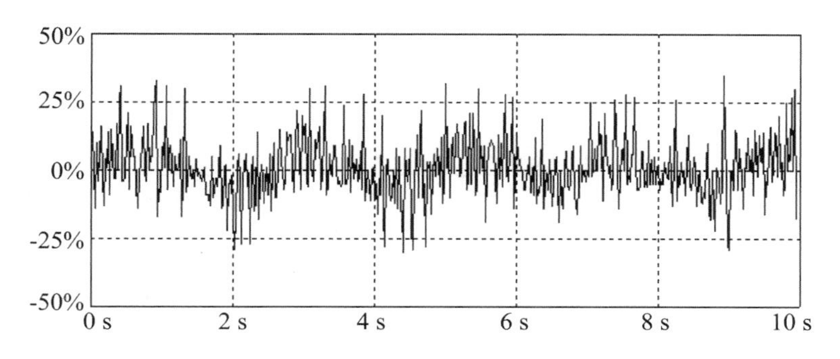

图 5.17　模糊控制下控制量变化曲线

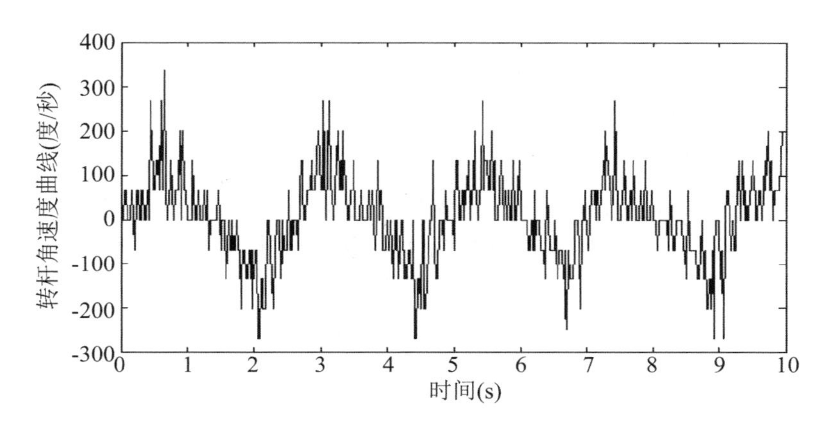

图 5.18　模糊控制下的转杆角速度曲线(转杆采用码盘采样)

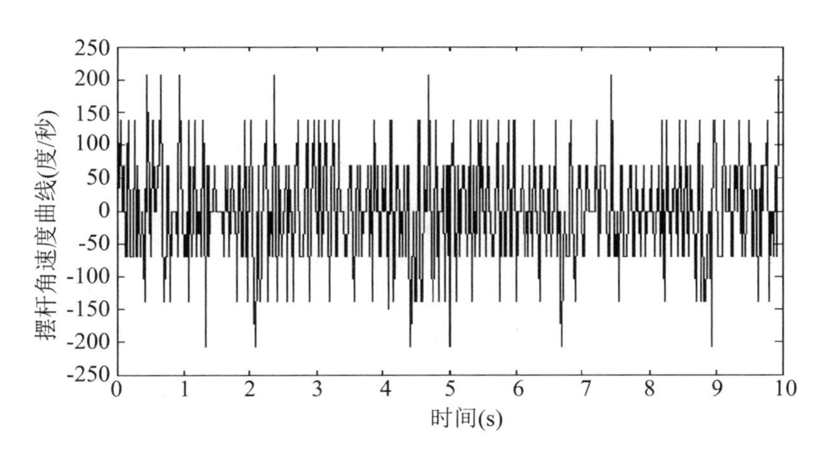

图 5.19　模糊控制下摆杆角速度曲线

本被控制在(−2°,+2°),转杆的转动范围基本为(−15°,+15°),控制量基本在满额电压的20%(3 V)以内,转杆角速度被控制在(−400°/s,+400°/s),摆杆角速度被控制在(−200°/s,+200°/s),转杆和摆杆的运动周期约为 3 s。与采用 LQR 控制相比,两者控制效果接近,说明采用的模糊控制方案具有合理性,取得了良好控制效果。

对系统做抗干扰实验,给摆杆连续两个冲量,在第二个冲量的干扰下,摆杆倒下,但很快又自己重新摆起，回到平衡控制状态，可见模糊控制下，系统抗干扰能力差于采用 LQR 算法控制时的系统抗干扰能力，但是当系统大幅偏离平衡位置时，模糊控制能使系统重新回到平衡状态。

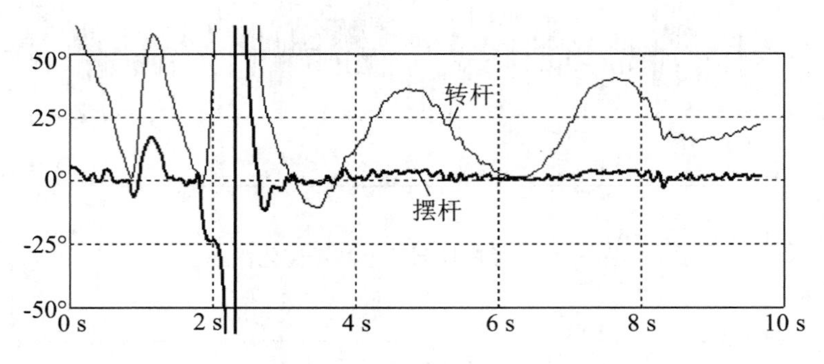

图 5.20 干扰实验结果

实验曲线后段，转杆已不在平衡位置附近做来回运动，主要由于强冲击使电位器的零位置出现了偏差，需重新校正系统

由实验可见，对于倒立摆控制系统，只要合理制定控制方案，模糊控制能取得良好的控制效果，但是制定控制规则时，具有较强主观性，需要经过多次修改才能得到满意的控制效果。此外，如果不对模糊控制器做简化，则模糊控制规则数目随输入变量呈指数增长，使得模糊控制器设计难度加大。所以，对于能够建立准确数学模型的系统，模糊控制方案并不具备优势；但是对于难以建立准确数学模型，或者模型线性范围较小的控制系统，模糊控制是一个有效的控制手段。

5.4 小　　结

本章首先基于变分法和拉格朗日方程，建立了环形倒立摆系统的数学模型，分析了系统的稳定性、能控性和能观性，然后简要介绍了线性二次状态调节器控制方法，并采用该控制方法对倒立摆系统实现了稳定控制，实验表明所设计系统具有良好性能和抗干扰能力；接着介绍了模糊控制方法的原理和模糊控制器设计基本步骤，并针对传统模糊控制设计中多个输入变量引起的控制规则呈指数增长导致的设计复杂性，提出了对输入变量分类并分别设计控制器的方案，简化了设计过程，并取得了良好的控制效果。

第6章　随动系统设计

环形倒立摆实质上是直流电机随机系统的一个特例。在各种机器人中最常见的是闭环和半闭环直流(或交流)伺服随机系统。第6章、第7章将从常用伺服随机系统设计和算法角度进一步介绍和研究。

6.1　伺服系统概述

伺服系统本质上是一种随动系统,就是在自动控制系统中,使输出量能够以一定准确度跟随输入量的变化而变化。它是伴随控制论、微电子和电力电子等技术的应用而发展起来的。20世纪中期,伺服系统的理论与实践均趋于成熟,并得到广泛应用。近几十年来,新技术革命,特别是微电子技术与计算机技术的飞速进步,使伺服技术突飞猛进,其应用几乎遍及社会的各个领域。

在军事上,雷达天线的自动瞄准跟踪控制,火炮、导弹发射架的瞄准运动控制,坦克炮塔的防摇稳定控制,防空导弹的制导控制等;冶金行业中,电弧炼钢炉、粉末冶金炉等的电极位置控制,水平连铸机的拉坯运动控制,轧钢机轧辊压下运动的位置控制等,这些人工操作无法实现的控制都是依靠伺服系统来实现的。运输业中电气机车的自动调速、高层建筑中电梯的升降控制、船舶的自动操舵、飞机的自动驾驶等都是由各种伺服系统完成的,从而减轻了操作人员的劳动强度,也大大提高了工作效率。在计算机外围设备中,磁盘、光盘驱动系统,绘图仪的画笔控制系统等都少不了伺服系统。在机械制造行业,伺服系统应用得最多最广泛,各种高性能机床运动部件的速度控制、运动轨迹控制,都是依靠各种伺服系统完成的。

伺服系统种类很多,按执行元件划分,有电动伺服系统、电液伺服系统、气压伺服系统和气伺服系统等。其中,电动伺服系统按所采用电动机类型可分为步进伺服系统、直流电机伺服系统和交流伺服系统。按控制方式划分,有开环伺服系统、闭环伺服系统和半闭环伺服系统等。本书主要讲述直流电机闭环伺服系统。

6.1.1　直流伺服系统概述

用直流伺服电机作为执行元件的伺服系统,叫作直流伺服系统。世界上第一个伺服系统由美国麻省理工学院辐射实验室于1944年研制成功,就是当时火炮自动跟踪目标的伺服系统。这种早期的伺服系统采用交磁电机扩大机——直流电动机式的驱动方式。近年来,随着电力电子技术的发展及其应用技术的进步,单片机的高速发展,以及外围电路元件专用集成件的不断出现,使得直流伺服电机控制技术有了显著进步。由于上述技术领域的发展,可以很容易地构成高精度、快速响应的稳定的直流伺服驱动系统，特别是被人们誉为“未来伺服驱动装置”的晶体管脉冲宽度调制(PWM)直流伺服控制系统，受到人们的普遍重视，从而得到了迅速的发展和广泛的应用。

随着稀土永磁材料的发展和电机制作技术的进步，相继研制出了力矩电机、印刷绕组电机、印制绕组电机、无槽电机、大惯量电机、宽调度电机等性能良好的执行元件，与脉宽调制式变压装置相配合，使直流电源以 1～10 kHz 的频率交替地导通与关断，用改变脉冲电压的宽度来改变平均输出电压，从而调节电动机转速，大大改善了伺服系统的性能。力矩电机是一种低速电机，调速范围宽，低速平稳性好，最低平稳转速很低，这样可以用电动机直接拖动负载而省掉了中间减速器，从根本上避免了齿隙、传动链长所带来的一系列问题。

6.1.2 伺服系统的基本要求和特点

1. 对伺服系统的基本要求

(1) 稳定性好。稳定性是指系统在给定输入或外界干扰作用下，能在短暂的调节过程后到达新的状态或者恢复到原有的平衡状态的特性。

(2) 高精度。伺服系统的精度是指输出量跟随输入量的精确程度，这样的跟随误差一般要求二阶无误差。

(3) 快速响应性好。快速响应性是伺服系统动态品质的标志之一，即要求跟踪指令信号的响应要快。

2. 伺服系统的主要特点

(1) 以精确的检测装置组成速度和位置的闭环控制。

(2) 有多种反馈比较原理与方法。根据检测装置实现信息反馈的原理不同，伺服系统反馈比较的方法也不同。目前常用的有脉冲比较、相位比较和幅值比较三种。

(3) 高性能的伺服电动机(简称伺服电机)。伺服系统经常工作在频繁启动和制动的过程中，所以要求电机的输出力矩与转动惯量的比值大，以产生足够大的加速或制动力矩；要求伺服电机在低速运行时有足够大的输出力矩且运转平稳，以便在与机械运动部分的连接中尽量减少中间环节。

(4) 宽调速范围的速度调节系统。从系统的控制结构看，一般都是以电流、转速双闭环为主体，外环引入位置或角度等闭环形成伺服系统。其内部的实际工作过程是把位置控制输入转换成相应的速度给定信号后，再通过调速系统驱动伺服电机，实现对实际位移的控制。

6.1.3 伺服系统数字化的意义

计算机的不断发展，极大地推动了电气传动控制系统的全面发展。且随着自动化程度的不断提高，不仅要求伺服控制系统具有精度高、响应快等特性，还要求能与上级指挥系统(通常是计算机系统)进行信息的交换，以实现上级指挥系统对伺服控制系统的管理和控制。传统的伺服控制系统，通常使用运算放大器及外围电阻、电容元件，组成比例、微分、积分校正网络，实现起来具有算法呆板，电路调试繁琐，缺少灵活性，系统响应慢等诸多不足。这些功能用模拟电路较难实现，且不经济，因而应用微控制芯片进行控制的随动系统便应运而生。嵌入了微控制芯片的伺服控制系统具有结构简单、体积小、重量轻、生产周期短等优点，而且还可以方便设计监控程序，使之具有故障自诊断和故障处理功能，大大提高了整个系统的可靠性。同时，由于微控制芯片可以方便、精确地构成任意形式的函数发生器，能够准确地模拟自动控制系统中所要求的各个非线性的环节，这就进一步提高了控制系统的品质。此外，在硬件结构确定的情况下，充分利用软件可灵活修改的特性，便于实现不同的控制方案，实现外围硬件的标准化。总之，伺服控制系统数字化以后，与原有的模拟伺服控制系统相比，具有如下优点：

（1）数字伺服控制系统的控制方案是通过软件实现的，因而具有很大的灵活性。这不仅表现在可用数字触发器和数字 PID 调节器取代常规触发器和调节器，而且可方便引入各种先进的控制规律，如非线性控制、前馈控制等。

（2）数字控制器的形式和动态参数改变灵活。在系统硬件结构不变的条件下，只需适当修改程序，即可适应各种不同控制对象和控制规律的要求。因此设备的通用性强，易于实现硬件设备的标准化。

（3）可用软件程序实现系统的监控保护、故障自诊断、故障自修复等多种功能。这大大降低了系统的故障率，提高了系统的可靠性。

（4）便于对系统的外部或内部信息实现数字滤波，以增强系统的整体抗干扰能力。

（5）数字化了的伺服控制系统体积小，重量轻，结构与布线简单，功耗也大大降低。

（6）模块化的设计使得系统功能结构清晰，硬件结构简化，易于系统的检修和维护。

6.1.4　伺服系统控制策略概述

控制策略是控制器的核心，经过长期理论研究和工程实践，对于伺服系统已经形成了一些具有代表性的控制策略。

1. 常规控制策略

以经典控制理论为基础的 PID 控制策略因其结构简单、易于实现等优点至今仍被广泛应用。但是传统意义上对于误差的现实因素(P)、过去因素(I)和将来因素(D)进行简单线性组合的思想已被越来越多的新思想代替，如模糊 PID、神经网络 PID、变参数 PID 等。特别是在伺服系统控制这一存在变参数、非线性、强干扰等大量不利因素的应用领域，将常规 PID 改造为适应性的、非线性的 PID 可明显提高系统的控制效果，事实证明新型 PID 控制策略仍然具有强大的生命力。采用 PID 控制或改造的 PID 控制，在相当程度上已能满足多数伺服系统的性能指标。但系统如果存在强扰动，特别是低频强扰动或者系统的稳态精度和响应速度要求很高时，PID 或改进的 PID 控制就不易满足系统的要求了。因此工程上经常采用带前馈的复合控制用于要求高性能的伺服系统，以提高控制精度。但是由于前馈控制器中存在纯微分环节，系统容易受到高频干扰，且对输入指令信号质量的要求比较高，故复合控制不易用于恶劣的现场环境，因此限制了复合控制在武器系统中的广泛应用。

不管是基于传递函数的经典控制理论还是利用状态空间的现代控制理论，是否能达到预期的目标完全取决于对象数学模型的精确程度。实际上，建立对象的精确数学模型几乎是不可能的，任何所谓的“精确”实际上都是一定程度上的近似，解决这个问题的有效手段是在设计阶段将对象的各种不确定因素都考虑进去，设计基于不确定性的非精确模型控制器，即鲁棒控制器。

2. 智能控制

自从维纳建立控制论以来,控制理论经历了两个主要发展阶段:经典控制理论阶段和现代控制理论阶段。经过半个多世纪的发展,这些常规的控制方法形成了比较完善的学科体系。20 世纪 70 年代末开始兴起的智能控制理论和大系统理论的研究与应用是现代控制理论在深度上和广度上的开拓,从一开始就受到了人们的关注。

智能控制这一概念最早出现在 20 世纪 60 年代,美籍华裔科学家傅京孙(K. S. Fu)教授较早对此进行了研究。宏观上看,智能控制是一个新兴的学科领域,是控制论发展的高级阶段,它主要用来解决一些用传统方法难以解决的复杂系统控制问题。一般来说,智能控制的研究对象具备以下特点:一是模型的不确定性,这意味着模型未知或知之甚少,或者结构和参数可能产生大范围变化;二是系统高度的非线性;三是复杂的任务要求。

从系统角度看,智能行为是一种从输入到输出的映射关系。这种映射关系并不能用数字的方法加以精确地描述,因此它可以看作是一种不依赖于模型的自适应估计。传统的控制理论主要采用微分方程、状态方程及各种变换作为研究的数学工具,它本质上是一种数值分析方法,而人工智能分析则主要采用符号处理和一阶位次逻辑分析方法。智能控制运用的是二者的交叉与综合,如符号推理与数值计算相结合,离散时间过程与连续时间过程相结合以及介于它们之间的方法,如神经网络、模糊集合论。后两种方法是目前智能控制研究的主要工具,它们在逻辑关系及不依赖模型等方面类似于人工智能,而其他方面如连续取值和非线性动力学特性则类似于传统控制理论的一般数值方法。

3. 模糊控制

模糊控制是智能控制的一大类,是基于模糊集合理论模拟人的模糊推理和决策过程的一种实用控制方法。1974 年,英国科学家 Mamdani 和 Assilian 首次将模糊理论应用于热电厂的蒸汽机控制,揭开了模糊理论在控制领域应用的新篇章。尽管自问世至今不到 50 年,但其发展迅速。尤其是在近些年,理论和实际应用都有极大进展。事实证明模糊理论最成功的应用领域是在自动控制领域,这完全是由模糊控制的特点决定的。

模糊控制器采用人类语言信息,模拟人类思维,故它易于接受,设计简单,维护方便。模糊控制器基于包含模糊信息的控制规则,所构成的控制系统稳定性好,鲁棒性高。在改变系统特性时,模糊控制系统不必像常规控制系统那样只能调节参数,还可以通过改变控制规则、隶属函数、推理方法及决策方法来修正系统特性。因此,模糊控制器的设计、调整和维护都非常简单。在常规控制算法中,微小的错误或者参数漂移都可能造成系统失控,而基于控制规则的模糊控制系统对某一规则的变化敏感很小,系统抗干扰能力强。

4. 扰动观测器

严格来说,任何实际控制系统都包含不确定性。一方面,物理系统中可能出现的现象十分复杂,现有的建模理论和数学手段又远非完善,在控制系统建模时,往往要做许多近似,因而难以建立实际对象的精确数学模型,不可避免地存在建模误差。另一方面,在实际系统工作过程中,还存在着内部结构和参数的未知变化以及外部干扰等因素。这些因素的总和构成了系统中的不确定性,它们的存在必然会影响系统的性能,使控制变得复杂和困难。通过改善机械结构或提高加工精度来完全消除扰动通常代价昂贵甚至不可能。因此有必要研究一种简单、有效且易于实现的扰动补偿方法。

扰动观测器的结构简单,只需一个名义模型的倒数和一个低通滤波器就可以建立,并且能够有效地抑制外部扰动,使实际控制对象按照名义模型来设计。

6.2　XZ - FF Ⅰ型和Ⅱ型的随动系统总体设计方案

6.2.1　总体设计

1. 设计目标

我们的目标是设计一款新型环形倒立摆/伺服教学实验仪。

设计的实验仪应具有以下特点：

(1) 支持随动系统和倒立摆系统，并支持多种倒立摆的形式。经过巧妙的机械设计，可以作为新型的环形倒立摆使用，也可以作为旋转式倒立摆使用。

(2) 良好的人机界面，便于用户操作并实时显示实验数据。

(3) 采取全数字的设计方案。

(4) 支持多种工作方式。支持控制模式和监视模式两种工作模式。控制模式下，底层硬件对用户透明。监视模式下，开发部分 DSP 资源，学生可以在 DSP 上编程实现伺服控制和倒立摆控制。

(5) 增强系统的可扩展性，可以支持多门课程的实验。

可以看出，设计工作主要包含如下内容：机械结构设计、硬件电路设计、人机界面设计、实验内容设计、仿真与数据处理模块。

2. 总体结构

新型环形倒立摆/伺服教学实验仪主体包括转杆、摆杆、直流力矩电机、采样电位计(码盘)、控制电路(包括电源、DSP、电机功放等模块)等。其中，控制电路等置于机箱内部，电源由外界照明电路接入，实验仪通过串口同上位机通信。同时，DSP 部分、电源与电机驱动部分全部安装在机箱内，机械部分安装在机箱上，整体结构比较紧凑、合理且规范。

当取掉摆杆和转杆部分时，给系统加上与电机同轴的圆形负载，可以作为伺服系统实验装置。此时，由与电机同轴安装的电位计测量电机的转角。

3. 随动系统工作原理

如图 6.1 所示，负载在电机驱动下，与电机同轴做旋转运动，产生角位移和角速度，通过传感器(电位计或码盘)进行采样，并将采样的信号送入 DSP 控制器。同时，DSP 接受 PC 机发送的给定值信号，与采样信号相减，得到偏差信号，设计控制算法，计算出控制量电压，输出给驱动电路，转化为 PWM 占空比信号，驱动直流力矩电机按给定值信号方式运动。直到采样反馈信号与给定值信号偏差为零时，才认为达到了随动系统的控制目标。

6.2.2　工作方式

这里设计的实验仪有两种基本运行模式(以随动系统为例说明)：

(1) 控制模式。DSP 和上位机通过 RS - 232C 串行总线进行通信；DSP 充当上位机的采样和控制输出接口；上位机产生被跟踪信号并进行在线控制。具体过程如下：在 PC 机上产

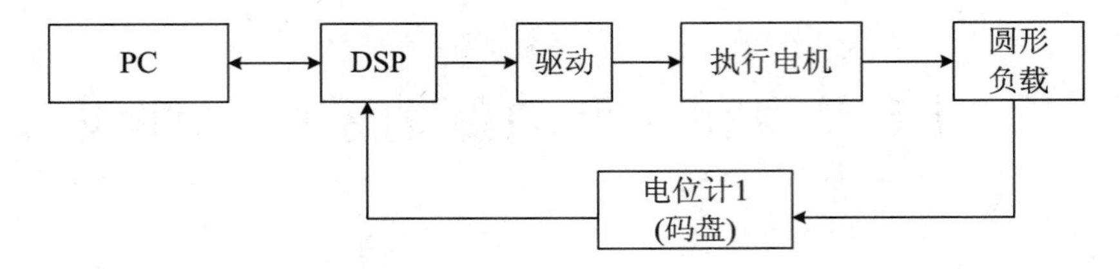

图 6.1 随动系统工作原理

生系统给定信号，DSP 采样电机输出角度电压信号，通过 RS-232C 串行总线发送给 PC 机，利用 PC 机强大的数据处理能力，对给定信号和采样信号进行处理，添加合适的控制算法，计算出控制量电压信号，再通过串口发送下去到 DSP，DSP 把电压信号转换成 PWM 占空比信号，输出至电机驱动芯片 A3952，完成一次电机的控制。学生实验时只需要在上位机上编写课程相关的程序，而无需考虑上位机下位机通信、电机驱动与传感器的具体实现。

(2) 监视模式。利用 DSP 自身具备的强大的数据处理功能，对数据进行实时处理、运算及实现控制，独立控制随动系统的工作。在这种模式下，仍然可以通过 RS-232C 串行总线与上位机进行通信，利用上位机监视随动系统的运行情况。

6.3 随动系统实验设备的硬件设计

随动系统与旋转倒立摆组成一个实验设备整体。第 4 章已对倒立摆做了详细硬件介绍，本章就不再重复介绍了。随动系统和倒立摆测量转杆、摆杆可以用航天用角度电位器，也可以用光电码盘完成。电位器的使用在前一章已做说明，并且电位器的有效电气转角往往小于 360°，而随动系统中角度变化往往会大于 360°，不太适合用于随动系统，因此我们在本章系统中采用了码盘来检测电机旋转角度和角速度，相应下面只介绍有关码盘性能和 DSP 与它的接口。

6.3.1 码盘介绍

对伺服系统进行速度控制，必须知道当前的速度，进行反馈。码盘是高精密仪器，将码盘与电机进行同轴安装，用于检测电机的转速。

采用光电编码器作为速度检测元件，它可以输出 3 路脉冲信号 A、B 和 Z。其中 A 和 B 是两个频率变化且正交的脉冲，当它由电机轴上的光电编码器产生时，电机的旋转方向可以通过检测两个脉冲序列中哪一列先到来确定，电机的转速可以由脉冲数和脉冲的频率来确定。这样把光电编码器输出的数字脉冲送入 DSP 正交编码单元进行处理就可以得到电机的转速和转向。

我们采用的光电码盘的具体型号是 CHA-1-100BM-G05L。它的供电电压是 5 V，转一圈 A、B 路输出脉冲数是 1 000，A、B 两路信号相位相差 90°。

6.3.2　DSP 正交解码脉冲(QEP)电路

QEP 引脚是和捕获单元共用的。EVA 的引脚 CAP1/QEP1 和 CAP2/QEP2 以及 EVB 的引脚 CAP4/QEP4 和 CAP5/QEP5，可由各自的捕获单元控制寄存器来选择是作为捕获单元使用还是作为 QEP 电路使用。QEP1 和 QEP2 的时基由通用定时器 2 提供，定时器只能工作在定向增/减计数模式，且将 QEP 电路作为时钟源。QEP3 和 QEP4 的时基由通用定时器 4 提供，其工作方式与通用定时器 2 相同。

事件管理器模块中正交解码脉冲电路的方向检测逻辑决定了两个序列中哪一个是先导序列，接着它就产生方向信号作为所选定时器的方向输入。EVA(EVB)中，如果 QEP1(QEP3)输入是先导序列，则所选的定时器增计数；如果 QEP2(QEP4)是先导序列，则定时器减计数。

两列正交输入脉冲两个边沿(上升沿和下降沿)都被 QEP 电路计数，所以产生的时钟频率是每个输入脉冲的 4 倍。

选定用于正交解码脉冲电路的通用定时器的定向增/减计数模式与普通定向增/减计数模式不同。当选定的定时器增计数至周期值时，通用定时器不会停止，而是继续增计数直到有确定的计数方向变化为止。如果通用定时器的初始值大于周期寄存器的值，定时器将增计数至 FFFFH，如果确定的计数方向是增方向则定时器回绕至零。当定时器减计数至零时，如果确定的计数方向是减方向则通用定时器将回绕至 FFFFH。

用正交解码脉冲电路作为时钟的通用定时器的周期、下溢和比较中断标志产生于各自的匹配发生时，定时器的比较输出或其他任意以它为定时器的比较输出不会产生跳变。

QEP 电路的使用方法如下：

(1) 如果需要，将所需值装载入选定的通用定时器的计数器、周期、比较寄存器中。

(2) 配置 TxCON(x=2,4)，设置定时器为定向增/减计数模式，以 QEP 电路作为时钟源并使能所选定的定时器。

(3) 配置 CAPCONA/CAPCONB 以使能 QEP 操作。

6.3.3　码盘与 DSP 的接口

由于 TMS320LF2407A 具有正交解码脉冲(QEP)电路，因此只要把 CHA 的 A 相和 B 相直接接到 TMS320LF2407A 相应的 QEP 引脚即可。Z 相每一周产生一个脉冲，作为一周的定位点，可以接到 DSP 的中断输入引脚。

6.4　随动系统软件设计

在全数字伺服系统的硬件电路设计基础上，还应该添加相应的控制软件，才能使之构成一个完整的控制系统。由于控制器的硬件是基于 DSP 的一个最小系统，因此其软件设计就是对 DSP 的编程。本章将就其具体编程思路与过程给予相应的阐述。

6.4.1 软件设计要求和思路

1. 软件设计要求

要想编写出性能优良的控制软件，首先要分析清楚这个软件要实现哪些功能，即对软件的设计要求有哪些，进而按其要求把整个软件划分为若干个功能模块，最后在编写完各个功能子模块代码的基础上，将所有模块代码进行整合，使之成为一个有机的整体。

鉴于数字伺服系统的控制要求与已设计好的控制器硬件电路，所编写的软件应能实现以下具体功能。

(1) 底层控制系统的大部分工作都是在定时中断中完成的。中断内工作包括：① DSP事件管理器模块的QEP电路采样反馈速度控制；② DSP信号发生器控制；③ 控制算法计算控制量；④ 以PWM占空比形式输出控制量；⑤ 串口通信，发送数据，接收指令。

(2) 由于电机时间常数很小，属于毫秒级，为了电机运行的平稳性，决定输出PWM波的周期为100 μs。

(3) 本系统的中断周期定为10 ms，PID控制算法一次运行的总时间要远远小于定时器中断周期，这样可以保证在一个中断周期内有足够的时间计算出体现控制规律的下一个PWM波的占空比。用PID控制算法运算的结果直接控制PWM占空比，进而实现电机调压调速，使电机按既定的控制规律运转。

(4) 在QEP电路采样反馈信号，计数器对码盘转动产生的脉冲进行计数。码盘转动圈数过多时，会导致计数器计数溢出。所以，软件上必须有计数器溢出判断处理。当溢出发生时，本次计数器值加上计数器满额值，再减去前一次计数器值得到正确的计数器差值，换算为角度偏差值，除以采样时间，得到当前角速度。

(5) 电机供电电压是20 V，所以计算的控制量电压必须限幅在20 V；同时，由于电机死区的存在，实验时，考虑给控制量电压初值为电机的起始电压4 V。

(6) 为了防止程序跑飞，将看门狗(Watch Dog)打开，并在定时器中断响应时对其处理，以此防止系统死机。

当然，在实际的代码编写过程中还会涉及如算法优化、代码优化以及如何设计子程序间的接口等问题，但这些几乎是对所有应用软件的通用要求，这里对这些通用要求没有一一具体列出，而只是阐明了六条对本系统的特殊要求。

2. 软件设计思路

软件设计思路由软件设计主程序流程图体现，如图6.2所示。

6.4.2 各子功能模块的实现

根据软件的设计要求与思路，本软件按功能可划分成系统初始化程序、QEP采样及计算反馈速度、速度给定时查表获取标准信号、各种控制算法计算控制量、PWM控制输出及串口发送六个子程序模块。

1. 系统初始化程序

这部分程序包括系统时钟设置、中断寄存器设置、看门狗寄存器设置、通用时钟设置、数字I/O寄存器初始化、串口控制寄存器初始化、EVB模块产生PWM的寄存器初始化、周期

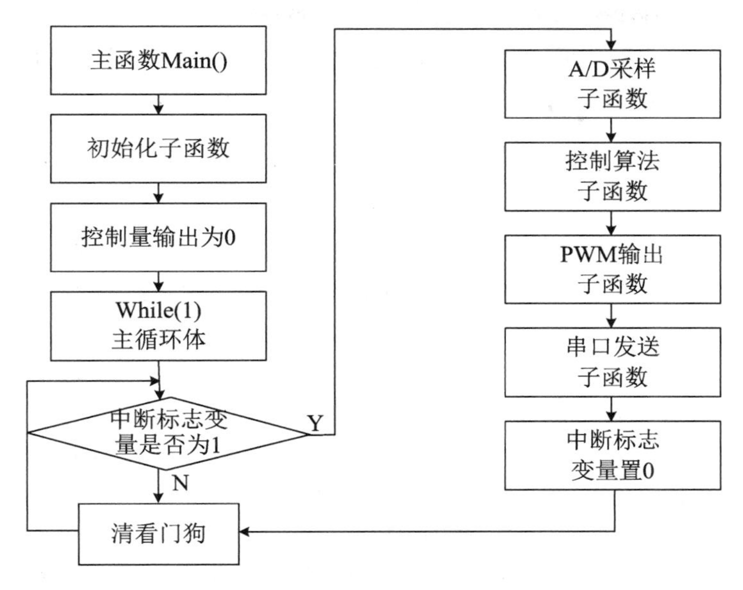

图6.2　系统主程序流程图

中断定时器初始化、EVA模块使能正交编码脉冲电路的初始化、事件中断管理寄存器初始化等内容。

(1) 系统时钟设置。设置CPU时钟频率为系统输入时钟频率的两倍，通过倍频可以提高CPU的工作速度，同时CLKOUT引脚输出为CPU时钟。

```
*SYSCR = 0x4080;
```

(2) 中断寄存器设置。包括中断标志寄存器(*IFR)和中断屏蔽寄存器(*IMR)的设置。向*IFR写1清中断，向*IMR写0屏蔽所有中断。低八位有效，高八位为保留位。

```
*IMR = 0x00;            /* Mask all INTs */
*IFR = 0xFF;            /* Clear all the Int flags */
```

(3) 看门狗寄存器设置。使能看门狗功能，防止程序在运行过程中跑飞。

```
*WDCR=0x002F;           /* Enalbe Watchdog */
inline void ClearDog()
{
    WDKEY = 0x55;
    WDKEY = 0xAA;
}
```

(4) 数字I/O寄存器初始化。我们用到的I/O引脚有一大部分是复用引脚，所以必须设置相应的寄存器选择其工作方式。需要设置A口对应的复用引脚IOPA0/SCITXD、IOPA1/SCIRXD为串口发送、接收功能，设置IOPA3/QEP1、IOPA4/QEP2为正交编码脉冲(QEP)功能。设置E口IOPE6/PWM12为PWM功能口。其余为IOPB、IOPC引脚。设置IOPB6、IOPF4为输出方式，其余为输入。

(5) 串口控制寄存器初始化。寄存器*SCICCR用于设置SCI的字符格式、协议和通信模式。我们用的通信模式无奇偶校验位，有8个数据位和1个停止位。设置通信波特率为38 400 bps，需要设置*SCIHBAUD和*SCILBAUD寄存器。

(6) EVB模块产生PWM的寄存器初始化。需要设置和装载比较方式控制寄存器*ACTRB;设置和装载周期寄存器*T3PR,即规定PWM波形的周期;初始化比较寄存器*CMPR6;设置和装载比较控制寄存器COMCONB;设置和装载定时器3的控制寄存器*T3CON,选择连续增减计数模式产生对称的PWM波,选择输入的时钟是CPU时钟的$\frac{1}{16}$,并使能定时器3的操作。

(7) 周期中断定时器初始化。我们选用通用定时器的周期寄存器*T1PR,实现10 ms周期中断。它的工作原理是,当周期寄存器的值和定时器计数器的值之间产生匹配时,通用定时器的操作就停止并保持其当前值,并根据计数器所处的计数方式执行复位为0或开始递减计数。本书采取的设置为计数器初值为0,连续增计数模式,当计数器值增计数到值等于周期寄存器值时,计数器复位为0,产生一次周期中断。

(8) EVA模块使能正交编码脉冲电路的初始化。设置*T2CON寄存器,将通用定时器2设置成定向增/减计数模式,以正交编码脉冲电路作为时钟源并使能通用定时器2;设置*CAPCONA寄存器以使能正交编码脉冲电路。

(9) 事件中断管理寄存器初始化。将所有的中断标志寄存器置1清中断,将EVA中断屏蔽寄存器A(*EVAIMRA)中的通用定时器1周期中断使能位置1,使能通用定时器1周期中断。

2. QEP采样及计算反馈速度

QEP采样得到的是计数器脉冲的个数,它的值是码盘计数脉冲的四倍,即当码盘转一圈计数1 000个脉冲,而定时器计数器的值是4 000,此时转过角度是2π弧度。记当前计数值与上一次计数值的差是ΔT,则角度差是$\Delta T\times 2\pi/4\ 000$;采样周期是10 ms,则电机的转速是$(\Delta T\times 2\pi/4\ 000)/0.01$。

增计数时,计数器的最大值是0XFFFF,当计数器计数越界时,计数器重新从0开始计数,则越界处的计数器差值计算应该是$\Delta T'=$ 0XFFFF$+\Delta T$,角度差是$\Delta T\times 2\pi/4\ 000$;采样周期是10 ms,则电机的转速是$(\Delta T'\times 2\pi/4\ 000)/0.01$。

减计数时,计数器的最小值是0,当计数器计数越界时,计数器重新从0XFFFF开始计数,则越界处的计数器差值计算应该是$\Delta T'=$ 0XFFFF$-\Delta T$,角度差是$\Delta T'\times 2\pi/4\ 000$;采样周期是10 ms,则电机的转速是$(\Delta T'\times 2\pi/4\ 000)/0.01$。

3. 信号发生器

可以在DSP内软件编程实现各种标准信号,作为伺服系统的给定值输入信号。

通过建表的方式,将不同标准信号的值保存在不同的数组。当需要信号时,可以查表取到当前的标准信号值。

4. 各种控制算法计算控制量

这里采用增量式PID控制算法和前馈补偿PID控制算法,具体的程序流程见第7章"随动系统建模和控制算法"。

5. PWM控制输出

由上控制算法计算得到的控制量电压,计算其占电机供电电压的百分比大小,进而改变比较寄存器*CMPR6的值,使输出的PWM波形的占空比发生变化。

6. 串口通信

串口发送是在定时器中断内执行的。当处理完以上所有操作后,将得到的角速度值发送到 PC 机保存。同时可以发送给定值信号、控制量电压、PWM 占空比大小等。发送的方式是采用循环检测寄存器* SCICTL2 的第 8 位的值，若为 1，则当前数据已发送完毕，准备发送下一个数据；若为 0，则当前数据未发送完毕，循环等待。

在软件设计方面，程序的模块化是程序可调试性方面一个最基本的要求。软件调试的一般过程是先将每个功能模块都编写成一个独立的程序，分别调试每个模块的功能。然后编写一个主程序作为最基本的系统，在此基础上逐渐添加调试好的模块，直至最终形成一个功能完善的系统。具体过程是：先编写一个只含有系统初始化和 PWM 波输出的基本系统；其次，在此基本系统基础上添加 QEP 采样；再次，添加控制算法子程序；最后，添加串口通信子程序。

为了便于测试软件系统的动态跟随性能，在软件上设置幅值为 X rad/s 的阶跃信号发生器及幅值为 X rad/s、周期为 Y s 的正弦函数发生器等多种信号发生功能函数，使得系统在没有外界信号发生器的情况下仍能调试运行。

程序中的每个子程序模块都设计有一个开关量，控制着这个功能模块是否起作用，这可以大大方便程序的调试。

第 7 章　随动系统建模和控制算法

我们已经实现了新型倒立摆/随动系统伺服实验仪的设计。本章将建立伺服系统的数学模型，为后续算法研究打下基础。首先介绍了系统辨识和参数估计理论，然后分析了直流力矩电机的机理模型，用阶跃曲线法确定了模型参数。

7.1　系统辨识与参数估计

7.1.1　系统辨识与参数估计概述

系统辨识的定义是：在输入和输出的基础上，从一类系统中确定与所观测的系统是等价的系统。一般采用的等价准则是：在相同输入下，被识别对象的输出与所建模型的输出之间的误差最小。

系统数学模型分为动态数学模型和静态数学模型。动态数学模型用于描述过程输出变量和输入变量之间的动态关系。静态数学模型用于描述过程输出变量与输入变量之间的稳态关系。控制系统分析和设计中涉及的数学模型是动态数学模型。数学模型有黑箱、白箱和灰箱三类模型。相应的，建立数学模型的方法也有三类。根据过程内在机理、物料和能量衡算等物理和化学规律建立的模型是白箱模型；用过程输入输出数据确定过程模型结构和参数的方法建立的模型是黑箱模型；介于两者之间的各种建模方法建立的模型是灰箱模型。

在生产过程中，最常用的建模方法是将过程看作一个黑箱，根据输入输出数据，通过系统辨识的方法建立数学模型。系统辨识方法有非参数模型辨识和参数模型辨识两大类。系统辨识所用输入信号分为确定性的非周期性信号和确定性的周期性信号，及随机性非周期信号和随机性周期信号。常用的确定性非周期信号有阶跃信号、单位脉冲信号等；确定性周期信号有正弦信号和方波信号等；随机非周期信号常采用工厂的日常数据；随机周期信号常采用伪随机双位信号序列。系统辨识用于确定模型的结构和参数。当模型结构确定后，确定模型的参数的过程称为参数估计。

在系统辨识领域中，最小二乘法是一种基本的估计方法。最小二乘法可用于动态系统，也可用于静态系统；可用于线性系统，也可用于非线性系统；可用于离线估计，也可用于在线估计。在随机的环境下，利用最小二乘法时，并不要求观测数据提供其概率统计方面的信息，而其估计结果却有相当好的统计特性。最小二乘法容易理解和掌握，利用最小二乘原理所拟定的辨识算法在实施上比较简单。在其他参数辨识方法难以使用时，最小二乘法能提供问题的解决方案。此外，许多用于辨识和系统参数估计的算法往往也可以解释为最小二乘法。所有这些原因使得最小二乘法广泛应用于系统辨识领域，同时最小二乘法也达到了相当完善的程度。

7.1.2　最小二乘法的基本原理

试验数据的正确处理关系到是否能达到试验目的，得出正确结论。传统的数据处理方法，很难得到一条很好地适应所有点的曲线，同时也无法估计所得曲线的精度，由此所确定的曲线就可能有较大的误差，且没有建立起由这些点构成曲线的数学模型，直接影响利用数学方法进行解析分析。

曲线拟合法是一种常见的试验数据分析方法。曲线拟合问题是指：已知 n 个点 (x_i, y_i)，$i=1,2,\cdots,n$，其中 x_i 互不相同，寻求一条光滑曲线 $y=f(x)$，它在某种准则下，使 $f(x_i)$ 与 y_i 最接近。这也可称为数据的平滑问题。常用的曲线拟合方法有最小二乘法、契比雪夫法及插值法等。

早在 1795 年，著名科学家高斯就提出了最小二乘法 LSM(least squares method)，并将其应用到了行星和彗星运动轨道的计算中。高斯在计算行星和彗星运动轨道时，要根据望远镜所获得的观测数据，估计描述天体运动的六个参数值。高斯认为，根据观测数据推断未知参数时，未知参数的最合适数值，应是使各次实际观测值和计算值之间差值的平方乘以度量其精确度的数值以后的和为最小。这就是最早的最小二乘法思想。此后，最小二乘法被用来解决许多实际问题，并在系统辨识领域得到广泛的应用。

以线性系统参数估计为例，设系统输入输出关系如图 7.1 所示。输出信号 y 与输入信号 $x_1, x_2, \cdots, x_n$ 的关系可用以下方程式来表示：

$$y = \theta_1 x_1 + \theta_2 x_2 + \cdots + \theta_n x_n \tag{7.1}$$

其中，$\theta_1, \theta_2, \cdots, \theta_n$ 为系统参数。

最小二乘法辨识要解决的问题是：在假设系统的结构（即阶数）已知的前提下，根据对输入信号 $x_1, x_2, \cdots, x_n$ 和输出信号 y 的量测值来确定系统的参数 $\theta_1, \theta_2, \cdots, \theta_n$。因此，这是一个参数辨识问题。

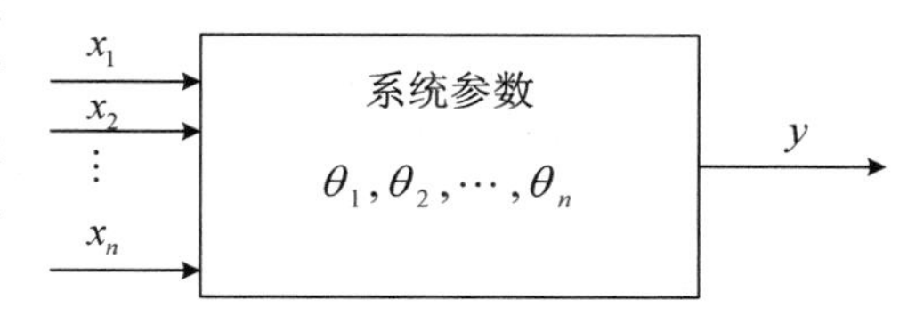

图 7.1　系统输入输出方框图

设在 $t_1, t_2, \cdots, t_m$ 的 m 个时刻，分别对输入 $x_1, x_2, \cdots, x_n$ 和输出 y 进行 m 次量测，所得数据为 $y(i), x_1(i), x_2(i), \cdots, x_n(i)$，$i=1,2,\cdots,m$。利用这些量测到的输入、输出数据，可得到 m 个代数方程：

$$\begin{cases} y(t_1) = \theta_1 x_1(t_1) + \theta_2 x_2(t_1) + \cdots + \theta_n x_n(t_1) \\ y(t_2) = \theta_1 x_1(t_2) + \theta_2 x_2(t_2) + \cdots + \theta_n x_n(t_2) \\ \cdots\cdots \\ y(t_m) = \theta_1 x_1(t_m) + \theta_2 x_2(t_m) + \cdots + \theta_n x_n(t_m) \end{cases} \tag{7.2}$$

将(7.2)式写成矩阵矢量形式，则为

$$Y = X\theta \tag{7.3}$$

式中 Y 为输出矢量，θ 为参数矢量，X 为输入信号组成的矩阵。即

$$Y=\begin{bmatrix}y(t_1)\\y(t_2)\\\vdots\\y(t_m)\end{bmatrix},\quad X=\begin{bmatrix}x_1(t_1) & x_2(t_1) & \cdots & x_n(t_1)\\x_1(t_2) & x_2(t_2) & \cdots & x_n(t_2)\\\vdots & \vdots & & \vdots\\x_1(t_m) & x_2(t_m) & \cdots & x_n(t_m)\end{bmatrix},\quad \theta=\begin{bmatrix}\theta_1\\\theta_2\\\vdots\\\theta_n\end{bmatrix}$$

为了能从式(7.3)中求出参数矢量 θ,必须满足 $m\geqslant n$。若矩阵 X 是非奇异的方阵,则式(7.3)可求出参数矢量 θ 的估计值 $\hat{\theta}$ 为

$$\hat{\theta}=X^{-1}Y \tag{7.4}$$

式中,X^{-1} 是方阵 X 的逆矩阵。

由于量测的输入、输出数据中存在误差和噪声,因此由式(7.4)求出的 $\hat{\theta}$ 也是有误差的。为此引入一误差矢量 $\varepsilon=[\varepsilon_1\quad\varepsilon_2\quad\cdots\quad\varepsilon_m]^{\mathrm{T}}$,这时式(7.3)所表示的输入、输出数据和系统参数之间的确切表达式应是

$$Y=X\theta+\varepsilon \tag{7.5}$$

误差当然愈小愈好,定义一性能指标

$$J=\sum_{i=1}^{m}\varepsilon_i^2=\varepsilon^{\mathrm{T}}\varepsilon \tag{7.6}$$

并使 $J\rightarrow\min$。

由式(7.5)和式(7.6)得到

$$J=(Y-X\theta)^{\mathrm{T}}(Y-X\theta)=Y^{\mathrm{T}}Y-\theta^{\mathrm{T}}X^{\mathrm{T}}Y-Y^{\mathrm{T}}X\theta+\theta^{\mathrm{T}}X^{\mathrm{T}}X\theta$$

为了使 J 为极小值,将 J 对 θ 求导并令其等于零。即令

$$\left.\frac{\partial J}{\partial\theta}\right|_{\theta=\hat{\theta}}=-2X^{\mathrm{T}}Y+2X^{\mathrm{T}}X\hat{\theta}=0$$

由此得

$$X^{\mathrm{T}}Y=X^{\mathrm{T}}X\hat{\theta}$$

最后得

$$\hat{\theta}=(X^{\mathrm{T}}X)^{-1}X^{\mathrm{T}}Y \tag{7.7}$$

当 $X^{\mathrm{T}}X$ 为非奇异矩阵时,则由式(7.7)就可求出需要辨识的系统参数 $\theta_1,\theta_2,\cdots,\theta_n$,即参数矢量 $\hat{\theta}$,又称参数矢量 $\theta=[\theta_1\quad\theta_2\quad\cdots\quad\theta_m]$的最小二乘估计。

7.1.3 最小二乘曲线拟合在 Matlab 中的实现

我们将使用 Matlab 的最优化工具箱中的 lsqcurvefit 函数来实现曲线拟合,该函数在最小方差意义下解决非线性曲线拟合问题。

1. lsqcurvefit 介绍

lsqcurvefit 可以解决如下问题:

设输入数据向量 x 和观测数据向量 y 已知,求解参数矢量 θ,使目标函数

$$J=\frac{1}{2}\sum_{i=1}^{m}\|F(\theta,x)-y\|_2^2=\frac{1}{2}\sum_{i=1}^{m}(F(\theta,x_i)-y_i)^2 \tag{7.8}$$

取最小值。

函数原型为 $F(a,x)$,$F(a,x)$也是一向量函数,其向量维数与向量 x、向量 y 维数相等。式(7.8)与式(7.6)对应,属于最小二乘法参数辨识原理。

lsqcurvefit 的调用格式为：

```
[a,resnorm]= lsqcurvefit(@Fname,a0,x,y)
[a,resnorm]=lsqcurvfit(@Fname,a0,x,y,lb,ub)
```

其中，x、y 为原始输入输出数据矢量，Fname 是原型函数名，a0 为最优化的初值，lb，ub 分别是最优化的下限和上限值。返回值 a 为使目标函数式(7.8)最小的参数矢量 θ，resnorm 为此时的目标函数的值。

2. 使用 lsqcurvefit 的一个例子

问题描述：设 $y=F(a,x)=a(1)\cdot x^2=a(2)\cdot\sin(x)+a(c)\cdot x^3$，原始的输入值和输出值已知，参数 a 未知，求解参数 a。

求解过程：

(1) 编写如下两个. m 文件。

Lsqcurvefit. m 文件如下：

```
% Assume you determined xdata and ydata experimentally
x = [3.6  7.7  9.3  4.1  8.6  2.8  1.3  7.9  10.0  5.4];
y = [16.5  150.6  263.1  24.7  208.5  9.9  2.7  163.9  325.0  54.3];
a0 = [10, 10, 10]                          % Starting guess
[a,resnorm] = lsqcurvefit(@myfun,a0,x,y)
```

Myfun. m 文件如下：

```
function F = myfun(a,x)
F = a(1)* x.^2 + a(2)* sin(x) + a(3)* x.^3;
```

(2) 运行程序，结果如下：

```
a =
    0.2269   0.3385   0.3021
resnorm =
    6.2950
```

7.2　永磁直流力矩电机机理建模

带负载的永磁直流力矩电机系统的等效结构电路图如图 7.2 所示。

直流电机的动态特性可以用下列方程来表征：

$$u_a(t)=R_a i_a(t)+L_a\frac{\mathrm{d}i_a(t)}{\mathrm{d}t}+E_a(t) \tag{7.9}$$

$$E_a(t)=K_e\omega(t) \tag{7.10}$$

$$T_{em}(t)=K_m i_a(t) \tag{7.11}$$

$$T_{em}(t)=J\dot{\omega}+B\omega(t)+T_d(t) \tag{7.12}$$

其中，$u_a(t)$表示电枢电压(V)，R_a 表示电枢电阻(Ω)，$i_a(t)$表示电枢电流(A)，L_a 表示电枢电感(H)，$E_a(t)$表示电枢反电动势(V)，K_e 表示电动机反电动势系数(V・s/rad)，$\omega(t)$表示电动机转动角速度(rad/s)，$T_{em}(t)$表示电动机电磁转矩(N・m)，K_m 表示直流电动机电磁转矩系数(N·m/A),J 表示电动机转子及负载等效在电动机轴上的转动惯量($kg \cdot m^2$),B 表示等效在电动机轴上的黏性阻尼系数,$T_d(t)$ 表示电动机转矩与负载阻转矩之和。

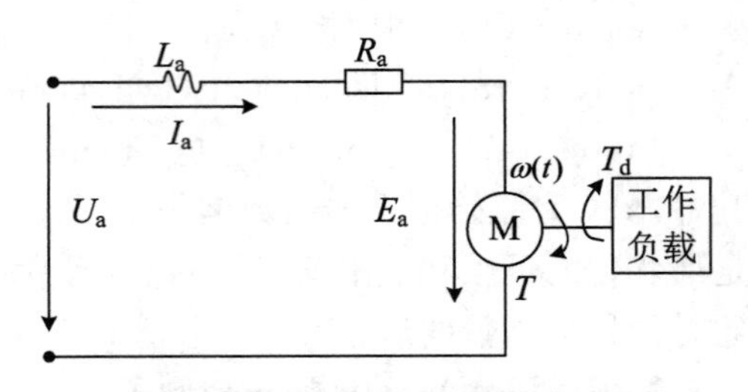

图 7.2 永磁直流力矩电机的等效结构电路图

式(7.9)称为电气回路方程,它表示电枢电压 $u_a(t)$ 与负载电阻压降、电感电势及电机反电动势的关系。

式(7.12)称为机械回路方程,它表示电磁力与惯性力、负载及非惯性负载(包括摩擦)间的平衡关系。

对式(7.9)～式(7.12)进行拉普拉斯变换,得

$$\begin{cases} U_a(s) = R_a I_a(s) + L_a s I_a(s) + E_a(s) \\ E_a(s) = K_e \dot{\theta}(s) \\ T_{em}(s) = K_m I_a(s) \\ T_{em}(s) = Js\dot{\theta}(s) + B\ddot{\theta}(s) + T_d(s) \end{cases} \tag{7.13}$$

其中,$\dot{\theta}(s)$ 表示角速度 $\omega(t)$ 的拉氏变换,$\ddot{\theta}$ 表示角加速度的拉氏变换。

根据式(7.13),可以画出如图 7.3 所示的永磁直流力矩电机结构图。

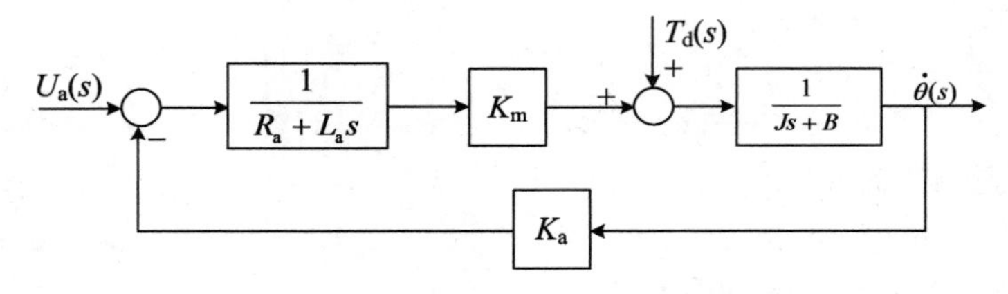

图 7.3 永磁直流力矩电机结构框图

经过推导,我们可以得到电机转速对电枢电压的传递函数为

$$\frac{\dot{\theta}(s)}{U_a(s)} = \frac{\frac{1}{K_e}}{T_m T_a s^2 + T_m s + 1} \tag{7.14}$$

其中,$U_a(s)$ 表示电动机的输入电压,$\dot{\theta}(s)$ 表示电动机输出角速度,$T_m = \frac{R_a J}{K_e K_m}$ 为电动机机电时间常数,$T_a = \frac{L_a}{R_a}$ 为电气时间常数。

机电时间常数主要反映电动机的机械延迟,电气时间常数反映电动机的电感对电流上升的延迟。一般情况下,$T_a \ll T_m$。

7.3　阶跃曲线法建模

7.3.1　阶跃曲线法

这里采用阶跃曲线法(阶跃响应曲线法)测取被控对象的数学模型。阶跃曲线是指输入为阶跃信号时的输出量变化曲线。实验时,系统处于开环状态,控制对象在某一状态下稳定一段时间后,输入一阶跃信号,使控制对象达到另一个稳定状态。测得阶跃曲线以后,根据此曲线应用图解和计算相结合的方法即可求出系统的数学模型——传递函数。

7.2节得到了电机的二阶机理模型(式(7.14)),我们把式(7.14)转化为

$$\frac{\dot{\theta}(s)}{U_a(s)}=\frac{K}{a_2s^2+a_1s+1} \tag{7.15}$$

式中,$U_a(s)$表示电动机的输入电压,$\dot{\theta}(s)$表示电动机输出角速度,$K=\frac{1}{K_a}$,$a_2=T_m\cdot T_a$,$a_1=T_m$。因为系统负载很小,且与电机同轴,所以可以将电机与负载整体看成被控对象,进行开环阶跃响应实验。实验目标就是求出模型参数K、a_1、a_2,得到被控对象的传递函数。

我们采用lsqcurvefi函数进行最小二乘法参数估计,确定模型参数。函数调用形式为:[a,resnorm]= lsqcurvefit(@resuponse,a0,t,y),其中,t是采样时间向量,y是阶跃响应输出向量,a=[K,a_2,a_1]是待求模型参数。

为了获取更准确的实验结果,采取多次实验取平均值的方法,确定模型参数。

7.3.2　实验步骤

结合本书内容,总结阶跃曲线法建模的实验步骤如下:

(1) 确定被控对象的机理模型,如式(7.14)所示。

(2) 对被控对象施加阶跃信号,测量并保存系统的输出数据。

(3) 改变阶跃信号的幅值和方向,重复步骤(2)($N-1$)次(这里$N=26$)。

(4) 对第i组实验数据,利用Matlab进行最小二乘法求解模型参数K_I、a_{1i}、a_{2i}($i=1,2,\cdots,N$),并记录。如表7.1所示。

(5) 根据K_I、a_{1i}、a_{2i}($i=1,2,\cdots,N$),求和取平均,确定模型参数K、a_1、a_2。

表7.1　对电机施加不同大小和方向的阶跃信号时的建模结果

实验编号	U_a(V)	K	a_2	a_1	稳态转速
1	−5.000 0	0.706 9	0.000 349	0.062 3	−3.534 5
2	−5.500 0	0.892 0	0.000 351 1	0.055 0	−4.906 0
3	−6.000 0	1.117 8	0.000 342	0.059 7	−6.706 8

续表

实验编号	U_a(V)	K	a_2	a_1	稳态转速
4	−6.500 0	1.246 0	0.000 336	0.060 8	−8.099 0
5	−7.000 0	1.429 0	0.000 423	0.061 3	−10.003 0
6	−7.500 0	1.509 0	0.000 417	0.060 9	−11.317 5
7	−8.000 0	1.667 8	0.000 404	0.063 5	−13.342 4
8	−10.000 0	1.995 1	0.000 386	0.062 7	−19.951 0
9	−12.000 0	2.218 2	0.000 375	0.063 0	−26.618 4
10	−14.000 0	2.382 8	0.000 445	0.064 3	−33.359 2
11	−16.000 0	2.495 0	0.000 408	0.066 4	−39.920 0
12	−18.000 0	2.588 9	0.000 421	0.065 6	−46.600 2
13	−20.000 0	2.667 9	0.000 405	0.066 0	−53.358 0
14	5.000 0	0.745 6	0.000 353	0.066 1	3.728 0
15	5.500 0	0.937 4	0.000 322	0.055 8	5.155 7
16	6.000 0	1.212 3	0.000 328	0.063 0	7.273 8
17	6.500 0	1.334 2	0.000 321	0.056 5	8.672 3
18	7.000 0	1.502 6	0.000 433	0.059 3	10.518 2
19	7.500 0	1.609 0	0.000 406	0.060 7	12.067 5
20	8.000 0	1.738 4	0.000 320	0.060 6	13.907 2
21	10.000 0	2.006 1	0.000 336	0.061 9	20.061 0
22	12.000 0	2.236 6	0.000 386	0.064 3	26.839 2
23	14.000 0	2.409 1	0.000 369	0.062 5	33.727 4
24	16.000 0	2.505 5	0.000 380	0.063 6	40.088 0
25	18.000 0	2.590 1	0.000 432	0.064 6	46.621 8
26	20.000 0	2.670 1	0.000 342	0.063 6	53.402 0

注：表中 U_a，K，a_2，a_1 的含义见式(7.15)。

7.3.3 实验结果

实验过程中发现电机存在始动电压 $U_{a0}=4.0$ V。当 $|u_a|\leqslant U_{a0}$ 时，电机无响应，这是因为电枢电压 $|u_a|$ 是从零开始逐渐升高的，当 $|u_a|$ 还很小，以致电动机所产生的电磁转矩还小于总阻转矩时，电机还转不起来；当 $|u_a|$ 增大到 U_{a0}，使电磁转矩和总阻转矩相等时，电机处于从静止到转动的临界状态，此时稍微增加 $|u_a|$，电动机就转动起来了。我们称此区域为电机的死区。由于死区的影响，在死区附近的实验输出角速度波动很大。因此选择 $|u_a|\geqslant 5$ V 的情况进行实验。

表 7.1 记录了对电机施加不同阶跃信号 $u_a(t)$（共 26 次）时，用最小二乘法得到的电机

模型式(7.15)的参数 K、a_1、a_2 和稳态转速。图 7.4 表示稳态转速与输入电压关系的实验曲线，横坐标表示阶跃电压，纵坐标表示对应的稳态转速。图 7.4 和图 7.5 分别显示了阶跃信号 $u_a(t)$ 为 10 V 与 −10 V 时的阶跃响应及其拟合结果。

以下对表 7.1、图 7.4、图 7.5 和图 7.6 的数据进行分析。

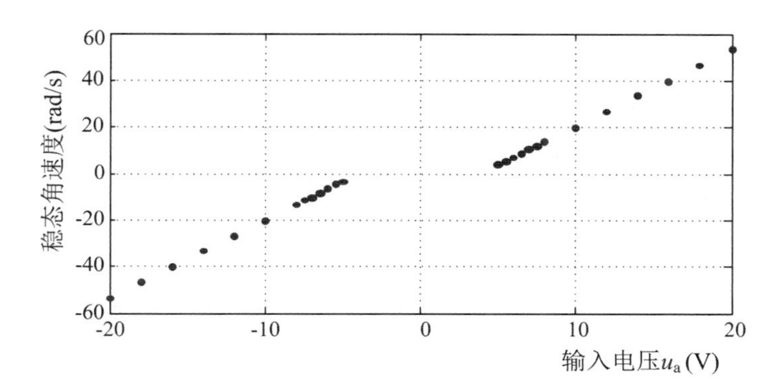

图 7.4　稳态角速度与输入电压的实验曲线

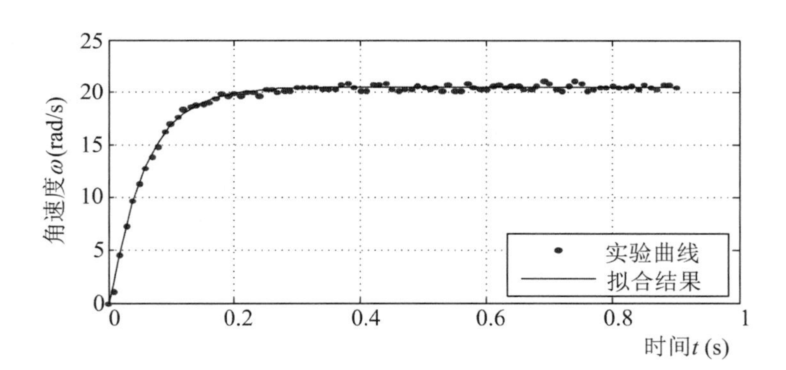

图 7.5　阶跃信号 $u_a(t)$＝＋10 V 时的实验曲线和拟合结果

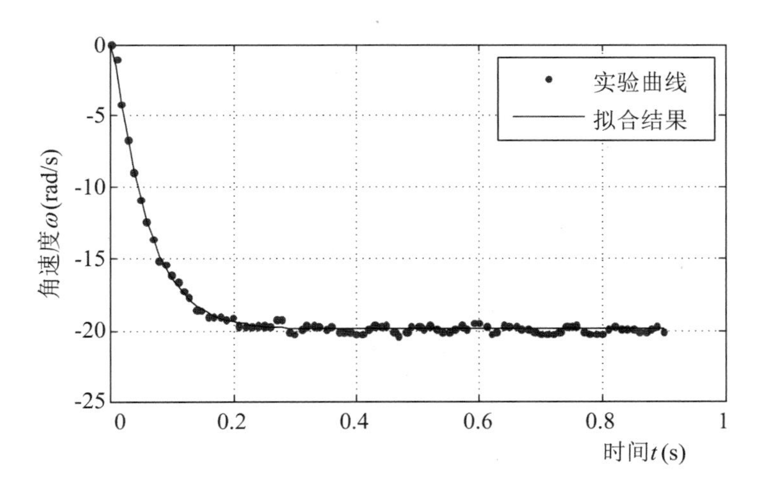

图 7.6　阶跃信号 $u_a(t)$＝−10 V 时的实验曲线和拟合结果

(1) 从图 7.4 可以看出，稳态转速和电压的关系在死区范围之外，具有较好的线性关系，且电机在正、反转方向上具有对称性。

(2) 从图 7.5 和图 7.6 可以看出，当$|u_a|>U_{a0}$时，采用最小二乘法对实验数据进行拟合，可以得到准确的数学模型。

(3) 表 7.1 的每组实验数据都具有误差，且误差大小是不一样的。这是由以下几点原因造成的：① 每次实验存在测量误差。② 实验中，当电机内部的温度不一样时，会导致电机的内阻发生变化，影响实验结果。③ 码盘与电机同轴安装存在偏差时，会导致测得的电机正、反转特性不完全对称。④ 电机死区非线性影响，使得每次实验都有不可预测的误差。电机处于线性区时误差会减小。⑤ 电机运动过程中正、反转特性在转动摩擦和静摩擦的作用下，并不是完全对称的。解决办法是：进行多次实验，此时实验测量值大于真值与小于真值的概率分布将趋于一致，于是所有测量值的平均值将随着测量次数的增加而越来越接近真值，从而可以减小实验结果的误差。

按此思路确定模型式(7.15)的 K、a_1 和 a_2。将表 7.1 中的 K、a_1 和 a_2 的数据进行求和取平均，得

$$K=\frac{1}{26}\sum_{i=1}^{26}K_{\mathrm{I}}=1.785 \tag{7.16}$$

$$a_1=\frac{1}{26}\sum_{i=1}^{26}a_{1i}=0.0621 \tag{7.17}$$

$$a_2=\frac{1}{26}\sum_{i=1}^{26}a_{2i}=0.00037374 \tag{7.18}$$

把式(7.16)、式(7.17)、式(7.18)代入式(7.15)，得到被控对象的数学模型为

$$G(s)=\frac{\dot{\theta}(s)}{U_{\mathrm{a}}(s)}=\frac{1.785}{0.00037374s^2+0.0621s+1} \tag{7.19}$$

7.4 PID 控制算法实验

PID 算法因其结构简单、各个参数有着明显的物理意义、调整方便等特点，在各种控制领域仍然被广泛使用。计算机控制是一种采样控制，它只能根据采样时刻的偏差值计算控制量。因此，在计算机 PID 控制中，使用的是数字 PID 控制器。

在模拟系统中 PID 算法的表达式为

$$u(t)=K_{\mathrm{P}}\left(e(t)+\frac{1}{T_{\mathrm{I}}}\int_0^t e(t)\mathrm{d}t+T_{\mathrm{D}}\frac{\mathrm{d}e(t)}{\mathrm{d}(t)}\right) \tag{7.20}$$

式中，$u(t)$为控制器的输出信号；$e(t)$为输入信号与输出信号的偏差；K_{P}为控制器的比例系数；T_{I}为控制器的积分时间；T_{D} 为控制器的微分时间。模拟 PID 控制系统原理图如图 7.7 所示，它由模拟 PID 控制器和被控对象组成。

图 7.7 中，rin(t)是系统的输入，yout(t)是系统的输出，$e(t)$是偏差。

简单说来，PID 控制器各校正环节的作用如下：

(1) 比例环节。成比例地反映控制系统的偏差信号 $e(t)$，偏差一旦产生，控制器立即产

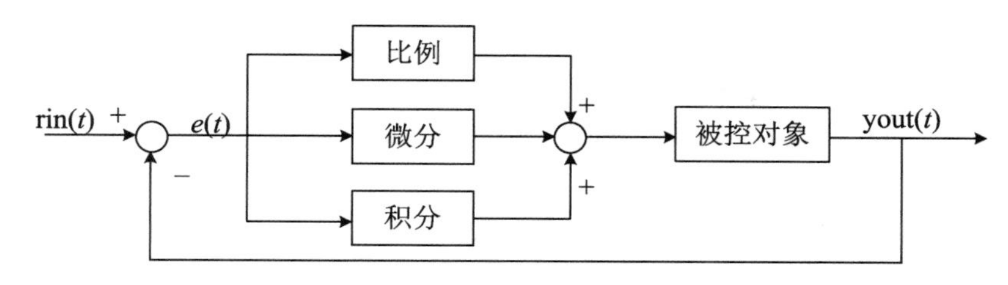

图 7.7　模拟 PID 控制系统原理图

生控制作用，以减少偏差。

(2) 积分环节。主要用于消除静差，提高系统的无差度。积分作用的强弱取决于积分时间常数 T_I，T_I越大，积分作用越弱，反之则越强。

(3) 微分环节。反映偏差信号的变化趋势(变化速率)，并能在偏差信号变得过大之前，在系统中引入一个有效的早期修正信号，从而加快系统的动作速度，减少调节时间。

按模拟 PID 控制算法，以一系列的采样时刻点 kT 代表连续时间 t，以矩形数值法积分近似代替积分，以一阶后向差分近似代替微分，可以得到离散的 PID 表达式：

$$\begin{aligned} u(k) &= K_P\left(e(k) + \frac{T}{T_I}\sum_{j=0}^{k} e(j) + \frac{T_D}{T}(e(k) - e(k-1))\right) \\ &= K_P e(k) + K_I \sum_{j=0}^{k} e(j) T + K_D \frac{e(k) - e(k-1)}{T} \end{aligned} \tag{7.21}$$

式中，$K_I = \frac{K_P}{T_I}$，$K_D = K_P T_D$，T 为采样周期，k 为采样序号，$k=1,2,\cdots$，$e(k-1)$和$e(k)$分别为第$(k-1)$和第 k 时刻所得的偏差信号。

位置 PID 控制系统如图 7.8 所示。

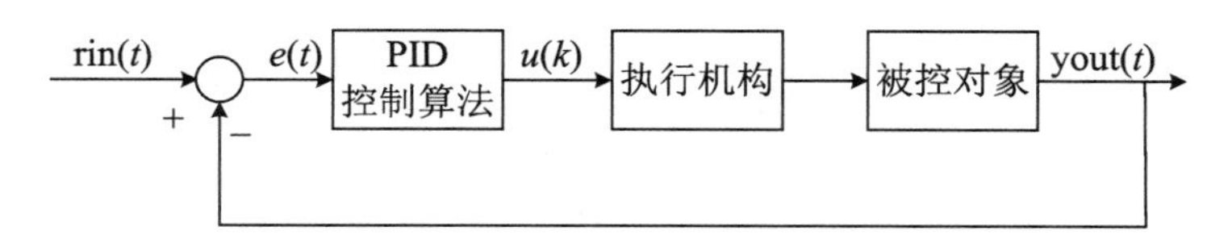

图 7.8　位置 PID 控制系统

图中 rin(k)表示第 k 次系统的输入，yout(k)表示第 k 次系统的输出，$e(k)$是第 k 次的偏差，$u(k)$是第 k 次输出的控制量。

7.5　增量式 PID 控制

位置式 PID 控制算法的缺点是：由于采用全量输出，所以每次输出均与过去的状态有关，计算时要对 $e(k)$量进行累加，控制器输出控制量 $u(k)$对应的是执行机构的实际位置偏差，如果位置传感器出现故障，$u(k)$可能会出现大幅度变化，$u(k)$的大幅度变化会引起执行机构位置的大幅度变化，可能造成重大事故，这种情况在过程控制中是不允许的。为避免这种事故的发生，常采用增量式 PID 控制算法。

7.5.1 增量式 PID 原理

根据位置式 PID 控制算法的递推原理，可写出$(k-1)$次的 PID 输出表达式：

$$u(k-1)=K_{\mathrm{P}}\left(e(k-1)+K_{\mathrm{I}}\sum_{j=0}^{k-1}e(j)+K_{\mathrm{D}}(e(k-1)-e(k-2))\right) \tag{7.22}$$

增量式 PID 控制算法：

$$\Delta u(k)=u(k)-u(k-1)$$

$$\Delta u(k)=K_{\mathrm{P}}(e(k)-e(k-1))+K_{\mathrm{I}}e(k)+K_{\mathrm{D}}(e(k)-2e(k-1)-e(k-2)) \tag{7.23}$$

增量式 PID 控制算法的优点：

(1) 由于计算机输出增量，所以错误动作影响小，必要时可用逻辑判断方法去掉。

(2) 不产生积分失控，所以容易获得较好的控制效果。

7.5.2 算法仿真实验与实际控制实验

本章采用 7.3 节的建模结果(7.19)式进行仿真，并将仿真得到的 PID 参数应用于我们设计的新型环形倒立摆/伺服教学实验仪，进行随动系统控制。

根据增量式 PID 原理，编写 Matlab 程序，实现被控对象和控制算法，源程序参见附录 A。也可由 SIMULINK 实现离散 PID 控制器的设计，如图 7.9 所示。

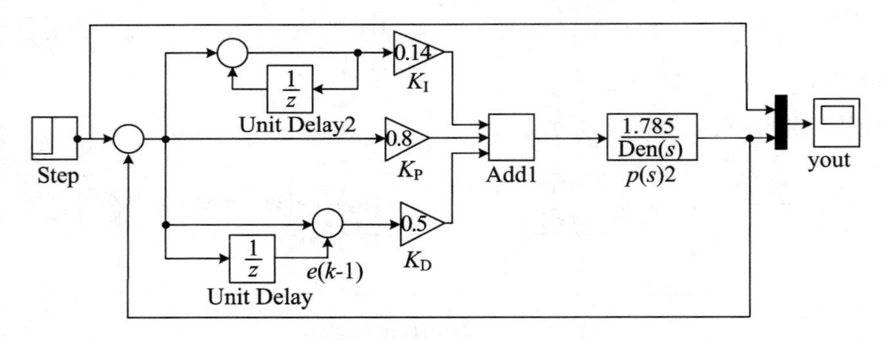

图 7.9 离散 PID 控制的 SIMULINK 程序

源程序如下：

```
clc
clear
num=[0  0  3.316 6];den=[0.000 364 82  0.059 6  1];        %对象模型
sys=tf(num,den);
ts=0.01;
dsys=c2d(sys,ts,'z');                                        %系统离散化
[num,den]=tfdata(dsys,'v');
u_1=0.0; u_2=0.0; y_1=0; y_2=0; x=[0,0,0]'; error_1=0; error_2=0;
for k=1:1:100                                                %算法计算
  time(k)=(k-1)*ts;
```

```
    rin(k)=5.0;                                             %输入信号
    kp=0.5;   ki=0.1;   kd=0.4;                             %PID 参数
    du(k)=kp*x(1)+kd*x(2)+ki*x(3);                          %增量电压
    u(k)=u_1+du(k);                                         %控制量电压
    if u(k)>=20                                             %限幅
       u(k)=20;
    end
    if u(k)<=-20
       u(k)=-20;
    end
    yout(k)=-den(2)*y_1-den(3)*y_2+num(2)*u_1+num(3)*u_2;%输出
    error=rin(k)-yout(k);                                   %偏差
    u_2=u_1;u_1=u(k);y_2=y_1;y_1=yout(k);
    x(1)=error-error_1;                                     %Calculating P
    x(2)=error-2*error_1+error_2;                           %Calculating D
    x(3)=error;                                             %Calculating I
    error_2=error_1;
    error_1=error;
end
if(rin==5.0)                                                %画图显示
subplot(1,2,1);
plot(time,rin,'r',time,yout,'b');
end
if(rin==10.0)
subplot(1,2,2);plot(time,rin,'r',time,yout,'b');
end
legend('rin(输入曲线)','yout (输出曲线)');
xlabel('时间(t)/单位(s)');ylabel('角速度(w)/单位 rad/s)');
grid on
```

在 Matlab 软件环境下，把式(7.19)的传递函数离散化。取采样周期为 10 ms，采用阶跃输入。调节 PID 参数进行实验，观察输出曲线，学习 PID 控制器中各矫正环节对系统输出的作用。最后调节 PID 参数值直到输出曲线有比较好的动态特性和稳态特性。

当取 $K_P=0.8$，$K_I=0.14$，$K_D=0.5$ 时，电机角速度输出曲线如图 7.10 所示。把同一组 PID 参数用于伺服系统的控制，跟踪 10 rad/s 的阶跃曲线，实际控制曲线如图 7.10 所示。

从图 7.10 可以看到，在±2%稳态误差带，仿真曲线的调节时间 t_s 约为 0.088 s，实际控制曲线的调节时间 t_s 约为 0.154 s，两者曲线趋势基本吻合，说明建模结果式(7.19)与实际模型比较接近。

图中实际控制曲线与仿真曲线不完全一致，因为仿真采用的式(7.19)是一个理想线性模型，而实际实验中，受电机死区、温度变化引起的内阻变动等非线性因素的影响，使得实际模型参数发生变化，所以用仿真的 PID 参数控制实际实验，两者之间必然存在误差。

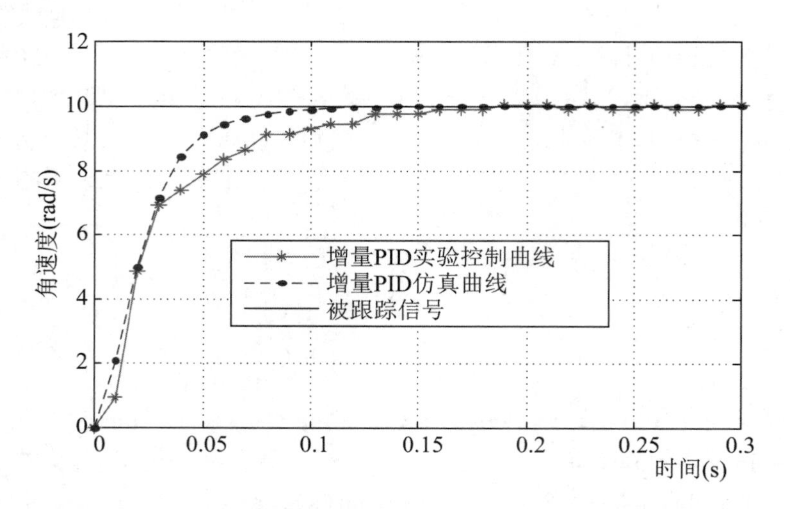

图 7.10 增量式 PID 阶跃响应($K_P=0.8$, $K_I=0.14$, $K_D=0.5$)

7.6 前馈补偿加 PID 控制算法

在高精度伺服控制中,前馈控制可用来提高系统的跟踪性能。经典控制理论中的前馈控制设计基于复合控制思想,当闭环系统为连续系统时,使前馈环节与闭环系统的传递函数之积为 1,从而实现输出完全复现输入。

7.6.1 前馈补偿加 PID 控制算法原理

为了提高系统的跟踪性能,针对 PID 控制系统,设计设定值前馈补偿控制器。设定值前馈补偿控制是依据输出跟随设定值变化的原理来设计的。以设定值输入为前馈信号的前馈补偿加 PID 控制结构如图 7.11 所示。图中的 $G(s)$即广义被控对象:电机及与之同轴安装转动的负载和码盘。$F(s)$是前馈补偿环节,它以设定值 $\mathrm{rin}(t)$为输入,其输出 $u_f(t)$接至被控对象 $G(s)$。$G_c(s)$选 PID 控制器。对图 7.11,可导出输入输出关系为

$$Y(s)=\frac{G(s)(F(s)+G_c(s))}{1+H(s)G(s)G_c(s)}R(s) \tag{7.24}$$

式中 $Y(s)$、$R(s)$分别是 $\mathrm{yout}(t)$、$\mathrm{rin}(t)$的拉氏变换。

最理想的情况是 $Y(s)=R(s)$,考虑到控制器的因果性,这显然是不可能做到的,于是就近似取为

$$Y(s)=T(s)R(s) \tag{7.25}$$

其中,$T(s)$为期望的动态模型,一般取为低通型函数,在低频段内近似为 1,即

$$\frac{G(s)(F(s)+G_c(s))}{1+H(s)G(s)G_c(s)}=T(s) \tag{7.26}$$

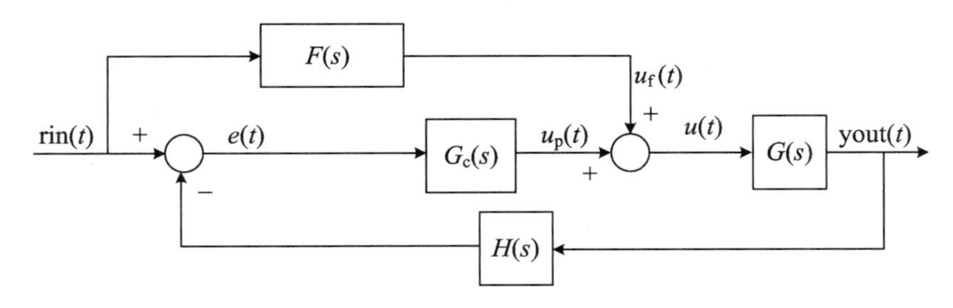

图 7.11　前馈补偿加 PID 控制结构

当 $H(s)=1$ 时，推导得到

$$F(s)=\frac{T(s)}{G(s)}+G_c(s)(T(s)-1) \tag{7.27}$$

选取 $T(s)$ 时，必须保证 $T(s)$ 和 $\frac{T(s)}{G(s)}$ 均为正则函数（即分母阶次大于或等于分子阶次），并使闭环系统有较好的动态特性。这里，取 $T(s)=\frac{1}{(T_0s+1)^2}$ 的形式。

当把设计的超前环节用于实际控制时，需要进行离散化。为了符合实际，要求离散化前后动态特性相同，必须用“零阶保持器”离散化方法，具体请参考相关文献。Matlab 仿真中可以用 c2d 函数实现。

以单位反馈控制系统（$H=1$）为研究对象。设计的前馈补偿控制器输出为

$$U_f(s)=R(s)F(s) \tag{7.28}$$

总控制输出为 PID 控制器输出加前馈控制输出：

$$u(t)=u_p(t)+u_f(t) \tag{7.29}$$

写成离散形式为

$$u(k)=u_p(k)+u_f(k) \tag{7.30}$$

7.6.2　算法实施步骤

前馈补偿加 PID 控制算法在 DSP 内程序实施步骤：

(1) 计算反馈控制偏差：

$$e(k)=\mathrm{rin}(k)-\mathrm{yout}(k) \tag{7.31}$$

式中 $\mathrm{yout}(k)$ 是第 k 次实际控制系统的传感器采样反馈值，采样时间 5 ms。

(2) 计算 PID 控制器输出。采用 7.4 节所述的位置式 PID。

(3) 计算前馈控制器输出。

在 Matlab 中采用“零阶保持器”离散化方法（c2d(F(s)，Ts)，Ts 为采样时间），得到 $F(s)$ 离散化模型，求出 $u_f(k)$ 的表达式，用 C 语言编写到 DSP 中。

(4) 总控制输出：

$$u(k)=u_p(k)+u_f(k) \tag{7.32}$$

7.6.3 算法仿真实验与实际控制实验

根据前馈补偿加 PID 控制算法思想编写 Matlab 仿真程序，做仿真实验，并根据算法实施步骤做实际控制实验。本复合控制系统中，零时刻对系统输入 10 rad/s 的阶跃信号，当取 PID 参数值为：$K_P=7.0$，$K_I=4.0$，$K_D=0.0$ 时，电机角速度输出仿真曲线和用于实际伺服系统的控制曲线如图 7.12 所示。

从图 7.12 可看出实验曲线和控制曲线有偏差，原因在于建立的数学模型是线性的，忽略了实际系统的非线性因素，如死区、摩擦等。但是可以看出两条曲线已经很接近，证明了我们所建立模型的准确性。曲线的上升时间 t_r 约 0.045 s，调节时间 t_s 约 0.08 s(±2%误差带)。与增量式 PID(图 7.10)比较，前馈补偿加 PID 控制下的系统输出性能得到明显改善。

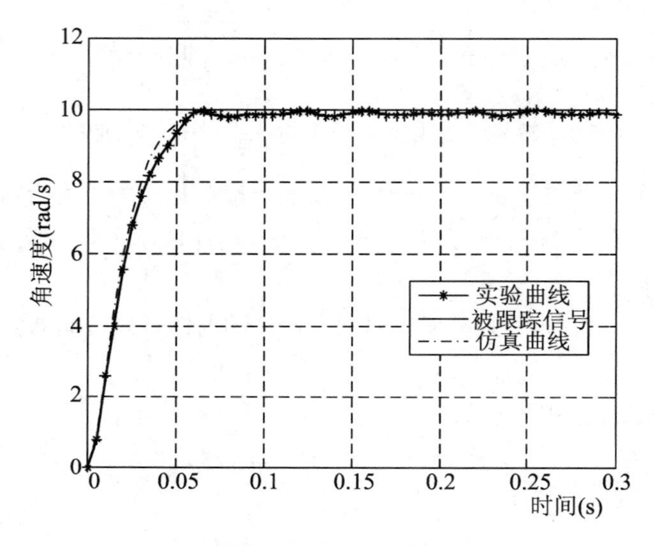

图 7.12 前馈补偿 PID 阶跃响应实验曲线
($K_P=7.0$,$K_I=4.0$,$K_D=0.0$)

第8章　自平衡两轮小车的系统机构及软硬件设计

8.1　两轮移动式倒立摆机器人

移动机器人是机器人学的一个重要分支。对于移动机器人的研究，包括轮式、腿式、履带式以及水下机器人等，可以追溯到20世纪60年代。移动机器人尚有不少技术问题有待解决，因此最近几年移动机器人的研究相当活跃。移动机器人得到快速发展有两方面的原因：① 移动机器人的应用范围越来越广泛；② 相关领域如计算、传感、控制、执行以及人工智能等技术的快速发展。

两轮倒立摆是一种两轮式左右并行布置结构的自平衡系统，与其他类型的机器人相比最主要的特征是要解决自平衡问题，即要在各种状态下保持动态平衡。人类本身的平衡系统是在内耳中，透过视觉将自身所处的状态送到大脑进行分析，并发出指令，使肌肉自动调整人体的平衡。而两轮倒立摆则根据平衡传感器以及其他辅助传感器采集的数据，通过建立系统的数学模型和控制算法，最终控制两个伺服电机，使之保持平衡。

自平衡控制系统是控制系统的一个重要分支和典型应用，实际上它可以理解成在计算机的控制下，通过对系统各种状态参数的实时分析，使系统在水平方向或垂直方向上的位移和角度（角速度）的偏移量控制在允许的范围内，从而使系统保持平衡。生活实际中所见到的重心在上、支点在下的物体涉及的稳定控制就是一个自平衡控制。其主要的应用方面有：火箭发射中的垂直度控制，倒立摆控制，大型吊车运输过程的稳定控制等。

目前研究最热的是将两轮式倒立摆应用到交通工具和仿真机器人，图8.1所示的是日本研究的服务型机器人。

图8.1　日本仿真型倒立摆机器人

机器人可以使我们的生活更安全、更便利、更舒适，提高我们的生活质量，尤其在老龄化的社会中。机器人可以应用在娱乐、家务劳动、办公室作业、工厂等各种场合。

8.1.1 国内外研究概况

最早的相关研究出现在1987年,由东京电信大学自动化系的山藤一雄教授提出类似的设计思想,并于1996年在日本通过了相似的专利申请。

1995年,美国著名发明家Dean Kamen开始秘密研制Segway,直到2001年12月,这项高度机密的新发明才被公布出来。2003年3月,Segway正式在美国市场上市。Segway独特的动态稳定技术与人体的平衡能力相似,5个固态陀螺仪、倾斜传感器、高速微处理器和电动机每秒监测车体姿态100次,测出驾驶者的重心,瞬间完成计算,以每秒20 000次的频率进行细微调整,不管什么状态和地形都能自动保持平衡。它的运动也与人保持平衡的本能反应相同,没有油门和刹车,身体前倾则向前运动,后倾则后退,直立则停下,转向则通过旋转两个手腕下方的操纵把手来完成。最轻便的SegwayHT p133(如图8.2所示)最大速度16 km/h,自重32 kg,载重95.3 kg,地面投影面积仅41 cm×55 cm,两块48单元镍金属电池组能行驶9.7～16 km,充电需要4～6 h,适于平坦、拥挤的步行区,可带上火车或地铁,方便出差、上课和上班,可轻松推上楼梯。

2002年,瑞士联邦工学院的Aldo D'arrigo等人也研制出类似Segway的一种无线控制的两轮式倒立摆并具有行走功能,如图8.3所示。

图8.2 美国Segway

图8.3 瑞士联邦工学院两轮式倒立摆

如图8.4所示,美国著名发明家Dean Kaman为残疾人登阶梯所发明的可登阶梯的轮椅,可以在倾斜一定角度的情况下非常平稳地行进,还可以爬楼梯,其他学者也有相关的研究。

日本是研究机器人实力最强的国家之一,随着日本机器人产业的发展,其应用领域也逐渐从汽车、机械制造向宇航、救灾、海洋开发、家政、医疗福利以及娱乐等非制造业方向发展。机器人的外表也越来越向人形"进化"。作为"机器人大国",日本除生产、使用大量工业机器人外,在人工智能领域也不断推陈出新。

图8.5为日本研制的一种办公室服务机器人,它是一个两轮式的倒立摆机器人,在保持自身平衡的基础之上,可以实现自由行走,并且实现了与人对话的功能。

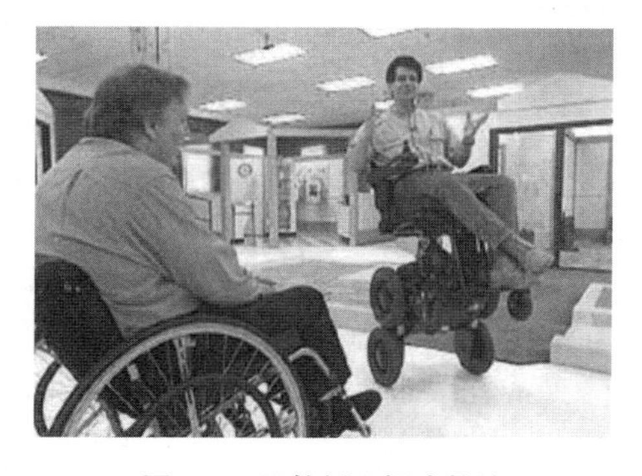

图 8.4　两轮倒立摆式轮椅

图 8.5　日本研制的办公室机器人

2003 年，中国科学技术大学自动化系与力学和机械工程系联合研发了自平衡两轮电动车，如图 8.6 所示，并具有自主知识产权（专利号02258100.4）。

图 8.6　自平衡两轮电动车

8.1.2　发展趋势

（1）倒立摆系统是一个非线性、不确定、强耦合的复杂系统，需要采用比较先进的算法来控制。近年来，随着智能控制方法的研究逐渐受到人们的重视，模糊控制、神经网络、拟人智能控制、遗传算法和专家系统等越来越多的算法被应用到倒立摆系统的控制上。

（2）目前美国已经将倒立摆原理运用于一种新式的交通工具——Segway，该交通工具能够自动保持平衡，使用方便灵活。它适用于面积较大、人口稠密的公共场合，具有广大的发展前景。但造价很高，不利于推广，有待于进一步降低成本。

（3）随着机器人技术的发展，具有两足行走功能的机器人成为研究热点，倒立摆技术将更多地应用于两足机器人，使机器人能够直立行走并保持平衡。

8.1.3　理论应用及研究方法

倒立摆是典型的非线性控制系统，它的控制原理是步行机器人的研究基础，也是典型的机器人手臂的模型。由于它的严重非线性和高阶次，可以用它来研究各种控制算法。现实生活中有很多现象都可以抽象成一个倒立摆模型，例如搬运火箭的发射车、行驶的自行车，甚至直立的人。

倒立摆按照运动方式分为直线运动的小车式倒立摆和旋转式倒立摆，小车式倒立摆通过控制小车的运动速度，改变小车和小车上的倒立摆之间的相对速度，使倒立摆维持在平衡状态。旋转式倒立摆通过控制电机的旋转速度控制旋臂的角度位置和速度，从而控制摆杆的平衡。倒立摆按照摆臂的级数分为单级倒立摆、二级倒立摆和多级倒立摆。随着级数的增长，倒立摆的模型也越来越复杂，非线性程度越来越大，其控制也越来越困难。单级倒立摆是研究多级倒立摆的基础。倒立摆还可以根据摆杆的刚性程度分为刚性摆杆倒立摆和柔性摆杆倒立摆。刚性摆杆倒立摆可以根据牛顿力学方程和能量守恒定律建立系统的模型，而柔性摆杆倒立摆则随着摆杆柔性系数的变化而成为变结构的倒立摆，其精确模型的建立比较困难。卫星的太阳能电池接收翼便是柔性杆的例子。

模糊控制理论无论在理论还是在应用方面都已经取得了很大的进展。对于具有高度复杂性、不确定性的系统，建立精确的数学模型是特别困难的，有时甚至是不可能的，传统的控制理论对现代控制工程的这些问题，很难甚至无法解决。在这种情况下，模糊控制的诞生意义重大。模糊控制可以不用建立精确的数学模型，根据输入输出的结果数据，参考现场操作人员的运行经验，就可对系统进行实时控制。倒立摆作为一个复杂的非线性系统，有许多的模糊控制方法在其中得到了应用。

但与常规的控制理论相比，模糊控制仍然显得不够成熟，到目前为止，尚未建立起有效的方法来分析和设计模糊系统，这使得模糊控制在自动控制中的实际应用受到限制。

8.2　自平衡两轮小车的系统总体设计方案

8.2.1　机械结构

两轮式倒立摆自平衡控制系统的实物图如图 8.7 所示，主要机械部分包括左右车轮、车厢、摆杆、防震轮。两个车轮的轴线在同一直线上，分别由两个直流力矩电机直接驱动；小车的重心在摆杆上，并且位置高于车轮轴线；在摆杆上方可以固定不同质量的重锤，用于调节系统重心的位置；重锤上方固定一个防震轮胎，当系统失控时可起到缓冲作用。采用两轮式的最大优点是可以在小空间内灵活运动。

在车厢的内部安装有蓄电池、左右直流力矩电机、编码器、倾角传感器、陀螺仪、无线传输模块。其中，编码器和直流力矩电机与两个车轮在同一轴线上，两个编码器分别测量左、右车轮的旋转角度。车厢外侧固定有电路板，包括信号采集与处理模块、电机驱动模块、微

图 8.7　两轮式移动倒立摆

控制器,其中微控制器是整个系统的核心。

8.2.2　系统结构

系统结构如图 8.8 所示,系统采用的传感器包括倾角传感器、陀螺仪、编码器,通过它们可以测量和运算出小车的状态参数,其中车体倾角、车体倾角角速度分别由倾角传感器、陀螺仪直接测量;左、右车轮旋转角度可由编码器测量,通过微分可以计算左、右车轮的角速度,进而推算出左、右车轮的行驶速度、车体的前进速度以及小车在地面的旋转角速度。

将运行状态信息反馈给控制电路,通过计算得到输出脉宽调制信号和方向信号,经过光电隔离,控制驱动电路,再经过功率放大后直接驱动直流力矩电机,实现对小车的平衡控制。小车行驶过程中,车体向前倾斜一个角度;当转弯时,电机对左、右车轮施加不同的力矩,使左、右车轮速度出现偏差,从而实现转弯。

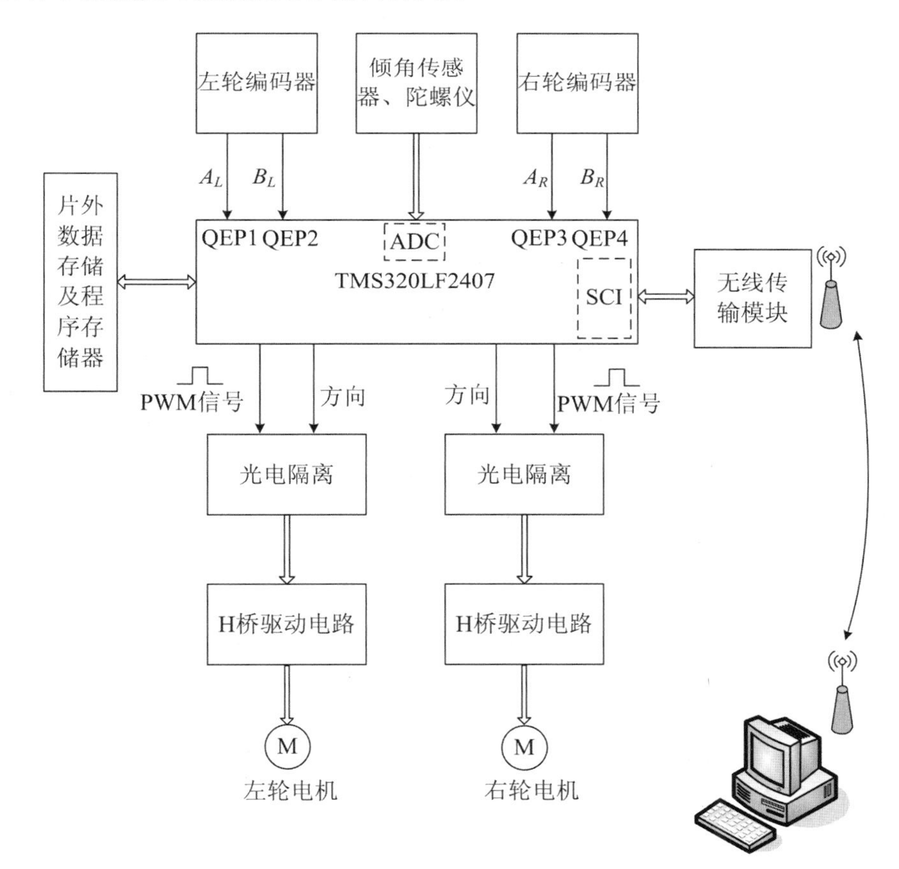

图 8.8　系统结构图

为了实现控制系统与 PC 机之间的通信,系统配备了无线模块,无线模块与 DSP 之间通过 SCI(异步串行通信接口)通信。该无线模块可以使 PC 机在 300 m 范围内对小车系统进行操作，同时DSP可以通过无线模块将系统的各种状态信息发送到PC机，以供实验分析。整个系统又相当于一个无线测试平台。

系统硬件设计主要包括以下几个模块：

(1) 电源模块。系统需要的电压有30 V、24 V、±5 V、3.3 V，分别给DSP、传感器、逻辑器件等供电。

(2) 嵌入式微控制器模块。平衡两轮电动车在行进过程中，通过A/D模块实时采样传感器的信号，计算出要加在左、右电机上的电压并输出控制电机的控制信号(PWM以及方向信号)，完成这一功能的器件是TMS320LF2407A，同时它还要完成与无线模块之间的数据传输。

(3) 传感器信号采集与处理模块。为了获取小车的运动状态，需要各种传感器以及信号放大电路。微控制器的A/D模块采集放大后的传感器信号，作为控制系统的输入。

(4) 无线传输模块。研制移动式倒立摆的过程中，需要监测车体运行数据，在PC机上进行分析研究并作为评价算法优劣的依据。在小车运行过程中，指令的发送也要靠无线传输模块实现。

(5) 电机驱动电路。微处理器通过计算得出来的控制量要转换成不同占空比的PWM信号以驱动功放电路，进而驱动直流力矩电机转动。

8.3 电源模块设计

系统需要的最高电压为30 V，为直流力矩电机的驱动电路供电，所以系统采用24 V和6 V的蓄电池串联作为整个系统的电源。其余电源都经过电源芯片变换得到。

系统需要5 V供电的器件有传感器、编码器、光电耦合器件、逻辑元件、运放器件等，系统采用DC/DC电源模块将24 V电压转换为5 V。考虑到传感器输出的模拟信号需要经过采样与放大，需要的5 V电源要尽量减少干扰，所以系统采用两个DC/DC模块分别提供两个5 V的电源，一个用于传感器、运放器件供电的+5 V模拟电压，一个用于其他器件供电的+5 V数字电压，同时在设计电路图时模拟地和数字地要分开，最后连接到蓄电池的负极，以尽量减少干扰，如图8.9所示。

芯片TMS320LF2407A的工作电压为3.3 V，同时编码器的信号要经过非门将5 V的高电平信号变为3.3 V的高电平信号，这样才能接入DSP的QEP1～QEP4输入端。采用AMS1117实现5 V到3.3 V的转换，如图8.10所示。

除此之外，系统采用的运放器件AD620需要−5 V的电压，系统采用TPS6735芯片提供−5 V的电压，原理如图8.11所示。

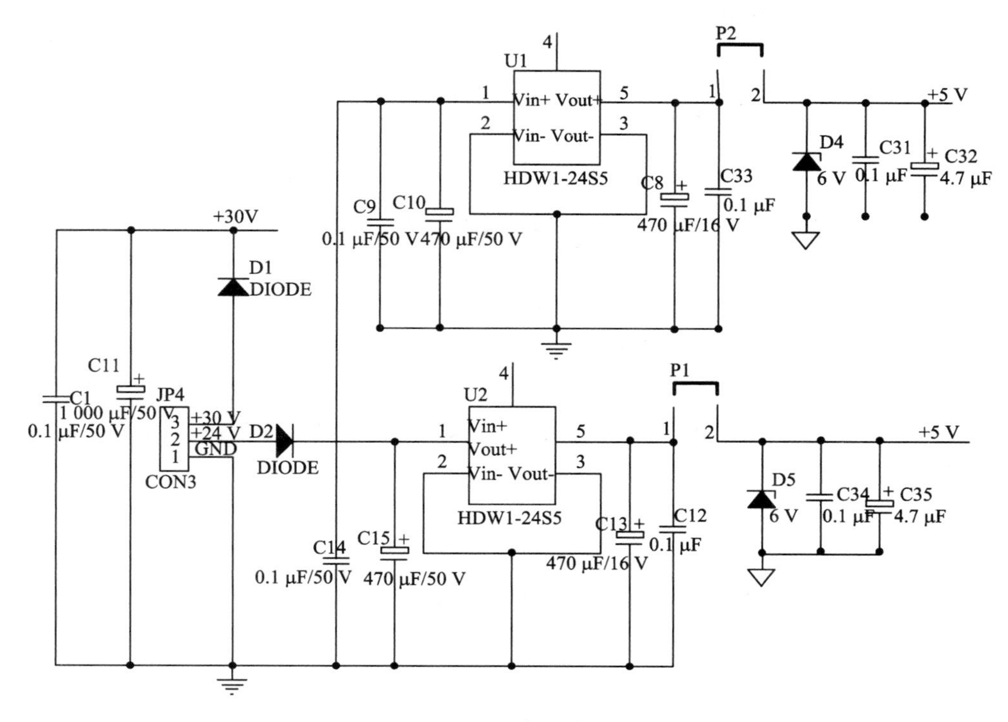

图 8.9　5 V 电源的设计

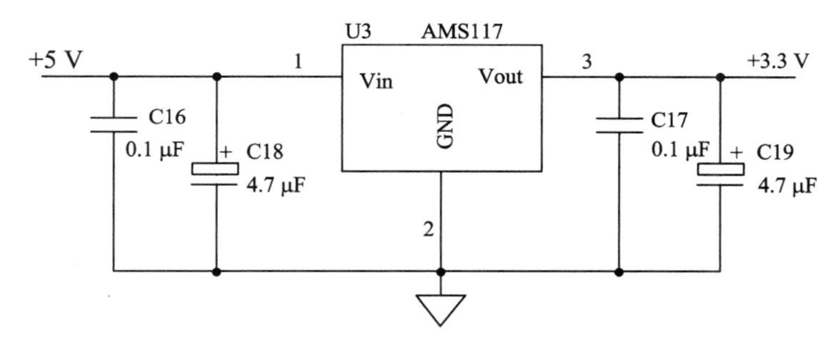

图 8.10　3.3 V 电源的设计

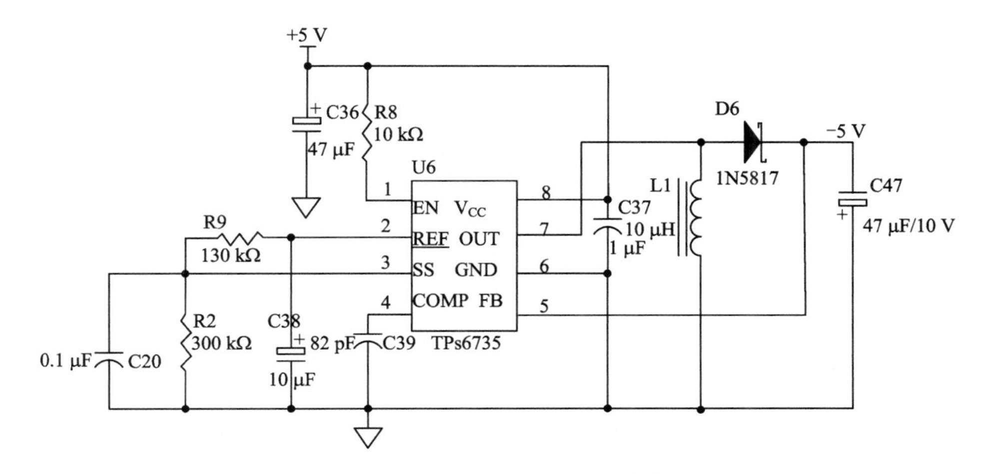

图 8.11　−5 V 电源的设计

8.4 DSP 最小系统

在控制系统设计中，根据 DSP 的性能指标和设计要求，采用 TI 公司的一款专门用于控制领域的 DSP 芯片 TMS320LF2407A 作为控制系统核心。该芯片有以下特点：40 MIPS 的执行速度使得指令周期缩短到 25 ns，从而提高了控制器的实时控制能力；16 通道的 10 位 A/D 转换器，可以满足对传感器模拟信号的采集要求；两个片内光电编码接口电路，可满足对左、右车轮旋转角度的测量要求；具有串行通信接口（SCI），可满足与无线模块的连接要求；具有 8 个 16 位的脉宽调制（PWM）通道；此外系统还具有 CAN 模块、SPI 模块、5 个外部中断、高达 41 个的输入/输出引脚等。

8.5 传感器模块

8.5.1 车体倾角的测量

我们使用了中国科学院合肥智能机械研究所设计的一款倾角传感器来测量倒立摆小车的倾斜角度。该倾角传感器的标定值如表 8.1 所示。

表 8.1 倾角传感器的标定值

角度方向（正）	标定值（V）	角度方向（负）	标定值（V）
角度值（度）		角度值（度）	
0.0	2.296		
4.5	2.365	4.5	2.221
9.0	2.440	9.0	2.152
13.5	2.508	13.5	2.078
18.0	2.580	18.0	2.012
22.5	2.646	22.5	1.942
27.0	2.714	27.0	1.880
31.5	2.775	31.5	1.814
36.0	2.838	36.0	1.757
40.5	2.894	40.5	1.699
45.0	2.949	45.0	1.648

倾角传感器的测量电路如图 8.12 所示。

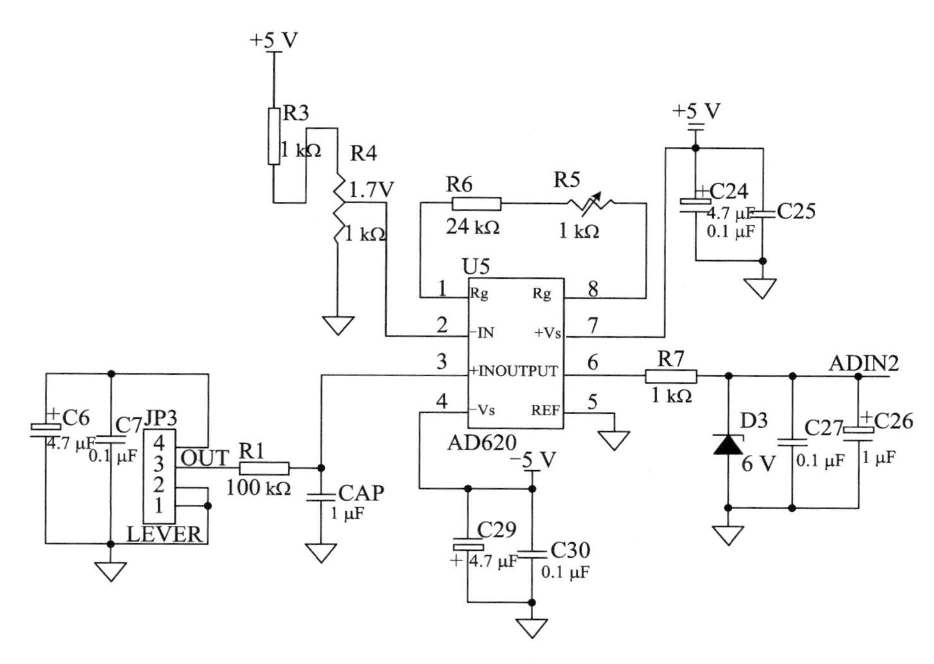

图 8.12　倾角传感器测量电路

小车在实际运行过程中，车体的倾角不会超过(−35°，+35°)的范围，倾角传感器在这个范围内输出的最低电压大约为 1.7 V，将倾角传感器的输出与电压 1.7 V 的差值经过运放 AD620 放大 3 倍，并保证放大器的输出电压在 3.3 V 以内，再通过 TMS320LF2407A 的 ADIN2 采样。AD620 由三个放大器共同组成，如图 8.13 所示，借由可调电阻 R_x 的调整可调整放大增益值，其关系式如式(8.1)所示：

$$V_0=\left(1+\frac{2R}{R_x}\right)(V_1-V_2) \tag{8.1}$$

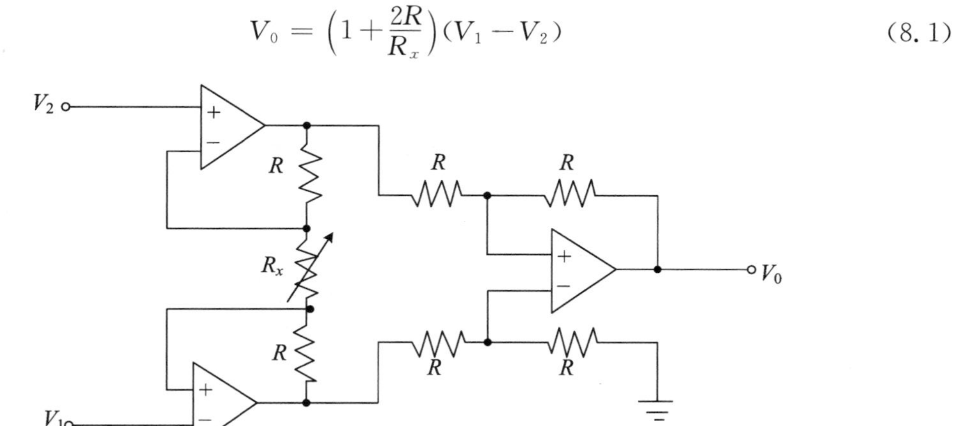

图 8.13　AD620 的原理图

图 8.14 为 AD620 的脚位图，其中 1、8 脚接一电阻 R_x 来调节运放的放大倍数，对应图 8.12 中的 R5 和 R6，4、7 脚接正、负相等的工作电压，本系统大小为 5 V，从 2、3 脚输入的电压经放大后可从 6 输出。放大增益关系式为

$$G=\frac{49.4\ \text{k}\Omega}{R_x}+1 \tag{8.2}$$

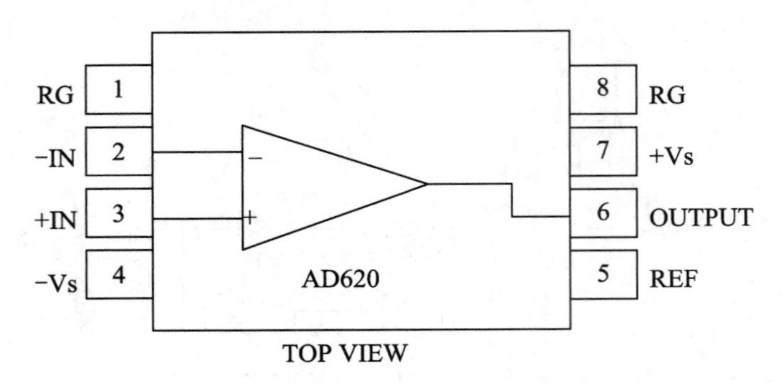

图 8.14　D620 脚位图

实验中发现，倾角传感器的输出信号在电机没有工作的状态下，其输出曲线效果非常好，如图 8.15 所示，但是当电机工作时，其输出信号有很大的干扰，同时由于角度测量信号出现大的干扰波动，所以经过计算得到的输出控制电压也会出现大的波动，所以系统不能保持平衡，而会出现大的抖动，如图 8.16 所示。

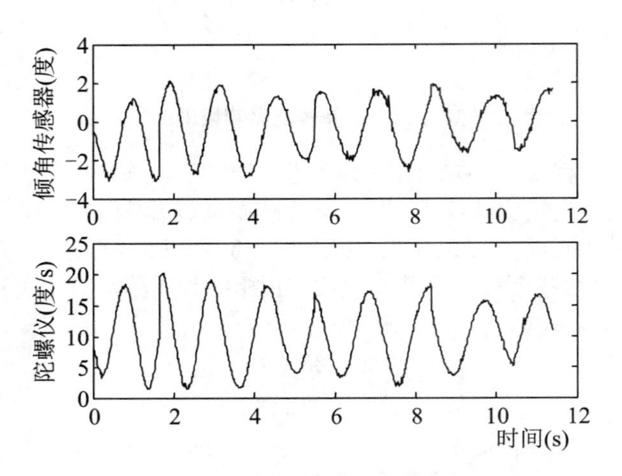

图 8.15　未受电机干扰的传感器信号

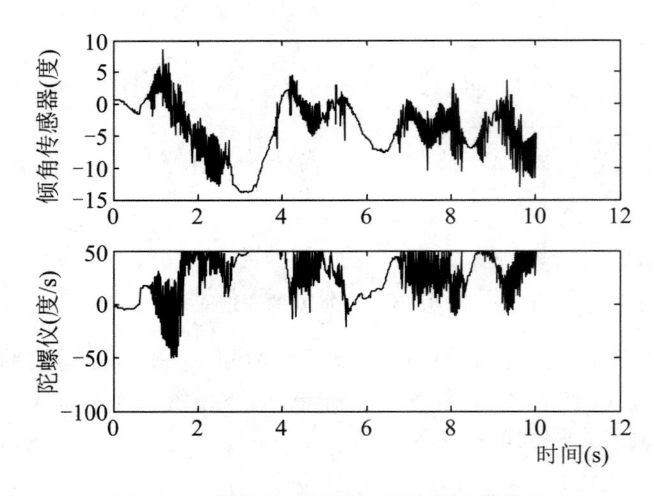

图 8.16　受电机干扰情况下的传感器信号

所以需要加大滤波电路中电阻 R_1 的阻值，实验表明，大约 $R=100\ \text{k}\Omega$ 和 $C=1\ \mu\text{F}$ 的时候，传感器经过滤波后的波形能够满足系统的需要，如图 8.17 所示为电机正常工作状态下，经过滤波的传感器信号。

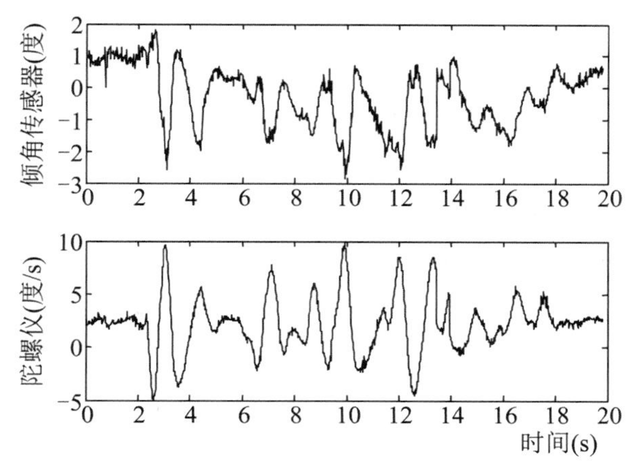

图 8.17　经过滤波的传感器信号

8.5.2　车体角速度的测量

车体的角速度包括绕车轮转轴的角速度 $\dot{\theta}$ 和绕垂直轴的旋转角速度 $\dot{\delta}$。两个参数都可以通过安装陀螺仪测得，但是为了减少成本，本系统只用了一个必需的陀螺仪来测量 $\dot{\theta}$，角速度 $\dot{\delta}$ 可以通过其他测量参数推导得出，与左、右车轮的速度相关。

本系统采用微型固态陀螺 MEMS 角速度传感器(图 8.18)测量角速度 $\dot{\theta}$。它主要应用于 GPS 导航系统、车辆稳定控制、导航控制、平台稳定等系统。微型固态陀螺(7 mm×7 mm×3 mm)MEMS 角速度传感器的主要性能指标如表 8.2 所示。

图 8.18　微型固态陀螺 MEMS 角速度传感器

表 8.2　陀螺仪的主要性能指标

参数名称	参数值	条件
动态范围	±150 °/s、±75 °/s 和±300 °/s 可选	
比例系数	12.5 mV°/s	在 25 ℃
比例系数温度变化	11.25～13.75 mV°/s	完全温度范围
线性度	0.1%	满量程
零位	2.5 V	25 ℃
零位温度变化	±300 mV	完全温度范围
温度传感器输出	2.5 V	在 298°K
温度传感器比例系数	8.4 mV/°K	和绝对温度成正比

续表

参数名称	参数值	条件
供电电压	4.75～5.25 V	
电流	8 mA	
工作温度范围	−40～+85 ℃	完全的性能指标
最大工作温度范围	−55～+125 ℃	缩减的性能指标
最大加速度	2 000 g	0.5 ms,任意轴,非工作状态

角速度传感器信号的处理电路如图 8.19 所示,经过差值放大 2.2 倍。同样,陀螺仪同倾角传感器一样,也面临同样的问题,需要经过同样的滤波处理,如图 8.15、图 8.16、图 8.17 所示。

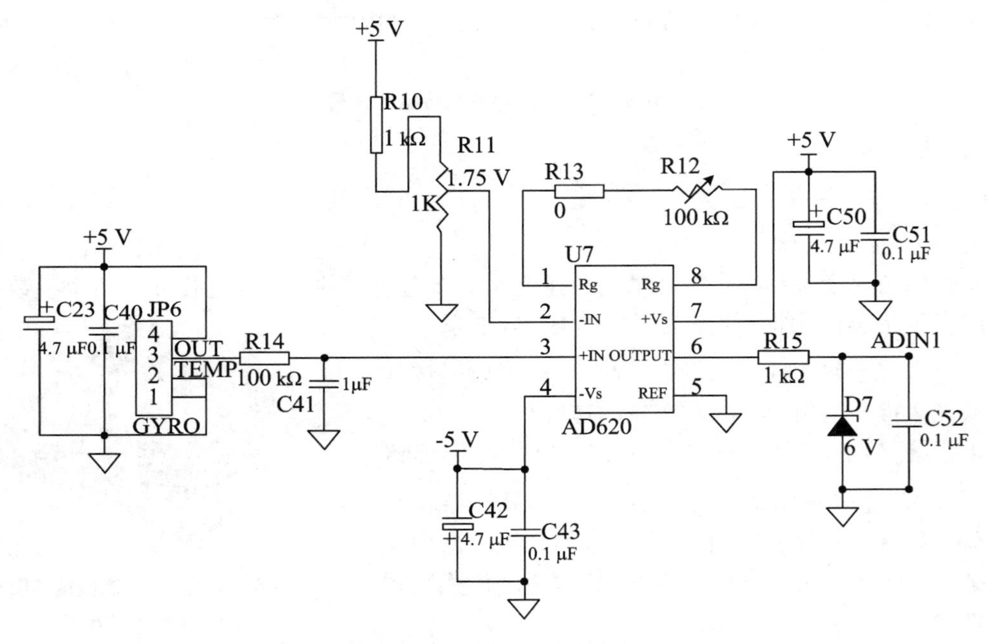

图 8.19 陀螺仪测量电路

8.5.3 车体转角的测量

本系统所采用的微控制器每个 EV 模块都有一个正交脉冲(QEP)电路。该电路使能后,可以在编码和计数引脚 CAP1/QEP1 和 CAP2/QEP2(对于 EVA 模块)或 CAP3/QEP3 和 CAP4/QEP4(对于 EVB 模块)上输入正交编码脉冲。正交编码脉冲电路可用于连接光电编码器以获得旋转机械的位置和速率等信息。

正交编码脉冲电路的时基可由通用定时器 2(或通用定时器 4,EVB 模块)提供,通用定时器必须设置成定向增/减计数模式,并以正交编码脉冲电路作为时钟源。两个正交编码输入脉冲的两个边沿均被 QEP 电路计数,因此由 QEP 电路产生的时钟频率是每个输入序列的 4 倍,并把这个时钟作为通用定时器 2 或通用定时器 4 的输入时钟。

正交编码脉冲是两个频率变化且正交(即相位相差 90°)的脉冲。当它由电机轴上的光电编码器产生时,电机的旋转方向可通过检测两个脉冲序列中的哪一列先到达来确定,角位置和转速可由脉冲数和脉冲频率来确定。

系统中采用两个编码器来测量左、右车轮的转角,我们采用的编码器型号是 CHA-1-100 B M-G 05 L,每转输出 1 000 个脉冲,编码器测量电路如图 8.20 所示。

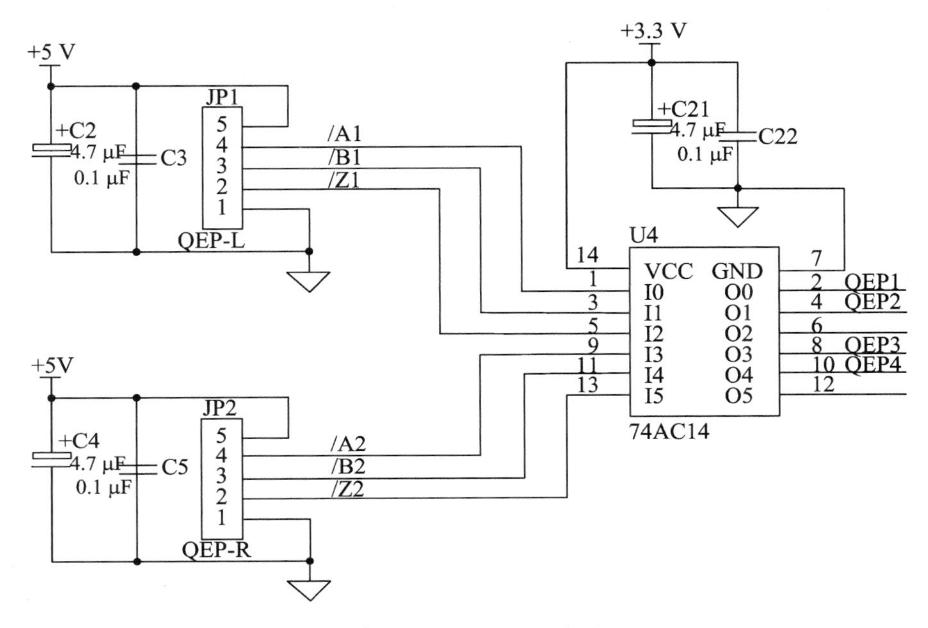

图 8.20　编码器测量电路

编码器的输出信号/A1、/B1、/Z1 经过非门反相,连接到微控制器的 QEP 引脚,在这里之所以要经过一个非门是为了保护微控制器,因为 TMS320LF2407A 的供电电压为 3.3 V,而编码器输出的正交脉冲信号幅值为 5 V。

需要注意的是:由于编码器安装在车箱内与车轮同轴的位置,编码器所测角度为车轮相对于车体的转角,所以车轮相对于地面的转角是编码器所测转角与车体的倾角之和。同时相应的速度也存在类似的关系。

8.6　无线传输模块

本系统的无线传输模块主要有两个方面的作用,如图 8.21 所示。一方面是在系统调试过程中,获取系统状态的数据,使之作为一个实验平台,能实时传送系统运行中的各种数据给 PC 机,例如车体倾角、角速度以及控制电压等参数,然后对系统进行分析;另一方面,在系统正常运行过程中,要接收外界发送给它的指令,按照指令执行相应的动作,例如前进、转弯等。

无线模块采用上海桑博电子公司生产的 STR-18 型无线数传模块。该模块可靠传输距离达到 300 多米,具有高抗干扰能力和低误码率;提供了 2 个串口和 3 种接口方式,COM1 为 TTL 电平 UART 接口,COM2 为由用户自定义标准的 RS-232/RS-485 接口。

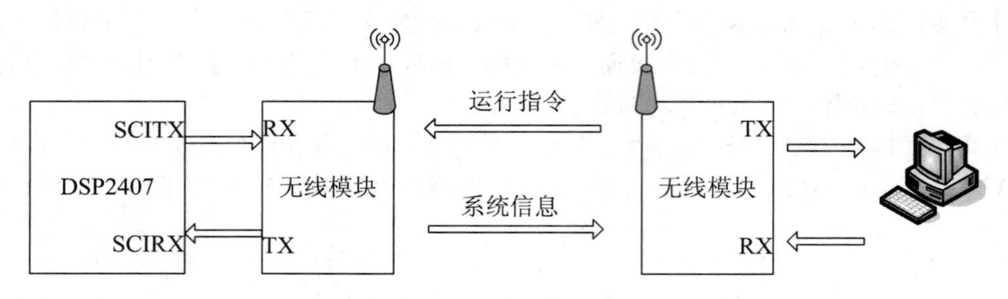

图 8.21 无线传输模块

8.7 驱动电路设计

小车行驶靠两个直流力矩电机带动左、右车轮。小车在运行过程中,不断进行正、反状态的切换,因此要对直流电机进行双向可逆的调速控制。本系统采用基于 H 桥结构的可逆驱动电路。

直流电机的转速大小与加在直流电机上的电源电压成正比,电机的转动方向与直流电机产生磁场的线圈的电流方向有关。如图 8.22 所示,在固定电压情况下,用脉冲宽度的占空比调整控制电机的转速,要解决下面几个问题:

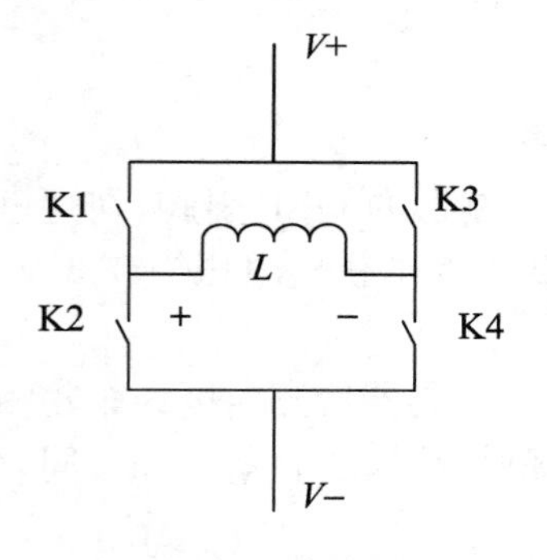

图 8.22 H 桥驱动模型

(1) K1～K4 开关应该是大功率电子开关,高频特性要好,饱和压降要低,最大允许电流要大于 L 的启动电流多倍。

(2) 为使电源对 L 迅速充电,使 L 达到感抗最大值,电路中的线阻应尽可能的小,这样可以提高电机工作频率,从而提高工作效率。

(3) 有防止过流的保护电路。

(4) 有防止反相峰值电压的电压保护电路。

(5) 控制电压是标准 TTL 电平。

(6) 有防止电机死区的控制。

考虑以上情况,小车驱动电路的最初设计选用了 A3952SW 作为电机驱动芯片。A3952SW 是 Allegro 公司生产的一种全桥式脉宽调制驱动芯片,设计用于电感负载的双向脉宽调制电流控制。A3952SW 可以连续工作于输出电流 ±2 A、工作电压可达 50 V 的系统中。在使用上需要的芯片外围电路很少,能够直接将 DSP 送出的 PWM 和 DIR 电机控制信号接入 A3952SW,A3952SW 输出端直接驱动直流力矩电机工作。但是在实验中 A3952SW 经常被烧坏,尤其在电机负载过大(如卡住)和电机经常性频繁正反转情况下,这是由于实际电流过大,超过了 A3952SW 的承受能力(±2 A)。所以我们对驱动电路进行改进,用大功率场效应三极管设计直流力矩电机的驱动电路。

由 DSP 根据控制算法计算得到的控制信号经光电隔离后提供给大功率场效应三极管,电机的驱动电路采用桥式驱动。为了防止同侧桥臂的两个三极管由于导通而击穿,在软件和硬件设计上都考虑到了保护措施。

功率 MOSFET 是功放电路的主要部件。我们采用的 MOSFET 元件是 IRF4905(P 沟道)和 IRF2807(N 沟道),它们的工作电压可达 55 V,工作电流可以达到 74 A。

左轮电机的驱动原理如图 8.23 所示,右轮驱动原理与左轮完全对称。

T1、T2、T3、T4 四个 MOSFET 元件组成一个 H 桥驱动电路,其中 T1、T3 是 P 沟道的场效应三极管,T2、T4 是 N 沟道的场效应三极管。T1、T3 的栅极 G 比源极 S 低 5 V 电压时,场效应管导通,反之关断;T2、T4 则相反,当栅极 G 比源极 S 高 5 V 时,场效应管导通,反之关断。

当 T2、T3 始终关断时,T1、T4 可以在 PWM 信号的控制下不断地开关,从而可以通过改变 PWM 信号的占空比来调节通过电机的电流,也就控制了电机的输出力矩,同时电流方向总是保持不变。反之,当 T1、T4 始终关断时,T2、T3 可以在 PWM 信号的控制下不断地开关,电流大小仍然由 PWM 信号的占空比调节,而方向刚好相反。这样,就可以利用电桥控制直流电机的正反转和输出力矩大小。D11～D14 是四个续流二极管,用于关断时间内让电机形成续流,保持电流连续性。

U9、U11、U15、U17 是光电耦合器件,TMS320LF2407A 的 I/O 口 IOPF4 在这里具有使能的作用,当 IOPF4 为 1 时,H 桥可以工作;当 IOPF 为 0 时,H 桥的四个大功率场效应管全部关断。

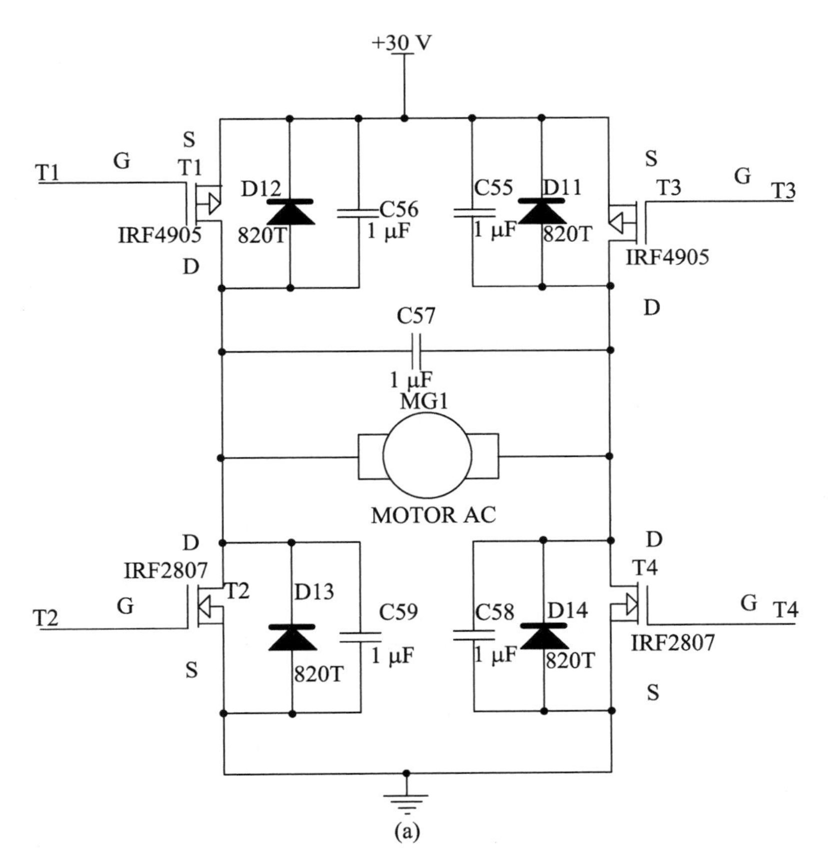

图 8.23　电机驱动原理

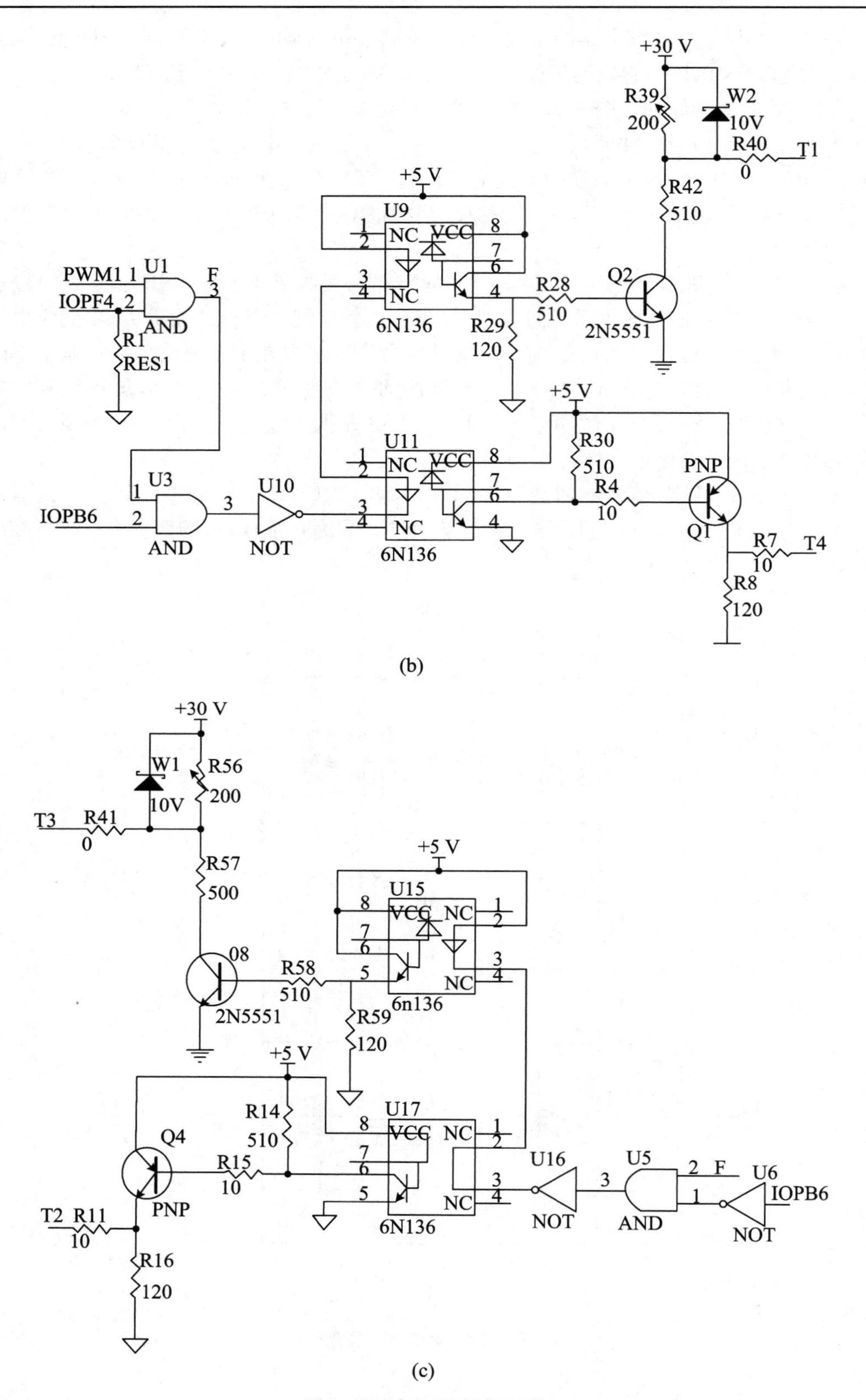

(b)

(c)

图 8.23　电机驱动原理(续)

IOPB6 控制电机的转动方向，当 IOPB6 为 1，并且 IOPF4 使能时，U15 和 U17 关断，T2 和 T3 同时关断，T1 和 T4 可在 PWM1 信号的控制下不断地开关，通过改变 PWM1 的占空比调节电机的电流，并且方向保持不变；当 IOPB6 为 0，并且 IOPF4 使能时，T1 和 T4 始终关断，T2 和 T3 可以在 PWM1 信号的控制下不断开关，通过改变 PWM1 的占空比调节电机的电流，且方向相反并保持不变。

驱动电路工作原理真值表如表 8.3 所示。

表 8.3　真值表

	IOPF4(使能)	IOPB6(方向)	PWM1	T1	T2	T3	T4
正转	1	1	1	通	断	断	通
	1	1	0	断	断	断	断
反转	1	0	1	断	通	通	断
	1	0	0	断	断	断	断
	0	×	×	断	断	断	断

当从状态(1,0,1)跳转到状态(1,1,1)时，即方向 IOPB6 改变时，为了防止 T1 和 T2 出现同时的短暂导通，需要从软件上加以保护：

```
PFDATDIR=PFDATDIR & 0xFFEF;        /* IOPF4 置 0 */
PBDATDIR=PBDATDIR | 0x0040;        /* IOPB6 置 1 */
PFDATDIR=PFDATDIR | 0x0010。       /* IOPF4 置 1 */
```

在改变方向时首先禁止 H 桥的工作，T1～T4 全部关断，然后改变方向，最后重新使能 H 桥，从而实现保护。

实验中发现，PWM 频率在 1 kHz 时，电机工作噪声很大并且产生的力矩很小，这是 PWM 频率过低造成的。在电机两端串联一个 0.5 Ω 的电阻，可以测得电阻两端的电压波动比较大，当 PWM 的频率达到 10 kHz 时，电阻两端电压比较平稳，电机可以正常工作。

用大功率场效应三极管设计直流力矩电机的驱动电路，实际应用效果稳定，没有出现由于电流过大而烧坏的情况。

8.8　自平衡两轮小车软件设计

系统软件设计包括两部分，一部分是 DSP 底层软件的实现，另一部分是基于 PC 机的无线测试与控制平台。

DSP 软件控制的主要任务是完成对传感器信号的采集与处理，实现控制算法的运算以及控制量(PWM)和方向信号的输出，以及通过无线模块与 PC 机进行数据和指令的通信。

在系统调试阶段和工作阶段，需要采集系统的状态信息至 PC 机，然后通过 Matlab 数学工具对其进行分析；同时系统的具体运动是要通过接收 PC 机发送的指令来执行的，图 8.24 为 PC 机测试软件的界面。

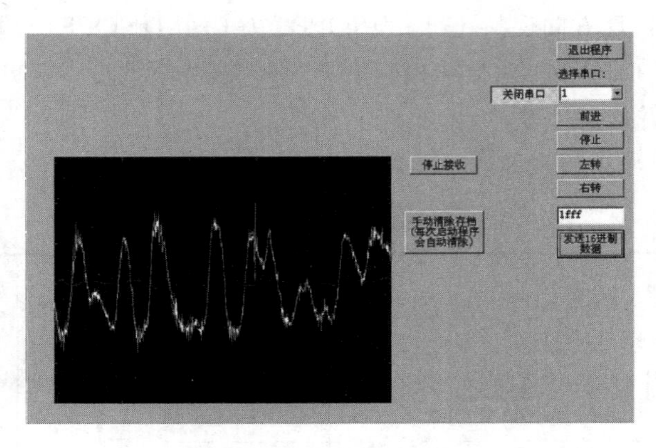

图 8.24　测试软件界面

第 9 章　自平衡两轮小车的理论分析和数学模型建立

本章的主要内容是应用动力学理论对系统进行分析，建立系统的模型，为控制方法的研究奠定基础。

9.1　建立坐标系以及系统模型参数的设定

系统的模型如图 9.1 所示，在选取的直角坐标系中，小车前进的方向为 X 轴正向，两轮的轴线方向为 Z 轴，垂直于 X-Z 平面的轴为 Y 轴，正方向向上。小车绕 Y 轴的旋转方向符合左手定则，小车摆杆绕 Z 轴的转角 θ_P 符合左手定则。

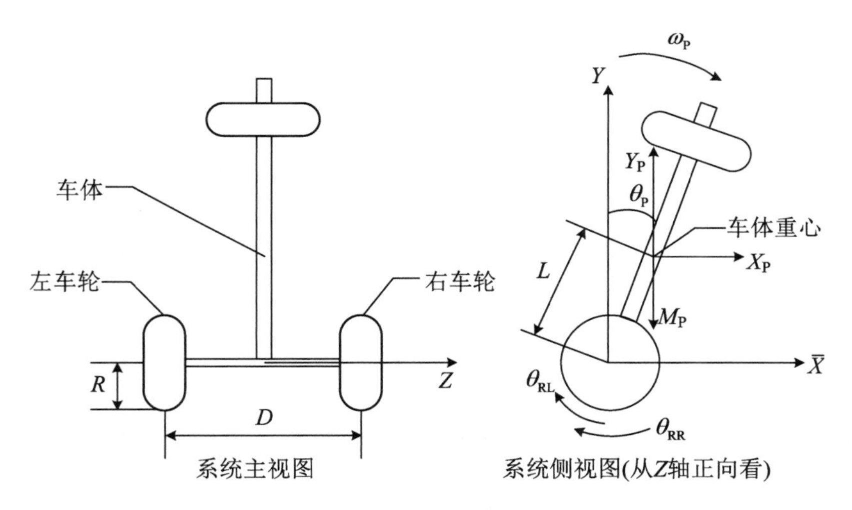

图 9.1　系统模型

可以看出，系统在平面运动具有三个自由度，它们分别是：绕 Z 轴旋转，绕 Y 轴旋转，沿 X 轴方向移动。

系统模型参数如表 9.1 所示。

表 9.1　系统模型参数列表

符号	名称	单位
$J_R = J_{RL} = J_{RR}$	左、右车轮的转动惯量	$kg \cdot m^2$
$M_R = M_{RL} = M_{RR}$	左、右车轮的质量	kg
R	左、右车轮的半径	m
$J_{P\theta}$	车体绕通过质心且平行于 Z 轴的轴的转动惯量	$kg \cdot m^2$
θ_P	摆杆与垂直方向的倾斜角度	rad
ω_P	摆杆绕 Z 轴的旋转角速度	rad/s
$J_{P\delta}$	车体绕 Y 轴的转动惯量(该参数与 θ_P 有关，此处做近似处理，$\theta_P \approx 0$)	$kg \cdot m^2$
δ	车体绕 Y 轴旋转角度	rad
$\dot{\delta}$	车体绕 Y 轴旋转角速度	rad/s
M_P	车体质量(包括车厢、摆杆)	kg
L	车体(不包括车轮)质心到 Z 轴的距离	m
D	两车轮间距	m
θ_{RL}, θ_{RR}	左、右车轮绕 Z 轴转角	rad
X_{RL}, X_{RR}	左、右车轮位移	m
$\dot{X}_{RM}$	车体的行驶速度	m/s

9.2　系统数学模型的建立

9.2.1　基于牛顿力学的分析方法

通过对系统进行力学分析从而建立系统的模型，是倒立摆系统研究的基础。瑞士联邦工学院的 Aldo D'arrigo 等人以及中国科学技术大学自动化系的魏衡华等人对两轮式移动倒立摆的分析，都是通过运用牛顿力学对系统各个部分进行受力分析，然后根据多个方程推导出系统模型的，过程如下。

首先，系统受到以下几个约束：

$$X_{RL} = R \times \theta_{RL} \tag{9.1}$$

$$X_{RR} = R \times \theta_{RR} \tag{9.2}$$

$$X_{RL} - X_{RR} = D \times \delta \tag{9.3}$$

$$X_P = X_{RM} + L\sin\theta_P \tag{9.4}$$

$$X_P = \theta_P L\cos\theta_P + \dot{X}_{RM} \tag{9.5}$$

$$Y_P = L\cos\theta_P \tag{9.6}$$

$$Y_P = -\theta_P L\sin\theta_P \tag{9.7}$$

$$X_{RR} + X_{RL} = 2X_{RM} \tag{9.8}$$

其中式(9.5)由式(9.4)微分得到,式(9.7)由式(9.6)微分得到。分别对系统的各个组成部分进行受力分析,根据牛顿力学第二定律,列出下列方程。

左轮沿 X 轴方向:

$$\dot{X}_{RL} \times M_{RL} = H_{TL} - H_L \tag{9.9}$$

右轮沿 X 轴方向:

$$\dot{X}_{RR} \times M_{RR} = H_{TR} - H_R \tag{9.10}$$

左轮绕 Z 轴:

$$\dot{X}_{RL} \times J_{RL}/R = C_L - H_{TL} \cdot R \tag{9.11}$$

右轮绕 Z 轴:

$$\dot{X}_{RR} \times J_{RR}/R = C_R - H_{TR} \cdot R \tag{9.12}$$

车体沿 X 轴:

$$\dot{X}_P M_P = H_L + H_R \tag{9.13}$$

车体沿垂直方向 Y 轴:

$$\dot{Y}_P M_P = V_L + V_R - M_{pg} \tag{9.14}$$

车体绕通过质心且平行于 Z 轴的轴:

$$\dot{\theta}_P J_{P\theta} = (V_L + V_R)L\sin\theta_P - (H_L + H_R)L\cos\theta_P - (C_L + C_R) \tag{9.15}$$

其中 C_L、C_R 为电机对左、右车轮的转矩。

车体绕 Y 轴:

$$\dot{\delta} J_{P\delta} = (H_L - H_R)\frac{D}{2} \tag{9.16}$$

由 $X_{RM}=\dfrac{X_{RL}+X_{RR}}{2}$ 二阶求导,得

$$\dot{X}_{RM} = \frac{\dot{X}_{RL} + \dot{X}_{RR}}{2} \tag{9.17}$$

由 $X_P=X_{RM}+L\sin\theta_P$ 二阶求导,得

$$\dot{X}_P = \dot{X}_{RM} + L\cos\theta_P\dot{\theta}_P - L\sin\theta_P\dot{\theta}_P^2 \tag{9.18}$$

由 $Y_P=L\cos\theta_P$ 二阶求导,得

$$\dot{Y}_P = -L\cos\theta_P\dot{\theta}_P^2 - L\sin\theta_P\dot{\theta}_P \tag{9.19}$$

由 $\delta=\dfrac{X_{RL}-X_{RR}}{D}$ 二阶求导,得

$$\dot{\delta} = \frac{\dot{X}_{RL} - \dot{X}_{RR}}{D} \tag{9.20}$$

$$V_L = V_R \tag{9.21}$$

有 13 个未知量:$\ddot{X}_{RL}$,$\ddot{X}_{RR}$,H_L,H_{TL},H_{TR},H_R,$\ddot{X}_P$,$\ddot{Y}_P$,V_L,V_R,$\ddot{\theta}_P$,$\ddot{\delta}$,$\ddot{X}_{RM}$,其中,H_L 和 H_R 分别是左、右车轮对车体沿 X 轴方向的作用力;V_L 和 V_R 分别是地面对左、右车轮的支撑力;H_{TL} 和 H_{TR} 分别是地面对左、右车轮的摩擦力。

θ_P 与 $\dot{\theta}_P$ 在 θ_P 接近为 0 时可以约去，解方程组(9.1)～(9.21)可以得出系统状态方程。

9.2.2 基于拉格朗日方程的分析方法

从上一小节可以看出，利用牛顿力学方程分析系统十分复杂。本小节采用拉格朗日方程对系统进行分析。

拉格朗日方程相对于牛顿动力学方程有两点主要差别，这也是拉格朗日方程的优点所在：

(1) 拉格朗日动力学方程取较简洁的形式。对于由 n 个质点所组成，受到 k 个约束条件限制的力学体系，应用牛顿定律将需要 $3n+k$ 个方程联立求解，而用拉格朗日方程只需 $3n-k$ 个。约束越多，优点就越明显。

(2) 牛顿方程是从物理受力的角度导出其动力学方程的，拉格朗日方程则是从能量的角度来写动力学方程的，这有两个好处：其一，力是矢量，能量是标量，一般来说处理标量比处理矢量要方便。其二，也是主要的，力仅是力学范围内的一个物理量，而能量则是整个物理学的一个基本物理量，这使得拉格朗日方程成为力学与其他物理学联结的桥梁。

系统动能包括：左、右车轮的平动动能 T_1，左、右车轮绕转轴(Z 轴)的转动动能 T_2，车体质心的平动动能 T_3，车体绕通过质心且平行于 Z 轴的轴的转动动能 T_4，以及车体绕垂直方向轴(Y 轴)的转动动能 T_5。分别如下：

$$T_1 = \frac{1}{2}M_{RL}X_{RL}^2 + \frac{1}{2}M_{RR}X_{RR}^2 \tag{9.22}$$

$$T_2 = \frac{1}{2}J_{RL}\theta_{RL}^2 + \frac{1}{2}J_{RR}\theta_{RR}^2 \tag{9.23}$$

$$T_3 = \frac{1}{2}M_P((\theta_P L\cos\theta_P + \dot{X}_{RM})^2 + (-\theta_P L\sin\theta_P)^2) \tag{9.24}$$

$$T_4 = \frac{1}{2}J_{P\theta}\theta_P^2 \tag{9.25}$$

$$T_5 = \frac{1}{2}J_{P\delta}\delta^2 \tag{9.26}$$

系统的总动能 $T=T_1+T_2+T_3+T_4+T_5$，则有

$$\begin{aligned} T = &\frac{1}{2}M_{RL}X_{RL}^2 + \frac{1}{2}M_{RR}X_{RR}^2 + \frac{1}{2}J_{RL}\theta_{RL}^2 + \frac{1}{2}J_{RR}\theta_{RR}^2 \\ &+ \frac{1}{2}M_P((\theta_P L\cos\theta_P + \dot{X}_{RM})^2 + (-\theta_P L\sin\theta_P)^2) + \frac{1}{2}J_{P\theta}\theta_P^2 + \frac{1}{2}J_{P\delta}\delta^2 \end{aligned} \tag{9.27}$$

在完整约束的条件下，确定质点系位置的独立参数的数目等于系统的自由度，显然小车在平面运动时具有三个自由度。选取左车轮转角 $q_1=\theta_{RL}$，右车轮转角 $q_2=\theta_{RR}$ 和摆杆绕 Z 轴的转角 $q_3=\theta_P$ 作为系统的运动状态变量。显然用(θ_{RL}，θ_{RR}，θ_P)来描述系统具有完整约束，可以唯一地决定质点的位置而且它们是相对独立的。因此选用 θ_{RL}、θ_{RR}、θ_P 作为系统的三个广义坐标，在此坐标体系下，相应的广义力为：电机对左车轮的作用转矩 C_L，电机对右车轮的作用转矩 C_R，车体重力与电机对车体作用的转矩 $M_P gL\sin\theta_P - C_L - C_R$。

$$Q_1 = C_L \tag{9.28}$$

$$Q_2 = C_R \tag{9.29}$$

$$Q_3 = M_P gL\sin\theta_P - C_L - C_R \tag{9.30}$$

拉格朗日方程的数学表达式为

$$\frac{\mathrm{d}}{\mathrm{d}t}\left(\frac{\partial T}{\partial \dot{q}_k}\right)-\frac{\partial T}{\partial q_k}=Q_k,\qquad k=1,2,\cdots \tag{9.31}$$

式中 T 为系统的总动能式(9.27)，q_k 为系统的广义坐标，Q_k 为广义力式(9.28)～式(9.30)。将系统总动能、广义坐标、广义力矩代入拉格朗日方程式(9.31)，经过计算和化简，可得到系统的运动方程：

$$\left(M_{\mathrm{RL}}R^2+J_{\mathrm{RL}}+\frac{1}{4}M_{\mathrm{P}}R^2+\frac{R^2}{D^2}J_{\mathrm{P\delta}}\right)\dot{\theta}_{\mathrm{RL}}+\left(\frac{1}{4}M_{\mathrm{P}}R^2-\frac{R^2}{D^2}J_{\mathrm{P\delta}}\right)\dot{\theta}_{\mathrm{RR}}+\frac{1}{2}M_{\mathrm{P}}RL\dot{\theta}_{\mathrm{P}}=C_{\mathrm{L}} \tag{9.32}$$

$$\left(M_{\mathrm{RR}}R^2+J_{\mathrm{RR}}+\frac{1}{4}M_{\mathrm{P}}R^2+\frac{R^2}{D^2}J_{\mathrm{P\delta}}\right)\dot{\theta}_{\mathrm{RR}}+\left(\frac{1}{4}M_{\mathrm{P}}R^2-\frac{R^2}{D^2}J_{\mathrm{P\delta}}\right)\dot{\theta}_{\mathrm{RL}}+\frac{1}{2}M_{\mathrm{P}}RL\dot{\theta}_{\mathrm{P}}=C_{\mathrm{R}} \tag{9.33}$$

$$\frac{1}{2}M_{\mathrm{P}}RL\dot{\theta}_{\mathrm{RL}}+\frac{1}{2}M_{\mathrm{P}}RL\dot{\theta}_{\mathrm{RR}}+(J_{\mathrm{P\theta}}+M_{\mathrm{P}}L^2)\dot{\theta}_{\mathrm{P}}=M_{\mathrm{P}}gL\theta_{\mathrm{P}}-(C_{\mathrm{L}}+C_{\mathrm{R}}) \tag{9.34}$$

联合考虑系统所受的约束式(9.1)～式(9.8)，结合式(9.32)～式(9.34)，可以求出系统的状态方程。

9.2.3 基于能量的分析方法

除了拉格朗日方程，也可以直接从能量的角度分析系统，推导系统的状态方程。同样，系统也受式(9.1)～式(9.8)的约束条件。

给出系统的动能 T 和势能 V：

$$\begin{cases}T=\frac{1}{2}M_{\mathrm{RL}}X_{\mathrm{RL}}^2+\frac{1}{2}M_{\mathrm{RR}}X_{\mathrm{RR}}^2+\frac{1}{2}J_{\mathrm{RL}}\theta_{\mathrm{RL}}^2+\frac{1}{2}J_{\mathrm{RR}}\theta_{\mathrm{RR}}^2\\ \qquad+\frac{1}{2}M_{\mathrm{P}}\left((\theta_{\mathrm{P}}L\cos\theta_{\mathrm{P}}+\dot{X}_{\mathrm{RM}})^2+(-\theta_{\mathrm{P}}L\sin\theta_{\mathrm{P}})^2\right)+\frac{1}{2}J_{\mathrm{P\theta}}\theta_{\mathrm{P}}^2+\frac{1}{2}J_{\mathrm{P\delta}}\delta^2\\ V=M_{\mathrm{P}}gL\cos\theta_{\mathrm{P}}\end{cases} \tag{9.35}$$

这里动能 T 与式(9.27)一样，零势能面选取在两车轮运动的平面上。

系统的输入功率在这里为电机对系统所输入的功率：

$$P_{\mathrm{in}}=C_{\mathrm{L}}\theta_{\mathrm{RL}}+C_{\mathrm{R}}\theta_{\mathrm{RR}}-(C_{\mathrm{L}}+C_{\mathrm{R}})\dot{\theta}_{\mathrm{P}} \tag{9.36}$$

车轮在做纯滚动情况下，对外界做功为 0，系统的输出功率：

$$P_{\mathrm{out}}=0 \tag{9.37}$$

由 $T+V=P_{\mathrm{in}}-P_{\mathrm{out}}$，结合约束条件，同样得到三个方程式(9.32)～式(9.34)。

我们取 X_{RM}、V_{RM}、θ_{P}、ω_{P}、δ、$\dot{\delta}$ 来表示系统的状态，通过以上三种方法的计算，得出两轮式倒立摆小车的状态空间方程：

$$\begin{pmatrix}\dot{X}_{\mathrm{RM}}\\ \dot{V}_{\mathrm{RM}}\\ \dot{\theta}_{\mathrm{P}}\\ \dot{\omega}_{\mathrm{P}}\\ \delta\\ \dot{\delta}\end{pmatrix}=\begin{pmatrix}0&1&0&0&0&0\\0&0&A_{23}&0&0&0\\0&0&0&1&0&0\\0&0&A_{43}&0&0&0\\0&0&0&0&0&1\\0&0&0&0&0&0\end{pmatrix}\begin{pmatrix}X_{\mathrm{RM}}\\ V_{\mathrm{RM}}\\ \theta_{\mathrm{P}}\\ \omega_{\mathrm{P}}\\ \delta\\ \dot{\delta}\end{pmatrix}+\begin{pmatrix}0&0\\B_2&B_2\\0&0\\B_4&B_4\\0&0\\B_6&-B_6\end{pmatrix}\begin{pmatrix}C_{\mathrm{L}}\\ C_{\mathrm{R}}\end{pmatrix} \tag{9.38}$$

其中：

$$A_{23}=\frac{-M_{\mathrm{P}}^{2}L^{2}g}{M_{\mathrm{P}}J_{\mathrm{P}\theta}+2(J_{\mathrm{P}\theta}+M_{\mathrm{P}}L^{2})(M_{\mathrm{R}}+J_{\mathrm{R}}/R^{2})}$$

$$A_{43}=\frac{M_{\mathrm{P}}^{2}gL+2M_{\mathrm{P}}gL\left(M_{\mathrm{R}}+\dfrac{J_{\mathrm{R}}}{R^{2}}\right)}{M_{\mathrm{P}}J_{\mathrm{P}\theta}+2(J_{\mathrm{P}\theta}+M_{\mathrm{P}}L^{2})\left(M_{\mathrm{R}}+\dfrac{J_{\mathrm{R}}}{R^{2}}\right)}$$

$$B_{2}=\frac{\dfrac{J_{\mathrm{P}\theta}+M_{\mathrm{P}}L^{2}}{R+M_{\mathrm{P}}L}}{M_{\mathrm{P}}J_{\mathrm{P}\theta}+2(J_{\mathrm{P}\theta}+M_{\mathrm{P}}L^{2})\left(M_{\mathrm{R}}+\dfrac{J_{\mathrm{R}}}{R^{2}}\right)}$$

$$B_{4}=\frac{-\dfrac{R+L}{R}M_{\mathrm{P}}-2\left(M_{\mathrm{R}}+\dfrac{J_{\mathrm{R}}}{R^{2}}\right)}{M_{\mathrm{P}}J_{\mathrm{P}\theta}+2(J_{\mathrm{P}\theta}+M_{\mathrm{P}}L^{2})\left(M_{\mathrm{R}}+\dfrac{J_{\mathrm{R}}}{R^{2}}\right)}$$

$$B_{6}=\frac{\dfrac{D}{2R}}{J_{\mathrm{P}\delta}+\dfrac{D^{2}}{2R}\left(M_{\mathrm{R}}R+\dfrac{J_{\mathrm{R}}}{R}\right)}$$

特别需要说明的是：我们在用以上三种方法进行建模时，需要在平衡点附近进行线性化处理。因为两轮式倒立摆系统本身是一个非线性的系统，如果不做线性化处理，得到的方程是很复杂的，不利于求解，同时为了实现对系统的控制，也需要对它进行线性化处理，即在小角度范围内，取 $\sin\theta_{\mathrm{P}}\approx\theta_{\mathrm{P}}$，$\cos\theta_{\mathrm{P}}\approx 1$。

除此之外，$J_{\mathrm{P}\delta}$是车体绕垂直方向轴（Y 轴）的转动惯量，它的值还与 θ_{P} 有关，因为系统运行中 θ_{P} 在一个较小的角度范围内不断变化，为了简化，我们取 $J_{\mathrm{P}\delta}|_{\theta_{\mathrm{P}}}=0$ 来代替 $J_{\mathrm{P}\delta}$的值，以简化系统的计算。

通过计算，以上三种不同的方法都能得出同样的系统状态空间方程。

9.3 系统状态空间方程的分析

电机转矩 C 和控制电压 U 的关系为：$C=K_{\mathrm{m}}(U-K_{\mathrm{e}}\cdot\dot{\theta}_{\mathrm{P}})$，其中 K_{m} 与 K_{e} 分别为电机的力矩系数和反电动势系数。将该式代入状态方程式（9.38），可得到如下状态空间方程：

$$\begin{pmatrix}\dot{X}_{\mathrm{RM}}\\ \dot{V}_{\mathrm{RM}}\\ \dot{\theta}_{\mathrm{P}}\\ \dot{\omega}_{\mathrm{P}}\\ \dot{\delta}\\ \ddot{\delta}\end{pmatrix}=\begin{pmatrix}0 & 1 & 0 & 0 & 0 & 0\\ 0 & \dfrac{-2K_{\mathrm{m}}K_{\mathrm{e}}B_{2}}{R} & A_{23} & 2K_{\mathrm{m}}K_{\mathrm{e}}B_{2} & 0 & 0\\ 0 & 0 & 0 & 1 & 0 & 0\\ 0 & \dfrac{-2K_{\mathrm{m}}K_{\mathrm{e}}B_{4}}{R} & A_{43} & 2K_{\mathrm{m}}K_{\mathrm{e}}B_{4} & 0 & 0\\ 0 & 0 & 0 & 0 & 0 & 1\\ 0 & 0 & 0 & 0 & 0 & \dfrac{-DK_{\mathrm{m}}K_{\mathrm{e}}B_{6}}{R}\end{pmatrix}\begin{pmatrix}X_{\mathrm{RM}}\\ V_{\mathrm{RM}}\\ \theta_{\mathrm{P}}\\ \omega_{\mathrm{P}}\\ \delta\\ \dot{\delta}\end{pmatrix}$$

$$+\begin{pmatrix} 0 & 0 \\ K_m B_2 & K_m B_2 \\ 0 & 0 \\ K_m B_4 & K_m B_4 \\ 0 & 0 \\ K_m B_6 & -K_m B_6 \end{pmatrix}\begin{pmatrix} U_L \\ U_R \end{pmatrix} \tag{9.39}$$

从式(9.39)可以看出,车体的状态 δ、$\dot{\delta}$,与状态 X_{RM}、V_{RM}、θ_P、ω_P 是互不相关的,所以可以将控制系统分解成两个独立的控制子系统,分别用状态方程式(9.40)和式(9.41)来表示:

$$\begin{pmatrix} X_{RM} \\ \dot{X}_{RM} \\ \theta_P \\ \dot{\theta}_P \end{pmatrix} = \begin{pmatrix} 0 & 1 & 0 & 0 \\ 0 & \dfrac{-2K_m K_e B_2}{R} & A_{23} & 2K_m K_e B_2 \\ 0 & 0 & 0 & 1 \\ 0 & \dfrac{-2K_m K_e B_4}{R} & A_{43} & 2K_m K_e B_4 \end{pmatrix}\begin{pmatrix} X_{RM} \\ \dot{X}_{RM} \\ \theta_P \\ \dot{\theta}_P \end{pmatrix} + \begin{pmatrix} 0 \\ K_m B_2 \\ 0 \\ K_m B_4 \end{pmatrix} U_\theta \tag{9.40}$$

$$\begin{pmatrix} \delta \\ \dot{\delta} \end{pmatrix} = \begin{pmatrix} 0 & 1 \\ 0 & \dfrac{-DK_m B_6}{R} \end{pmatrix}\begin{pmatrix} \delta \\ \dot{\delta} \end{pmatrix} + \begin{pmatrix} 0 \\ K_m B_6 \end{pmatrix} U_\delta \tag{9.41}$$

$$\begin{pmatrix} U_L \\ U_R \end{pmatrix} = \begin{pmatrix} 0.5 & 0.5 \\ 0.5 & -0.5 \end{pmatrix}\begin{pmatrix} U_\theta \\ U_\delta \end{pmatrix} \tag{9.42}$$

在此基础之上,可以设计两个独立的控制器。控制器 1 基于状态空间方程式(9.40),控制车体倾角保持在一定角度范围以内,同时控制小车的行驶速度和位移;控制器 2 基于状态空间方程式(9.41),控制小车在地面的旋转角速度,两个控制器的输出同时作用于左、右轮的控制电压,如式(9.42)所示。

系统相应的输出方程为

$$y_1 = (X_{RM}, V_{RM}, \theta_P, \omega_P)^T = C_1 x_1 + D_1 u_\theta \tag{9.43}$$

其中,$C_1 = \begin{pmatrix} 1 & 0 & 0 & 0 \\ 0 & 1 & 0 & 0 \\ 0 & 0 & 1 & 0 \\ 0 & 0 & 0 & 1 \end{pmatrix}$,$D_1 = 0$。

$$y_2 = (\delta, \dot{\delta})^T = C_2 x_2 + c_2 u_\delta \tag{9.44}$$

其中,$C_2 = \begin{pmatrix} 1 & 0 \\ 0 & 1 \end{pmatrix}$,$D_2 = 0$。

两轮式移动倒立摆机器人的控制系统如图 9.2 所示,除了控制器 1、控制器 2,还包括了一个运动控制器,它可以控制小车的具体运动,这将在第 11 章做详细介绍。

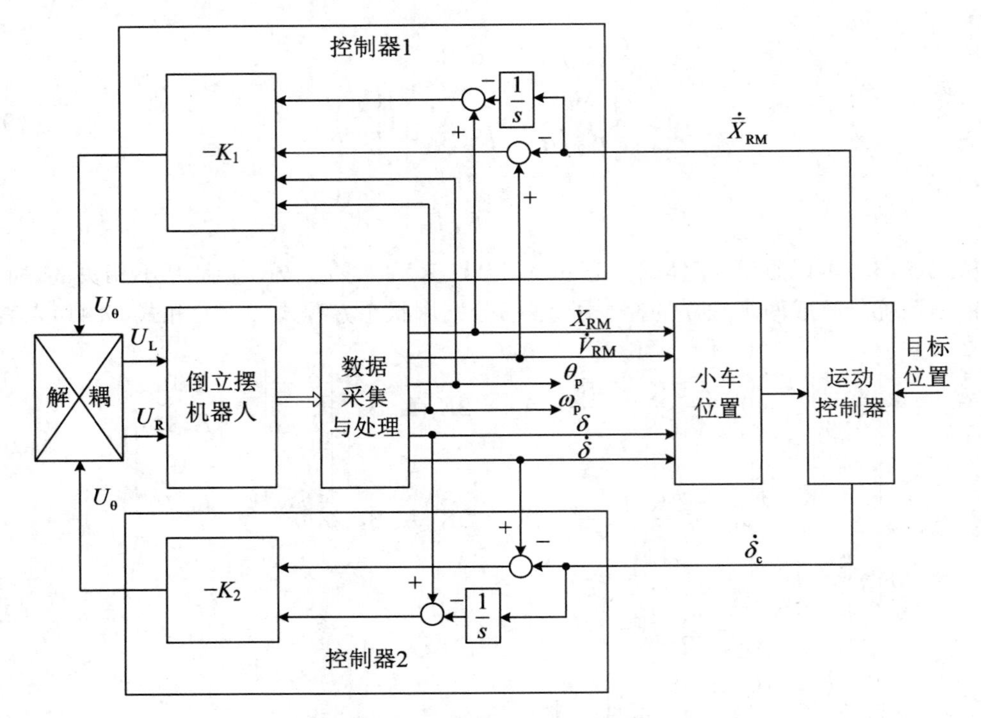

图 9.2　倒立摆小车的控制系统

9.4　系统参数

质量、轴距等简单参数可以直接测量得到,这里不做说明。

9.4.1　电机参数

首先,电机输出转矩与控制电压存在关系:$C=K_m(U-K_e\cdot\dot{\theta}_P)$。系统采用的电机为直流力矩电机,其已知相关参数为:峰值堵转电压 $U_f=27$ V,峰值堵转转矩 $M_f=1.372$ N·m,最大空载转速为 450 rad/min,电枢转动惯量为 58.8×10^{-5} kg·m²,电磁常数为 3 ms。

$$K_m=\frac{M_f}{U_f}=\frac{1.372}{27}=0.0508\ \mathrm{N\cdot m/V}$$

$$K_e=\frac{U_f}{N_{max}}=\frac{27\ \mathrm{V}}{450\ \mathrm{rad/min}}=\frac{27\ \mathrm{V}}{450\times2\ \pi/60\ \mathrm{rad/s}}=0.5732\ \mathrm{V\cdot s/rad}$$

9.4.2　转动惯量

系统的转动惯量参数包括:车轮转动惯量 J_R,车体绕通过质心且平行于车轮转轴的转动惯量 $J_{P\theta}$,车体绕垂直方向轴的转动惯量 $J_{P\delta}$。$J_{P\theta}$ 和 $J_{P\delta}$ 通过测量车体的各部分尺寸和重量并计算可得。由于车轮重量不均匀，所以转动惯量 J_R 不容易直接由重量和尺寸计算得出，这里采用三线摆法测定。

9.5　系统参数汇总

我们对系统参数进行了汇总，如表 9.2 所示。

表 9.2　系统参数汇总表

车轮半径 R	0.105 m	车体质量 M_P	16.33 kg
车轮质量 M_R	1.13 kg	质心到转轴距离 L	0.086 825 m
车轮转动惯量 J_R	0.006 23 kg·m^2	车轮间距 D	0.41 m
$J_{P\theta}$	0.803 9 kg·m^2	电机的力矩系数 K_m	0.050 8 N·m/V
$J_{P\delta}$	0.190 646 kg·m^2	电机的反电动势系数 K_e	0.573 2 V·s/rad

9.6　小　　结

本章在总结前人工作的基础之上，结合我们自己提出的分析方法，总共用三种方法对系统进行了数学分析，并得出一致的状态空间方程，从而保证了结论的准确性。分析过程中发现，采用拉格朗日方程法和能量法比采用牛顿力学分析方法更清晰、简洁。尤其在系统十分复杂时，采用能量分析法更简单。

由于倒立摆是一个非线性系统，如果不考虑线性化，系统模型会十分复杂，难以分析。本章对系统在平衡点附近进行了线性化处理，从而得到了系统的状态空间方程。

在对系统状态空间方程进行分析之后发现，系统可以分解成两个互不相关的子系统，可以分别控制系统的两组状态。本章为第 10 章小车的平衡控制和第 11 章小车的运动控制奠定了理论基础。

第 10 章　自平衡小车状态反馈控制算法

在第 9 章，我们导出了两轮式移动倒立摆机器人在小角度范围内线性化后的状态空间方程，并从状态方程分解出两个独立的子系统。本章将在第 9 章的基础之上分析系统能控性，然后在此基础之上设计反馈控制器，控制小车的平衡以及行驶和转弯。

10.1　系统能控性与能观性分析

将所有的参数代入式(9.30)和式(9.31)，得到系统的状态方程如下：

$$\begin{pmatrix} \dot{X}_{RM} \\ \dot{X}_{RM} \\ \dot{\theta}_P \\ \dot{\theta}_P \end{pmatrix} = \begin{pmatrix} 0 & 1 & 0 & 0 \\ 0 & -0.349\,3 & -1.210\,8 & 0.036\,7 \\ 0 & 0 & 0 & 1 \\ 0 & 1.132\,6 & 16.841\,1 & -0.118\,9 \end{pmatrix} \begin{pmatrix} X_{RM} \\ \dot{X}_{RM} \\ \theta_P \\ \dot{\theta}_P \end{pmatrix} + \begin{pmatrix} 0 \\ 0.032 \\ 0 \\ -0.103\,7 \end{pmatrix} U_\theta \tag{10.1}$$

$$\begin{pmatrix} \dot{\delta} \\ \dot{\delta} \end{pmatrix} = \begin{pmatrix} 0 & 1 \\ 0 & -0.666\,4 \end{pmatrix} \begin{pmatrix} \delta \\ \dot{\delta} \end{pmatrix} + \begin{pmatrix} 0 \\ 0.297\,7 \end{pmatrix} U_\delta \tag{10.2}$$

系统状态方程标准形式 $\dot{x}=Ax+Bu$ 为式(10.1)和式(10.2)，能控性判别矩阵 M_1 与 M_2 为

$$M_1 = (B_1 \quad A_1B_1 \quad A_1^2B_1 \quad A_1^3B_1)$$

$$= \begin{pmatrix} 0 & 0.032 & -0.015 & 0.132\,6 \\ 0.032 & -0.015 & 0.132\,6 & -0.17 \\ 0 & -0.103\,7 & 0.048\,6 & -1.769\,2 \\ -0.103\,7 & 0.048\,6 & -1.769\,2 & 1.178\,5 \end{pmatrix}$$

$$\mathrm{rank}(M_1) = 4$$

$$M_2 = (B_2 \quad A_2B_2) = \begin{pmatrix} 0 & 0.297\,7 \\ 0.297\,7 & -0.198\,4 \end{pmatrix}$$

$$\mathrm{rank}(M_2) = 2$$

因为 M_1、M_2 满秩，所以系统是可控的。

能观性判别矩阵 N_1、N_2 为

$$N_1 = (C_1^{\mathrm{T}} \quad A_1^{\mathrm{T}}C_1^{\mathrm{T}} \quad (A_1^{\mathrm{T}})^2C_1^{\mathrm{T}} \quad (A_1^{\mathrm{T}})^3C_1^{\mathrm{T}})$$

$$\mathrm{rank}(N_1) = 4$$

$$N_2 = (C_2^{\mathrm{T}} \quad A_2^{\mathrm{T}} C_2^{\mathrm{T}})$$
$$\mathrm{rank}(N_2) = 2$$

因此系统也是可观的。

10.2　系统离散化及其能控性与能观性分析

根据传感器的输出特性和电机的时间常数，取采样周期为 $T_s = 0.012$ s，由于 T_s 很小，可以采用差商来代替微商计算状态方程式(10.1)与式(10.2)的系数矩阵：

$$G = I + AT_s,\quad H = BT_s$$

$$G_1 = \begin{pmatrix} 1 & 0.012 & -0.0001 & 0 \\ 0 & 0.9958 & -0.0145 & 0.0004 \\ 0 & 0.0001 & 1.0012 & 0.012 \\ 0 & 0.0136 & 0.2019 & 0.9998 \end{pmatrix},\quad H_1 = \begin{pmatrix} 0 \\ 0.0004 \\ 0 \\ -0.0012 \end{pmatrix}$$

$$G_2 = \begin{pmatrix} 1 & 0.012 \\ 0 & 0.992 \end{pmatrix},\quad H_2 = \begin{pmatrix} 0 \\ 0.0036 \end{pmatrix}$$

写成标准形式，有

$$x_1(k+1) = G_1 x_1(k) + H_1 u_\theta(k)$$
$$x_2(k+1) = G_2 x_2(k) + H_2 u_\delta(k)$$

根据式 $\mathrm{rank}(H, GH, G^2H, G^3H)$，通过 Matlab 函数计算，系统是完全可控的，也是可观的。

10.3　反馈控制器的设计

反馈控制就是将作为控制结果的某些变量的检测值送回到输入端，作为修改控制量的依据，使得系统的输入信号为系统状态的函数，使它能够“敏感”系统变量的变化，实现相应的调节。通过状态反馈配置极点，使系统的闭环极点配置到所期望的位置上，满足系统的性能要求。

通过选择不同的反馈极点得到不同的反馈矩阵并在 Matlab 下进行仿真，根据系统的输出及系统性能，最后确定一组合适的反馈极点。

10.3.1　车体平衡性控制

设期望极点为[−7+0.7j　−7−0.7j　−0.6+0.2j　−0.6−0.2j]，得反馈矩阵 F_1 为[−47.8910　−168.1756　−820.3232　−193.9577]，初始状态为 x_0=[0　0　0.04　0]，通过 Matlab 计算，得到系统的仿真响应曲线如图 10.1 所示。

实际控制曲线如图 10.2 所示。

在该控制律下，小车可以保持倒立，但可以看到车体倾角经常变化，稳定性较差，并且小车

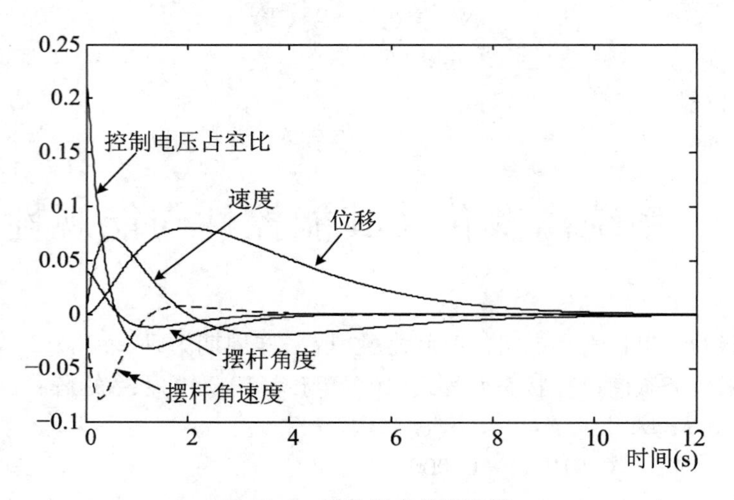

图 10.1　系统状态仿真曲线

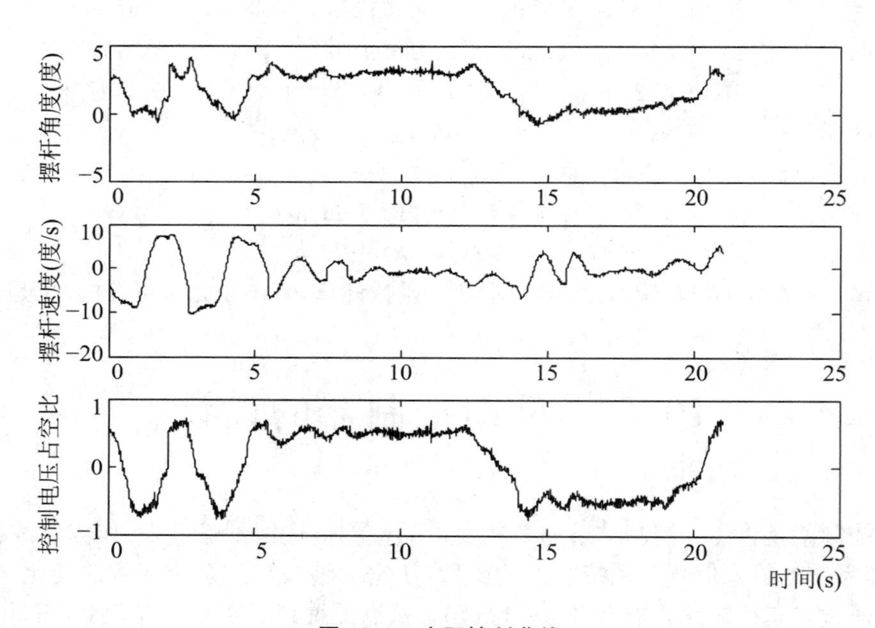

图 10.2　实际控制曲线

方向不是始终保持不变，而是出现一定的旋转漂移，这是由于现在只考虑了状态方程 $x_1(k+1)=G_1x_1(k)+H_1u_\theta(k)$，而没有考虑状态方程 $x_2(k+1)=G_2x_2(k)+H_2u_\delta(k)$，输出控制电压只包含 u_θ，所以小车不能稳定在一个方向，经常出现旋转角度偏移。同时由于电机和机械结构不能保证完全对称，所以在左、右两轮加上同样的电压产生的力矩也有所不同。

同时在该控制律下，车体在实际行走过程中难以保持平衡，调节反馈系数。

最后选择反馈矩阵为[−80　−250　−1 100　−550]，对应的系统仿真曲线如图 10.3 所示。

从图 10.4 可以看到，在静止时，车体倾角维持在 2.5°～3.5°的范围内，而不是 0°左右的范围，同时角速度维持在 0°/s～1°/s 的范围内，控制电压占空比维持在 0.3～0.6 范围。小车能够维持稳定状态。图 10.5 中，在 $t=13$ s 左右时刻，小车受到了一次外界的干扰，可以

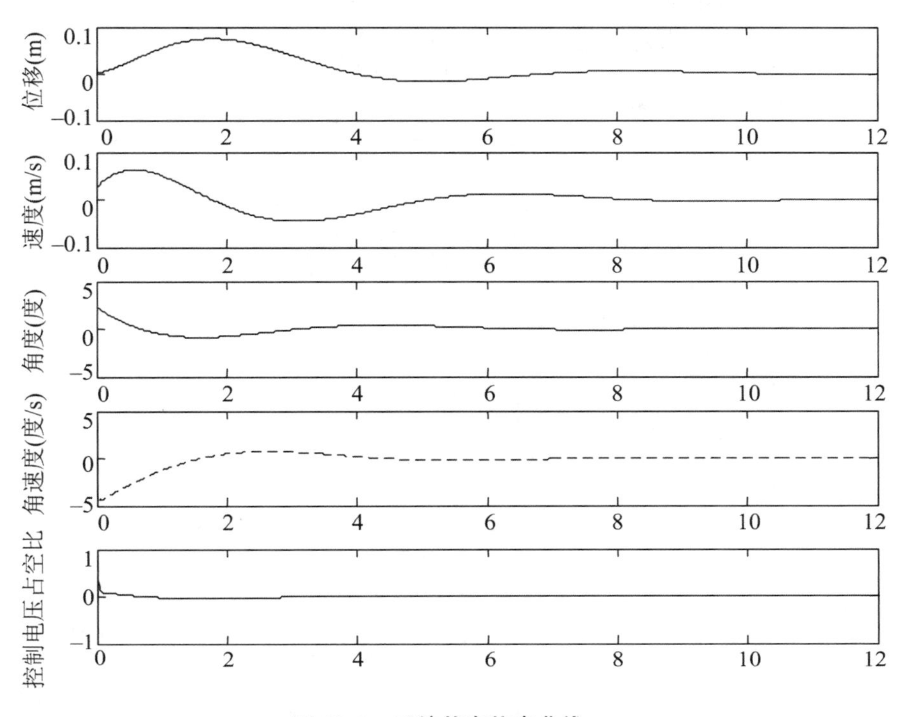

图 10.3　系统状态仿真曲线

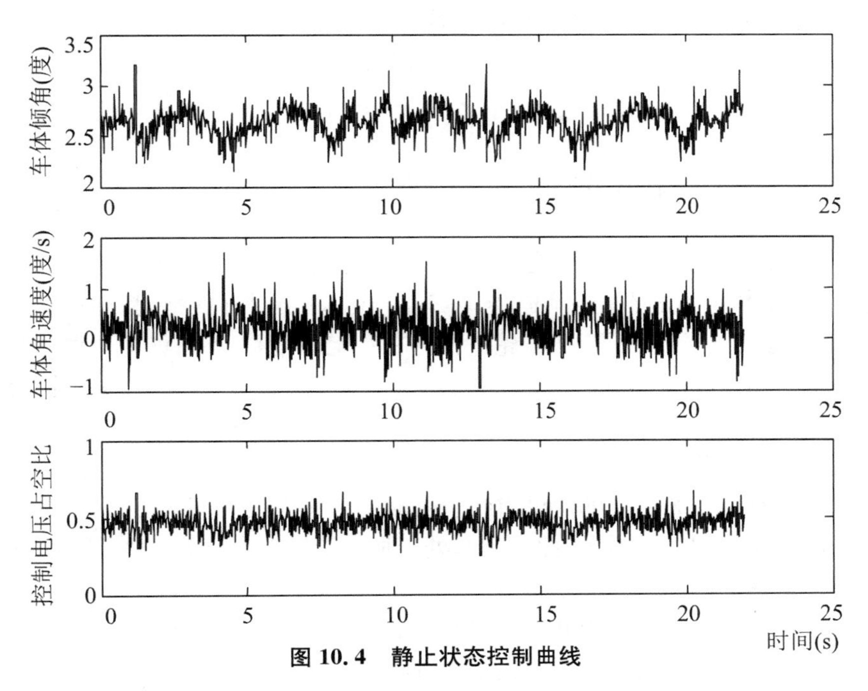

图 10.4　静止状态控制曲线

看到经过 7～8 s 的时间系统又回复到原先的状态。小车之所以在静止状态有一个小的倾角，并且测量角速度不是为 0，有以下两方面的原因：

(1) 由于系统中测量摆杆角速度的陀螺仪存在温漂现象，不同温度下零位电压不同，所以造成测量的偏差。解决此问题，可以采用差动测量方法，使用两个同种型号的陀螺仪，它

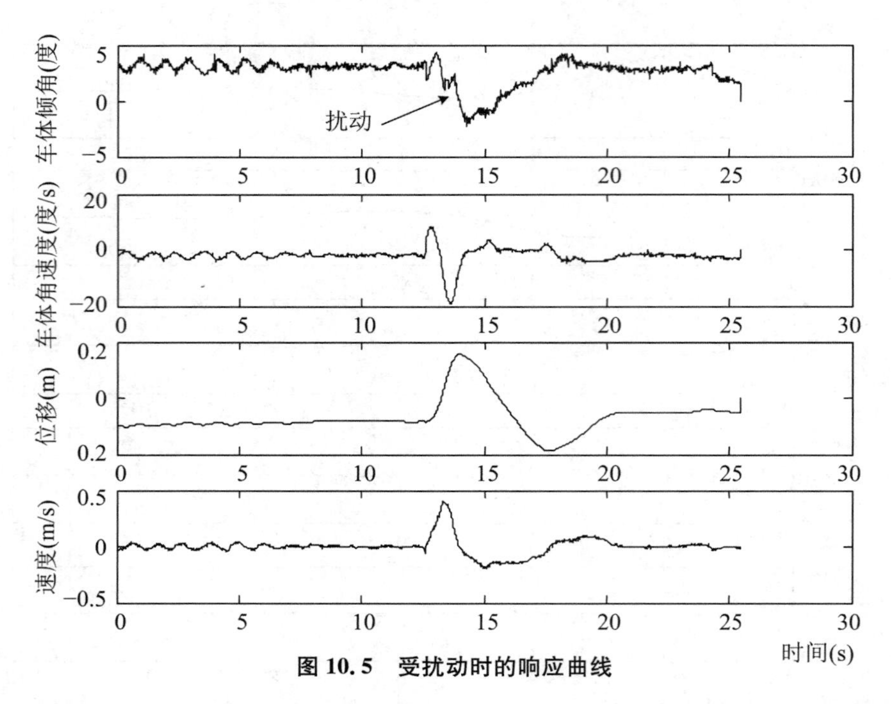

图 10.5 受扰动时的响应曲线

们安装位置相互垂直，一个输出摆杆的角速度，另一个只输出零位时的电压，两个陀螺仪都存在相同的温漂，利用差值可以测得比较准确的信号。

(2) 小车的理想模型是个完全对称的结构，但由于设计的原因，小车关于 Y-Z 平面不是完全对称的，所以在静止时为了力矩平衡，车体总有一个倾角，同时控制电压占空比也不为 0。

10.3.2 小车的行驶和转弯控制

上一小节主要设计了控制器 1，控制车体倾角和小车的位移、速度，同时发现，小车虽然能够保持摆杆角度和位移的平衡，但是左、右车轮会出现不对称的情况，即小车会出现旋转漂移。造成此现象的主要原因是左、右轮电机存在一定的偏差，不可能完全对称。

根据状态方程式(10.2)，实现状态反馈，解决静止状态下小车旋转漂移的问题，同时能够实现小车的转弯控制。

经过仿真，反馈矩阵 F_2 取[－20　－40]。

图 10.6 是小车以 0.2 m/s 的速度直线行驶时的状态曲线。刚开始时，小车静止，0～1 s 内，小车摆杆的倾角有明显的增大，此时小车处于加速阶段。大约 3 s 之后，小车速度趋于平稳，车体倾角维持在 2°左右。

图 10.7 是小车在行驶过程中转弯时的状态曲线。同样，从静止时刻开始运动，摆杆在刚开始有一个 2.5°左右的幅度，同时在前 2 s 时间内，左车轮的速度从 0 增大到 0.2 rad/s，右车轮从 0 增大到大约 4 rad/s，之后稳定在这个数值，小车做圆周运动。

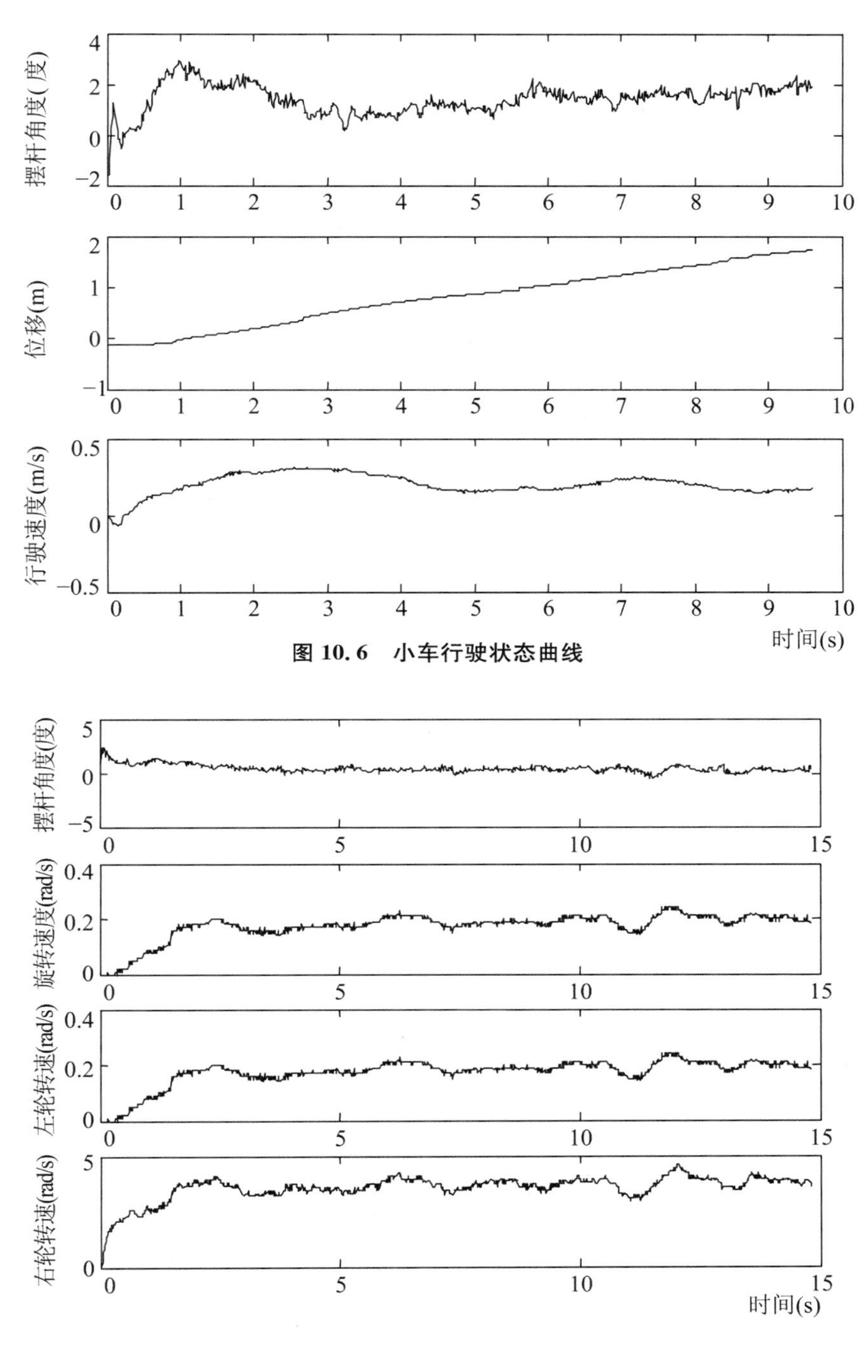

图 10.6　小车行驶状态曲线

图 10.7　小车拐弯状态曲线

10.4 小　　结

本章分析了系统两个子系统的能控性，得出可控结论，并在此基础上利用状态反馈实现了对系统的控制。

可以看出，虽然小车在静止状态下稳定性良好，但是摆杆只能在大约$\pm 5^{\circ}$的范围内保持稳定，同时在静止时，输出的控制电压占空比就达到0.5左右。当出现大幅度摆动时，由于已经超过了电机提供的最大力矩，小车就会失去平衡。由于力矩的限制，小车的行驶速度也受到了限制。同时随着角度的增大，系统非线性愈加明显，这也是造成小车控制角度范围小的原因。但是力矩有限是主要原因。

小车的车轮是由直流力矩电机直接驱动的，为了增大力矩，需要增加齿轮传动装置来增加力矩。但增加齿轮传动，将产生齿轮间隙，这样会产生非线性的控制问题。因此对齿轮要做精密加工。

第 11 章　自平衡两轮小车的运动控制

11.1　机器人运动控制的任务

机器人运动控制所要解决的问题是轨迹生成和轨迹跟踪。具体来说，当控制系统接收到决策发出的运动指令之后，比如机器人以一定速度一定方向运动到某一位置，那么运动控制需要考虑以什么样的轨迹运动到目标点，什么样的轨迹运动效率最高，怎么样控制机器人沿着这条轨迹运动至目标点。同时也要考虑机器人固有的运动能力，比如加速度受电机驱动能力的影响等。

就单个机器人而言，机器人的运动控制可分为全局运动控制和底层运动控制两部分，如图 11.1 所示。全局运动控制包括轨迹规划与轨迹生成两部分，决定了机器人该如何运动，包括平动和转动。其输入为机器人当前的速度（包括线速度和角速度）、位移和方向等信息，这些信息由视觉部分处理得到。由于视觉采样和处理、决策、无线通信以及机器人响应都会产生系统延时，因此当决策发送给机器人的命令被机器人响应时其初始状态已经改变。为了消除或减轻系统延时的影响，有必要通过预测对视觉处理得到的信息进行调整。常用的滤波算法有 Kalman 滤波和神经网络方法等，这里不详细讨论，可参考相关文献。全局运动控制的输出是机器人的期望速度，需要由底层控制实现。

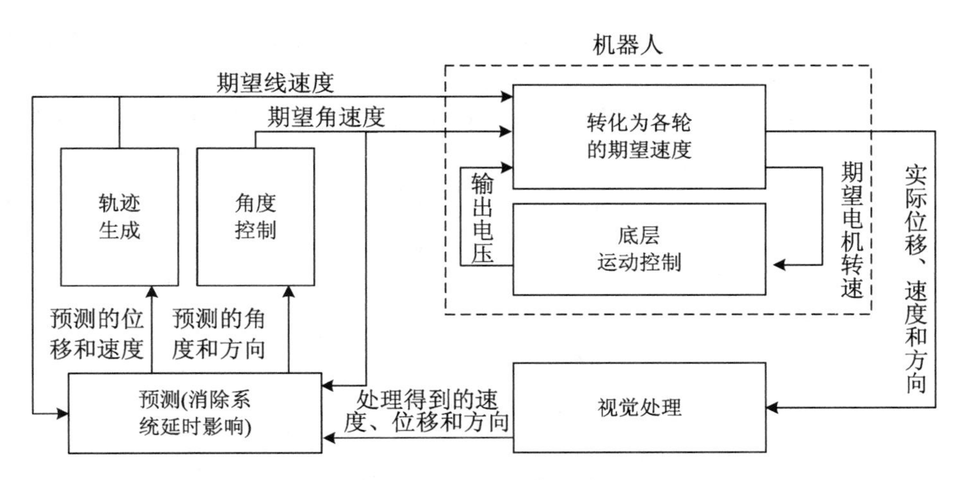

图 11.1　机器人运动控制流程

底层运动控制的根本任务是实现机器人接收到的期望速度，这最终是通过调整电机电压以调节轮子转速实现的。为了达到尽量好的效果，需要对底层控制进行优化。

11.2 两轮式机器人的运动模型

机器人在地面的运动可归结为平面刚体运动，这种运动可分解为直线运动和旋转运动，如图 11.2 所示，这两种运动完全靠两个驱动轮的调速来实现。

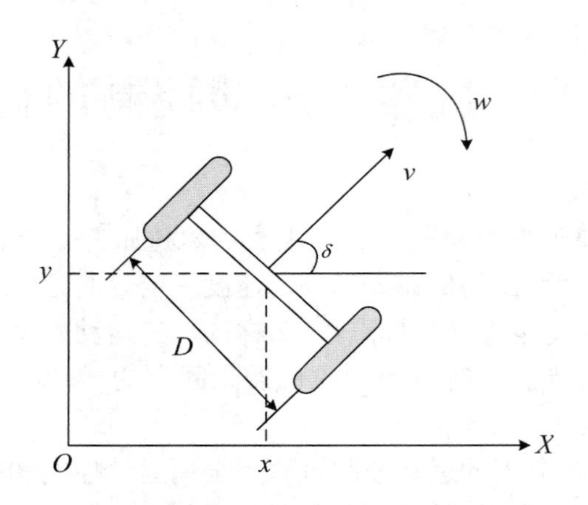

图 11.2 机器人运动模型

控制机器人到达目标点实际上是要消除距离误差 d 和角度误差 α。运动控制算法就是通过距离误差 d 和角度误差 α 确定线速度和角速度，从而得到左、右轮速度。最直观的轨迹运动就是沿着直线运动至目标点，这种方法常见于具有朝任意方向运动能力的机器人。由于两轮足球机器人自身的机构特点，它不能实现沿着车轮轴的方向运动。因此，每当给定一个新的目标点时，如果新目标点不在当前小车直线方向的位置上，那么就需要结合多个动作(转动—走直线—转动)执行。

轮式移动结构得到了广泛的应用，主要原因是相比其他驱动结构，轮式驱动结构简单，动作稳定，并且较容易控制，控制方式比较直观。首先分析其运动模型。

我们的系统采用双轮驱动，其理论重心位于两轮轴中点处，以它的运动轨迹作为系统的运动轨迹。中心点速度为

$$v_{\mathrm{l}} = \omega_{\mathrm{l}} \cdot R$$

$$v_{\mathrm{r}} = \omega_{\mathrm{r}} \cdot R$$

其运动方程可以描述为

$$v = \frac{v_{\mathrm{l}} + v_{\mathrm{r}}}{2} = \frac{1}{2}R \cdot (\omega_{\mathrm{l}} + \omega_{\mathrm{r}})$$

$$\omega = \frac{v_{\mathrm{l}} - v_{\mathrm{r}}}{D} = \frac{R}{D}(\omega_{\mathrm{l}} - \omega_{\mathrm{r}})$$

式中，R 为车轮半径；v_{l}、v_{r} 分别为左、右车轮的线速度；ω_{l}、ω_{r} 分别为左、右车轮的转速；v、ω 分别为机器人在 XOY 平面内的直线速度和旋转角速度。

机器人的旋转半径可以表示为

$$R_{\omega} = \frac{v}{\omega} = \frac{D}{2} \cdot \frac{\omega_{\mathrm{l}} + \omega_{\mathrm{r}}}{\omega_{\mathrm{l}} - \omega_{\mathrm{r}}}$$

可以看出：

(1) 当 $\omega_l=\omega_r$ 时，$R_\omega\to\infty$，机器人沿直线行走。

(2) 当 $\omega_l=-\omega_r$ 时，$R_\omega=0$，机器人在原地旋转，旋转半径为 0。

(3) 其余情况下，机器人做圆弧运动。

机器人在平面上做各种轨迹运动，就是由这些基本的轨迹连接起来组合而成的，因此机器人的轨迹控制可以转化为这些基本运行轨迹的控制。

11.3　设计思想

轮式机器人由于其良好的移动性能一直备受关注，国内外许多学者从理论方面研究了它的运动规划以及轨迹跟踪控制方法，并取得很多成果，出现了各种各样的方法和理论。

但是我们的系统与这些系统有个关键的区别，就是我们的两轮式机器人同时也是一个倒立摆系统，我们在对它的运动进行控制时还要保持系统的平衡状态，即还有倒立摆的控制，包括静态平衡和动态平衡。国内外许多关于机器人运动控制的理论，其系统本身是平衡的，例如四轮或更多轮的机器人，不需要考虑系统自身的平衡问题。因此自平衡两轮式机器人的运动控制更复杂，已有文献对这一问题进行了详尽的研究，其设计思想是通过对系统的分析，得到两个独立的控制器，一个是速度控制器，另一个是位置控制器，这两个控制器又同时控制倒立摆的平衡，但是其设计极其复杂。在前面的模型分析中发现，经过线性化，我们也得到了两个独立的控制器，一个控制器控制车体的姿态为倒立状态，同时控制小车的行驶速度；另一个控制器控制小车在地面的旋转角度。因此小车的运动控制可以转化为对小车的行驶速度 v 和旋转速度 ω 的控制。

11.4　目标跟踪算法的实现

设机器人初始状态(x,y,δ)为$(0,0,0)$，目标位置为$(1,1)$。由于目标位置不在小车运动方向上，所以小车首先要原地旋转，使行驶方向对准目标位置，然后再以直线运动行驶至目标位置。在这种跟踪控制下，机器人的跟踪轨迹总是由一节一节的线段组成。

上面的目标跟踪方法是将运动分成原地旋转和直线运动两部分，首先通过原地旋转找到小车的行驶方向，然后直线行驶至目标位置。其基本动作步骤为：旋转－直线移动。虽然这种方法简单易行，但是在初始位置时，如果小车本身就具有一定的位移速度和旋转角速度，虽然可以首先将小车静止，然后再按上面的步骤行驶，但是这样的方法需要结合较多的动作，效率有待提高。

为了使机器人在移动过程中将多个动作连接起来，形成一个比较连续并且光滑的动作，理想的情况应是机器人在速度 v 下，实时检测机器人前进方向与机器人目标方向的差值，不断改变旋转角速度使机器人的前进方向跟踪目标方向，如图 11.3 所示。

其控制流程见图 11.4，包括以下步骤：

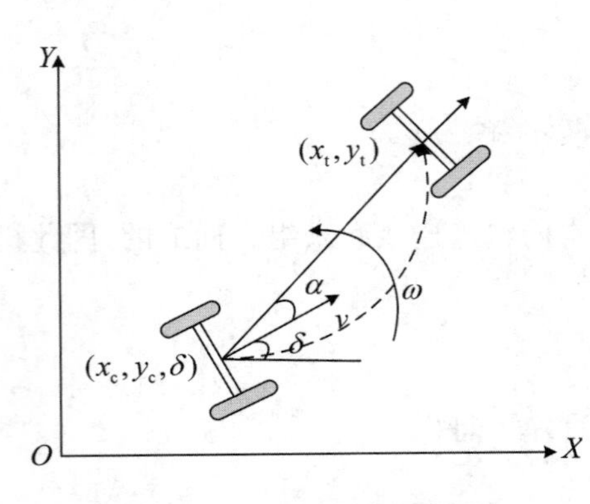

图 11.3　目标跟踪示意图

(1) 编码器检测左、右车轮的转角，获得车体的位移和旋转角度，根据位移和旋转角度可以算出小车在参考系下的坐标(x_c, y_c)和前进方向δ。

(2) 检测目标点在参考系下的坐标(x_t, y_t)，计算目标的位置角度θ。

(3) 根据小车位置(x_c, y_c)和目标位置(x_t, y_t)计算目标相对于小车的位置角度θ。

(4) 根据θ和δ计算出小车行驶方向需要修正的角度α。

(5) 通过反馈系数 K 得到小车的旋转角速度ω。

(6) 根据行驶速度v修正旋转角速度ω，得到期望的旋转角速度ω_x。因为在不同行驶速度下需要有不同的角速度，v较小时的转角速度比v较大时要大，否则小车会由于急转弯而失去平衡，因为我们的小车在旋转时不能够侧向倾斜。

(7) 将行驶速度v和旋转速度ω_x输入自平衡控制系统的两个独立的控制器：控制器 1 和控制器 2，分别控制小车的行驶速度和旋转角速度，其中控制器 1 还同时控制倒立摆系统的自身平衡。

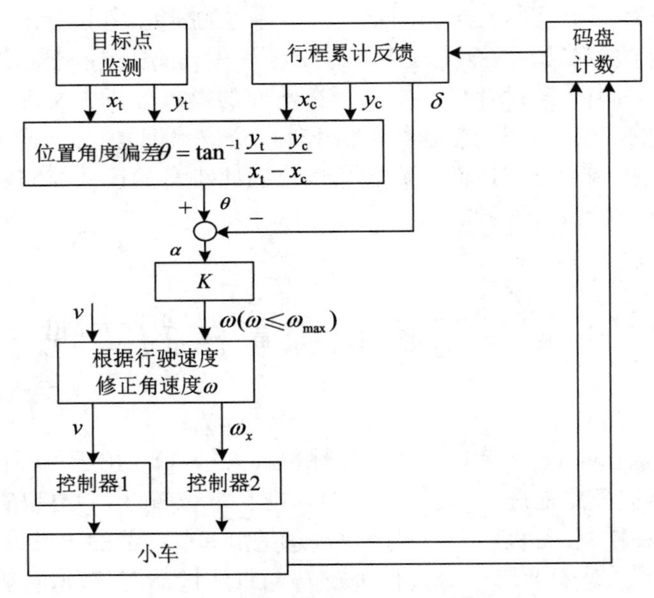

图 11.4　目标跟踪算法流程图

11.5 实验结果与讨论

11.5.1 实验方法

机器人跟踪目标，首先要有视觉部分作为机器人的“眼睛”，视觉部分担负着识别目标的位置、速度、方向等信息的任务，这些信息是做出正确决策的基础。视觉系统需要图像采集设备，包括摄像头和采集卡等。

由于两轮式移动倒立摆机器人还没有装备视觉系统，所以为了检测倒立摆机器人跟踪能力，我们模拟了一个虚拟的跟踪目标，PC 机通过无线模块不断地将目标位置发送给机器人，供机器人决策。

倒立摆机器人的位置可以通过自身的传感器获取。

11.5.2 定点目标的跟踪控制

设机器人初始位置(x,y,δ)为(0,0,0)，目标位置为(1,1)。机器人的初始方向为 0，与目标位置有一个 45°的角度。

目标跟踪的速度曲线如图 11.5 所示。

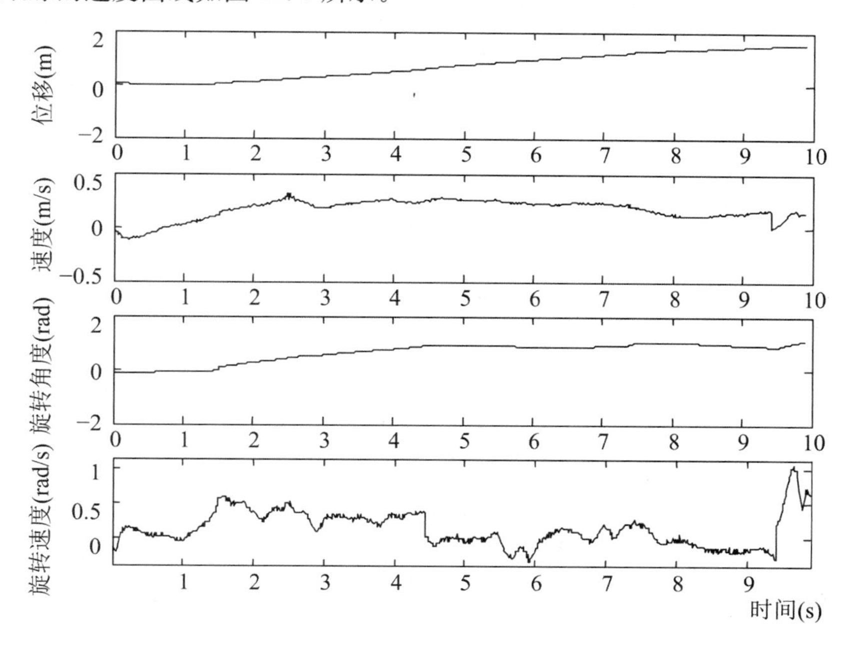

图 11.5　定点目标跟踪速度曲线

在 0 时刻，由于存在角度误差，在运动控制作用下旋转角度不断增大，最后小车的运动轨迹收敛于直线运动轨迹。收敛后小车的速度比较平稳。在运动过程中，小车的旋转速度有一定的波动。

在 0.2 m/s 的行驶速度下，小车行驶的轨迹明显是一个弧形，如图11.6(a)和图11.6(b)所示，弧形半径比 0.3 m/s 时的弧形半径要小。与理论依据 $R_{\omega}=\frac{v}{\omega}$ 相吻合。小车很好地实现了固定点的跟踪。

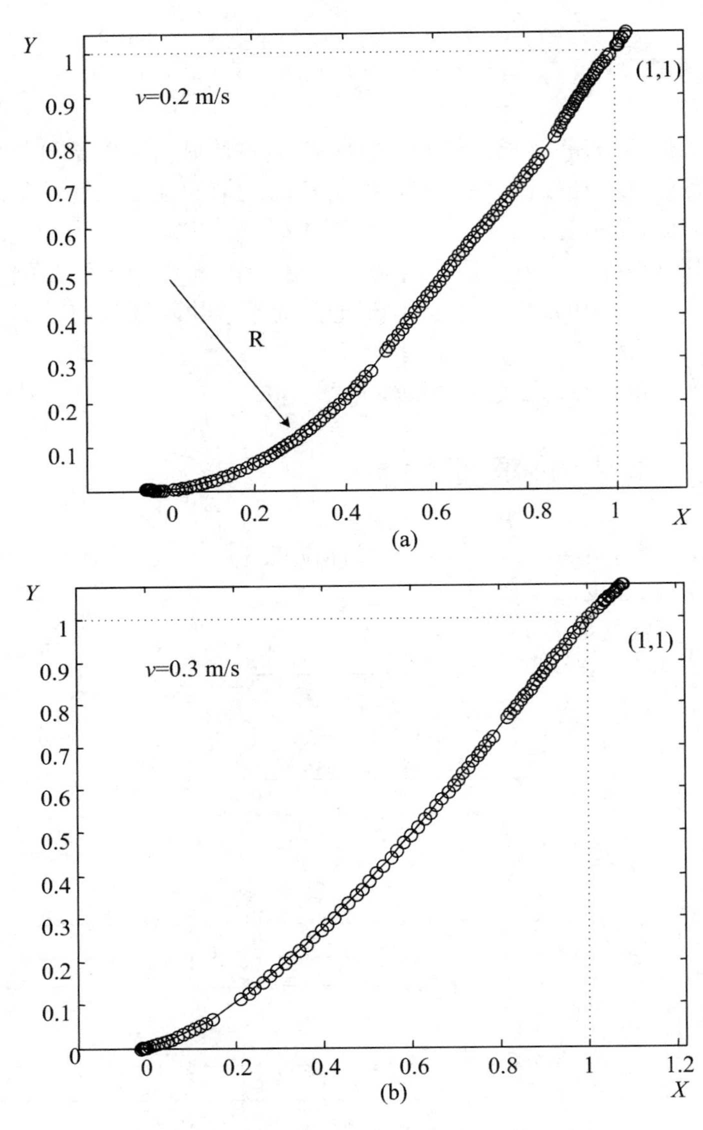

图 11.6 定点目标跟踪轨迹曲线

11.5.3 运动目标的跟踪控制

运动目标跟踪也是机器人经常要实现的目标。设机器人初始位置 (x,y,δ) 为 $(0,0,0)$，目标初始位置为 $(0.5,1)$，并且目标沿着 X 轴以 $v=0.2$ m/s 的速度行驶。实际控制速度曲线如图 11.7 所示。

小车由静止开始运动，速度在 0～3 s 内不断增加，所以计算出的旋转角速度较大，轨迹的旋转半径较小；随着运动速度的增大，小车在 3 s 左右达到一个最大速度，同时旋转角速度减小，轨迹半径增大。从图 11.8 可以看出在 x 轴[0，0.2]的范围内，轨迹半径比较小。在 2 s 左右时刻，小车旋转角速度开始变为反方向，旋转角度开始递减，在图 11.8 中，此时对应运动轨迹中的拐点。最后小车收敛到直线 $Y=1$ 上，以 0.2 m/s 左右的速度直线跟踪运动目标。

实验验证了该控制算法的控制性能，从实际的运行效果可以看出，对目标的跟踪能够体现出较快的收敛结果，具有一定的实时纠偏能力。

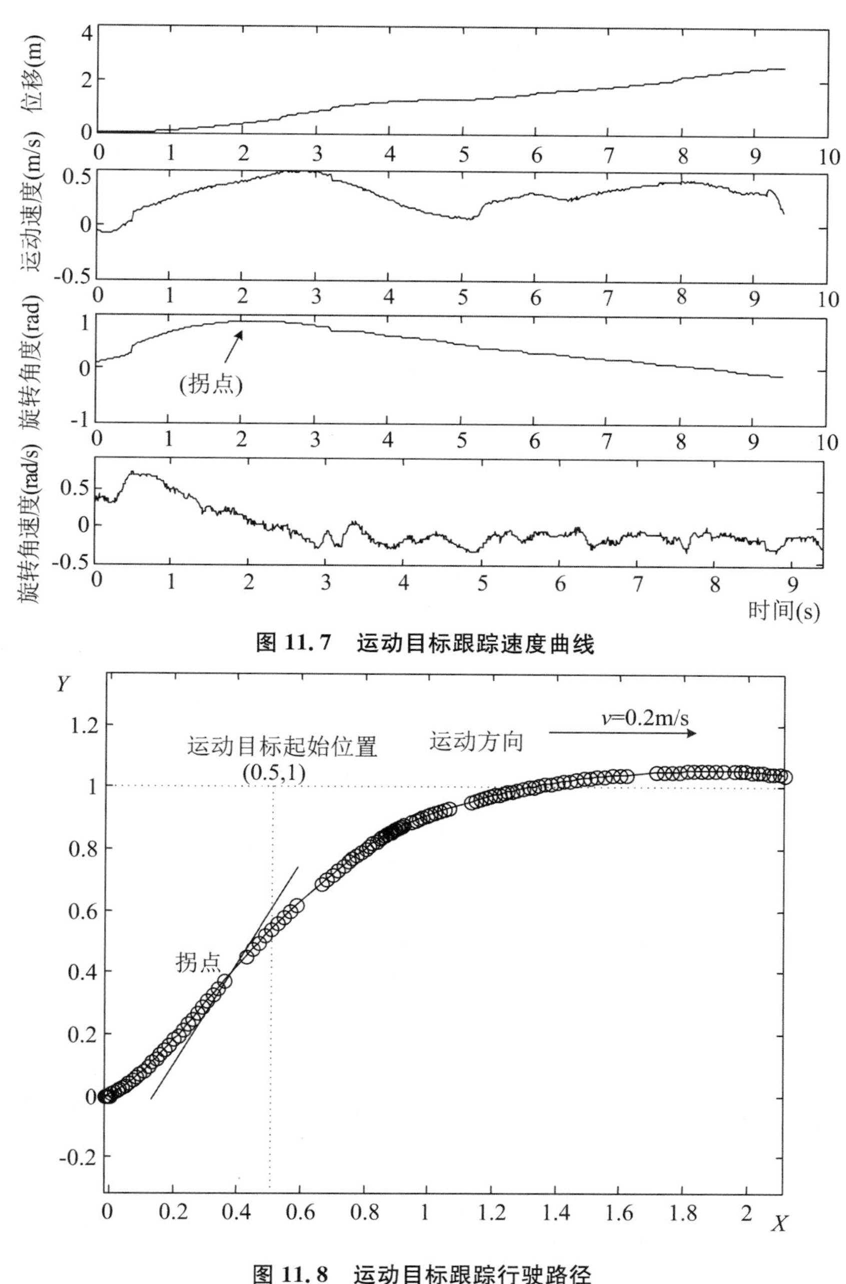

图 11.7　运动目标跟踪速度曲线

图 11.8　运动目标跟踪行驶路径

第12章 RoboCup小型组足球机器人简介和系统总体设计

本章介绍机器人足球比赛的起源、类型和项目种类，以及国内外的相关进展情况。RoboCup 小型组的比赛系统包括视觉、决策、无线通信和机器人车体 4 个子系统。

12.1 RoboCup 小型组足球机器人简介

12.1.1 机器人足球比赛的起源和类型

国际机器人足球赛主要分为仿真组、小型组、中型组和类人组等，比赛规则与人类正规的足球赛相似。

目前，国际上有组织的机器人足球比赛分为两大系列——FIRA 和 RoboCup。

FIRA 是国际机器人足球联合会(Federation of International Robot - Soccer Association)的缩写。FIRA 的起源与发展和韩国科学(技术)院(KAIST)是密不可分的。FIRA 每年举办一次机器人足球世界杯赛(FIRA Robot - Soccer World Cup)，简称 FIRA RWC。

1993 年 6 月，浅田埝和北野宏明等著名学者决定创办日本机器人足球赛，并暂命名为 RoboCup J 联赛。

第一届 RoboCup 世界杯赛于 1997 年 8 月 25 日在日本名古屋与国际最高级别的人工智能学术会议——国际人工智能联合大会(IJCAI - 97)同期举行。2005 年的 RoboCup 世界杯赛于 7 月份在日本大阪举行。RoboCup 在世界上的知名度越来越高。

RoboCup 在中国的影响也越来越大。国内的 RoboCup 组织最早于 1999 年在重庆举行了仿真组的比赛，中国科学技术大学蓝鹰队获得了冠军。之后，中国科学技术大学蓝鹰队又于 2005 年在日本大阪获得仿真组亚军。《机器人系统设计与算法》一书出版后不久，国际机器人小型组(F180 组)组委会决定扩大比赛场地，之后，中国科学技术大学队主要在增加足球机器人运动速度、击球力度方面做了一定改进，并在足球机器人攻防策略方面下了很大工夫，建立了相应算法数据库。另外，多年来在建立足球机器人的微处理器通用软件平台、多摄像头图像处理、无线通信抗干扰等方面也做了很多工作。基于 F180 组基本硬软件设计并没有什么大的改动，因此本书再版仍然有很大的实用价值，特别在机器人的开发流程、控制系统设计和控制方法，以及机器人硬件、机械设计方面会对读者有所帮助和启发。

12.1.2　小型组比赛

小型组是 RoboCup 的竞赛项目之一，从第一届比赛开始就存在。虽然比赛规则每年都有所变动，但整体思想变化并不大。比赛的要素就是比赛场地、机器人、摄像头、计算机和球，如图 12.1 所示。

图 12.1 显示的是小型组（F180 组）比赛，这是 RoboCup 以机器人实体为队员的比赛项目中运动速度最快的一个项目，因而观赏性相当好。最早的比赛场地为乒乓球台，2002 年扩大为 2.9 m×2.4 m 的地毯，到 2004 年继续扩大为 4.9 m×3.4 m 大小的绿色毡子。最初场地四周有垂直的边界，高 5 cm，2002 年改为 45°斜面，2004 年去掉了边界。场地两边是球门，宽 70 cm，高 15 cm，深 18 cm。

比赛中，各方至多用 5 个机器人，机器人直径不能超过 180 mm。如果机器人带局部视觉，高度不能超过 225 mm，否则自身不带视觉机器人的高度不能超过 150 mm。机器人正上方用圆形的颜色块作图像识别的标记，一边用蓝色，一边用黄色。机器人可以有击球装置、带球装置等，但不能对场地、球和其他机器人造成损害。比赛中不能碰撞其他机器人，严重时会有黄牌和红牌处罚。比赛用球是橙色的高尔夫球，直径大约为 43 mm，重 46 g。

比赛时通过挂在场地上方的摄像头（1 个或多个）采集场上信息，提取出有用信息后传送给决策程序，决策程序根据场上情况做出决策，再通过无线通信传送指令给各机器人，机器人据此做出各种动作，如此循环往复。这其中包括机械设计、理论力学、嵌入式系统与传感器、无线通信、控制理论、模式识别、人工智能等多种学科的融合与协作。

与 FIRA 小型组比赛不同，RoboCup 小型组的机器人结构相对复杂得多，而且根据历年比赛的趋势来看，往后只会越来越复杂。因此，相对应的控制系统也要复杂些。

F180 型比赛遵循与 FIFA 相似的规则。比赛过程由一个主裁判和一个助理裁判来控制，主裁判发出的命令由助理裁判通过裁判盒传给两个队。在没有得到主裁判允许的情况下，双方都不能操作自己的机器人。比赛分为上、下半场，各为 10 分钟，中场休息不超过 10 分钟。比赛中各队允许有 4 次暂停，但时间不超过 10 分钟。

(a) 现场图片

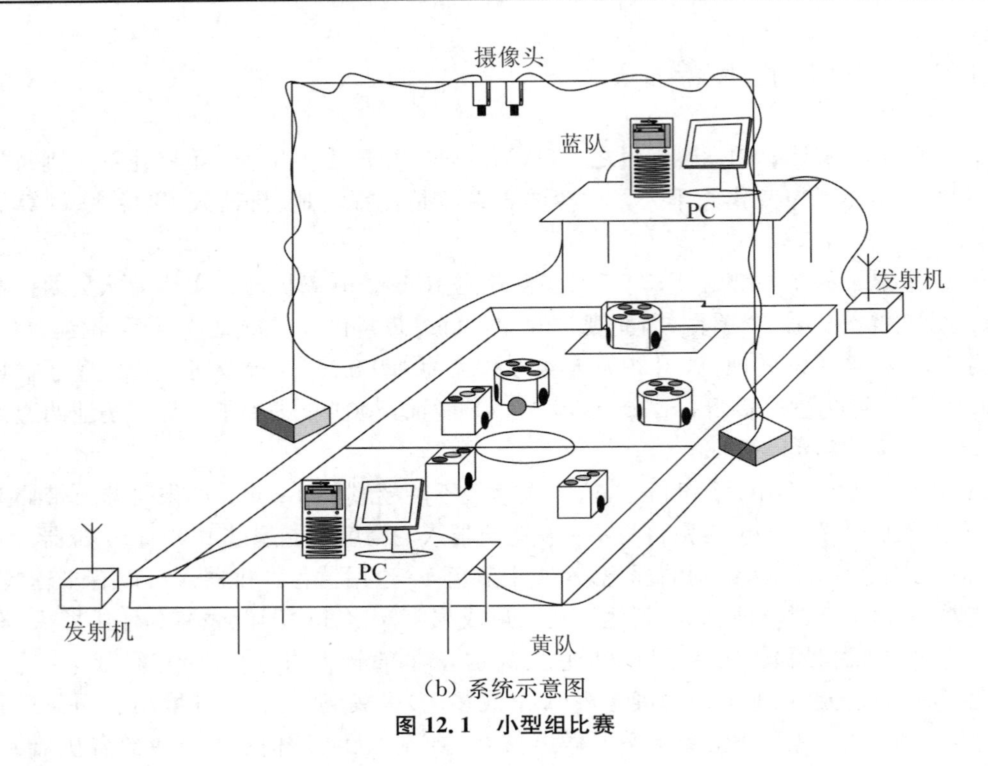

(b) 系统示意图

图 12.1 小型组比赛

12.1.3 国内外的相关进展

代表 RoboCup 小型组最高水平的国家主要是美国、德国、日本和澳大利亚等发达国家。国内在这方面还处于起步阶段，作者所在的蓝鹰队代表了国内的最高水平，但在世界上也只能勉强算在四强附近。

1. 国际领先队伍介绍

自从第一届 RoboCup 竞赛以来，共有 4 支队伍获得了冠军，分别是：美国卡耐基-梅隆大学的 CMDragons(1997、1998)，美国康奈尔大学的 BigRed(1999、2000、2002、2003)，新加坡的 LuckStar(2001)和德国的 FuFighters(2004、2005)。

当前 RoboCup 小型组最高水平的参赛队伍一般都采用四轮全向驱动的机械结构，最大速度达到 3 m/s，最大加速度达到 6 m/s^2，有强有力的击球装置和稳定的带球装置，现在准确而有力的挑球机构也逐渐在各队中流行起来；控制板采用高速单片机或者 DSP 甚至 PC104 作为运算部件；使用高速数字摄像头和 1394 接口；使用两台以上的计算机做视觉和决策处理运算；通信采用高速无线射频芯片。

而在机器人控制上，一般采用了 bang - bang 控制或者神经网络和强化学习的方法，定位和预测采用卡尔曼滤波，有的也采用了神经网络方法。视觉处理采用模式识别和颜色追踪。高层决策采用战术库或专家系统。但是由于机器人控球能力有限，目前还没有能力达到类似 RoboCup 仿真组比赛中所采用的那种复杂战术配合。

2. 国内参赛队伍介绍

国内参加 RoboCup 小型组比赛的除了中国科学技术大学以外，还有清华大学（与新加坡 FieldRanger 合作)、浙江大学、国防科学技术大学、上海大学等。其中清华大学参加了 2003 年和 2004 年的国际比赛,浙江大学参加了 2004 年和 2005 年的国际比赛。

国内的 RoboCup 小型组比赛已进行了四届。

2002 年,第一届比赛在上海同济大学举行,当时国内只有中国科学技术大学有能力参加比赛,所以只能进行表演赛。

2003 年,第二届比赛在北京科技馆举行,当时共有 11 支参赛队伍,但整体水平不高。清华大学与新加坡 FieldRanger 组成的联队获得了冠军,中国科学技术大学队获得亚军。

2004 年,第三届比赛在广州华南理工大学举行,虽然还是只有 11 支参赛队伍,但整体水平比 2003 年已有了很大的提高。中国科学技术大学队获得冠军,浙江大学队获得、亚军。

2005 年,第四届比赛在江苏常州东南大学常州分校举行,这届比赛整体水平有了质的提高,大多数机械设计与电路设计跟上了世界强队的步调,虽然在控制算法和视觉以及决策方面还有尚待改进的地方,但本届各队水平的提高幅度绝对是历年来最大的一次。在本次比赛中,中国科学技术大学的 2 支队伍分获冠、亚军。

12.1.4　小型组比赛系统

1. 系统组成及其相互关系

图 12.1(b)给出了小型组比赛系统示意图。比赛系统包括视觉、决策、无线通信以及机器人车体等 4 个子系统。比赛控制方式有集中式与分布式两种:

(1) 集中式指比赛时通过挂在场地上方的摄像头(1 个或多个)采集场上信息,提取出有用信息后传送给单个决策程序,决策程序根据场上情况做出决策,再通过无线通信传送指令给己方所有的机器人,机器人根据指令做出各种动作,如此循环往复。

(2) 分布式与集中式的最大不同在于,虽然机器人共享视觉信息,但每个机器人都有自己的决策程序,机器人之间可通过无线通信来进行协作。

分布式控制比集中式要更困难一些,目前世界各国的参赛队伍仍普遍采用集中式控制,仅有极个别队伍在探索或尝试分布式控制,但效果还不够理想。从长远来看,分布式控制具有更高的研究价值,也更加类似人类的足球运动,因此是今后发展的方向。本书所介绍的内容基于集中式控制系统。

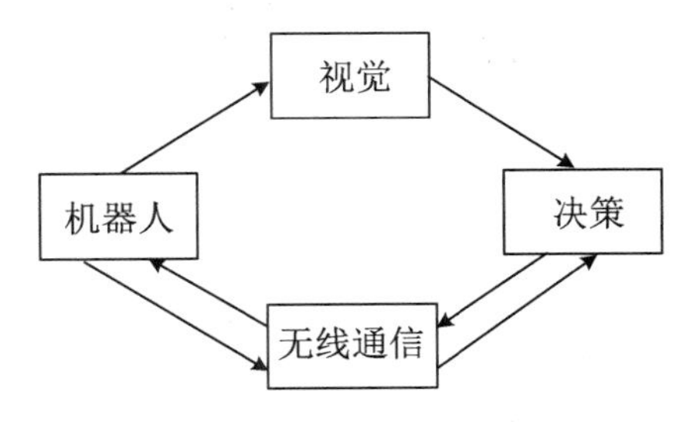

图 12.2　各子系统的相互关系

各子系统之间的相互关系见图 12.2。如果将机器人比作人的话,那么视觉子系统就相当于人的眼睛,决策子系统就相当于人的大脑,无线通信系统就相当于人的神经系统,而机器人本体就相当于人的躯体。显然,4 个子系统必须全部正常运行才能保证系统的有效运行,而系统性能的提高也依赖于每个子系统性能的提高。

2. 视觉子系统

作为机器人的"眼睛",视觉部分担负着识别场上敌我双方机器人和球的位置、速度、方向等信息的任务,这些信息是做出正确决策的基础。视觉系统的研究可以分为硬件和软件两大部分，其中硬件部分指的是图像采集设备的选择，包括摄像头和采集卡等。设备选择的标准如下：

(1) 由于近年来比赛的场地逐渐变大，因此摄像头的视野需足够大，如不能达到要求则需要用2个甚至更多的摄像头。由于使用一个摄像头当目标视野过大时会使采集到的场地图形容易变形，而过多摄像头又有可能产生图像拼接与数据量过大的问题，故现行较为通行的做法是使用2个摄像头做协同处理，以期达到速度和效果的最佳折中。

(2) 由于比赛规则规定不保证场地灯光的均匀性，而实际上在2004年葡萄牙里斯本和2005年日本大阪的比赛中已经出现了比较严重的场地阴影，因此摄像头的输出颜色要稳定。

(3) 随着比赛激烈程度的逐年增加，对视觉子系统的处理速度要求越来越高，因此摄像头和采集卡的处理速度应越快越好。

CCD摄像头是最常用的摄像设备。近年来，国外一些强队如美国康奈尔大学的Big-Red、德国的FuFighters等都开始采用数字摄像机和高速采集卡，采集速度可达到60帧/秒甚至更高，图像输出方式也从模拟信号逐步转变为数字信号。

视觉子系统的典型软件流程如图12.3所示。

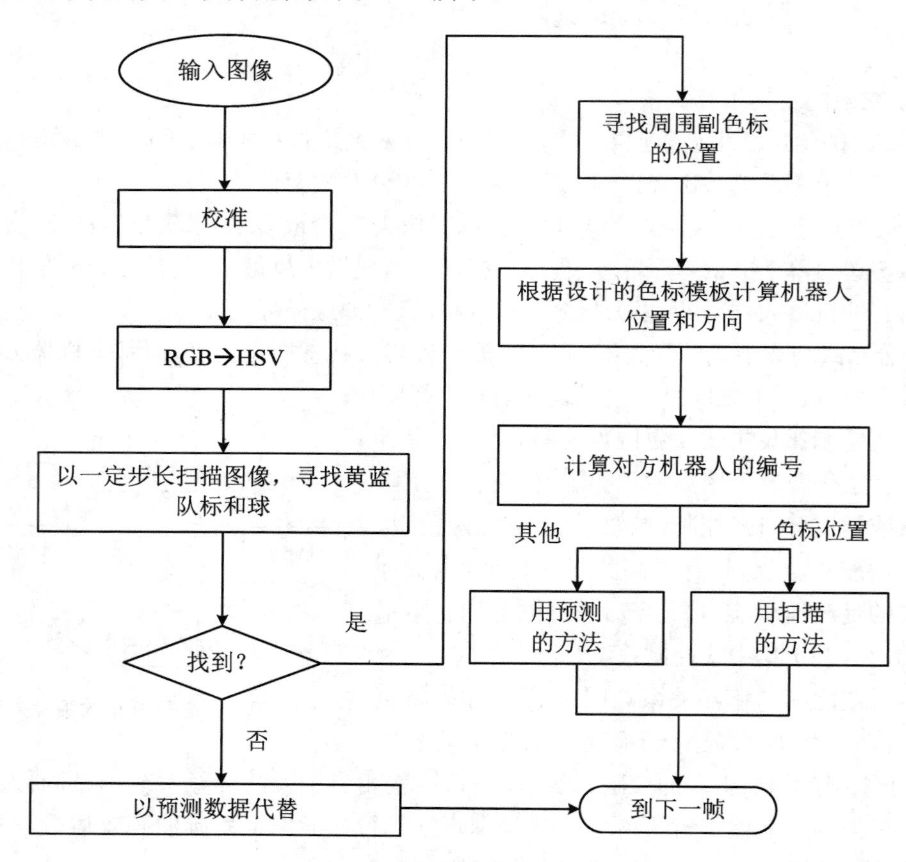

图12.3　视觉处理软件流程图

目前,较好的校准方法由 Tsai 等人提出,通过校准径向畸变、切向畸变、畸变中心和焦距等参数获得较高的校准精度。很多队伍采用了 Carnegie Mellon 的色标设计方法,其优点是可以利用各色标之间的几何关系确定姿态,且精度高。

3. 决策子系统

决策子系统与仿真组比赛的决策部分相似,都是对多智能体系统(Multi - Agent System)的控制。以中国科学技术大学蓝鹰队为例,图 12.4 显示的是决策子系统的基本组成与运行流程。战术编辑器用来编辑基本站位/调整站位、球员动作角色、局部配合等,并将结果存储于战术数据中。运行时决策程序根据战术数据和视觉信息做出决策,由服务程序将其发送给无线发射器,最终发送给各个机器人去执行。

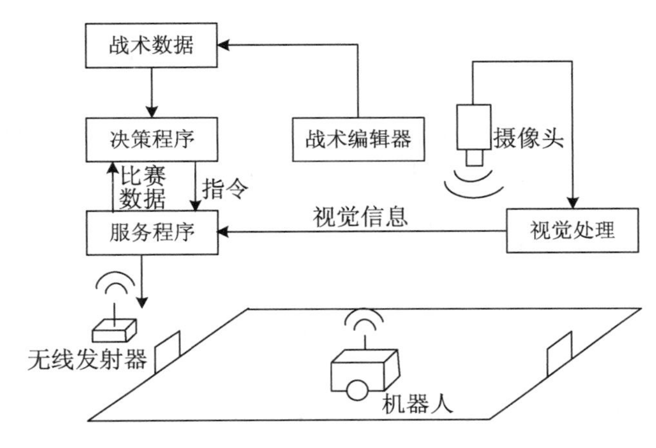

图 12.4　决策子系统的运行流程

为了使决策程序的开发不受其他子系统进度的影响,以及尽量减少对机器人的损耗,有必要开发一个能模拟真实比赛情况的仿真软件,对机械、视觉、通信部分都进行真实的模拟。控制软件通过网络接口与机器人仿真软件平台通信交互,进行比赛。目前,卡耐基-梅隆大学已开发了仿真软件 UberSim,蓝鹰队则开发了 SmallSim,该软件不仅可以模拟真实系统的比赛平台,还可以和真实的视觉和通信系统相连,控制实物机器人(见图 12.5)。

图 12.5　SmallSim 仿真平台

4. 无线通信子系统

在小型足球机器人系统中,无线通信系统担当着相当重要的作用,它必须保证主机端和机器人之间的数据传送是可靠的,从而使得机器人比赛能够顺畅进行。由于比赛双方都有多个机器人同时在场地上跑动,要求无线通信有一定的抗干扰性。无线通信系统的性能,在相当程度上直接影响着机器人的场上表现。

一个典型的无线通信系统包括连接到电脑的无线发射机和在每个机器人小车上的无线接收机。发射机的任务是对计算机送出的指令数据进行纠错编码和组成完整的数据帧,并通过射频芯片将数据发送出去。它的主要组成部分包括一个控制芯片和一个射频发送芯片。接收机位于每个机器人小车上,主要的功能是完成数据帧的识别和解码,并将有效数据提供给下层的决策系统,其结构与发射机的整体结构相似。单向通信系统的框图如图 12.6 所示。

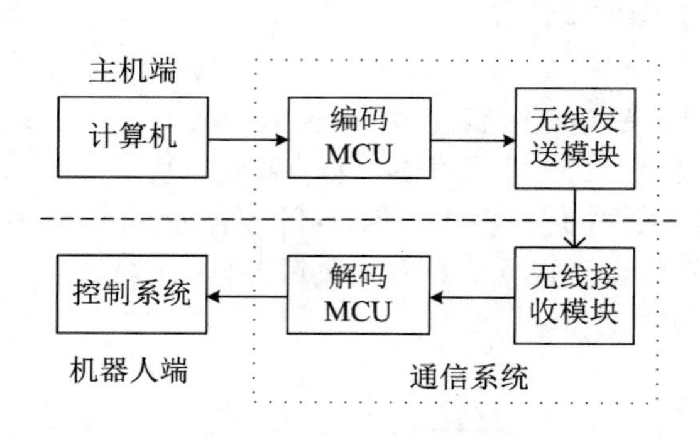

图 12.6 单向通信系统框图

目前国内外小型组足球机器人系统中,大多数队伍所采用的无线通信子系统的拓扑结构还是基于中心广播式的单向无线通信系统。即主机端只发送数据,机器人端只接收数据,各机器人根据特定的标志识别发给自己的有用数据,从而进行决策与行动。系统示意图如图 12.7 所示。此结构的优点是通信系统简单可靠。为了方便调试,也有队伍实现了单个机器人信息的反馈。但是这样的结构存在比赛时机器人状态不能方便地反馈给决策子系统,以及机器人之间无法交流信息的缺点。为了方便信息反馈以及实现分布式控制,这一结构有待改进,康奈尔大学的 BigRed 队已经在这方面进行了尝试。

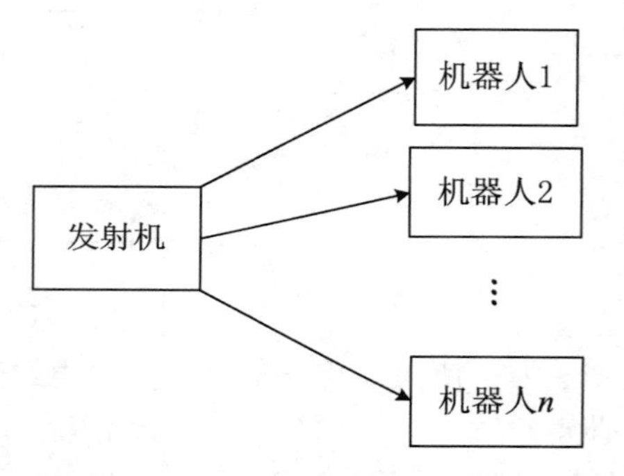

图 12.7 中心广播式通信系统示意图

我们在最终系统中采用了广播式通信系统的另一个原因是,我们每个周期通过无线模块向各个机器人发出指令,让其执行一个任务,而执行结果大部分反应在机器人的运动状态上,而系统通过摄像头和上层处理软件就可以知道机器人的运动状态,这样足球机器人系统就形成了一个(或部分的)闭环控制系统,已经能基本满足我们对系统的精度要求。

目前从各队使用的频率和通信协议来讲,主要分为两种:绝大多数队伍使用的都是射频芯片或模块,采用的频段有 433 MHz 频段、915 MHz 频段和 2.4 GHz 频段等,主要的射频芯片供应商为 Radiomatrix 公司和 Nordic 公司。还有极少数的队伍采用了无线局域网,而根据规则,蓝牙协议在比赛中是禁止使用的。

5. 机器人车体子系统

作为 RoboCup 系列比赛中最为激烈的项目之一,小型组对机器人本身的性能要求很高。车体性能在很大程度上影响了一个队伍水平的高低,这是与 FIRA 小型组的一个很大区别。机器人车体一般包含如下部分。

(1) 执行机构。执行机构是指令的最终执行者,包括运动机构和球处理机构两大类。运动机构指的是各个轮子及其驱动电机,用来实现机器人在场地上的奔跑。球处理机构又包括控球机构和弹射机构,前者是为了使球处于机器人的控制之下,方便实现带球跑位、争抢以及为弹射做定位等动作,后者是为了让机器人能够将球射向目标点,以实现射门、传球、解围等动作。

执行机构的实现方式有多种，因具体的机构而异。

(2) 电路系统。电路系统需要完成的功能有：与主机端进行无线通信，接收决策指令，驱动和控制各执行机构。电路系统可分为 4 个部分。

① 无线通信系统的接收端。用来接收和校验决策指令。

② 主控电路。用来分解指令数据，执行决策指令以及部分自主操作，比如异常处理等。

③ 各机构的驱动和控制电路。用来驱动和控制(1)中的每一个执行机构。

④ 传感器电路。该部分电路为机构控制提供反馈信息，以精确、有效地执行决策指令，一般有球检测电路、车体姿态传感器电路以及近距离避障传感器电路等。

电路系统与执行机构的关系如图 12.8 所示。在执行决策指令时，置于主控电路内的控制软件从无线通信接收端获取指令信息，并通过控制和驱动电路将控制信号传送给执行机构执行。同时通过传感器电路进行状态检测，控制软件根据反馈的状态调整控制信号的输出，以此达到精确控制的目的。

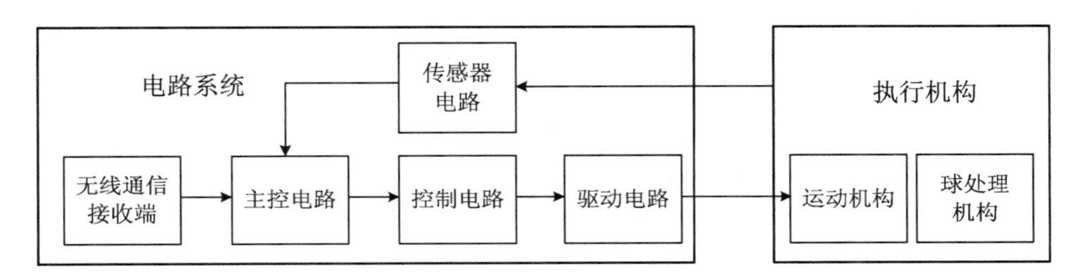

图 12.8　机器人操作流程图

12.2　足球机器人底层系统总体设计

12.2.1　研究的出发点和发展趋势

自从 1997 年第一届机器人足球比赛在日本举行以来，对机器人的研制和控制方法的研究就从来没有停止过。需要指出的是，包括视觉、决策、无线通信和机器人车体在内的所有子系统之间是相互关联的，因此几乎所有的研究都不是独立进行的，而是以提高整个系统的性能为出发点。从另一个角度来说，系统性能的提高也需要各个子系统的共同发展才更容易实现。在自主设计之前，详细研究和通读近年来各队伍的设计文档，能让我们更加深入了解足球机器人的发展历程以及发展方向，这是做出好的设计的前提和保证。

机器人的研制和控制方法的发展就是基于这样一个前提的。从系统的控制角度来说，整个系统可分为如图 12.9 所示的 5 个功能模块，包括视觉处理、滤波与估计、上层决策、轨迹生成和底层控制等。机器人车体是决策和底层控制的控制对象，是轨迹生成算法的物理依据，是视觉处理的处理对象，是滤波与估计研究的部分内容，其性能的提高是整个系统性能提高的基础。反过来说，包括视觉处理、滤波与估计、上层决策以及轨迹生成和底层控制在内的所有控制模块都必须以机器人车体为对象，设计符合机器人性能的各种控制和实现

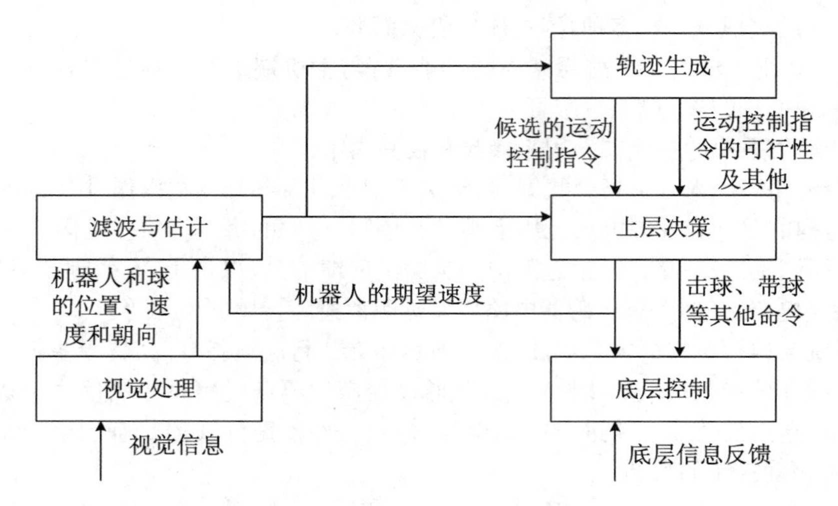

图 12.9　系统控制的模块划分

方法，从而最大限度地发挥机器人的潜能，提高整个系统的性能。对机器人的研制和控制方法的研究涉及整个系统中的底层控制、上层决策以及轨迹生成 3 个模块。

纵观足球机器人项目的发展历史，呈现如下的发展趋势：

(1) 机器人的机构种类越来越多，机构实现方式越来越复杂。

(2) 电路系统使用的芯片或模块越来越高档，电路实现越来越复杂。

(3) 机器人的性能(运动性能、控球能力、进攻能力等)逐年提高。

(4) 机器人的控制(包括运动控制、机构控制等)精度越来越高，实现方法也趋于多样化。

(1)和(2)的发展就是为实现(3)服务的，而(4)的发展就是为了将(3)的潜能充分发挥出来，为整个系统的提高服务，同时也需要借助(2)才能实现。

作为一个多学科交叉的竞技和研究平台，经过这么多年的发展，各队对比赛系统的发展已经取得一定的共识，但也有差异，因此研究也就各有特色。

本章通过理论分析和实验论证，给出了机器人各机构的设计原理与方法，包括运动机构和球处理机构两大部分。我们这里介绍的机器人具有运动快速灵活、控球稳定、进攻性强以及易于控制等优点。

12.2.2　机构设计概况

车体子系统包括两部分：机器人机构与电路系统。总的来说，一个性能优越的机器人应具有运动灵活、快速、控球能力好、进攻能力强以及可控性好等优点，而这些都需要由优越的机构设计来实现。随着比赛多年的发展，各队对机器人主要机构的种类已取得一定的共识，因此，如何提高各机构的性能成为各队机器人设计的最重要目标。

机构设计需要考虑的两个最重要的因素为：机构性能和可控性。机构性能决定了机器人的潜能，而可控性则决定了这些性能能不能被可靠有效地利用起来。之前我们已经讨论过，机器人的机构包括运动机构和球处理机构两大类，下面分别说明。

1. 运动机构

运动机构的设计是为了提高机器人的运动性能，包括机器人的速度、加速度和运动灵活性等。前两者的提高需依靠选用大功率的电机配上合适的减速装置来实现。瑞士的 Maxon 公司和德国的 Faulhaber 公司的电机是各队选择的主流。减速装置分为减速箱和自制齿轮组合两种。我们一般建议采用减速箱方式，因为小车机构加工本来就比较复杂，自己加工齿轮更增加了加工难度，一般情况下其效率比精密齿轮要低。电机和减速装置的选用还需考虑到机器人的尺寸限制。

机器人运动的灵活性是由轮子及其数目和布局决定的。为了让机器人能够在不用转向的情况下实现全方向运动，各队逐渐抛弃了传统的轮子结构，而选用了正交轮（如图 12.10 所示），后又发展为双排轮结构，轮子的数目也从 2 轮逐步发展为 3 轮和 4 轮。轮子的结构、数目和布局对机器人的运动速度、加速度等也有很大的影响。此外，机器人重量的减轻和重心的降低对运动性能也有一定的帮助。

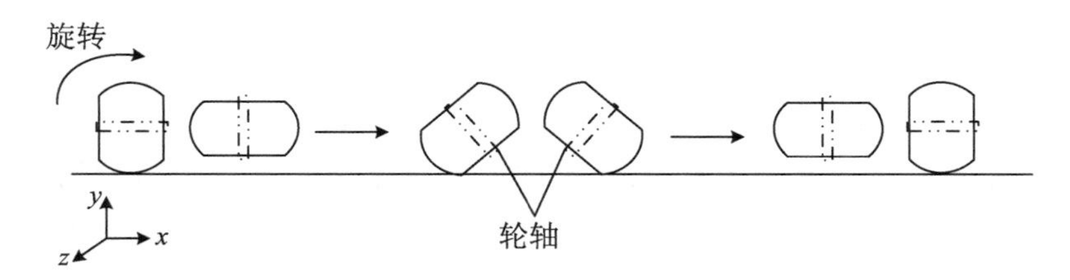

图 12.10　正交轮组合方式

为了提高运动机构的可控性，需改进轮子结构，提高机械加工精度，使其不易打滑，且各轮子与地面接触均匀。此外，单排轮比双排轮有更好的可控性。

2. 球处理机构

球处理机构的实现是为了提高机器人的控球能力和进攻能力。控球能力对掌握比赛的主动权有很大的帮助，因此近年来各队纷纷采用了带球机构来实现这一功能。传统的带球机构靠电机带动一个水平的滚轴给球一定的摩擦力以使其向机器人方向转动而实现。为了解决机器人转弯时球容易丢失的现象，一些队伍采用了侧带球机构，并取得了很好的效果。为了让设计者将更多精力放在战术设计与多机器人相互协作方面，而不仅仅将主要精力放在带球机构的设计上，从 2004 年起实施的新规则禁止使用侧带球机构，并限定了带球距离，以鼓励传球。

此后的机器人带球机构设计方向分为两种：一种是采用开槽的带球机构来部分弥补侧带球机构的功能；另一种是干脆放弃带球机构，转而研究机器人不使用带球机构时的推球方法，比如德国的 FuFighter。其目的都是为了提高机器人的控球能力。

为了增强带球机构的接球能力，有一种办法是给带球机构加上缓冲功能，使其易于将快速运动的球接住而不轻易弹离，这可通过将带球装置悬挂和添加缓冲材料的方法实现。

为了让机器人能够从远处将球射进球门，各队纷纷采用了击球机构，其实现方式主要有：

（1）机械储能方式。比如通过电机带动蜗轮蜗杆以进行弹簧蓄能和释能操作来实现齿条击杆的击球功能，如图 12.11(a)所示。

（2）电容储能方式。该方法通过升压电路对电容充电，然后将储存的电能瞬间释放给螺线管电磁铁以完成击球功能，如图 12.11(b)所示。该方法具有机械结构简单、使用方便和击球力度大等优点，近两年来已成为各队击球机构设计的主流。

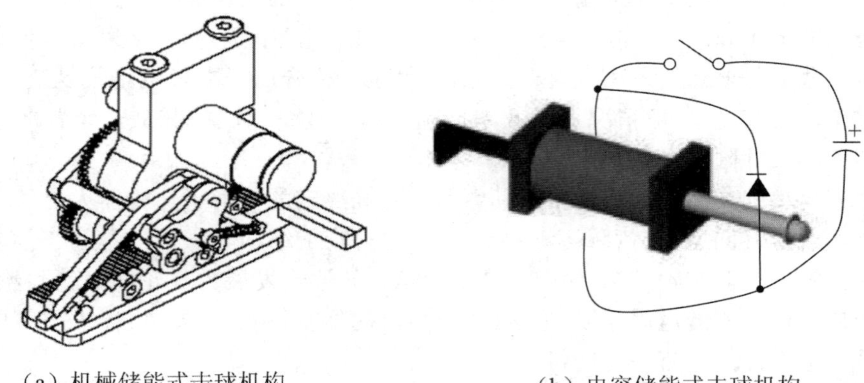

（a）机械储能式击球机构　　（b）电容储能式击球机构

图 12.11　击球机构示例

为了提高击球机构的出射精度，应给击球机构加上导向装置，这方面做得最好的是 RoboRoos 队。此外，2003 年起日本有队伍使用了挑球机构，虽然不太成熟，但是给各队很大的启发。挑球机构的优点是能让球直接飞过障碍物而不需要绕行，这对进攻能力的提高有很大帮助。2004 年的新规则取消了场地边界，挑球机构在开边界球时具有不可比拟的优越性，因此该年度的比赛中有好几个队伍采用了挑球机构，但这样也使得发球的战术性受到了一定的破坏，所以在 2005 年的新规则中禁止在开边界球时使用挑球机构。但不论怎样，挑球都使以前局限在二维平面的战术配合扩展到了三维空间，在技术上是个很大突破，也是当前的机构发展方向之一。

挑球机构的实现方式主要有三种。

(1) 反弹式(见图 12.12(a))。指将球朝地面猛击以后在地面形成反弹，使球能够飞过障碍物。此方法的缺点一是能量损失较大，二是难以控制(因场地而异)。

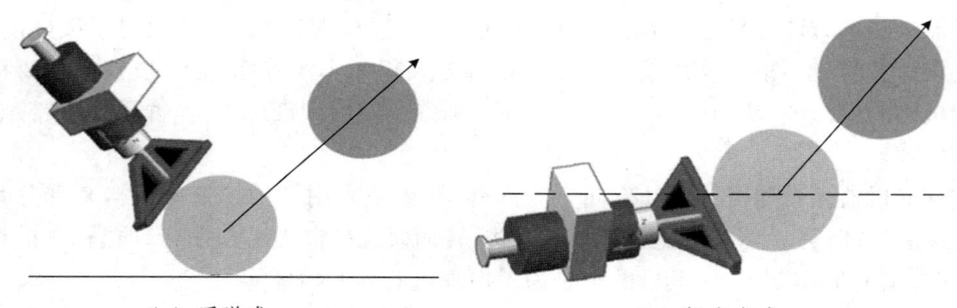

（a）反弹式　　（b）低击点式

图 12.12　挑球机构的实现方式

(2) 低击点式(见图 12.12(b))。指通过将击球机构对准球的底部出击而使球飞过障碍物。该方法一般需将击球面做成斜坡才更容易有效果。它的优点是可以用单个电磁铁同时实现击球和挑球功能，缺点是可控性较差。

(3) 杠杆式。指以电磁铁为动力源，通过杠杆原理将球挑飞。葡萄牙的 5DPO 队采用了该方式，取得了最明显的效果，蓝鹰队也采用了类似的方法，效果显著。该方法的优点是可控性较好，缺点是需要额外的电磁铁，所占空间较大。

由于机器人的空间有限，且控制机器人的重量也是设计的目标之一，因此，有些队伍在研究将击球机构和挑球机构合二为一的方法。

以上介绍的是机器人的一般设计方法。绝大多数队伍比赛所用的5个机器人都是一样的，但实际上守门员的作用和其他球员有明显的区别，同时比赛规则规定守门员可以吞球，且不受带球规则的限制，因此也不乏队伍在研究单独设计守门员的可行性。这些设计的重点都放在两个方面：其一，利用守门员允许吞球的规则，设计吞球机构；其二，正如人类足球守门员一样，机器人足球中的守门员也主要以左右移动居多，因此，增强守门员左右方向的运动性能，以增强其快速反应能力。设计样品见图12.13。

（a）吞球机构样品

（b）守门员样品

图12.13　守门员设计实例

12.2.3　电路系统设计概况

电路控制系统的设计应以充分发挥机器人的性能以及为机器人的控制提供条件为目标。下面说明各部分的实现方法。

1. 无线通信系统接收端

该部分的主要难点在于通信速率、通信协议、纠错方法以及运行稳定性等，可分为无线通信芯片或模块以及信号处理电路。通信芯片或模块的选择面很广，从普通的射频芯片或模块到蓝牙、无线局域网等都有。由于比赛的发展导致通信的负担越来越重，因此近年来通信频率有逐渐从低端向高端发展的趋势。

信号处理电路用来完成对通信芯片或模块的控制和通信数据的处理。随着处理量的增加和实时性要求的不断提高，越来越多的队伍采用额外的MPU芯片来单独处理无线通信。

2. 主控芯片及接口电路

随着比赛激烈程度的日益加剧以及机器人性能的日益提高，对主控电路的资源和处理速度的要求越来越高。主控芯片从一开始的89C51逐步发展到16位或32位单片机、16位或32位DSP，甚至PC104等。

3. 各机构的驱动和控制电路

该部分电路用来控制带球、击球、挑球机构和运动机构等。其中，击、挑球机构驱动电路的性能直接决定了机器人进攻能力的大小，而其控制电路又决定了程序对该机构的可控性。对采用电磁铁实现击、挑球功能的队伍，升压电路是必备的，其主要组成为电容、电感、PWM

控制芯片和MOS管、二极管等。

由于近年来机器人的运动速度越来越快，电机电流也随之增大，因此其驱动电路的负担也随之加重了。电机驱动电路的实现方式一般有两种：选用商用的集成芯片或者搭建H桥电路。前者的优点是占用空间小，容易设计，缺点是容易发烫；后者的优点是效率高、电流大，缺点是占用空间大。

4. 传感器与测量电路

一般包括：

(1) 电机码盘信号或电流检测电路，用来控制电机转速。对电机码盘信号的检测可通过主控芯片的捕获功能实现，或者利用专门的码盘芯片，也可以利用FPGA自己编写检测程序；对电机电流的检测一般利用霍尔元件来实现。

(2) 球检测电路，用来检测球是否被机器人带住。目前各队普遍使用检测红外光信号的方式来实现这一功能。检测方式分为两种：一种是信号不调制的方式，另外一种是信号调制的方式。前者实现起来更简单一些，但是容易受到周围光线或电池电压变化的干扰；后者实现起来稍微复杂一些，但是比前者要稳定得多。

(3) 车体姿态传感器，用来实现打滑时的运动控制。这可利用加速度传感器和角速度传感器来实现。

(4) 近距离避障传感器，用来防止机器人之间的相撞。

总之，足球机器人设计和控制部分主要包括：

1) 设计部分。

(1) 机构分析与设计，包括：

① 运动机构——分析单排双向轮的性能优越性和修正四轮布局的运动学性能(速度、加速度及各向均匀性)。这一组合实现了机器人的全向运动能力，且性能优异。

② 带球机构——分析普通带球机构的工作原理和性能优化的原理与方法，并提出一种开槽的新型带球机构。该新型机构经实际使用证明具有良好的控球效果。

③ 击球机构——分析螺线管电磁铁式击球机构的工作原理和影响性能的决定因素。这一机构具有结构简单、性能优异和可控性好等优点。

④ 挑球机构——分析电磁铁杠杆型挑球机构的工作原理，着重分析支点高度和电磁铁性能对挑球机构性能的影响。这一机构给机器人的进攻、传球等动作增加了灵活性，且性能优异。

(2) 电路系统设计，主要包括：

① 基于TMS320F2812和TMS320LF2407A两种DSP的主控电路设计。该电路具有资源丰富、性能高、功耗低等优点。

② 基于2.4G射频模块nRF2401和TMS320LF2407A的无线通信电路设计。该电路具有处理速度快、性能稳定、通信延时小等优点。

③ 基于光耦隔离和MOS管的带球电机驱动电路设计，具有简单、可靠等优点。

④ 基于H全桥电路的轮子驱动电路设计，具有效率高、输出电流大等优点。

⑤ 基于非隔离型开关电源原理的螺线管电磁铁升压电路设计，具有充电速度快、控制简单(只需两个I/O口)、性能稳定等优点。

⑥ 基于红外调制信号检测的球检测电路设计，具有抗干扰能力强、简单可靠等优点。

⑦ 基于加速度和角速度传感器的车体姿态传感器电路，可用来补偿轮子打滑对底层控

制的影响。

2）控制部分。

（1）机器人的运动控制，包括：

① 基于动力学模型的实时次优轨迹生成算法，将机器人的运动学和动力学限制都考虑在内，且使用了易于实时处理的 bang - bang 控制算法，因此具有很好的实用性。

② 基于数字 PI 算法的电机调速，算法实现简单，耗时很小。

③ 针对扭矩控制的改进 PI 算法，将电机的输出扭矩公式导入 PI 控制算法中，可方便地实时计算电机的输出扭矩和输出电流，用来防止或减轻打滑和发烫等现象。

④ 基于强化学习的参数整定方法，以机器人的整体运动性能为优化对象，通过策略梯度强化学习方法对 4 个轮子的 PI 参数进行整定，具有针对性强、复杂度小等优点。

（2）机器人的机构控制，包括：

① 基于实验的带球效果测试和简易滤波算法，操作方便。

② 基于二次曲线拟合的击球和挑球机构控制，简单有效。

（3）底层控制流程，包括：

① 指令帧数据的结构定义，主循环接收、鉴别和执行指令帧数据的过程和方法。

② 定时中断子程序执行指令的过程和操作分类。

第 13 章　足球机器人的机构设计

13.1　机构设计流程

从设计角度讲，对运动机构的研究包括轮子设计、轮子数目及其布局，以及电机和减速装置的选择等；而球处理机构包括带球机构、击球机构以及挑球机构等。

每一个机构的设计都必须经历需求分析、样品设计、性能检测、加工制造、二次检测以及日常维护等几个阶段，各阶段的相互关系可由图 13.1 表示。此外，考虑到机器人所占空间有限，在实际设计中还必须考虑各机构在机器人内的摆放和相互协调等问题。对机构的分析需要用到很多经典力学的知识，可参考范钦珊等著的《理论力学》和郑永令、贾起民著的《力学》等书。

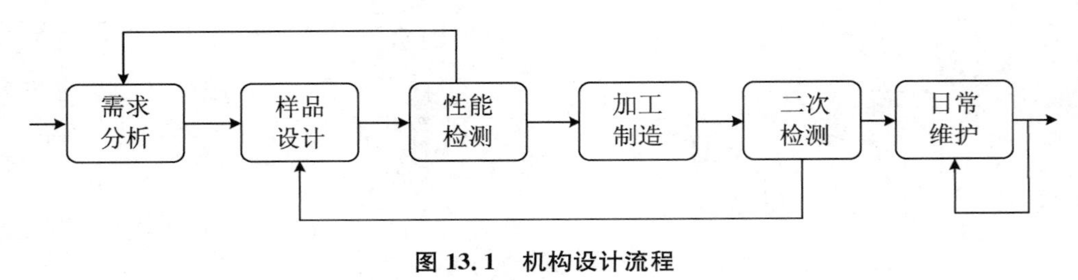

图 13.1　机构设计流程

13.2　设 计 目 标

比赛规则规定，机器人的体积不能超出直径 18 cm、高 15 cm 的圆柱。单排轮和四轮设计是为了实现机器人运动的灵活、快速。击球和挑球机构对于射门、传球等起到了至关重要的作用，而挑球机构突破了传统的二维比赛模式，使机器人能够将球直接挑过对方机器人而不必绕行，这对简化决策、增加进攻和突围等都相当有用，在比赛中可作为一个“杀手锏”。带球机构也是一个至关重要的机构，它不仅对抢球、带球过人等动作相当有用，对击球、挑球机构来说也不可或缺，因为如果球不紧挨机器人，则机器人击球、挑球的出射精度就无法保证。

由于小型组比赛对机器人的各项性能要求很高，为了使我们新一代机器人在机构上达到或者接近当前世界强队水平，并尽力有所发展，结合目前世界强队的实际情况和今后的发展趋势，我们对机器人的各项性能提出了如下指标：

(1) 前、后最高加速度不小于 6 m/s^2，最大速度不低于 2.5 m/s（尤其是进攻方向）。

(2) 守门员的左、右最大加速度不低于 5 m/s^2。

(3) 球被击出时的加速度应不小于 3.5 m/s^2。

(4) 带球牢固，能在以 1.5 m/s 速度后退时不丢球。

(5) 机器人必须能够全方向自由运动。

(6) 增加挑球机构。挑球机构突破了传统的二维比赛模式，在比赛中常常可以起到出奇制胜的作用。但为了能较好地发挥作用，要求它必须能让球飞离地面高度 25 cm 以上（此高度包括对方机器人高度、球直径以及一定的裕量），飞行距离不小于 1 m。

基于以上要求，我们在前一代的基于三个独立双排万向轮和蓄力击球机构的基础上，做了几乎全新的机构设计。图 13.2(a)和图 13.2(b)分别给出了我们机器人主体结构的初始设计三维效果图和成型样品图。从图中可以看出，新一代小型组足球机器人的机械机构主要包含如下几部分：

(1) 按一定布局安放于下底盘外的四个单排轮及其驱动电机（包括减速箱）。

(2) 带球机构（包括驱动电机和减速装置）。

(3) 击球机构（使用推型螺线管电磁铁）。

(4) 挑球机构（使用拉型螺线管电磁铁）。

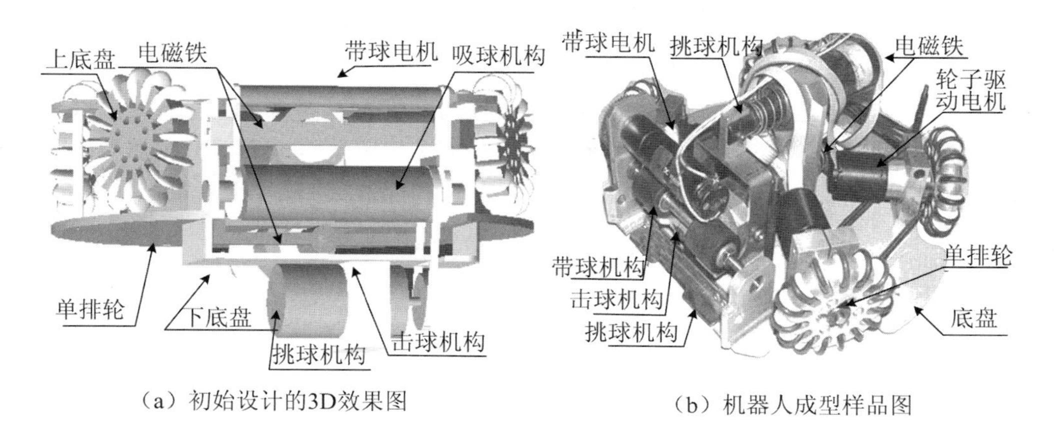

(a) 初始设计的3D效果图　　(b) 机器人成型样品图

图 13.2　机器人主体结构

13.3　运动机构的分析与设计

13.3.1　轮子的设计思想

为了分析轮子对机器人运动性能的具体影响，我们以单个轮子的运动为例分析其工作原理，见图 13.3。假设一个电机配上一个减速比为 $i:1$ 的减速箱驱动一个轮子在地面上滚动，电机经减速后的输出扭矩可表示为

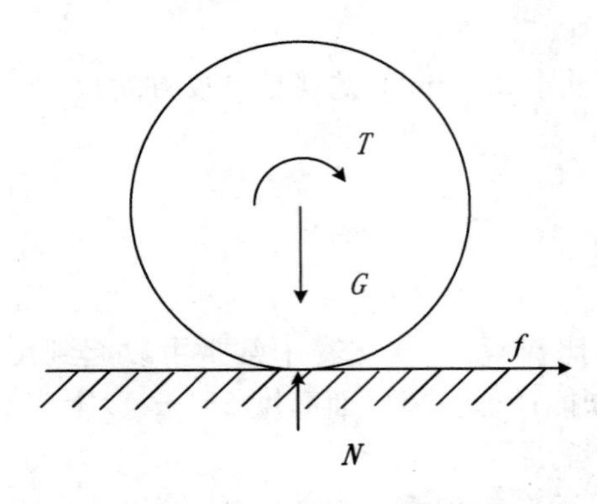

图 13.3 轮子动力学分析

$$T = i\varepsilon(\alpha_0 U - \beta_0 \omega_0) = \alpha U - \beta\omega \quad (13.1)$$

其中 $\omega=\frac{\omega_0}{i}$，$\alpha=i\varepsilon\alpha_0$，$\beta=i^2\varepsilon\beta_0$。$U$ 是电机电压，ω_0 是电机转速，ε 表示减速效率，α_0 和 β_0 均为电机常数。此时，轮子的角加速度 ξ 可表示为

$$J\xi = T - fl \quad (13.2)$$

其中 J 表示轮子的转动惯量，l 表示轮子半径，f 为轮子与地面的摩擦力。$f_{\max}=\mu N=\mu Mg$，M 为质量，g 为重力加速度，G 为重力，μ 为摩擦系数。

首先分析摩擦系数的影响。考虑两种情况：电机功率有限和摩擦系数有限。电机功率有限是指电机以最大电压工作的情况下轮子都不会打滑，而摩擦系数有限则相反，轮子只能在一定电压范围内才不打滑。

首先分析电机功率有限的情况。在不打滑情况下，满足线加速度 $a=\xi l=\frac{f}{M}$，结合式(13.1)和式(13.2)可得

$$f = \frac{M\alpha lU - \beta Ml\omega}{J + Ml^2} = \frac{M\alpha l}{J + Ml^2}U - \frac{\beta Ml}{J + Ml^2}\omega \quad (13.3)$$

$$\xi = \frac{\alpha}{J + Ml^2}U - \frac{\beta}{J + Ml^2}\omega \quad (13.4)$$

当电压保持为额定电压不变时，电机输出扭矩 T、地面摩擦力 f、轮子角加速度 ξ 分别与轮子角速度 ω 的关系以及它们之间的相互关系见图 13.4(a)。由式(13.3)知道，摩擦力 f 随着转速 ω 的增加而减小，当加速过程结束，即摩擦力减为 0 时，轮子的最大转速为

$$v_{\max} = \frac{\alpha Ul}{\beta} = \frac{\alpha_0 Ul}{i\beta_0} \quad (13.5)$$

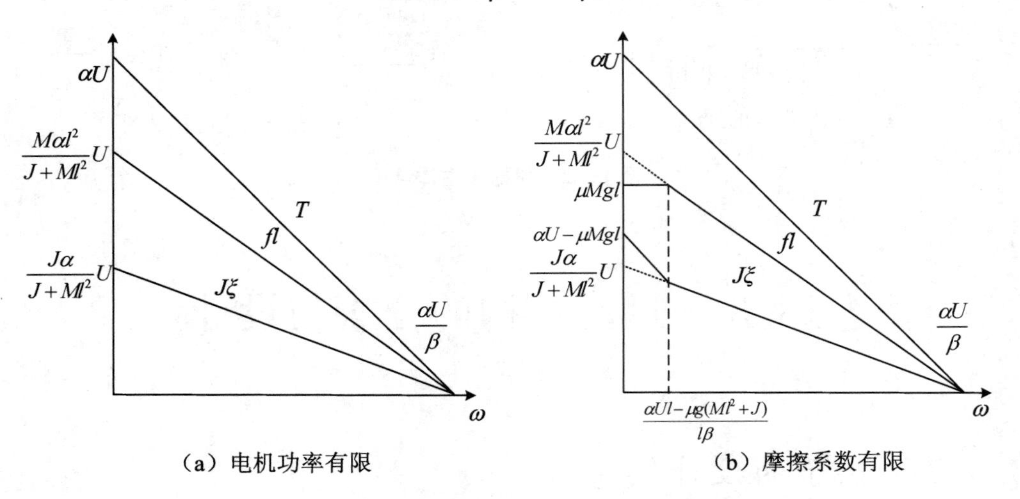

(a) 电机功率有限　　(b) 摩擦系数有限

图 13.4 扭矩作用过程

为了保证不打滑，在电压一定的情况下，需满足在初始时刻摩擦力(μMg)足够，由此可推出

$$\mu \geqslant \frac{\alpha U l}{(J + M l^2) g} = \frac{i\varepsilon\alpha_0 U l}{(J + M l^2) g} \tag{13.6}$$

由此可知,电压越高,减速比越大,则摩擦力越大,轮子的加速度就越大。但是,随着电压和减速比的增加,对摩擦系数 μ 的要求越来越大。

近两年来各队纷纷采用了大功率的电机组合(指电机及其减速装置),由此造成的直接结果是轮子的摩擦系数很难达到让机器人不打滑的要求。因此,在实际设计过程中碰到的往往是摩擦系数有限的情况。据此可将分析分为两个阶段:初始打滑阶段和不打滑阶段。在打滑阶段,摩擦力保持为 $f = f_{\max} = \mu M g$;在不打滑情况下,满足 $\xi l = \frac{f}{M}$。两者的分界点为 $\xi l = \frac{f_{\max}}{M} = \mu g$。结合式(13.1)和式(13.2)可得 $(\alpha U - \beta\omega^* - \mu M g l) l = J \mu g$,由此求出

$$\omega^* = \frac{\alpha U l - \mu g (M l^2 + J)}{l\beta} \tag{13.7}$$

此时,式(13.3)和式(13.4)需改写为

$$f = \begin{cases} \mu M g, & \omega \leqslant \omega^* \\ \dfrac{M\alpha l}{J + M l^2} U - \dfrac{\beta M l}{J + M l^2} \omega, & \omega > \omega^* \end{cases} \tag{13.8}$$

$$\xi = \begin{cases} \dfrac{\alpha U - \mu M g l}{J} - \dfrac{\beta}{J} \omega & \omega \leqslant \omega^* \\ \dfrac{\alpha}{J + M l^2} U - \dfrac{\beta}{J + M l^2} \omega, & \omega > \omega^* \end{cases} \tag{13.9}$$

因此,当摩擦系数有限时,图13.4(a)应修正为图13.4(b)。

通过以上分析得知,摩擦系数对机器人的运动性能具有极其重要的影响。事实上,如何提高摩擦系数是各队一直在努力的课题。

轮子的设计除了要考虑到机器人的运动速度和加速度之外,机器人的灵活性也必须加以考虑。随着比赛的日益激烈,机器人的全向运动已经成为一个必要条件。为了达到这一目的,近年来一些队伍纷纷采用双排双向轮结构(见图13.5(a)),该型轮子可沿周向和轴向两个方向运动。之所以要双排,是为了解决单排轮圆周不连续的问题,但这种结构存在占用空间大以及着地点变化等缺点。此外,由于从动轮的形状为橄榄形,跟地面的摩擦系数也比较小。

为了克服上述缺陷,一种最新的单排双向轮结构开始在比赛中出现,图13.5(b)是我们设计的定型品。该设计的主要特点是:

(a) 双排双向轮

(b) 单排双向轮

图13.5　轮子设计

（1）双排轮的小轮是橄榄形的，摩擦系数较小，相比之下，单排轮的摩擦系数有大幅度的提高。

（2）单排轮节省空间，为电机、减速箱和其他机构的摆放提供了方便。

（3）双排轮的着地点不断变化，不利于提高控制精度，而单排轮不存在这个问题。

（4）单排轮与双排轮一样，可实现机器人的全向运动。

抛开机械加工需要考虑的材料、装配、加工精度等不谈，单排轮的设计还需要考虑多方面因素的影响，包括尺寸、质量以及转动的平稳性等。

由式(13.5)知道，轮子尺寸的增加有利于提高最大速度，但是由于轮子的转动惯量 $J=\frac{1}{2}Ml^2=\frac{\pi}{2}\rho l^4$（$\rho$ 为轮子的面密度），随着轮子尺寸的增加，其质量 M 和转动惯量 J 迅速增加。由式(13.8)知道，摩擦力随转动惯量的增加而减小，因此加速度也减小。由此得出结论，轮子的质量应该尽量轻，而轮子的尺寸应该尽可能的大一些。由于 $M=\pi\rho l^2$，因此实际轮子的尺寸也不能太大，而应是速度和加速度性能折中的结果。结合比赛对机器人尺寸的限制以及其他机构的尺寸要求，最终轮子的半径取为 26 mm。

上面已经说明，双排轮结构是为了解决圆周不连续的问题，也就是解决轮子在地面滚动时的平稳性问题。单排轮出于空间考虑，抛弃了双排结构，替代的办法是增加从动小轮的数目。平稳性问题是由半径的实时改变引起的，根据简单的平面几何分析，图 13.5(b)所示单排轮转动时的最大半径改变差值可表示为 $\Delta l=l\left(1-\cos\frac{\pi}{n}\right)$，$n$ 表示从动小轮的数目。将轮子半径和小轮数目代入，得到 $\Delta l=26\left(1-\cos\frac{\pi}{15}\right)=0.568$ mm。这样的变化是很小的，考虑到比赛用的地毯是柔软的，其影响几乎可以不考虑。（注：n 是单个大轮上的小轮个数，见图 13.5。）

另外，式(13.4)和式(13.13)表明，无论是电机功率有限还是摩擦系数有限，减小质量 M 都有利于提高轮子的加速度。这一结论对机器人整体而言一样成立。因此，尽量减小机器人的总重量是各机构设计时都需要考虑的问题。

13.3.2 轮子布局

机器人的运动性能与轮子及其驱动电机组合的性能有很大关系，此外，轮子的数目和布局也具有较大影响。13.3.1 小节已经指出，机器人的速度和加速度是两个非常重要的性能指标。同时，出于降低复杂度等考虑，一般采用的路径规划和生成算法对机器人在各个方向上运动的设计方法基本一致。因此，如何让机器人的运动性能在各个方向上比较均匀也是需要考虑的。我们的机器人具有 4 个轮子，其分布如图 13.6 所示。为了增加置于机器人前端的带球机构宽度以增加带球机会，以及方便放置击球和挑球机构，机器人并没有采用角度等间距的轮子布局（称之为标准四轮结构），而是将前两个轮子均向后挪了 15°（称之为修正四轮结构）。下面对机器人的运动性能做一分析。

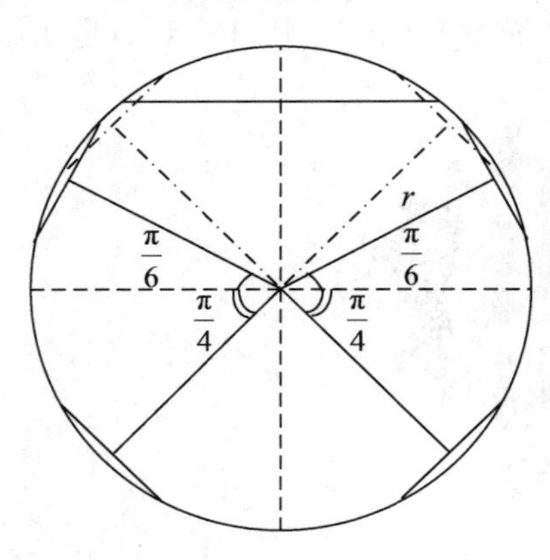

图 13.6　轮子布局

首先考虑机器人的各向最大加速度。假设机器人的质心就在圆心，且各轮子着地时严格水平。如图 13.7 所示，当机器人在水平面上做任意方向的平动加速运动时，质心在三维空间内所受到的各扭矩的矢量之和为 0。扭矩公式为 $T=r\times F$，各轮均受最大摩擦力时，有

$$\begin{bmatrix} r\sin\theta_1 \\ r\cos\theta_1 \\ -h \end{bmatrix}\times\begin{bmatrix} -N_1\mu\cos\theta_1 \\ N_1\mu\sin\theta_1 \\ N_1 \end{bmatrix}+\begin{bmatrix} r\sin\theta_2 \\ r\cos\theta_2 \\ -h \end{bmatrix}\times\begin{bmatrix} -N_2\mu\cos\theta_2 \\ N_2\mu\sin\theta_2 \\ N_2 \end{bmatrix}$$

$$+\begin{bmatrix} r\sin\theta_3 \\ r\cos\theta_3 \\ -h \end{bmatrix}\times\begin{bmatrix} N_3\mu\cos\theta_3 \\ -N_3\mu\sin\theta_3 \\ N_3 \end{bmatrix}+\begin{bmatrix} r\sin\theta_4 \\ r\cos\theta_4 \\ -h \end{bmatrix}\times\begin{bmatrix} N_4\mu\cos\theta_4 \\ N_4\mu\sin\theta_4 \\ N_4 \end{bmatrix}=\begin{bmatrix} 0 \\ 0 \\ 0 \end{bmatrix}$$

其中 $N_i(i=1,2,3,4)$ 为 4 个轮子所受到的地面支撑力。显然，$N_1+N_2+N_3=Mg$，两个方程合并得到矩阵表示形式：

$$\begin{bmatrix} \begin{bmatrix} r\sin\theta_1 \\ r\cos\theta_1 \\ -h \end{bmatrix}\times\begin{bmatrix} -\mu\cos\theta_1 \\ \mu\sin\theta_1 \\ 1 \end{bmatrix} & \begin{bmatrix} r\sin\theta_2 \\ r\cos\theta_2 \\ -h \end{bmatrix}\times\begin{bmatrix} -\mu\cos\theta_2 \\ \mu\sin\theta_2 \\ 1 \end{bmatrix} & \begin{bmatrix} r\sin\theta_3 \\ r\cos\theta_3 \\ -h \end{bmatrix}\times\begin{bmatrix} \mu\cos\theta_3 \\ -\mu\sin\theta_3 \\ 1 \end{bmatrix} & \begin{bmatrix} r\sin\theta_4 \\ r\cos\theta_4 \\ -h \end{bmatrix}\times\begin{bmatrix} \mu\cos\theta_4 \\ \mu\sin\theta_4 \\ 1 \end{bmatrix} \\ 1 & 1 & 1 & 1 \end{bmatrix}$$

$$\begin{bmatrix} N_1 \\ N_2 \\ N_3 \\ N_4 \end{bmatrix}=\begin{bmatrix} 0 \\ 0 \\ 0 \\ Mg \end{bmatrix} \tag{13.10}$$

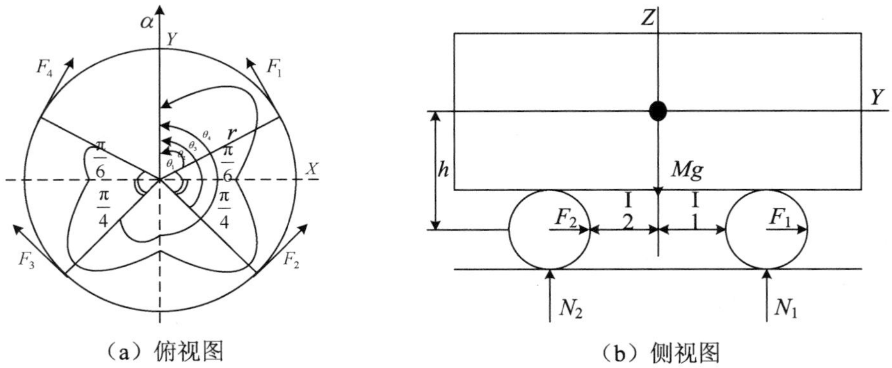

(a) 俯视图　　(b) 侧视图

图 13.7　机器人受力分析

根据式(13.10)可求出 $N_i(i=1,2,3,4)$ 的表达式。又因为加速度 $\alpha=\dfrac{F}{M}$，而 F 为 $N_i(i=1,2,3,4)$ 的合力，它在各方向上的大小可根据图 13.7(a)由各支撑力的表达式给出：

$$F=\mu\sum_{i=1}^{4}N_i\mid\sin(\theta_i)\mid$$

又因为 $\theta_2=\theta_1+\dfrac{5\pi}{12}$，$\theta_3=\theta_1+\dfrac{11\pi}{12}$，$\theta_4=\theta_1+\dfrac{4\pi}{3}$，因此机器人的最大加速度可表示为 $a=f(\theta_1)$，$\theta_1\in[0,2\pi)$。把机器人的各参数 $\mu=1$，$M=2.5$ kg，$r=75$ mm，$h=40$ mm 代入即得到如图 13.8 所示的各向最大加速度曲线。由图知道，机器人在各方向上的最大加速度均大于 5 m/s^2，从曲线形状来看，其均匀性也得到了保证。

用同样的方法可以得到标准四轮结构的全向加速度曲线。从图中可以看出，两种四轮结构的加速度曲线基本吻合。

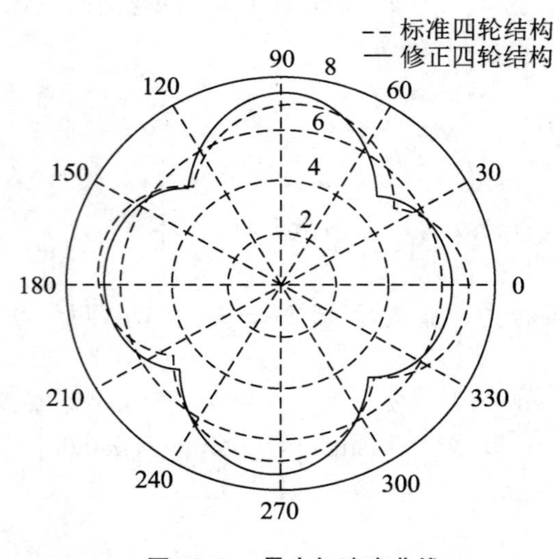

图 13.8 最大加速度曲线

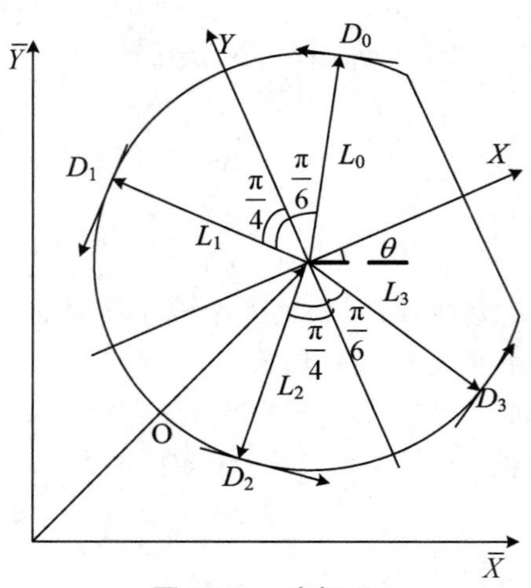

图 13.9 坐标系

其次考虑机器人的各向最大速度，为此必须先求得机器人的运动学方程。首先，建立如图 13.9 所示的坐标系，令机器人质心坐标 $O=[x,y]^{\mathrm{T}}$，$D_i(i=0,1,2,3)$为各轮在车体坐标系内的单位方向矢量，$L_i(i=0,1,2,3)$为圆心到各轮中心的矢量。各轮子的坐标为

$$r_i = O + R(\theta)L_i, \quad i = 0,1,2,3 \tag{13.11}$$

其中，平面坐标系旋转变换矩阵 $R(\theta)=\begin{bmatrix}\cos\theta & -\sin\theta \\ \sin\theta & \cos\theta\end{bmatrix}$。由此得

$$L_0 = R \cdot \frac{\pi}{3} \cdot \begin{bmatrix} r \\ 0 \end{bmatrix} = \frac{r}{2}\begin{bmatrix} 1 \\ \sqrt{3} \end{bmatrix}$$

同理，$L_1=\frac{\sqrt{2}r}{2}\begin{bmatrix}-1 \\ 1\end{bmatrix}$，$L_2=\frac{\sqrt{2}r}{2}\begin{bmatrix}-1 \\ -1\end{bmatrix}$，$L_3=\frac{r}{2}\begin{bmatrix}1 \\ -\sqrt{3}\end{bmatrix}$。

四个轮子的方向为：$D_0=\frac{1}{2}\begin{bmatrix}-\sqrt{3} \\ 1\end{bmatrix}$，$D_1=\frac{\sqrt{2}}{2}\begin{bmatrix}-1 \\ -1\end{bmatrix}$，$D_2=\frac{\sqrt{2}}{2}\begin{bmatrix}1 \\ -1\end{bmatrix}$，$D_3=\frac{1}{2}\begin{bmatrix}\sqrt{3} \\ 1\end{bmatrix}$。

对式(13.11)两边求导得各轮子的速度矢量为 $v_i=\dot{O}+\dot{R}(\theta)L_i(i=0,1,2,3)$，进一步求得各轮子的速率为

$$v_i = v_i^{\mathrm{T}}R(\theta)D_i = \dot{O}^{\mathrm{T}}R(\theta)D_i + L_i^{\mathrm{T}}\dot{R}(\theta)^{\mathrm{T}}R(\theta)D_i, \quad i = 0,1,2,3 \tag{13.12}$$

注意，式(13.12)右边的第一部分表示机器人质心速度在轮子方向的投影，第二部分表示切线方向的速率，即 $L_i^{\mathrm{T}}\dot{R}(\theta)^{\mathrm{T}}R(\theta)D_i=r\dot{\theta}(i=0,1,2,3)$。由此得出结论：轮子的线速度是机器人质心线速度在 X 和 Y 两个方向上的分量在轮子方向上的投影以及机器人旋转速度这三者之和。经过简单推导，机器人的运动学模型如下：

$$\begin{bmatrix} v_0 \\ v_1 \\ v_2 \\ v_3 \end{bmatrix} = \begin{bmatrix} -\sin\left(\theta+\frac{\pi}{3}\right) & \cos\left(\theta+\frac{\pi}{3}\right) & r \\ \sin\left(\theta-\frac{\pi}{4}\right) & -\cos\left(\theta-\frac{\pi}{4}\right) & r \\ \sin\left(\theta+\frac{\pi}{4}\right) & -\cos\left(\theta+\frac{\pi}{4}\right) & r \\ -\sin\left(\theta-\frac{\pi}{3}\right) & \cos\left(\theta-\frac{\pi}{3}\right) & r \end{bmatrix} \begin{bmatrix} \dot{x} \\ \dot{y} \\ \dot{\theta} \end{bmatrix} \tag{13.13}$$

当世界坐标系与车体坐标系的横轴平行(即 $\theta=0$)时,式(13.13)可进一步简化为

$$\begin{bmatrix} v_0 \\ v_1 \\ v_2 \\ v_3 \end{bmatrix} = \begin{bmatrix} -\sin\frac{\pi}{3} & \cos\frac{\pi}{3} & r \\ -\sin\frac{\pi}{4} & -\cos\frac{\pi}{4} & r \\ \sin\frac{\pi}{4} & -\cos\frac{\pi}{4} & r \\ \sin\frac{\pi}{3} & \cos\frac{\pi}{3} & r \end{bmatrix} \begin{bmatrix} \dot{x} \\ \dot{y} \\ \dot{\theta} \end{bmatrix} \tag{13.14}$$

为了简化分析,假设每个轮子所能达到的最大速度是相同的。结合上述运动学模型,机器人在任一方向所能达到的最大速度都是由该方向上随着机器人期望速度的增加而最先达到最大速度的轮子决定的(因为轮子速度不可能超过最大速度)。具体说来,在任一角度 $\alpha\in(0,2\pi]$,假设轮子的期望速度为 $v_d\geqslant0$,则 $\dot{x}=v_d\cos\alpha$,$\dot{y}=v_d\sin\alpha$。由于只考虑平动速度,因此 $\dot{\theta}=0$。将这些代入式(13.14)可得

$$\begin{bmatrix} v_0 \\ v_1 \\ v_2 \\ v_3 \end{bmatrix} = v_d \begin{bmatrix} -\sin\frac{\pi}{3} & \cos\frac{\pi}{3} \\ -\sin\frac{\pi}{4} & -\cos\frac{\pi}{4} \\ \sin\frac{\pi}{4} & -\cos\frac{\pi}{4} \\ \sin\frac{\pi}{3} & \cos\frac{\pi}{3} \end{bmatrix} \begin{bmatrix} \cos\alpha \\ \sin\alpha \end{bmatrix} = v_d \begin{bmatrix} \sin\left(\alpha-\frac{\pi}{3}\right) \\ -\sin\left(\alpha+\frac{\pi}{4}\right) \\ -\sin\left(\alpha-\frac{\pi}{4}\right) \\ \sin\left(\alpha+\frac{\pi}{3}\right) \end{bmatrix} \tag{13.15}$$

根据式(13.15)可以方便地比较任一角度时各轮子期望速度绝对值的大小,显然,随着期望速度的提高,绝对值最大的轮子最先达到最大速度 v_{max}。一旦确定,则该方向上机器人的最大速度就可以根据式(13.15)由该轮子的最大速度 v_{max} 表示。设 v_{max} 为单位 1,借助 Matlab 得到机器人的各向最大速度如图 13.10 所示。机器人在各个方向上的最大速度均不小于单个轮子的最大速度,并且分布均匀对称,形成由多条线段组成的闭区间。

用同样的方法可求得标准四轮结构的最大速度曲线。由图 13.10 可知,两种四轮结构的最大速度曲线也非常接近。

通过以上分析得出结论,机器人的最大速度是由轮子的最大速度决定的,其各个方向上的最小值就是轮子不打滑时的最大转速。根据式(13.5),轮子的最大速度由电机组合、电压与轮子的尺寸等决定。我们选择了德国 Faulhaber 公司 224 系列中的 6 V 电机(实际供电约 10 V),配上 14∶1 的减速箱,轮子直径取 52 mm,实验得到的各向最大速度超过 2.5 m/s,满足了快速性的要求。

结合分析图 13.8 和图 13.10 可得出一个重要结论:修正四轮结构的性能与标准四轮结

构几乎一致。该结构满足了机器人运动的快速灵活性要求，且各向分布均匀，给机器人控制提供了很大的方便。

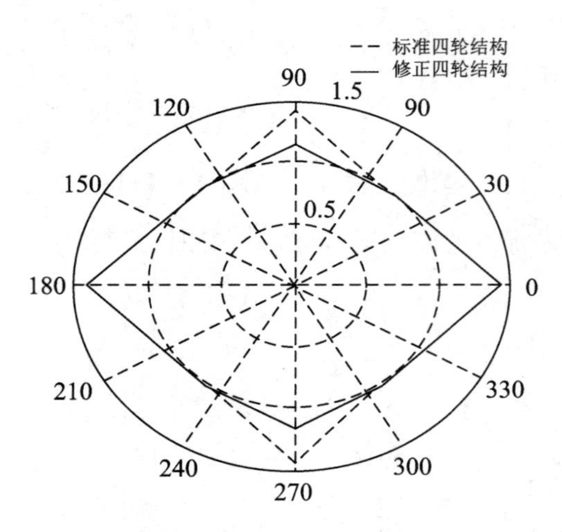

图 13.10　最大速度曲线

13.4　球处理机构的分析与设计

13.4.1　带球机构

带球机构主要用于争球、带球跑位以及为充分发挥击球、挑球机构的能力而使球预先紧靠机器人表面等情况，它是一个相当重要的机构。带球机构的设计需要考虑的性能指标包括争球能力、带球速度和稳定性以及可控性等。传统的带球机构设计方法如图 13.2(a)所示，带球功能是由电机通过减速箱带动用某种材料(比如橡胶)制成的圆柱形机构，给球一定的摩擦力使其向机器人方向转动来实现的，从而形成机器人"带球"的效果。

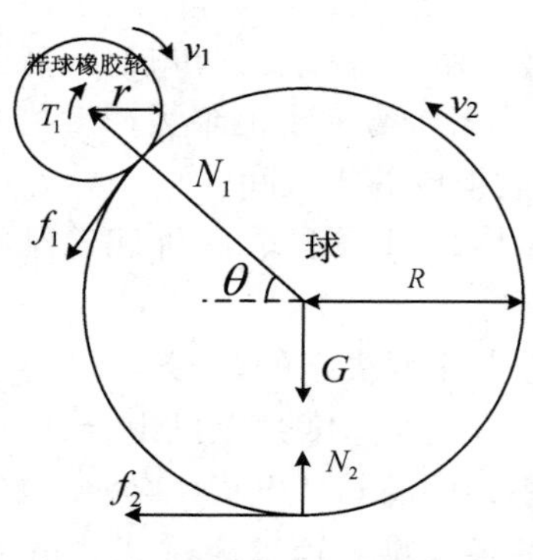

图 13.11　带球过程图解

先考虑机器人原地带球的情况。如图 13.11 所示，电机经齿轮变速后对带球机构产生的输出扭矩 $T_{\mathrm{I}}=i\varepsilon(\alpha_0 U-\beta_0\omega)=\bar{\alpha}U-\bar{\beta}\omega_1$，其中 $\omega_1=\frac{\omega}{i}$。对带球机构和球而言，有

$$J_1\xi_1 = T_{\mathrm{I}} - f_1 r = \bar{\alpha}U - \bar{\beta}\omega_1 - f_1 r \tag{13.16}$$

$$J_2\xi_2 = (f_1 - \mu_2 N_2)R \tag{13.17}$$

其中 $J_1=\frac{1}{2}m_{\mathrm{d}}r^2$，$J_2=\frac{2}{5}m_{\mathrm{b}}R^2$，$m_{\mathrm{d}}$ 为带球机构的质量，m_{b} 为球的质量。不打滑时，$\xi_2 R=\xi_1 r$。结合式(13.16)和式(13.17)，令 $A=\frac{R^2 J_1}{rJ_2}=\frac{5m_{\mathrm{d}}}{4m_{\mathrm{b}}}r$，有

$$(A+r)f_1 = \bar{\alpha}U + \mu_2 N_2 A - \bar{\beta}\omega_1 \tag{13.18}$$

因为球水平和垂直方向的合力均为零，故有

$$N_1\cos\theta = f_1\sin\theta + \mu_2 N_2 \tag{13.19}$$

$$N_1\sin\theta + f_1\cos\theta + G = N_2 \tag{13.20}$$

其中 $G=m_b g$。以上 3 式联立可得

$$f_1 = \frac{1}{B}(\bar{\alpha}CU + \mu_2 AG\cos\theta - C\bar{\beta}\omega_1) \tag{13.21}$$

$$N_1 = \frac{1}{B}(\sin\theta + \mu_2\cos\theta)\bar{\alpha}U + (A\sin\theta + A + r)\mu_2 G - \mu_2(\sin\theta + \cos\theta)\bar{\beta}\omega_1 \tag{13.22}$$

$$N_2 = \frac{1}{B}(\bar{\alpha}U + (A + r)G\cos\theta - \bar{\beta}\omega_1) \tag{13.23}$$

其中 $B=(A+r)C-\mu_2 A=\frac{(5m_d+4m_b)C-5\mu_2 m_d}{4m_b}r$，$C=\cos\theta-\mu_2\sin\theta$。

联合式(13.17)、式(13.21)和式(13.23)可得

$$\xi_2 = \frac{R}{BJ_2}((C - \mu_2)\bar{\alpha}U - \mu_2 rG\cos\theta - (C - \mu_2)\bar{\beta}\omega_1) \tag{13.24}$$

当电机输入额定电压时，各个摩擦力都是带球机构角速度的减函数。初始时刻对摩擦力的要求最大，为了保证不打滑，需满足在 $\omega=0$ 时刻 $\mu_1 N_1 \geqslant f_1$，得

$$\mu_1 \geqslant \frac{\bar{\alpha}CU + \mu_2 AG\cos\theta}{(\sin\theta + \mu_2\cos\theta)\bar{\alpha}U + (A\sin\theta + A + r)\mu_2 G} \tag{13.25}$$

当 $f_1=f_2=\frac{\mu_2 G\cos\theta}{C-\mu_2}$时，带球机构和球均以相同的最大线速率匀速转动：

$$v_{\max} = \frac{(C - \mu_2)\bar{\alpha}U - r\mu_2 G\cos\theta}{(C - \mu_2)\bar{\beta}}r \tag{13.26}$$

图 13.12 对以上分析做了一个直观的解释，Y 轴为摩擦力。由式(13.24)、式(13.25)和式(13.26)等知道，带球效果是由接触角度、电机组合的性能以及带球材料的性能等因素决定的，下面逐个分析。

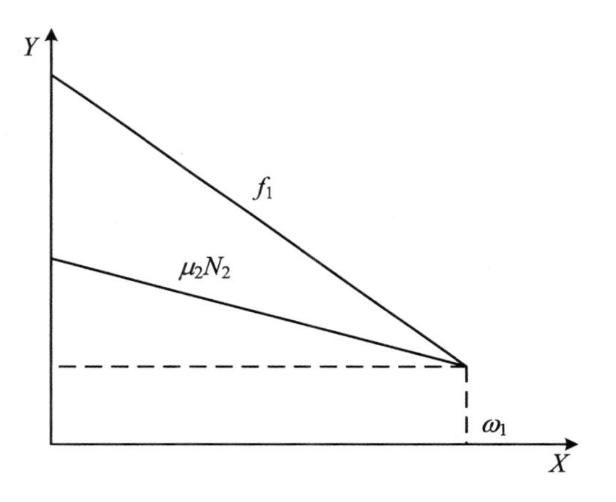

图 13.12　摩擦力的作用过程

首先分析球与带球机构的接触角度。由式(13.24)知，在其他因素确定的情况下，接触角 θ 的取值可直接影响电机扭矩的利用，甚至决定能否带得起来(即 ξ_2 是否大于 0)。其中 $(C-\mu_2)$ 除决定电机组合的利用外，还影响球的平稳转速 $v_{\max}$ 等其他因素。当在不同的场地 $(0\leqslant\mu_2\leqslant1)$、不同的接触角 $(0\leqslant\theta\leqslant130°)$ 时，$(C-\mu_2)$ 的取值范围如图 13.13 所示。值得注意的是，在一定的摩擦系数下，$(C-\mu_2)$ 的值随着 θ 的增加而减小，甚至可能小于 0。这是由于压力 N_1 随着 θ 的增加而增加，从而引起 N_2 的增加，最终导致与地面摩擦力的不断增加，直至球被卡死，带不起来。

此外，实验表明，随着 θ 逐渐增大，球的抖动现象逐步明显，甚至弹离带球机构。此外，比赛规则规定球被遮挡的面积不能超过 20%。另外，由于击、挑球机构的存在，θ 也不能太小。所有这些因素都影响了接触角 θ 的取值。实验表明，θ 在 30°～40°范围内取值效果较好。

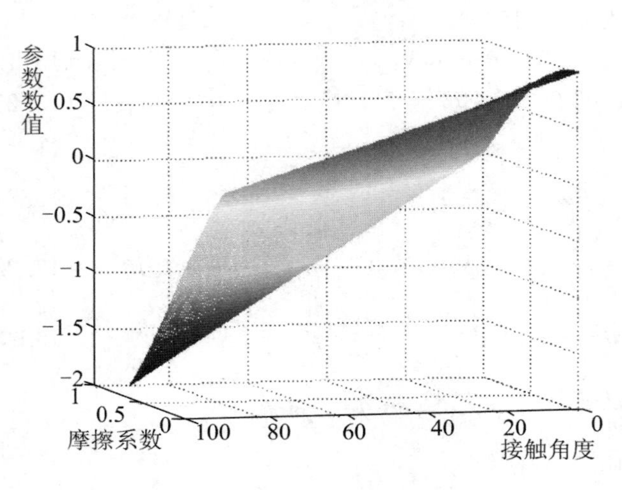

图 13.13　接触角度分析

其次考虑带球电机组合的影响。由式(13.24)知，电机组合输出扭矩的大小是能否把球带起来的关键，且输出扭矩越大，则带球能力越强(加速度越大)。同时，考虑比赛时机器人需带球运动，假设机器人所需的向后带球的最大速率为 V，则需满足 $v_{\max}\geqslant V$。因此电机和减速装置的选择还得考虑能否达到期望速度。

除此之外，根据实验测试，比赛中争球时需要大约 48×10^{-3} N・m 的扭矩，为了能带住球，需要约 16×10^{-3} N・m 的扭矩。为此，电机的堵转扭矩 T_{m} 和连续输出扭矩 T_{o} 需满足 $T_{\mathrm{m}}\cdot i\cdot\varepsilon\geqslant48\times10^{-3}$ N・m 和 $T_{\mathrm{o}}\cdot i\cdot\varepsilon\geqslant16\times10^{-3}$ N・m。

再次考虑带球材料的影响。式(13.25)是假设摩擦系数足够而得出的，由此可知足够大的摩擦系数可保证将电机组合的性能充分发挥出来。实际上，跟 13.3.1 小节的分析类似，当摩擦系数有限时，带球机构给球的摩擦力 $f_{1\max}=\mu_1N_1$。摩擦系数的大小直接决定了带球机构的带球能力。因此，带球材料的摩擦系数越大越好。为了达到这一目的，除了实验不同的材料之外，还应适当增加带球机构的半径 r(比如半径 10 mm)以增大与球的接触面积。上面已经指出球会出现抖动现象，因此带球材料也需有一定的柔软性。材料的性能主要靠实验鉴别。

传统带球机构的缺点是机器人横向运动或转动时球没法保持在带球机构中间，而新规则又禁止使用侧带球机构，因此球容易丢失，并且也影响了击球和挑球机构的出射精度。图 13.2(b)所示的是我们采用的一种改进的带球机构，该机构在中间开了一个槽，其工作原理如图 13.14 所示。初始时刻，当机器人原地带球时，如果球不在中间位置，由于左、右方的压

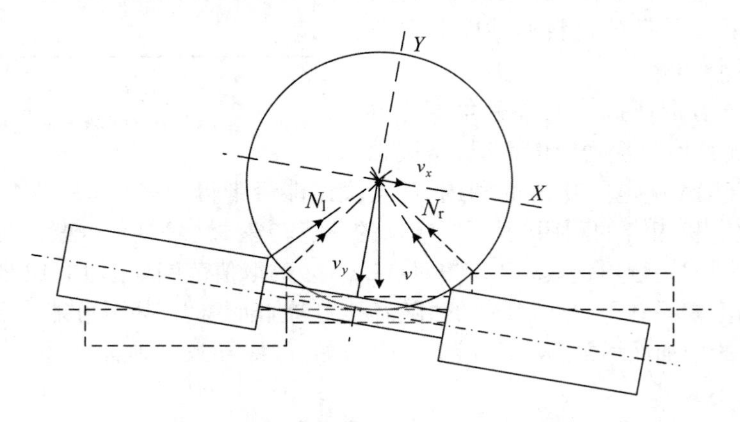

图 13.14　开槽的带球机构

力 N_1 和 N_r 在水平方向的合力指向带球机构中心，会使球向中间移动，直至 N_1 和 N_r 趋于一致，球保持在带球机构中间。当机器人将球带起后向一边(例如右边)旋转一定角度时，球速

v 可分解为 v_x 和 v_y。由于 v_x 的存在,球有滑离中间位置的趋势。但此时 N_r 增大,N_l 变小,因此阻止了球的滑动。由图知道,槽的宽度越大,则压力的 Y 方向分量越大,因而防止球滑离的效果越好,但是这要受到前面所提到的 20%球面积的限制。

13.4.2　击球机构

击球机构是使用最频繁的射门和传球等的机构,通常有两种实现方式:一种是电机驱动机械装置方式;另一种是采用螺线管式电磁铁方式。相比之下,电磁铁方式实现简单,击球力度大,使用方便,因而被越来越多的队伍所使用。Fernando Ribeiro 等人在相关文献中详细介绍了这一方法在中型组机器人中的应用,其基本的实现方式如图 13.15(a)所示,主体为一个推型螺线管和一个三角形的击球装置,图 13.15(b)显示了击球原理。由于摩擦力相对 F 而言可忽略,因此,此时满足 $J\xi=Fl$,其中 $J=\frac{2}{5}m_bR^2$。此外,加速度 $a=\frac{F}{m_b}$。因为纯滚动时球滚得最远,此时满足 $a=\xi R$,由此可得 $l=\frac{2}{5}R$。因此,满足纯滚动条件时的击球高度为

$$l+R=\frac{7}{5}R \tag{13.27}$$

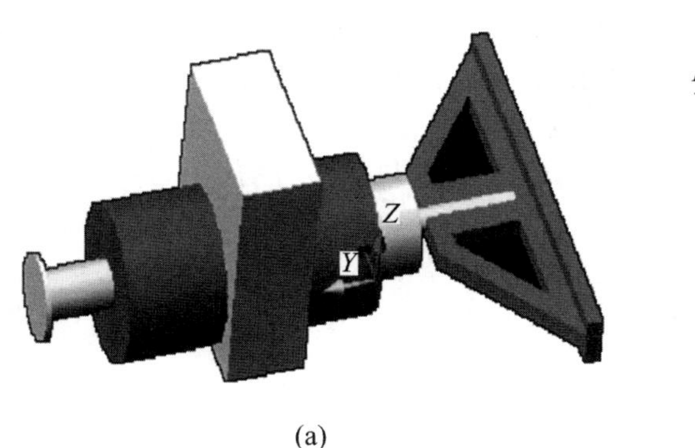

(a)

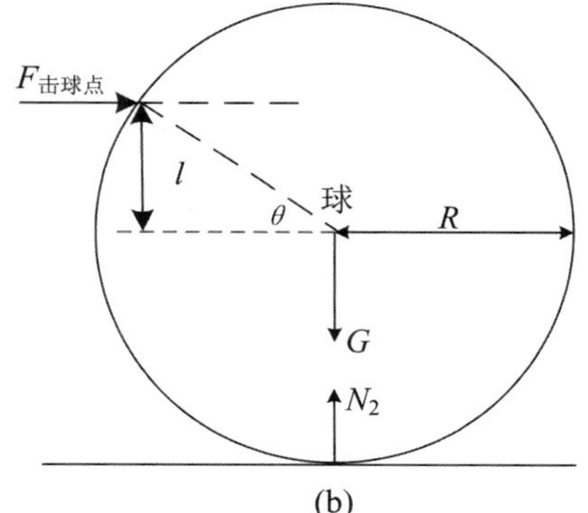

(b)

图 13.15　击球机构

如忽略撞击过程中产生的热能损耗,出球速度 v 可由下式得到:

$$W_s=\frac{1}{2}(m_k+m_b)v^2+\frac{1}{2}J\left(\frac{v}{R}\right)^2=\frac{1}{2}m_kv^2+\frac{7}{10}m_bv^2 \tag{13.28}$$

其中 W_s 为电磁铁所做的功,m_k 和 m_b 分别为击杆和球的质量。

由以上分析知道,影响击球效果的主要因素有三个:电磁铁的性能、击杆和球的质量、击球方式。

由式(13.28)知道,电磁铁的性能是击球效果的最大决定因素。输出力度越大,行程越长,则其可输出的功就越大。此外,电磁铁的选择还需要考虑尺寸和重量的限制。

根据能量守恒定理,击杆质量越小,则球获得的动能就越大,因而出射速度越大。但是,当电磁铁的输出力度太大时,击杆容易变形甚至打断,因此,在选择密度小的击杆材料时,其强度也必须考虑。

击球方式对出球速度也有较大影响。式(13.27)给出了使球纯滚动时的击球高度,不幸

的是此高度跟上一节分析得出的带球机构的高度有冲突。考虑实际比赛中很少出现让球不受阻挡做纯滚动直到停止的机会，并且实验表明，当电磁铁输出力度足够时，击球高度对出球速度的影响较小，同时出于降低机器人质心以及方便各机构的摆放等考虑，实际的击球高度为球的一半高度处稍偏上（如在一半以下会给球一个反速度，不可取）。

此外，实验表明击球过程并不满足弹性碰撞条件，因此，击球过程应采取击杆推着球同步加速的方式，而不是击杆先加速，然后再与球碰撞的方式。电磁铁的行程长有利于这种加速过程。

击球效果除了速度之外，精度也非常重要。提高精度主要从两个方面着手：一是击杆形状，二是增加导向装置。图 13.15(a)所示的三角形击杆可有效地防止击杆变形，因而可提高精度。但是，电磁铁的动铁心和推针部分会因为电磁铁存在空隙而产生左右晃动。由于比赛场地有约 5 m 长，一个微小的角度偏差都有可能导致球离目标点有很大的偏移。添加导向装置可有效地改善这种情况。

13.4.3 挑球机构

根据驱动方式的不同，挑球机构的实现方式可分为弹簧蓄能型和电磁铁驱动型等；根据挑球方式的不同，又可分为球先着地后反弹型、低击点（球半径以下）挑射型、杠杆挑射型等。挑球机构的性能主要体现在：(1) 球落地的最远距离；(2) 可跳过对方机器人的最短间距；(3) 落地点精度。如图 13.2(b)所示，我们采用的是杠杆型挑球机构，其驱动源为一个拉型螺线管电磁铁。这种方式具有性能好、易控制、易维护等优点。

图 13.16 说明了挑球的实现原理。由于电磁铁的作用过程只有约 10 ms，因此为了便于

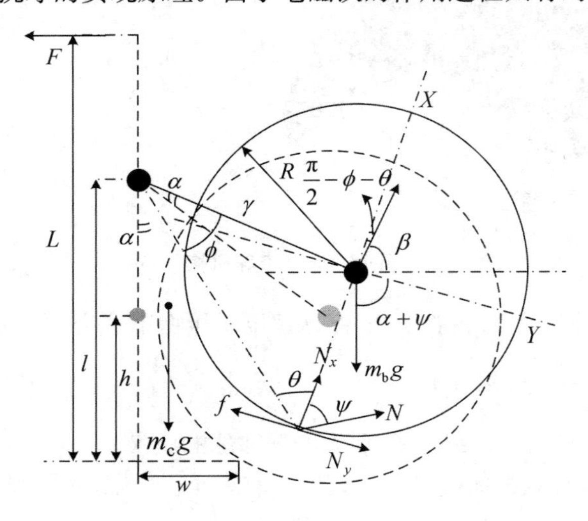

图 13.16　挑球过程图解

分析，忽略球重力矩的作用。换句话说，在挑球过程中，假设球和挑球装置之间无相对运动。此时，若转过角度 α，则有

$$J_{\mathrm{all}}\xi = F(L-l) - m_{\mathrm{c}}g(l-h)\sin\alpha + m_{\mathrm{b}}gr\cos(\phi+\theta+\psi+\alpha) \tag{13.29}$$

其中，$J_{\mathrm{all}}=J_{m_{\mathrm{c}}}+\dfrac{2}{5}m_{\mathrm{b}}R^2+m_{\mathrm{b}}r^2$，各变量定义见图 13.16。此时球的线加速度为 $\alpha=\xi r$，将其分解到 X、Y 两个方向：$\alpha_x=\xi r\sin(\theta+\phi)$；$\alpha_y=\xi r\cos(\theta+\phi)$。对球做受力分析，有

$$m_b g\cos(\psi+\alpha)+N\sin\psi-f=a_y m_b \tag{13.30}$$

$$N\cos\psi-m_b g\sin(\psi+\alpha)=m_b a_x \tag{13.31}$$

联立式(13.29)、式(13.30)、式(13.31)得

$$f=\frac{m_b}{J_{all}\cos\psi}\Big(J_{all}g\cos\alpha-r\cos(\theta+\phi+\psi)(F(L-l)$$
$$-m_c g(l-h)\sin\alpha+m_b gr\cos(\phi+\theta+\psi+\alpha))\Big) \tag{13.32}$$

$$N_x=N\cos\psi=\frac{m_b}{J_{all}}\Big(g\sin(\psi+\alpha)J_{all}+r\sin(\theta+\phi)(F(L-l)$$
$$-m_c g(l-h)\sin\alpha+m_b gr\cos(\phi+\theta+\psi+\alpha))\Big) \tag{13.33}$$

出射速度可按能量守恒估算：

$$W_k=m_c g(l-h)(1-\cos\alpha_{max})+m_b gr(\sin(\phi+\theta+\psi)$$
$$-\sin(\phi+\theta+\psi+\alpha_{max}))+\frac{1}{2}(m_c+m_b)v^2 \tag{13.34}$$

下面分析变量间的相互关系。假设挑球装置的底端部分宽度为 w，则有

$$\theta=\pi-\psi-\tan^{-1}\frac{1}{w} \tag{13.35}$$

$$r=\sqrt{(l-R\sin\psi)^2+(w+R\cos\psi)^2} \tag{13.36}$$

另外，由支点、挑球机构和球的接触点以及球心组成的三角形满足：

$$\frac{\sqrt{l^2+w^2}}{\sin(\theta+\phi)}=\frac{r}{\sin\theta}=\frac{R}{\sin\phi} \tag{13.37}$$

将式(13.35)和式(13.36)代入，得

$$\phi=\sin^{-1}\frac{R\sin\left(\psi+\tan^{-1}\frac{1}{w}\right)}{\sqrt{(l-R\sin\psi)^2+(w+R\cos\psi)^2}} \tag{13.38}$$

此外，球的出射方向角为

$$\beta=\phi+\theta+\psi+\alpha_{max}-\frac{\pi}{2} \tag{13.39}$$

当球以速度 v 和方向角 β 脱离机器人后，其飞行高度为

$$H_{max}=\frac{(v\sin\beta)^2}{2g} \tag{13.40}$$

落地点距离为

$$S_{max}=\frac{v^2\sin 2\beta}{g} \tag{13.41}$$

显然当 $\beta=45^\circ$ 时球的落地点最远。

为了分析简便，首先结合机器人的实际尺寸确定部分参数。

比赛用球是橙色高尔夫球，其规格符合国际标准：$R=21.5\ \text{mm}$，$m_b=46\ \text{g}$。

由于该型机器人同时具有击球机构和挑球机构，因此拉型电磁铁的作用点不能太低。考虑到击球机构在球半径的上方，并且两个电磁铁需上下分布，因此 $L=60\ \text{mm}$ 是个可以实现的高度。不失一般性，令 $h=20\ \text{mm}$。为了方便计算，忽略挑球装置底端水平部分的转动惯量，再假设剩余部分为均匀长方体。此时，挑球装置的转动惯量 $J_{m_c}=\frac{m_c}{3}(L^2-3Ll+3l^2)$。

挑球装置的底端和球接触的部分为平面形状，这是为了尽量深入球底部，以增加挑球过程中的施力机会，在不违反 20%球面积限制的前提下，底端距地面 4 mm 较为合适，此时可求得 $\psi=\sin^{-1}\left(\frac{21.5-4}{21.5}\right)=54.5°$。不失一般性，令 $w=15$ mm。

由能量守恒定理知道，挑球装置的质量越轻越好。结合考虑挑球装置的实际尺寸与抗变形能力（实际采用了钢片、铁和铝 3 种材料），不失一般性，令 $m_c=35$ g。

由于拉型电磁铁始终保持水平工作，因此 α_{max} 的大小取决于电磁铁行程 s 和支点高度：$\alpha_{max}=\tan^{-1}\frac{s}{L-l}$。我们采用的电磁铁其行程约为 8 mm。

剩下的独立变量还有电磁铁的平均输出力度 F 和支点高度 l。其中，由式(13.29)、式(13.32)、式(13.33)、式(13.34)知道，ξ、f、N、v 与 F 和 l 均有关系，且和 F 呈线性关系；而由式(13.35)、式(13.36)、式(13.38)知道，θ、r、ϕ、β 仅与 l 有关。下面分析 l 和 F 各自的影响。

首先分析支点高度的影响。不失一般性，令电磁铁所做的功 $W_k=0.64$ J。将上面列出的参数代入式(13.39)、式(13.34)、式(13.40)、式(13.41)，可分别得到如图 13.17(a)(b)(c)(d)所示的 4 条曲线。值得注意的是，图中只有出射角小于 130°的部分（也就是落地点距离大于 0 的部分）才有参考意义，因为有带球机构等挡着球，实际上不可能发生球向机器人方向运动的情况。此时并不符合图 13.16 所示的模型，需额外考虑带球机构给球的压力。

图 13.17 中，曲线(a)表明出射角经历一个先降后升的过程。挑球高度的变化趋势和出射角的变化保持一致，而落地点距离则恰恰相反。由式(13.40)、式(13.41)知道，这是因为挑球高度与 $\sin^2\beta$ 成正比，而落地点距离则是 β 越靠近 45°越大。由于电磁铁需克服球和挑球装置的重力势能，因此出射速度随支点高度的增加而减小，且由曲线(b)可知下降的斜率

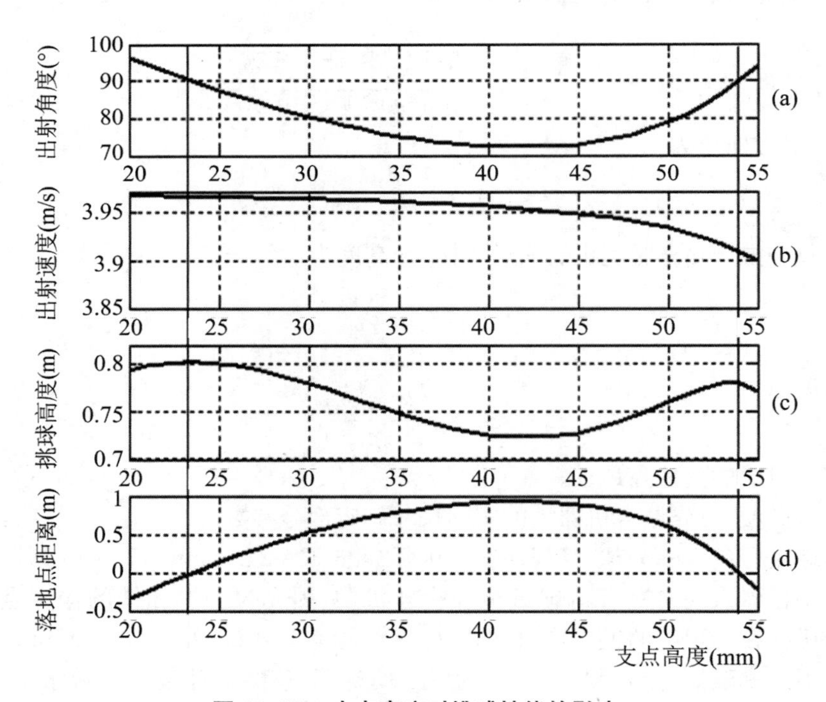

图 13.17　支点高度对挑球性能的影响

越来越大。由图 13.17 知道,支点高度的选择是挑球高度和落地点距离的折中。毫无疑问,挑球高度必须满足能飞过对方机器人(规则规定机器人高度不超过 22.5 cm)的基本要求。但是当电磁铁的输出力度足够(即挑球高度远超过基本要求)时飞行距离更重要。图 13.17 显示的是电磁铁输出力度较大的情况,此时支点高度的选择以飞行距离为准,不妨令 $l=40$ mm。

其次分析电磁铁平均输出力度 F 的影响。根据式(13.34)知道,F 与 v^2 成线性关系,因此由式(13.40)、式(13.41)知道,挑球高度和落地点距离均与 F 成线性关系。图 13.18 给出了一个直观的说明。由此可见,电磁铁的输出力度是挑球功能成功与否以及性能好坏的关键。

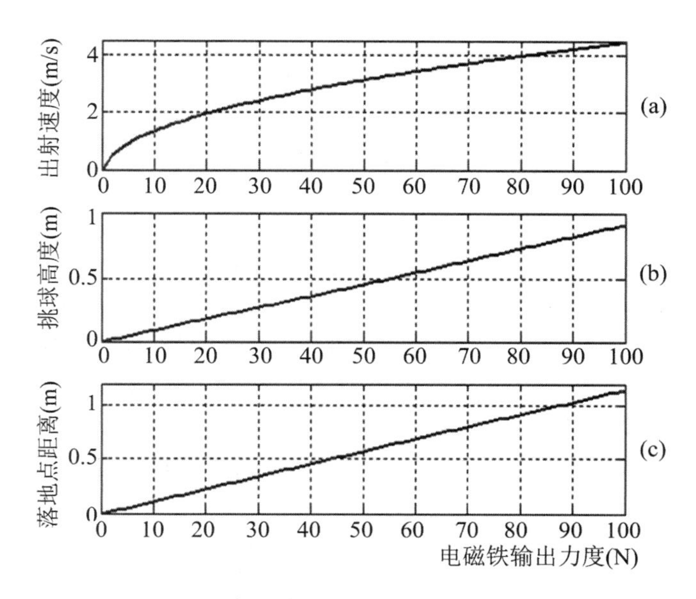

图 13.18　电磁铁输出力度对挑球性能的影响

机构的各实际参数需要依靠实验来确定。通过对电磁铁采取升压的工作方式,以及反复调整支点高度,我们获得的挑球高度为 50 cm 左右,最远落地点约为 2 m,离对方机器人只需不到 20 cm 就可以将球挑过。反推得到出射角度为 51°,比图 13.17 中分析的出射角度要小得多。这是因为挑球过程中球并不能总是紧挨机器人,以及球重力矩发挥了作用,从而造成了出射角的降低。这对增加落地点距离大有裨益,并且也大大减小了球在飞行高度上的浪费。

第 14 章　足球机器人电路系统分析与设计

本章介绍机器人车体的控制电路设计，包括主控电路、无线通信系统、电机驱动与调速电路、电磁铁的升压及控制电路、球检测电路及车体姿态检测传感器，以及其他辅助电路等。该系统具有功能齐备、性能优异、运行稳定以及功耗小等优点。

14.1　电路系统总述

前面已经阐述了机器人的主要机械结构，此结构以高性能和功能完备为目标，但也因此给电路系统增加了一些难度，主要在于：

（1）4 个单排轮设计着眼于提高机器人的加速度、速度与灵活性，为了充分发挥此结构的优势，必须选用转速快、输出扭矩大的电机组合。这样，电机驱动电路的负担加重了，而且机器人速度加快后，控制精度更难保证。

（2）速度加快后，为了不影响决策的控制精度，无线通信的负担必然加重，对其查错、纠错能力的要求也更高。

（3）为了增加击、挑球力度，电路中需要增加升压电路，但力度增加后精确的传球、射门等动作难度更高。

（4）主控板的硬件资源和软件处理能力也必须提高以满足控制需要。

机器人的电路系统是为控制系统服务的，是控制系统的实现平台。电路系统需要完成的任务包括：接收无线信号形式的指令数据；驱动 4 个轮子和带球机构，并实现调速；驱动击球机构和挑球机构，并实现力度控制；检测控球状态及车体姿态，以及增加一些必要的调试手段等。

为了充分发挥机械结构的优势，机器人的电路系统也同样应以高性能和功能齐全为主要目标，因此在实现上也要更复杂一些。整个电路系统分为如下几个部分：

（1）主控电路。主控芯片使用 TI 公司的 DSP（TMS320F2812 或 TMS320LF2407A），负责整个底层电路系统的运行。

（2）无线通信系统。数据接收由 2.4 G 准蓝牙模块 nRF2401 实现，数据分析由 TMS320LF2407A 完成。

（3）电机驱动与调速电路。电机驱动是通过桥电路实现的。调速需要码盘信号反馈，由于 DSP 只能接收两路码盘信号，因此电路中添加了两个码盘芯片 HCTL2000。

（4）电磁铁的升压及控制电路。升压由开关电源实现，而控制电路包括开关时间控制电路和击、挑球机构互斥电路。

（5）球检测电路及车体姿态检测传感器。球检测功能是通过对红外调制信号的处理实现的，车体姿态传感器包括加速度传感器和角速度传感器等。

（6）其他辅助电路。包括拨码开关、8 段 LED、串行 EEPROM 等用以调试、检测和数据存储等的电路。

整个电路系统分为上下 4 层电路板，分别为：无线通信接收板、主控板、驱动板和升压板，它们在机器人中的布局如图 14.1(a)所示。电路系统的主要组成部分以及各部分之间的相互关系如图 14.1(b)所示。

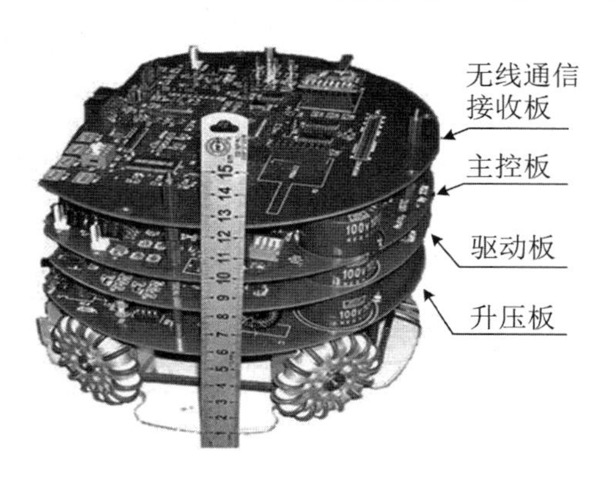

（a）电路板的布局

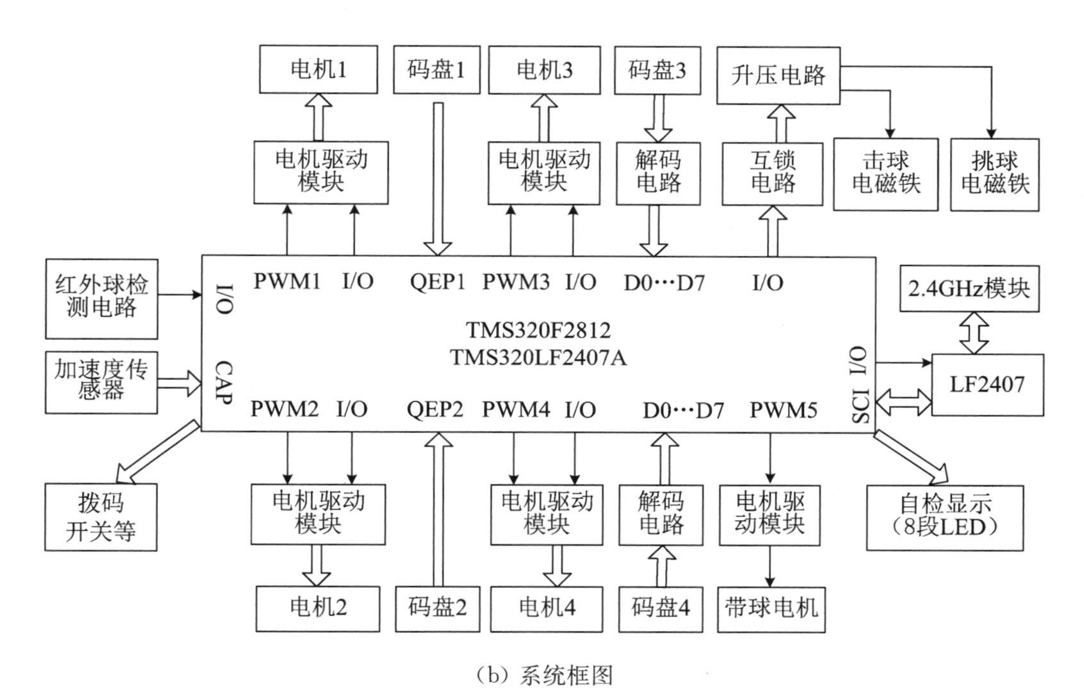

（b）系统框图

图 14.1　实际车体电路和电路系统示意图

14.2　主控芯片的性能与工作方式

近年来，随着比赛对机器人各项性能指标要求的逐年提高以及随之而来的机器人结构复杂性的逐步增加，使得主控芯片的负担越来越重，大多数队伍都将主控芯片的档次提高了。16 位或 32 位单片机是比较常用的类型，但是性能和资源有时仍然达不到要求，某些队伍因此采取了多 CPU 的方式，有些则干脆升级到了 PC144。

最近，DSP 也成为一些队伍的选择。TI 公司的 2x 系列 DSP 是专门为工业控制和机器人控制设计的，其主要的优点在于资源丰富，运算速度快。如今，TMS320LF2407A 仍然是使用 DSP 的队伍的主要选择，而 TMS320F2812 是 TI 公司近年来刚开发出的 32 位定点 DSP，是用于工业控制和机器人控制等领域目前最高档的 DSP 之一。

14.2.1　TMS320F2812

该芯片资源非常丰富，性能优越，比起 LF2407A 其各项性能指标都有了显著的提高。虽然其运算速度尚无法和 PC144 等相比，但是它资源丰富，可大大简化外围电路设计。其主要资源和性能指标包括：

(1) 高主频和低功耗。150 MHz 的主频，核心 1.8 V 和 I/O 口 3.3 V 供电。

(2) 存储器较 2407 有很大的提高。128 K 内部 Flash，18 K 内部 SARAM，最多可外扩 1 M 存储器。与 2407 不同，2812 的存储器是统一编址的，其寻址空间达 4 M。

(3) 中断资源丰富。可支持 45 个外设级中断，以及 3 个外部中断。提取中断向量和保存现场只需 9 个时钟周期，响应迅速。

(4) 跟 2407 一样拥有双事件管理器 EVA 和 EVB，但是控制更加灵活。

(5) 拥有两个 SCI 口和一个 SPI 口，并且较 2407 增加了数据缓存功能；传输频率可达兆量级。此外串行通信模块还包括增强的 eCAN 总线，以及新增的 McBSP，能满足多种通信的需要。

(6) 16 通道的 12 位 A/D 接口，并且可灵活设置采样方式。

(7) 最多可使用多达 56 个可编程、复用的 I/O 口。

(8) 拥有 3 个系统级定时器以及 4 个属于事件管理器的定时器，有效解决了 2407 定时器太少的问题。

作为主控芯片，F2812 在整个电路系统中占据着核心地位，它与其他各部分电路的关系为：

(1) 通过 SCI 口与无线通信接收端进行指令数据的收发，波特率为 115.2 Kbps。

(2) 通过 4 路 PWM 信号给电机提供电压并进行调速，电机的转向由 I/O 口控制。

(3) 通过两个 QEP 单元捕获两个电机的码盘信号，另外两个电机的码盘信号由 HCTL2000 输出后通过 8 位数据线输入。

(4) 依靠两个捕获单元采样加速度传感器 ADXL214E 的两路输出信号，而球检测电路仅需一个 I/O 口就可进行采样。

(5) 通过两路 I/O 口控制放电电路的开关，从而控制击、挑球电磁铁的使用。

(6) 通过多路 I/O 口控制和采样各种调试电路，包括拨码开关、LED 指示灯等。

14.2.2　HCTL2000

该芯片主要用来实现码盘解码功能，以扩展 TMS320F2812 上的 QEP 口。由 F2812 DSP 特性可知，28 系列 DSP 片上带有两个 QEP 单元，可以捕获两个电机的码盘信号，但由于我们的机器人系统使用了四个电机控制四个独立的万向轮机构，所以必须对四个电机分

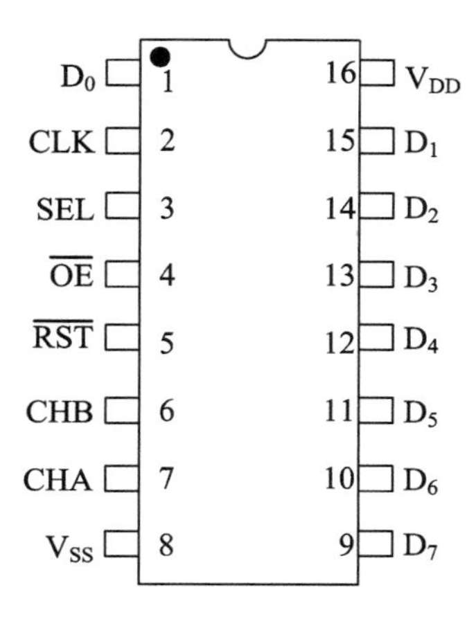

图 14.2　HCTL2000 引脚图

别进行调速，因此我们必须对芯片码盘解码功能进行扩展。为此我们选用了 HCTL2000 芯片，芯片管脚如图 14.2 所示。该芯片的主要特性如下：

（1）高达 14 MHz 的时钟频率。

（2）高抗噪性，拥有施密特触发器对输入数字信号进行滤波。

（3）12 位双向计数器。

（4）锁存输出功能。

（5）8 位三态接口。

（6）拥有 8 位或 12 位的运行模式。

引脚说明见表 14.1。功能框图如图 14.3 所示。

表 14.1　HCTL2000 引脚描述

引脚	名称	引脚功能	描述
1	D0	数据输出	D0～D7 为 8 位兼容 LSTTL 的三态数据输出端口，12 位数据通过此组端口分两次连续输出。先输出高 8 位（8～15 位，不足位以 0 补齐），再输出低 8 位
15	D1	数据输出	
14	D2	数据输出	
13	D3	数据输出	
12	D4	数据输出	
11	D5	数据输出	
14	D6	数据输出	
9	D7	数据输出	
16	V_{DD}	电源	电源
8	V_{SS}	电源	电源地
2	CLK	模拟输出	外部时钟输入脚
7	CHA	QEP 输入	CHA 和 CHB 为接收外部 QEP 信号输入的施密特触发器输入脚，A、B 两输入口相位相差 90°
6	CHB	QEP 输入	
5	$\overline{RST}$	复位	低有效，选中时清除内部计数器、锁存器和内部约束逻辑。输入时立即有效，不需与其他任何信号同步
4	$\overline{OE}$	使能	低有效，CMOS 输入脚，选中时使能三态输出缓存，每个时钟下降沿芯片会检测 $\overline{OE}$ 和 SEL 引脚状态，以控制装载内部数据锁存
3	SEL	选择	此 CMOS 输入引脚直接控制哪些数据从锁存进入 8 位数据输出缓存区。配合上面提到的 $\overline{OE}$，本引脚可以控制芯片的约束逻辑（Inhibit logic）。SEL：0→输出高 8 位，SEL：1→输出低 8 位

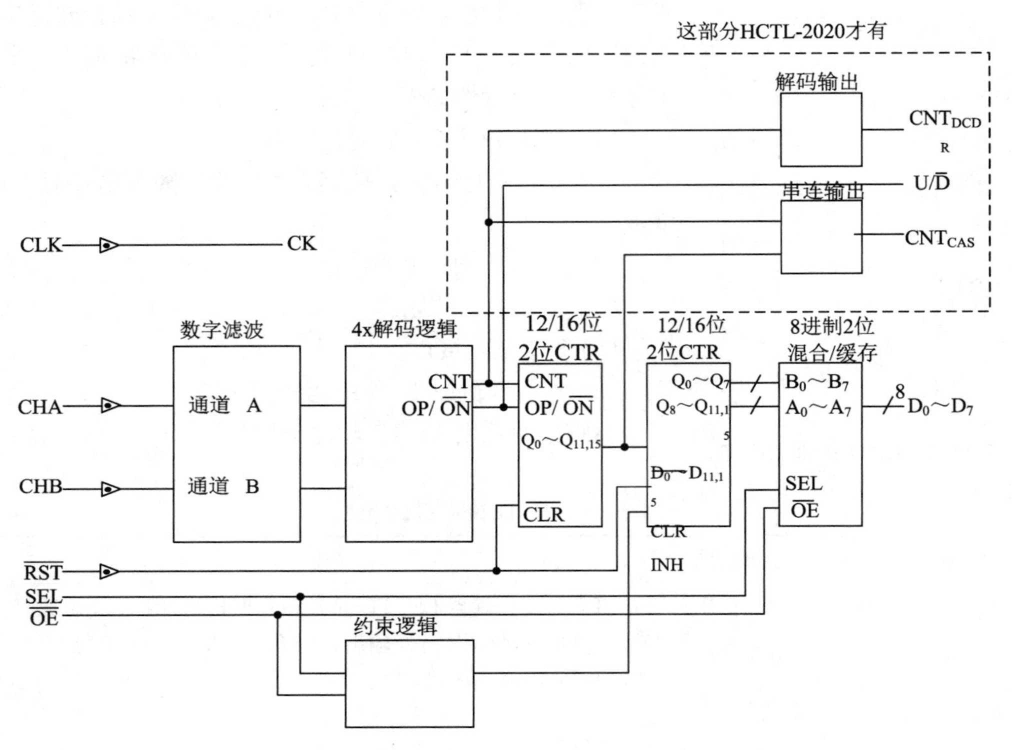

图 14.3 HCTL2000 功能框图

HCTL 的控制逻辑如表 14.2 所示。

表 14.2 HCTL 的控制逻辑

步骤	SEL	$\overline{OE}$	CLK	Inhibit 信号	作用
1	L	L	下降沿	1	设定约束;读高字节
2	H	L	下降沿	1	读低字节;开始复位
3	X	H	下降沿	0	约束设置复位

在本系统中,我们通过 GAL 解码来片选 HCTL2000,其与 DSP 电路的接口如图 14.4 所示。

其中,HCTL2000 的 CHA、CHB 引脚(即图上网络标号为 QEP41、QEP42 的两引脚)接电机码盘输出 A 相和 B 相(即 Sin 和 Cos 相)。USOC2 为有源晶振,HCTL2000 最高可用 15 MHz 晶振。HCTL2000 的使能脚(OE)与 GAL 的第 13 脚(即引脚 IO1)相连。而其输出引脚 D0~D7 直接与 DSP 的外部数据总线相连,当 HCTL2000 将数据处理完后 DSP 可通过外部数据总线和相关逻辑直接从中取数据。

从图中我们可以看出,DSP 利用 QEP1SEL、QEP2SEL、DS、WE、RD、R/W、A0、A1、A2 和 A15 共 14 个信号的组合逻辑通过 GAL 控制 HCTL 的使能端。其中 QSP1SEL 和 QEP2SEL 为通用 I/O 口。本系统为了保险起见,用了多达 14 个信号的组合逻辑来控制 HCTL 的片选,是个比较复杂但较为灵活的设计方案,使今后的改进余地比较大。当然,我们也可以直接用 I/O 口和简单的与非门电路来达到片选的目的。

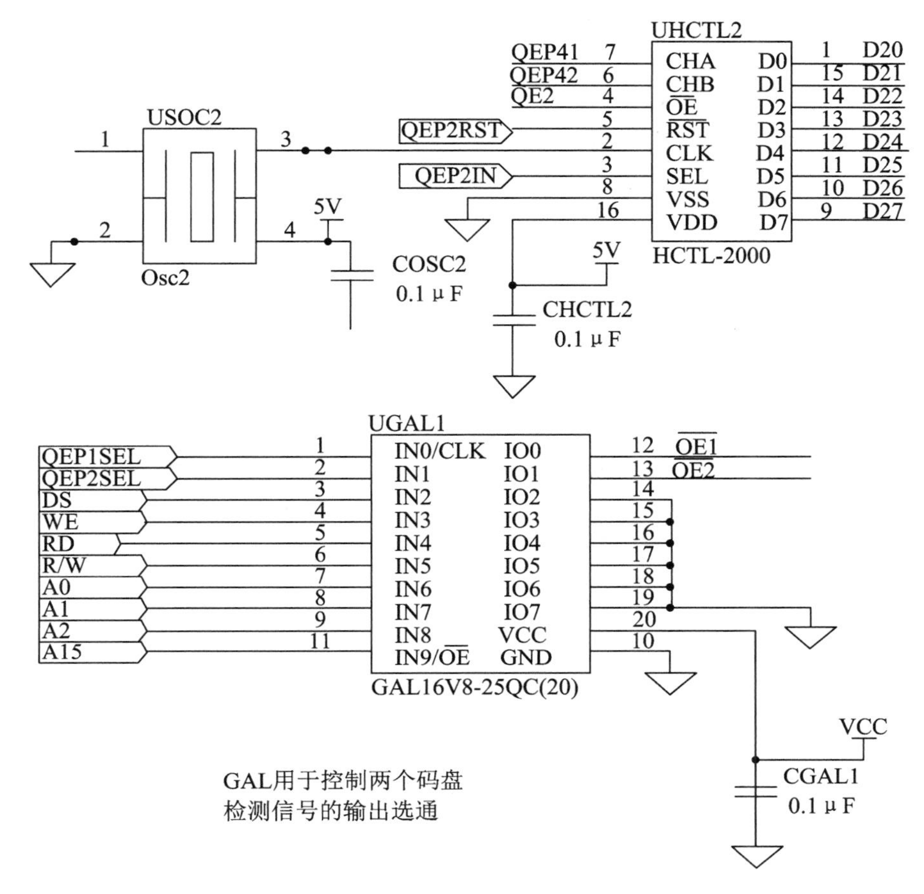

图 14.4　HCTL2000 与 DSP 电路接口原理图

程序如下：

```
// Read code wheel count from external HCLT2000 output
int readCodeWheelFromXintf(Uint16 num)
{
    int counter = 0;
    int temp = 0;
    switch (num)
    {
        case 1:  //左后轮电机
            byteLowUpCtrl1(HIGH);  //读高位字节
            NOP;
            temp = CODE_WHEEL_COUNT1 & 0x0F;
            if (temp & 0x08)
                temp |= 0xF0;
            counter = temp << 8;
            byteLowUpCtrl1(LOW);  //读低位字节
            NOP;
            temp = CODE_WHEEL_COUNT1 & 0x00FF;
```

```
            counter |= temp ;
            codeWheelRst1(LOW);
            NOP;
            NOP;
            codeWheelRst1(HIGH);
            break;
        case 3:  // 右前轮
            byteLowUpCtrl3(HIGH);  // 读高位字节
            NOP;
            temp = CODE_WHEEL_COUNT3 & 0x0F;
            if (temp & 0x08)
                temp |= 0xF0;
            counter = temp << 8;
            byteLowUpCtrl3(LOW);  // 读低位字节
            NOP;
            temp = CODE_WHEEL_COUNT3 & 0x00FF;
            counter |= temp;
            codeWheelRst3(LOW);
            NOP;
            NOP;
            codeWheelRst3(HIGH);
            break;
        default:
            break;
    }
    return counter;
}
/*********************************************************************
******************************/
/*********************************************************************
******************************/
void byteLowUpCtrl1(int flag)   // TCLKINA->IOPB7 to control upper or lower byte to be read
{
    if (flag == HIGH)                   // 读高位字节
        PBDATDIR &= 0xFF7F;        // 设 IOPB7 为低电平
    else if (flag == LOW)              // 读低位字节
        PBDATDIR |= 0x0080;          // 设 IOPB7 为高电平
}
void codeWheelRst1(int flag)   // TDIRA->IOPB6 to reset(0) or stop reset(1) code wheels 1
{
    if (flag)   // 停止复位
        PBDATDIR |= 0x0040;
    else
        PBDATDIR &= 0xFFBF;   // 复位
}
```

14.3　通 信 系 统

图 14.5 显示的是双向无线通信系统的实现原理：决策程序将指令数据通过串口发送给主机端的 DSP，经编码后由射频模块将数据发出；机器人端的射频模块接收到数据后将其解码，然后将有用信息发送给主控板。机器人向 PC 发信息的过程与此相反。

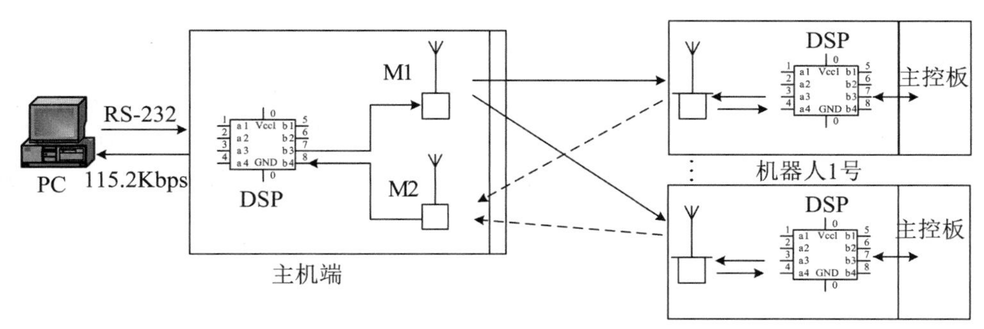

图 14.5　双向通信系统示意图

通信的快速可靠对比赛是至关重要的。近年来，随着机器人各项性能指标的提高，比赛中通信的负担也加重了，这主要体现在传输量增加了，因此通信速度必须更快。同时，通信的可靠性一直都是个重要课题，尤其是比赛场地无线发射源很多，因此通信的抗干扰性显得尤为重要。我们主要从两个方面来解决这个问题，一是如图 14.5 所示，为机器人端的通信单独提供一个 DSP(LF2407A)用于指令的接收与解码，还包括查错和纠错；二是选用了集成的 2.4 GHz 准蓝牙模块 nRF2401。

14.3.1　通信结构

为了保证机器人端的通信系统正常工作，我们将机器人部分电路独立出来以减少干扰因素。如图 14.6 所示，信号的走向为：数据经由 nRF2401 接收并解码后，通过 SCI 口将数据发送给 TMS320LF2407，经过解码与纠错之后，将确认正确的指令发送给 TMS320F2812。由于 2407 仅有一个异步通信口，因此在 TMS320LF2407 和 TMS320F2812 之间通过 ST16C550 相互连接起来，TMS320LF2407 将 8 位数据通过数据总线并行发送给 ST16C550，然后再通过 SCI 口发送给 TMS320F2812。

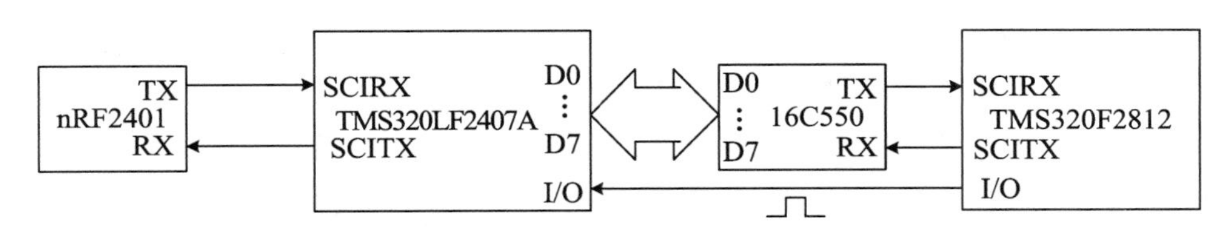

图 14.6　机器人接收端通信原理图

值得一提的是，连接 TMS320LF2407 和 TMS320F2812 的一个 I/O 口为通信的无差错传送起到了关键作用。一般SCI数据接收采用查询或中断响应的“被动”方式，实验发现该方法的数据丢失情况严重。原因在于，置于主控芯片内的程序有其他中断需要响应，而DSP在响应某一中断时关闭了对其他中断的响应，因此在响应其他中断时会造成数据丢失。解决办法是程序在每个周期空闲等待的时候才“主动”向TMS320LF2407发送接收数据请求，如此可保证数据的完整接收。该I/O口就起到了这样的作用，我们通过对其状态的跳变来实现这一功能。

14.3.2 nRF2401

无线数字传输芯片nRF2401为本部分核心芯片。nRF2401是单片射频收发芯片，芯片工作于2.4～2.5 GHz ISM频段，工作电压为1.9～3.6 V，工作温度为－40～＋85 ℃，工作参数全部通过芯片状态字配置。芯片内置频率合成器、功率放大器、晶体振荡器和调制器等功能模块，输出功率和通信通道可通过程序进行配置。芯片能耗非常低，以－5 dB的功率发送时，工作电流只有14.5 mA，接收时工作电流只有18 mA，有多种低功率工作模式，节能设计更方便。其DuoCeiverTM技术使nRF2401可以使用同一天线同时接收两个不同通道的数据。

14.3.3 异步串行通信芯片ST16C550

ST16C550是EXAR公司的异步通信芯片，其主要特点如下：

(1) 引脚功能与16550工业标准兼容，与16C450兼容。

(2) 各16字节的发送/接收FIFO，4个可选的接收FIFO中断触发等级。

(3) 可编程的串行数据发送格式。

(4) 可编程的波特率发生器，传输/接收率可达1.5 Mbps(24 MHz时钟输入)。

(5) 多种封装形式(PLCC、TQFP、DIP)。

ST16C550的44引脚PLCC封装如图14.7所示。

部分引脚说明如下：

A0～A2：片内寄存器选择信号。

D0～D7：双向8位数据总线。

CS0，CS1，$\overline{\text{CS2}}$(低有效)：片选信号。当CS0＝CS1＝1且$\overline{\text{CS2}}$＝0时，ST16C550被选中。

$\overline{\text{AS}}$(低有效)：地址选通信号。该脚有效时，可锁存CS0～CS2及A0～A2。

IOW和$\overline{\text{IOW}}$(低有效)：写选通信号。两者之一有效即为写选通。

IOR和$\overline{\text{IOR}}$(低有效)：读选通信号。两者之一有效即为读选通。

$\overline{\text{RXRDY}}$(低有效)：接收准备好信号。串行输入端未被读的字符个数超过编程指定的触发个数时，该信号为低电平，在中断方式时可作为中断请求信号。

$\overline{\text{TXRDY}}$(低有效)：发送准备好信号。发送寄存器准备好时，该信号为低电平，在中断方式时可作为中断请求信号。

XTAL1，XTAL2：外部时钟端。可接晶振或外部时钟信号。

ST16C550系统框图如图14.8所示。

ST16C550的内部结构主要包括以下几个部分：

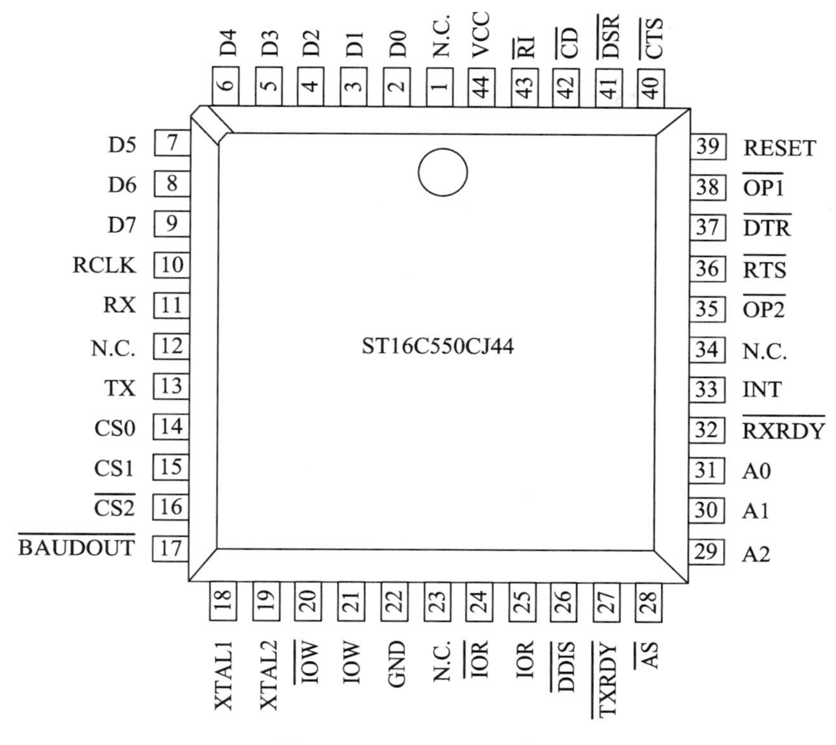

图 14.7　ST16C550 引脚图

(1) 数据总线和控制逻辑。该逻辑包括复位线、I/O 口读写总线、数据总线。通过总线可以直接与 DSP 的外部总线相连接，简化了电路设计和读写逻辑。

(2) 寄存器选择逻辑。ST16C550 有 3 个片选信号 CS0、CS1、$\overline{\text{CS2}}$，只有在 CS0＝CS1＝1 且$\overline{\text{CS2}}$＝0 时芯片才被选中，在$\overline{\text{DDIS}}$＝0 时芯片有效。

(3) 中断控制逻辑。ST16C550 内部定义了 4 级中断，都可以通过 INT 引脚向 CPU 发送中断请求信号。该逻辑还包括接收就绪($\overline{\text{RXRDY}}$)、发送就绪($\overline{\text{TXRDY}}$)。

(4) Modem 控制逻辑。ST16C550 具有的 Modem 控制逻辑主要包括：数据终端就绪信号($\overline{\text{DTR}}$)、请求发送信号($\overline{\text{RTS}}$)、输出信号($\overline{\text{OP1}}$，$\overline{\text{OP2}}$)、清除发送信号($\overline{\text{CTS}}$)、振铃信号($\overline{\text{RI}}$)、载波检测信号($\overline{\text{CD}}$)和数据就绪信号($\overline{\text{DSR}}$)。

(5) 数据收发逻辑。该逻辑包括 Sin、Sout、XTAL1、XTAL2。当 ST16C550 接收数据时将 Sin 上的数据串行移入接收缓冲寄存器 RBR 供 CPU 读取；发送数据时将数据总线上的数据写入到发送寄存器 THR，再从 Sout 端串行输出。

ST16C550 通过 12 个内部寄存器实现对通信参数的设置、线路及 Modem 的状态访问、数据的发送和接收以及中断管理等功能。其中包括：数据保持寄存器(发送保持寄存器 THR、接收保持寄存器 RHR)、中断状态寄存器(ISR)、中断允许寄存器(IER)、FIFO 控制寄存器(FCR)、线路状态寄存器(LSR)、线路控制寄存器(LCR)、Modem 状态寄存器(MSR)、临时数据寄存器(SPR)、波特率输出数锁存器低位(LSB)/高位(MSB)等。用户可用 A0～A2 三条片内寄存器选择线和线路控制寄存器的 DLAB(波特率因子锁存位)一起访问这些寄存器。由于接收/发送缓冲寄存器的 A0～A2 和 DLAB 位都相同，只能通过读/写来加以

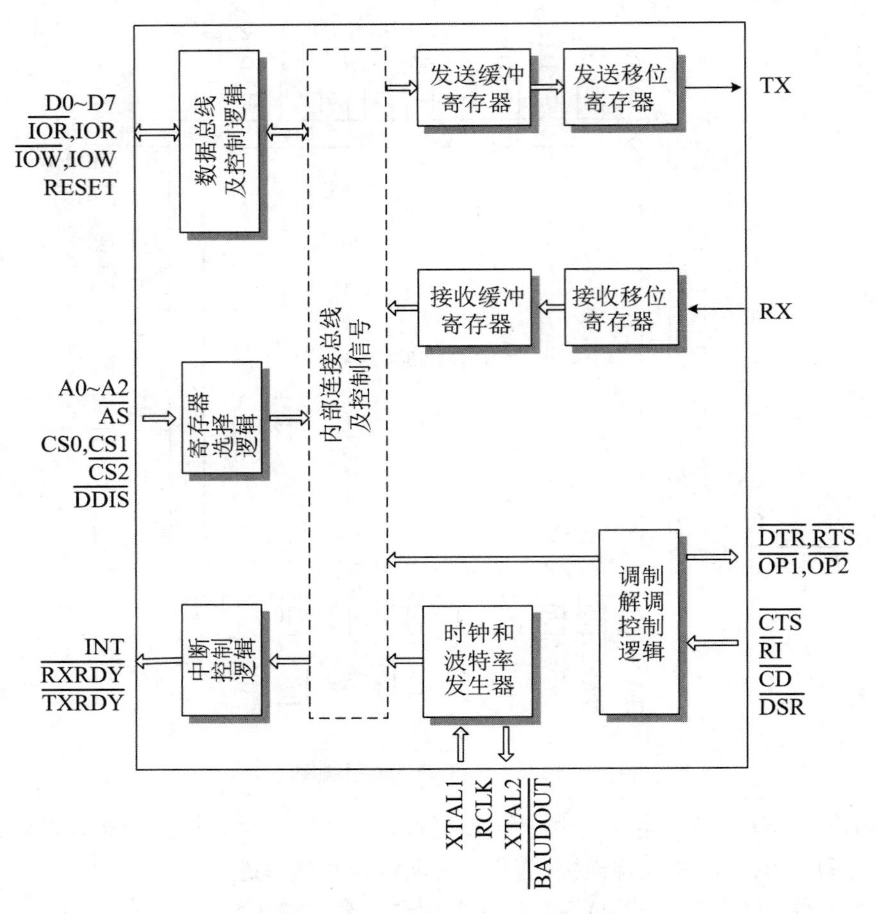

图 14.8　ST16C550 系统框图

区分:读操作访问的是接收缓冲寄存器,写操作访问的是发送缓冲寄存器。同样的问题也出现在中断状态/FIFO 控制寄存器。在实际系统设计和程序编写时应加以注意。

表 14.3 详细介绍了各个寄存器的内容。

表 14.3　寄存器详细介绍

A2 A1 A0	寄存器［缺省］	BIT - 7	BIT - 6	BIT - 5	BIT - 4	BIT - 3	BIT - 2	BIT - 1	BIT - 0
通用寄存器设置									
0 0 0	RHR［XX］	bit - 7	bit - 6	bit - 5	bit - 4	bit - 3	bit - 2	bit - 1	bit - 0
0 0 0	THR［XX］	bit - 7	bit - 6	bit - 5	bit - 4	bit - 3	bit - 2	bit - 1	bit - 0
0 0 1	IER［00］	0	0	0	0	modem status interrupt	receive line status interrupt	transmit holding register	receive holding register

续表

A2 A1 A0	寄存器[缺省]	BIT-7	BIT-6	BIT-5	BIT-4	BIT-3	BIT-2	BIT-1	BIT-0
0 1 0	FCR [00]	RCVR trigger (MSB)	RCVR trigger (LSB)	0	0	DMA mode select	XMIT FIFO reset	RCVR FIFO reset	FIFO enable
0 1 0	ISR [01]	FIFO's enabled	FIFO's enabled	0	0	INT priority bit-2	INT priority bit-1	INT priority bit-0	INT status
0 1 1	LCR [00]	divisor latch enable	set break	set parity	even parity	parity enable	stop bits	word length bit-1	word length bit-0
1 0 0	MCR [00]	0	0	0	loopback enable	—OP2	—OP1	—RTS	—DTR
1 0 1	LSR [60]	FIFO data error	trans. empty	trans. holding empty	break interrupt	framing error	parity error	overrun error	receive data ready
1 1 0	MSR [X0]	CD	RI	DSR	CTS	delta -CD	delta -RI	delta -DSR	delta -CTS
1 1 1	SPR [FF]	bit-7	bit-6	bit-5	bit-4	bit-3	bit-2	bit-1	bit-0
波特率分频寄存器(当 LCR bit-7 被设置为 1 时可访问)									
0 0 0	DLL [XX]	bit-7	bit-6	bit-5	bit-4	bit-3	bit-2	bit-1	bit-0
0 0 1	DLM [XX]	bit-15	bit-14	bit-13	bit-12	bit-11	bit-14	bit-9	bit-8

在 A2、A1 和 A0 如上表所示情况下，下面我们对各寄存器使用时应注意的问题做一详细归纳。

(1) 数据保持寄存器(THR/RHR)。

LCR. 7=0，需要注意在读模式下 RHR 有效，在写模式下 THR 有效。

(2) 中断允许寄存器(IER)。

LCR. 7=0，可访问 IER。定义了四种中断，即接收器就绪中断、发送器空中断、接收器线路状态中断、Modem 状态寄存器中断。相应位为 1 表示中断有效。高 4 位未定义，置为 0。

(3) FIFO 控制寄存器(FCR)。

LCR. 7=0，在写模式下可访问 FCR。该寄存器用来设置收发 FIFO 触发电平、选择 DMA 模式等。FCR. 0 用作使能/禁止收发 FIFO；FCR. 1=FCR. 2=0(默认值)分别表示无 FIFO 接收/发送复位；FCR. 3=0 设置 DMA 模式“0”，反之设置模式“1”；FCR. 6～FCR. 7

用于设置 FIFO 中断的触发电平；FCR. 4～FCR. 5 未定义。

(4) 中断状态寄存器(ISR)。

LCR. 7=0，在读模式下可以访问 ISR。ISR. 0=0 表示中断有效；ISR. 1～ISR. 3 定义中断类型(如表 14. 4 所示)；ISR. 4～ISR. 5 未定义；ISR. 6=ISR. 7=0 表示使用 DMA 模式；ISR. 6=ISR. 7=1 则使用 FIFO 模式。

表 14. 4　中断源类型

优先级	ISR. 3～0	中断源
1	0110	LSR 接收线路状态寄存器
2	0100	RXRDY 接收就绪
2	1100	RXRDY 接收超时
3	0010	TXRDY 发送保持寄存器
4	0000	空

(5) 线路控制寄存器(LCR)。

该寄存器用来定义数据通信的格式、字长、停止位数目以及奇偶校验方式等。LCR. 0 和 LCR. 1 定义收发字长；LCR. 2 与字长相结合定义停止位长度；LCR. 3 的默认值 0 表示无奇偶校验；LCR. 3～LCR. 4=00 时奇校验；LCR. 3～LCR. 4=11 时偶校验；LCR. 3=LCR. 5=1，LCR. 4=0 时奇偶校验位为 1；LCR. 3=LCR. 5=LCR. 4=1 时奇偶校验位为 0；LCR. 3=1，LCR. 5=0 时无效；LCR. 6=0 表示无发送间断状态；LCR. 7=1 时选择 LSB/MSB，LCR. 7=0 时选择 RHR/THR。

(6) Modem 控制寄存器(MCR)。

LCR. 7=0，可访问 MCR。该寄存器控制 ST16C550 与 Modem 及其他外设的接口。

(7) 线路状态寄存器(LSR)。

LCR. 7=0，可以访问 LSR。该寄存器提供 ST16C550 与 DSP 之间的数据传输状态。各位含义为：LSR. 0=0 表示 RHR 或 FIFO 寄存器中无数据；LSR. 1～LSR. 4 默认值皆为 0 分别表示无溢出错误、无奇偶校验错误、无帧格式错误以及无间断错误；LSR. 5 为 THR 空指示器，表明 ST16C550 已发送就绪，当从 THR 中读取数据到 TSR 中时，LSR. 5=1；LSR. 6=1 表示 THR 和 TSR 都为空，两者有一个不为空时该位为 0；LSR. 7=0 表示无奇偶校验、帧格式以及空号错误。

(8) Modem 状态寄存器(MSR)。

LCR. 7=0，可访问 MSR。该寄存器提供 Modem 以及其他与 ST16C550 相连的外设的状态。低 4 位用来表示有无信息变化，MSR. 0～MSR. 3 分别对应于$\overline{CTS}$、$\overline{DSR}$、$\overline{RI}$和$\overline{CD}$，当 CPU 从寄存器中读取数据时，相应位置为 0；MSR. 4～MSR. 7 为 1，分别表示 CTS、DSR、RI、CD 有效。

(9) 临时数据寄存器(SPR)。

ST16C550 提供一个临时数据寄存器存储 8 位用户信息。

(10) 波特率输出数锁存器(低位 LSB/高位 MSB)。

除数锁存器的值在 ST16C550 初始化时进行设置，此时 LCR. 7=1，用来访问 LSB、MSB。

14.4　各执行机构的驱动与控制电路

14.4.1　带球机构

由于带球电机只需要往一个方向旋转，且带球过程中电流较大，我们设计了一个简化的单向驱动电路，如图14.9所示。一路PWM控制信号经光耦6N137隔离并调整输出电压范围，然后经一个三极管调整使输入与输出的电平逻辑保持一致，最后以nMOS管IRF2407作为开关来控制带球电机的开关。转速的大小可通过PWM来调节。该电路具有简单、可靠的特点。

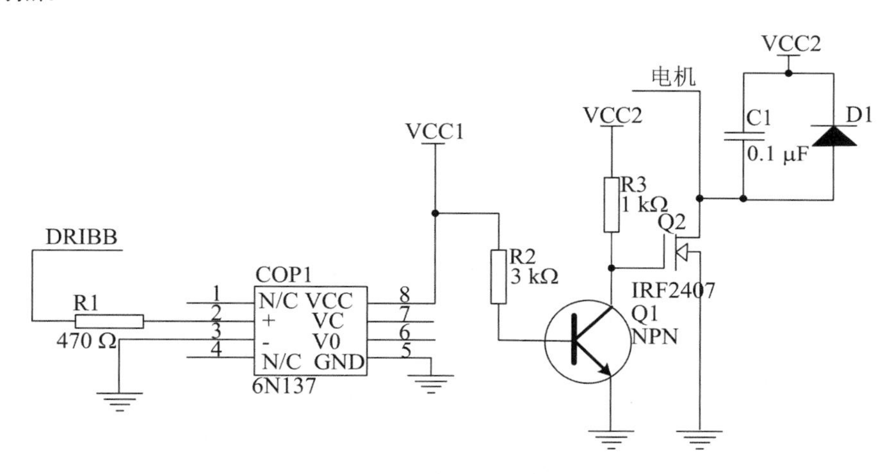

图14.9　带球电机驱动电路

IRF2407在$U_{GS}=0$时截止，$U_{GS}=5$ V时饱和，D1用来防止电机产生反电动势，起疏流作用，从而保护IRF2407大功率管。

注意：因为IRF2407是MOS管制造工艺，输入阻抗极高（大于100 MΩ），栅极击穿电压在10 V左右，因此在焊接印刷板时，要切断电烙铁220 V电源，否则容易损坏2407，因为电烙铁漏电远高于10 V。焊好后，栅极电压不会超过5 V，因此焊好后2407是不会损坏的。

14.4.2　运动机构

为了最大限度地提高机器人的运动速度，我们对轮子驱动电机做过压使用，从6 V额定电压提高到约11 V，由实验得知，单个电机的最大电流可达约4 A。市场上的集成驱动芯片使用较为方便，但大多存在输出电流不够大，输出压降较大，以及容易发烫等缺点。因此，我们采用了自行搭建模拟电路的方法，其电路原理如图14.10所示。四路14 kHz频率的PWM控制信号经过光耦隔离和简单的逻辑转换与硬件延时，然后再经过放大，由MOS管栅极输出，最后驱动一个H桥电路以控制电机。

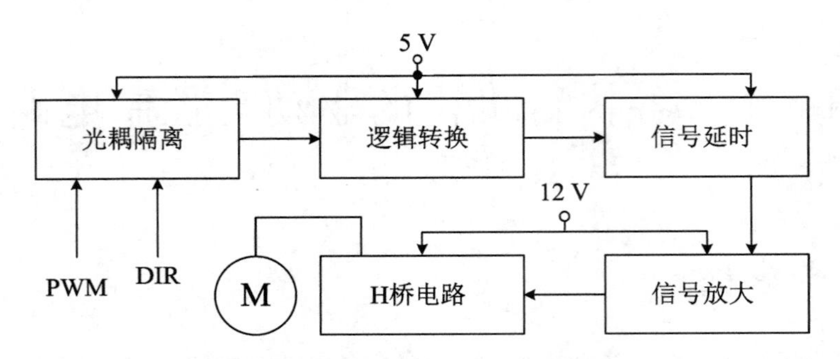

图 14.10 轮子驱动电机电路原理图

光耦隔离部分和 14.4.1 小节类似,起到保护主控芯片的作用。硬件延时由 RC 电路和非门组成,包括上升沿延时和下降沿延时两种,是为了防止桥电路发生共态穿通而导致短路。图 14.11 显示的是上升沿延时电路,其原理为:输入端由低变高,经过一个反门后产生一个下降沿,电容通过 100 kΩ 电阻放电,经过延时 τ 后输出端才变为高电平。

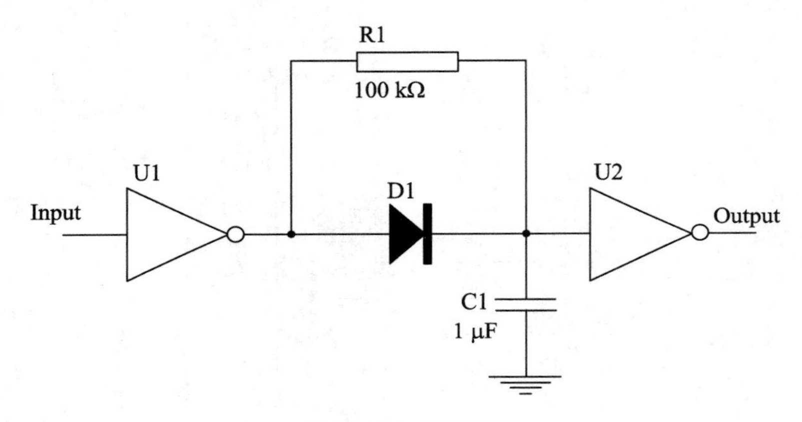

图 14.11 延时电路

延时的计算方法为

$$Ri(t)+\frac{1}{C}\int_0^t i(\mu)\mathrm{d}\mu=0 \tag{14.1}$$

由此得到电流的表达式:

$$i(t)=\frac{V_0}{R}\mathrm{e}^{-\frac{t}{RC}} \tag{14.2}$$

进一步得到电容端的电压为

$$U_C(t)=\frac{1}{C}\int_0^t i(\mu)\mathrm{d}\mu=V_0\mathrm{e}^{-\frac{t}{RC}} \tag{14.3}$$

理想情况下,当电压降到一半以下时反门输出跳变,由此得到延时为

$$\tau=0.69RC \tag{14.4}$$

放大电路起到调节电压以及减小输出阻抗的作用。最后四路信号都接到 H 桥上,如图 14.12 所示。使用证明,该电路功耗小,效率高,输出电流大,性能完全符合设计要求,不足之处是电路面积较大。

由于 DSP 仅有两个 QEP 单元可用以捕获电机的码盘输出,因此我们增加了两个码盘

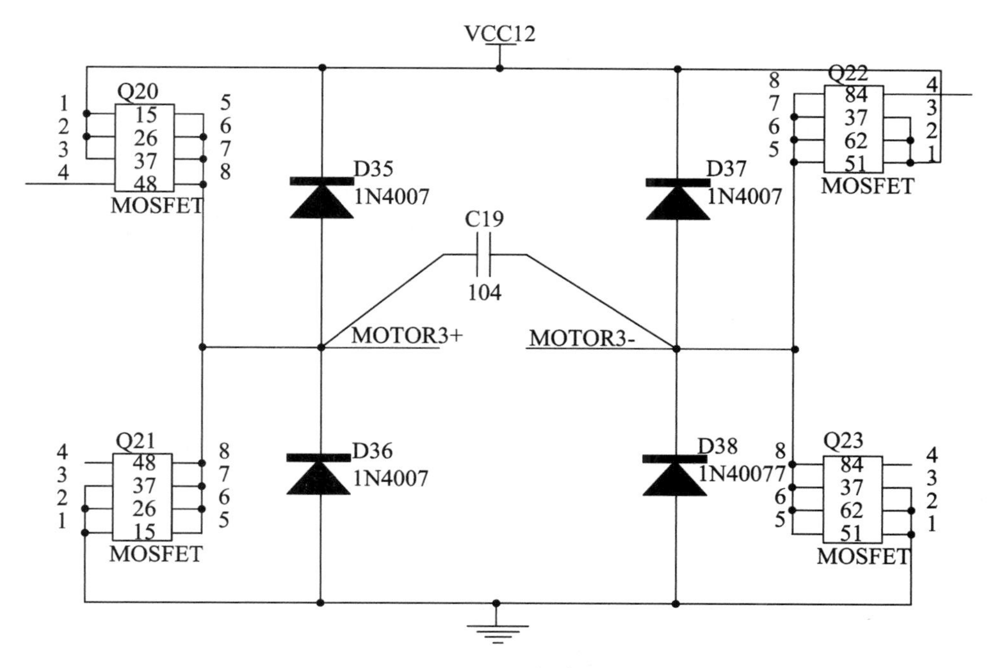

图 14.12　H 桥电路

检测芯片 HCTL2000。为了电平匹配，HCTL2000 的输出经过 74LVTH245 隔离之后才通过 8 位数据总线送给 DSP。此外，为了防止总线冲突，每个码盘芯片的输出都必须经过 GAL 选通之后才能放到总线上。选通的方法是给 2 片解码芯片分配 2 个不同的地址，通过地址线的电平高低来选通(2 个地址只需 1 根地址线就能区分)。图 14.13 说明了这一过程。

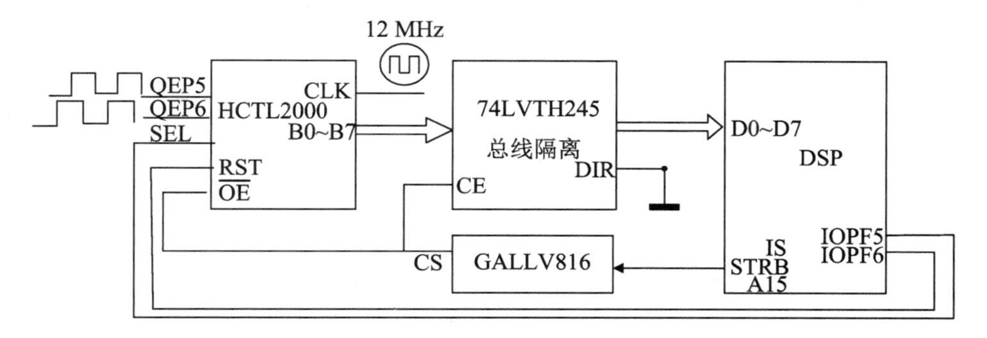

图 14.13　码盘信号检测电路

14.4.3　击球和挑球机构

升压电路是用来增强电磁铁的输出力度的，否则 12 V 的额定电压根本无法让电磁铁有足够的力度击球，更不用说远射了。为了简化电路复杂度，我们选用了性能相同的电磁铁来实现击球和挑球功能，这样就可以让两个电磁铁共用同一个升压电路。同时，由于比赛中击、挑球不需要同时发生，并且机械设计也不允许两者同时发生(否则会损坏电磁铁和机械结构)，同时也是出于保护升压电路的考虑，我们在信号输入端加上了硬件互斥电路。该部分电路的原理如图 14.14 所示。

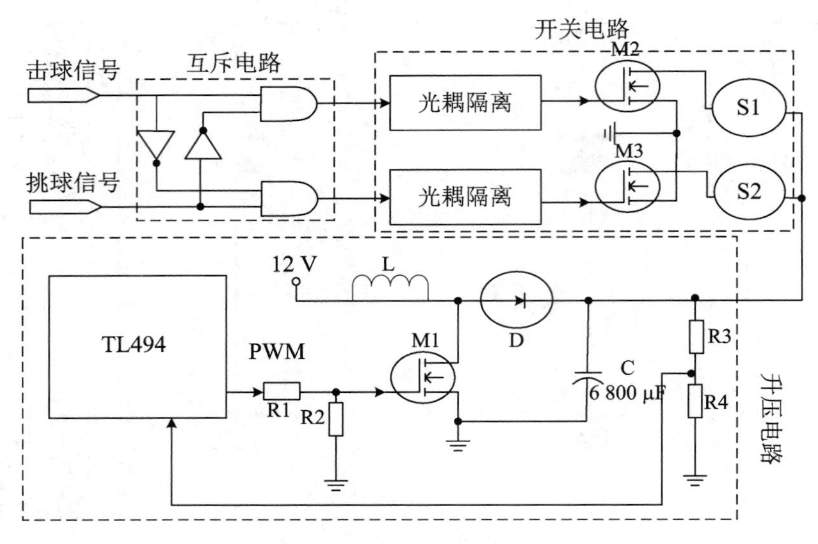

图 14.14 电磁铁控制电路

我们采用的是非隔离型升压电路，其原理为：TL494 按照设定好的频率与占空比对外产生 PWM 信号，当电压为高时，MOS 管导通，电感两端电压为 12 V，因此电流不断增长，二极管截止；当电压为低时，MOS 管截止，电感通过二极管向电容充电，电流不断减小。在电感电流连续的情况下，一个开关周期内满足：

$$U_L = \frac{U_i t_{on} - (U_o - U_i) t_{off}}{T} \tag{14.5}$$

其中，U_L为电感两端的平均电压。由于稳态条件下一个开关周期内此电压应为 0，得到输出电压与输入电压的比值为

$$\frac{U_o}{U_i} = \frac{1}{1-f} \tag{14.6}$$

其中，U_o为输出电容 C 上的电压，U_i为 12 V 电压，$f=\frac{t_{on}}{T}$。同时，采样输出电压(通过电阻 R3 和 R4 分压返回)与设定值比较，一旦达到设定值则通过 TL494 内的比较器关闭 PWM 输出，从而使输出稳定在所需要的电压值上。

要注意调整 R3、R4 的分压，通过不同的分压比可以调节升压高低。S1、S2 是电磁线圈，充电的时间取决于电感 L 的工作电压、TL494 的占空比以及电容 C 的大小。放电时间取决于已充好的电压以及 S1、S2 的内阻和 M2、M3 的饱和电压及压降。

电容储能公式为 $W_C=\frac{1}{2}CU^2$，为了尽量提高电容的储能，我们选择了6 800 μF的大电容，并将输出电压设定为 90 V，实验测得其充电时间小于 4 s，达到的最大击球速度超过 4 m/s，挑球最远距离可达 2 m。

互斥电路的逻辑关系为：$O_1=I_1\overline{I}_2$，$O_2=I_2\overline{I}_1$，其真值表如表 14.5 所示。该方法实现简单，使用可靠。I_1和 I_2表示击球或挑球命令其中一个的输入，而 O_1或 O_2则表示在同一时间内只能执行击球或挑球动作中相应的一个动作。

表 14.5　互斥电路逻辑真值表

I_1	I_2	O_1	O_2
0	0	0	0
1	0	1	0
0	1	0	1
1	1	0	0

由图 14.14 知道，控制信号只需两个 I/O 口即可，非常方便，而击、挑球的力度则可通过对放电时间的控制来实现。使用证明，该电路稳定、可靠，响应迅速，并且还有进一步升压的余地。

注意：图 14.14 中，因为 S1 和 S2 是电感式电磁铁，在工作时高压放电，因此 M2、M3 MOS 管应具有击穿电压大于 200 V 和导通电流大于 2 A 的性能。M1 也有同样要求。电容 C 要求耐压在 160 V 以上。二极管 D 要求导通时电流大于 1 A、反向击穿电压大于 200 V、高频特性较好的器件。另外式(14.6)说明中 $f=\frac{t_{on}}{T}$ 的理论取值在 0.8～0.9 之间，但因 L、M1 内阻和 D 导通管压降及 12 V 电源内阻等因素，所以要通过实验最终确定 f 的值。调试时 R3 和 R4 交点处对地电压永远不能高于 5 V，否则 TL494 会损坏。

14.5　传感器电路设计

14.5.1　球检测电路

球检测电路可准确判断球是否被机器人带住，从而在决策发送击球指令时可以找到最佳的击球时机(即球紧挨着机器人的时刻)，避免无谓的出击，提高击球的效率与准确性。

该部分采用的传感器是红外发光二极管和光敏接收二极管。为了防止场地灯光及电压不稳等因素的干扰，我们对发射端的信号进行了调制，事实证明这种设计大大提高了检测的准确性。调制信号是由定时器芯片 555 实现的，输出频率为 5 kHz 的方波。发送端的电路原理如图 14.15 所示，接收端的电路原理如图 14.16 所示。在发送端，信号经高通滤波后将噪声去除，通过 AD823 将信号放大后又经过比较器比较，输出高电平表示球紧挨机器人，否则球不被机器人所控。

这一设计的最大优点在于良好的抗干扰能力，这是普通的非调制信号检测方法所不能比拟的。同时，电路设计也较为简单，功耗仅几个毫安。

14.5.2　车体姿态传感器

随着机器人运动速度的加快，以及轮子结构及其布局的复杂化，如何让机器人的运动满足可控性要求成为一个较重要的课题。事实上，机器人往往出现走不直的现象。尽管依靠

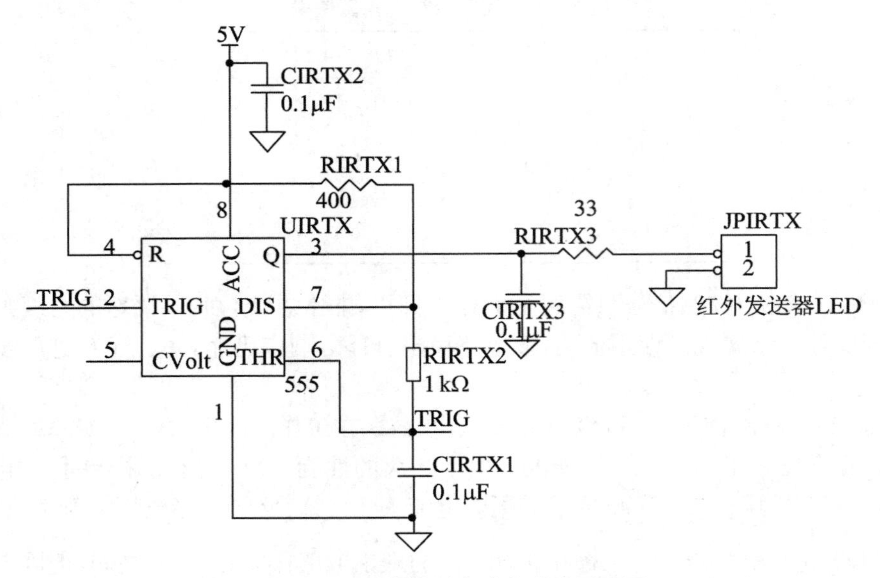

图 14.15 球检测电路发送端原理图

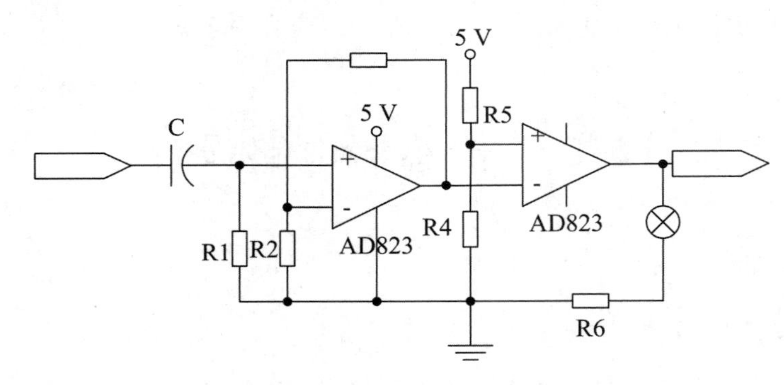

图 14.16 球检测电路接收端原理图

视觉和决策可以进行实时调整，但如果底层能加以改善，则可减轻上层软件的负担，提高决策的效率。本节介绍添加加速度和角速度传感器来改善底层运动控制的原理和方法。当底层采样周期为 τ 时，根据加速度传感器测得的机器人加速度，可得

$$\begin{bmatrix} \dot{x}(n) \\ \dot{y}(n) \end{bmatrix} = \begin{bmatrix} \dot{x}(n-1) \\ \dot{y}(n-1) \end{bmatrix} + \tau \begin{bmatrix} a_x(n-1) \\ a_y(n-1) \end{bmatrix} \tag{14.7}$$

结合角速度传感器的输出可获得机器人当前的实际速度 $(\dot{x},\dot{y},\dot{\theta})^{\mathrm{T}}$。这一信息可用来改善底层控制，具体的控制算法框图见图 14.17。

外部 PI 控制器用来完成打滑情况下对机器人运动的纠正，其前馈输出具有响应迅速的优点，这里的输入量和反馈量均为机器人的整体速度。内部 PI 控制器使各电机按调整过的期望速度旋转。

参考美国康奈尔大学 2003 年的设计文档，我们选用的是 AD 公司的 ADXL214JE，可同时测 X、Y 两个方向上 $\pm 14g$ 以内的加速度，输出为一数字矩形波。加速度的计算公式为

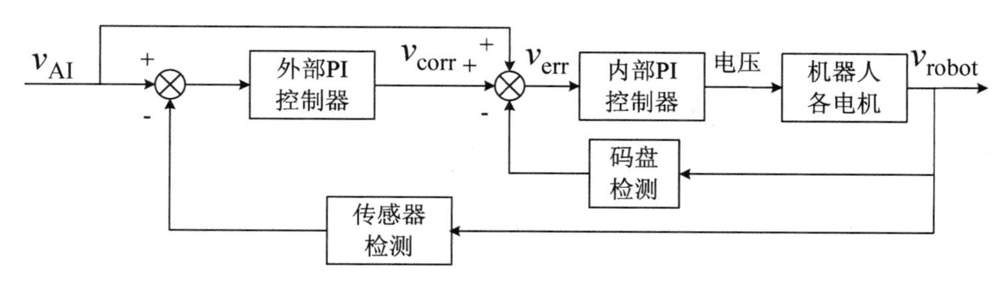

图 14.17　双闭环运动控制框图

$$A(g)=\frac{\frac{T_1}{T_2}-0.5}{4\%} \tag{14.8}$$

其中，$\frac{T_1}{T_2}$为单一周期内的占空比。该芯片的采样频率和输出周期是可调的，这一点在实际调试中比较有用。

加速度传感器的电路图见图 14.18，对输出信号的接收是通过 DSP 的捕获功能实现的。DSP 拥有两个捕获单元，正好可以捕获两路加速度信号。

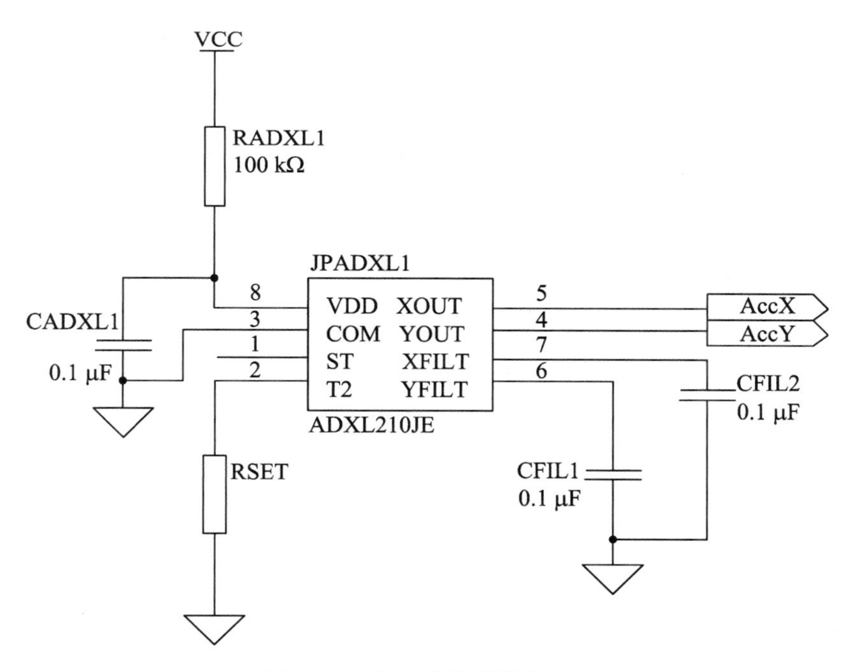

图 14.18　加速度传感器电路图

由于货源问题，我们没有增加角速度传感器，这是以后需要改进的。备选的传感器有 AD 公司的 ADXRS300、日本 Silicon Sensing Systems 公司的 CRS03 - 11。

14.5.3　ADXL214JE

ADXL214 是一种带有串行数字输出的传感器，用于测量加速度和倾斜，它具有如下特性：

（1）可测量双轴向加速度，输出循环数字信号，可与计数电路或单片机直接接口，无需放大电路和 A/D 电路。

（2）可测量动态加速度（如振动）和静态加速度（如重力加速度）。

（3）低功耗，小于 0.6 mA；单电源供电，+3～+5.25 V。

（4）只需调节外接电容就可以方便地调整信号带宽。

（5）只需调节外接电阻就可以方便地调整数字信号的循环输出周期。

（6）测量范围为±14g。

其功能结构如图 14.19 所示，X/Y 轴向传感器输出信号经 X 解调电路（DCM）后得到电压模拟信号，并通过内部额定的 32 kΩ 电阻上拉驱动循环调制电路（DCM），经过 DCM 后 $\frac{X_{OUT}}{Y_{OUT}}$输出与加速度成比例的循环数字信号，其调制周期 T_2 可由 R_{SET} 设置为 0.5～14 ms $\left(T_2=\frac{R_{SET}}{125\ \text{M}\Omega}\right)$，如图 14.20 所示，因此占空比$\frac{T_1}{T_2}$决定了加速度信号的大小及正负。

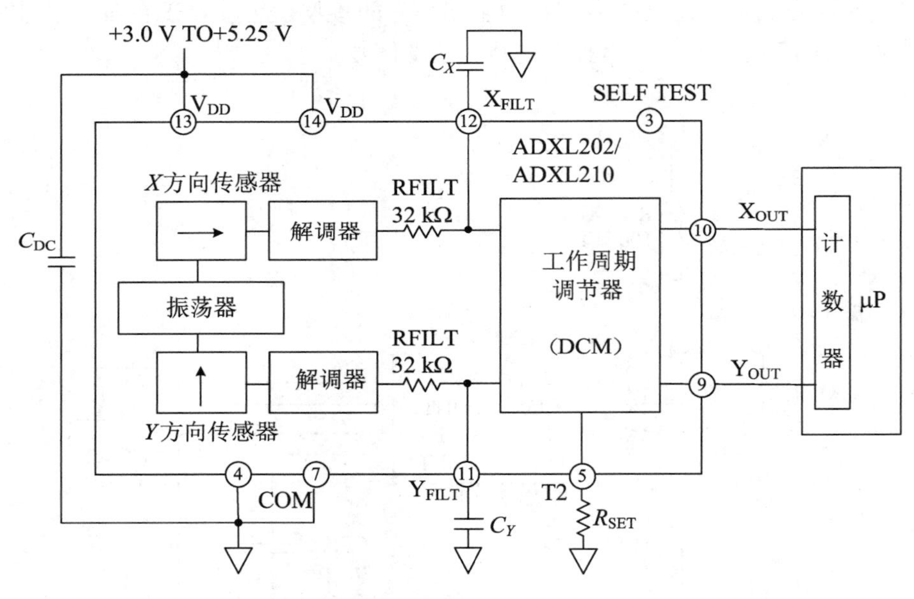

图 14.19 ADXL214 功能结构图

ADXL214 同时还具有模拟信号输出特性，X_{FILT} 和 Y_{FILT} 为模拟电压输出点，在该点可以外加放大、滤波、A/D 转换等措施得到与电压模拟信号成正比的加速度信号。ADXL214 的典型带宽为 5 kHz，因此可以采取低通（<1 MHz）滤波措施。如图 14.21 所示。

ADXL214JE 采用 14 脚表面贴装形式，其引脚排列如图 14.21 所示。引脚功能表如表 14.6 所示。

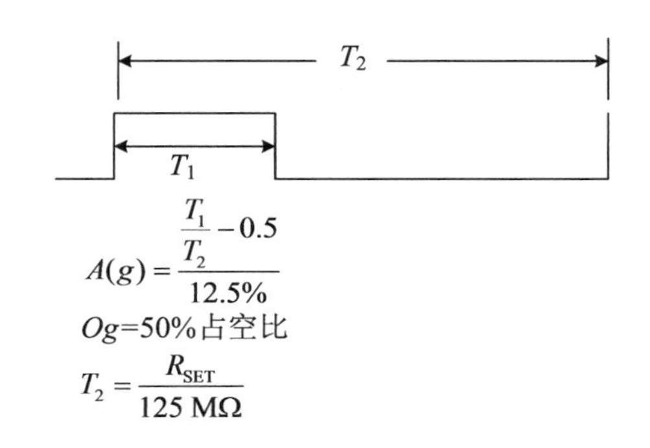

图 14.20　调制周期的确定

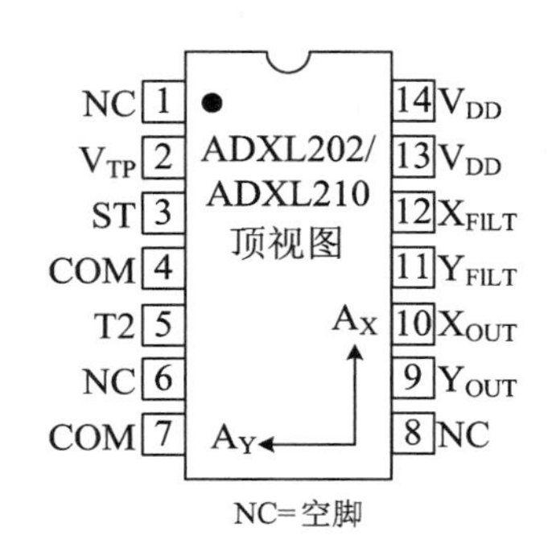

图 14.21　ADXL214JE 引脚结构图

表 14.6　ADXL214JE 引脚功能表

引脚	名称	描述
1,6,8	NC	空脚
2	V_{TP}	测试点,应用时悬空
3	ST	自检测点,自检时接 V_{DD},应用时接地或悬空
4,7	COM	公共地
5	T2	R_{SET}的接入点,用于设置 DCM 调制周期
9	Y_{OUT}	Y 轴循环数字信号输出点
14	X_{OUT}	X 轴循环数字信号输出点
11	Y_{FILT}	Y 轴滤波电容接入点或 Y 轴模拟信号输出点
12	X_{FILT}	X 轴滤波电容接入点或 X 轴模拟信号输出点
13,14	V_{DD}	电源

系统的最佳性能应从分辨率、带宽、微控制器数据采集周期方面综合考虑,以下为设计步骤:

(1) 合理选择滤波器。加速度信号带宽由 X_{FILT}和 Y_{FILT}引脚电容决定,设置 3 dB 带宽的方程式为 $F_{-3dB}=\frac{1}{2\pi(32\ k\Omega)\times C(x,y)}$,即 $F_{-3dB}=\frac{5\ \mu F}{C(x,y)}$,可见电容选取越小,信号带宽越宽,分辨率越高。ADXL214JE 模拟信号的典型带宽为 5 kHz,比 DCM 能够转换的带宽高得多,为使 DCM 误差最小化,模拟信号带宽应小于 DCM 调制频率的$\frac{1}{14}$,故电容不能选取太小。模拟信号带宽增加提高分辨率的同时也提高了噪声,ADXL214JE 的噪声具有白色高斯噪声特性,用公式表示为 $NOISE=\frac{500\ \mu F}{\sqrt{F}\ Hz}$。可见电容太小,带宽会过高,噪声太大,而带宽过窄,分辨率太低又达不到系统的精度要求,设计时应该兼顾二者。

(2) 选择 T_2 和计数频率。噪声水平是加速度信号分辨率的决定因素之一,应用系统中的分辨率不仅与 ADXL214 的 DCM 调制周期 T_2 有关,而且与外部计数频率有很大的关系。ADXL214 的循环转换器有 14 位的转换精度,但其信号真正的分辨率会受到外部用于解码循环数字信号的计数器频率限制,外部解码频率越高,每个 T_2 周期采样次数越多,其信号分辨率越高。具体工程折中设计,大致如表 14.7 所示。

表 14.7 外部计数频率、T_2 周期、DCM 分辨率的折中设计

T_2 (ms)	R_{SET} (kΩ)	采样频率 (Hz)	外部时钟 (MHz)	计数次数 /T_2	计数次数 /g	分辨率 (mg)
1.0	125	1 000	2.0	2 000	250	0.4
1.0	125	1 000	1.0	1 000	125	8.0
1.0	125	1 000	0.5	500	625	16.0
5.0	625	200	2.0	14 000	1 250	0.8
5.0	625	200	1.0	500	625	1.6
14.0	1 250	140	2.0	20 000	2 500	0.4
14.0	1 250	140	1.0	14 000	1 250	0.8

然而,在实际系统测试中我们发现其实根本不需要用测量范围如此大的加速度计,因为我们只要用此元件测量机器人的平动加速度(正常情况下是小于 1g 的),所以我们可以换用其他测量范围更小点的加速度计,在相同的采样周期里反而容易达到更高的精度。

14.5.4 ADXRS300

陀螺仪(Gyroscope,缩写为 Gyro)是一种转动装置,能在旋转时保持转动轴的方向不变,具有定向作用。世界上最早的陀螺仪是在 1852 年由法国物理学家福科研制成功的,而直到 1908 年,第一台航海用陀螺仪才在德国问世。目前陀螺仪已被广泛用于航空、航天、航海和军事领域,近年来陀螺仪还被用于电子测量领域。陀螺仪的种类很多,有音叉式陀螺仪、激光陀螺仪、光纤陀螺仪、液浮陀螺仪等类型。2002 年,美国 ADI 公司推出了新型单片偏航角速度陀螺仪 ADXRS 系列,采用微电子机械加工技术(Micro Electro Mechanical Technology,MEMT)制作,能精确测量转动物体的偏航角速度,适用于各种惯性测量系统。

ADXRS300 的性能特点如下:

(1) ADXRS300 是基于"音叉陀螺仪"(Tuning Fork Gyro)的原理,采用表面显微机械加工工艺和 Bi-CMOS 半导体工艺制成的功能完善、价格低廉的角速度传感器。其内部包含两个角速度传感器、共鸣环、信号调理器等元件及电路,真正实现了角速度陀螺仪的单片集成化。其输出电压与偏航角速度成正比,电压的极性则代表转动方向(顺时针转动或逆时针转动)。

(2) 测量偏航角速度(以下简称为角速度)的范围是 ±300 rad/s,灵敏度为 5 mV·rad^{-1}·s^{-1},零位输出电压为 2.50 V,非线性误差为 ±0.1%F.S.,稳定度为 ±0.03 rad/s,−3 dB带宽为 40 Hz,固有频率为 14 kHz,角速度噪声密度为 $\frac{0.2\ \text{rad/s}}{\sqrt{F}\ \text{Hz}}$。通过外部电阻和电容还可分别设定测量角速度的范围、带宽及零位输出电压。

(3) 内部包含电压输出式温度传感器、+2.5 V 基准电压源和电荷泵式 DC/DC 电源变换器,并具有自检功能。

(4) 抗振动、抗冲击能力强,超小型,超轻薄化。其外形尺寸仅为 7 mm×7 mm×3 mm,

质量小于 1 g，很容易固定在转动物体上。

(5) 采用+5 V 电源供电，电源电压允许范围为+4.75～+5.25 V，电源电流的典型值为 5 mA，工作温度范围为-40 ℃～+85 ℃。

ADXRS300 采用 BGA-32 型金属壳表贴式封装，其引脚排列的底视图如图 14.22 所示。需要说明几点：第一，图中的"+"字交叉点代表转动轴（Z 轴），箭头方向表示转动方向，因为所画的是底视图，所以从正面看应为顺时针方向旋转（下同）；第二，32 个引脚按照 7 行（1～7）、7 列（A～G）的矩阵形式对称分布，每个引脚的坐标位置用所在行、列的序号来表示，并且每两个引脚划分成一组，互相连接后作为一个引出端，以 CP4 引出端为例，它所对应的两个引脚坐标分别是第 6 行第 A 列和第 7 行第 B 列，记作 6A，7B，其余类似，采用这种结构能使引脚与外围电路的接触更加可靠；第三，金属外壳在内部与 GND 端连通。

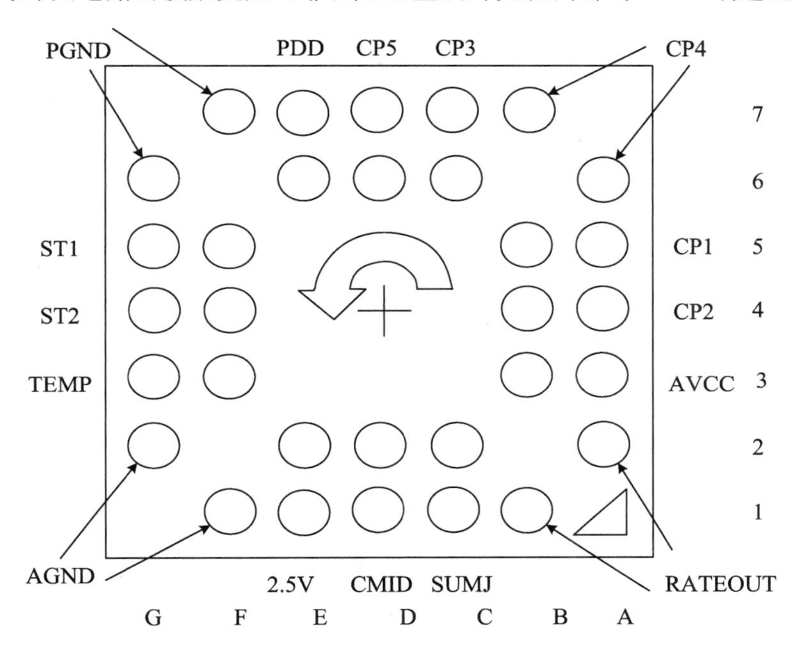

图 14.22　ADXRS300 的 32 引脚 BGA 封装结构

ADXRS300 的 32 引脚功能如表 14.8 所示。

表 14.8　ADXRS300 的 32 引脚功能表

引脚号	标识	描述
6D,7D	CP5	HV 滤波电容，47 nF
6A,7B	CP4	电荷泵电容，22 nF
6C,7C	CP3	
5A,5B	CP1	电荷泵电容，22 nF
4A,4B	CP2	
3A,3B	AVCC	模拟电源
1B,2A	RATEOUT	速率信号输出
1C,2C	SUMJ	电流输出总和

续表

引脚号	标识	描述
1D,2D	CMID	HF 滤波电容,140 nF
1E,2E	2.5 V	2.5 V 精确参考电压
1F,2G	AGND	模拟地
3F,3G	TEMP	温度传感器输出电压
4F,4G	ST2	传感器 2 的自检
5F,5G	ST1	传感器 1 的自检
6G,7F	PGND	电荷泵地
6E,7E	PDD	电荷泵电源

各引脚的功能如下:VCC 为正模拟电源端;GND 为模拟地;PGND 为泵电源的地;PDD 为泵电源的输入端,接 VCC;在 CP5 与 GND 端之间接泵电源的高压滤波电容;在 CP3 与 CP4 之间、CP1 与 CP2 之间分别接 0.022 μF 的泵电容;RATEOUT 为角速度的电压信号输出端(零点电压为 2.50 V);SUMJ 为输出放大器的求和点(即输出电压的调零端);CMID 接滤波电容 C_{MID};2.5 V 端为+2.5 V 精密基准电压输出端;TEMP 为温度信号电压放大器的输出端;ST1 和 ST2 分别为角速度传感器 1、2 的自检端。

ADXRS300 的内部电路框图如图 14.23 所示,主要包括 8 部分:

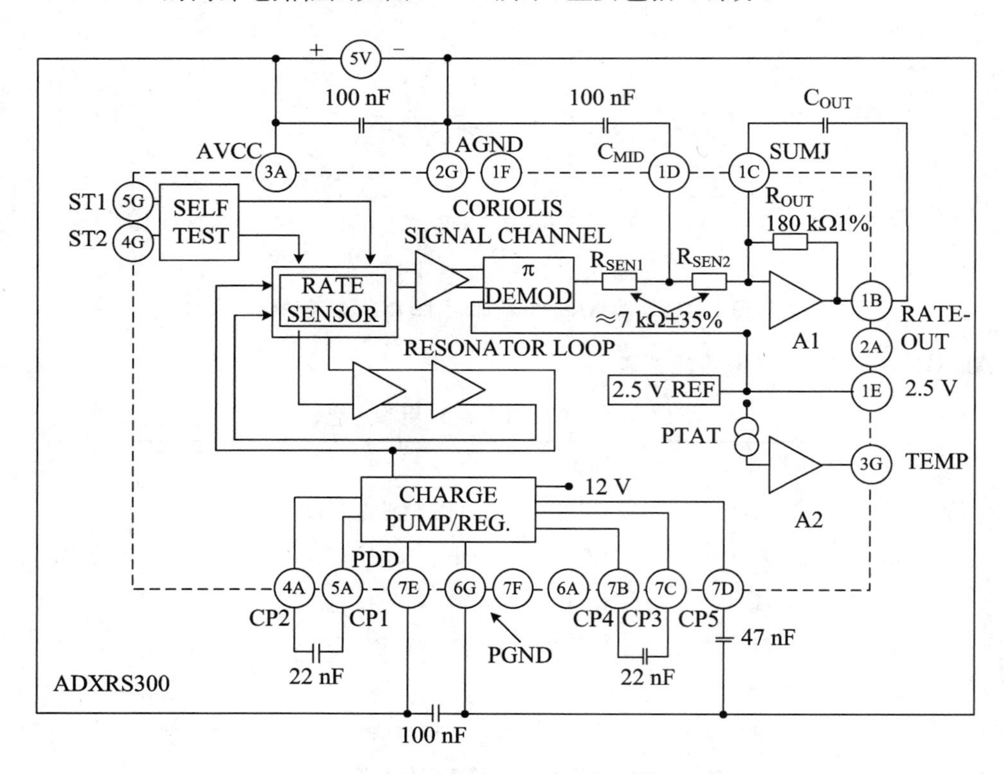

图 14.23 ADXRS300 的内部电路框图

（1）自检电路。

（2）角速度传感器 1 和 2。

（3）共鸣环。

（4）科里奥利（CORIOLIS）信号通道，包含 π 型解调器等。

（5）角速度输出电压放大器（A1）。

（6）2.5 V 基准电压源。

（7）温度传感器及电压放大器（A2）。

（8）+12 V 泵电源。

ADXRS300 内部的陀螺是经过显微机械加工工艺制成的，工作时利用音叉陀螺仪（共鸣器）原理。两个角速度传感器是用多晶硅制成的，每个传感器都包含靠静电力来产生谐振的抖动架，形成转动部件。采用两套角速度传感器的设计方案，能消除外部重力和振动对测量的影响。信号调理器的作用是在噪声环境下保证测量精度不变。

当物体在转动时，在科里奥利力的作用下，角速度传感器的转动方向不变，而旋转方向可以是顺时针，也可以是逆时针，由转动物体而定。ADXRS300 通过电容对偏航角速度进行采样，再依次经过能产生 180°相移的 π 型解调器、低通滤波器和输出放大器对信号进行调理，最终获得与 Z 轴方向的角速度成正比的电压信号。其工作原理示意图见图 14.24。设被测角速度为 αv（单位是 rad/s），输出电压为 U_o，已知灵敏度 $k=5\ \mathrm{mV \cdot rad^{-1} \cdot s^{-1}}$，有关系式：

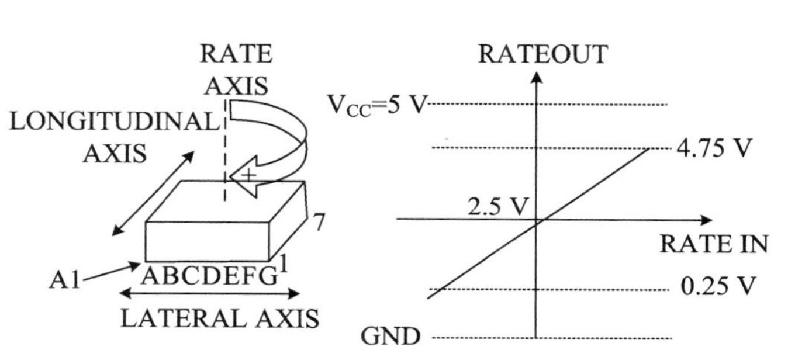

图 14.24　ADXRS300 工作原理示意图

$$U_o = k\alpha v \tag{14.9}$$

ADXRS300 的外围元件主要包括电源退耦电容 $C1$、泵电源的退耦电容 $C2$、充电泵电容 $C3$～$C5$、滤波电容 C_{MID} 和 C_{OUT}。芯片内部还有传感电阻（R_{SEN1}、R_{SEN2}）和输出电阻（R_{OUT}）。其中，由 C_{MID} 与 R_{SEN1}、R_{SEN2} 组成高频噪声滤波器，当 $C_{MID}=0.1\ \mu\mathrm{F}$ 时，可滤除 400 Hz（1±35%）以上的高频干扰。为防止高频解调后的环境噪声使输出放大器饱和，在制作 R_{SEN1} 和 R_{SEN2} 时专门留出了±35%的余量，允许它们的电阻值为 7 kΩ（1±35%）。因此，C_{MID} 的电容量并不要求很精确。如果将高频噪声滤波器的下限频率定得低一些，滤波效果会更好。输出电阻 R_{OUT} 属于精密电阻，其电阻值为 180 kΩ（1±1%）。由 C_{OUT} 与 R_{OUT} 构成的低通滤波器主要用来设定带宽，当 $C_{OUT}=0.022\ \mu\mathrm{F}$ 时，设置的带宽为 40 Hz（标称值）。

芯片内部的温度传感器不仅能测量环境温度，还可用来对角速度传感器的输出电压进行温度补偿，以便构成精密角速度检测系统。设温度传感器的输出电压为 U_T，其电压温度系数 $\alpha T=+8.4\ \mathrm{mV/K}$。$U_T$ 与热力学温度 T（K）成正比（K 为绝对温度），有关系式：

$$U_T = \alpha T \cdot T \tag{14.10}$$

由 ADXRS300 构成角速度测量仪的电路如图 14.25 所示（芯片为俯视图）。该仪表采用+5 V 电源供电。角速度电压信号和温度电压信号分别送给 20 V 量程的四位半数字电压表（DVM）。S3 为测量角速度/温度的选择开关。将角速度读数除以灵敏度，就得到 αv 值，其分辨率为 0.1 rad/s。同理可计算出 T 值，分辨率为 0.1 ℃。S1、S2 均为自检开关。

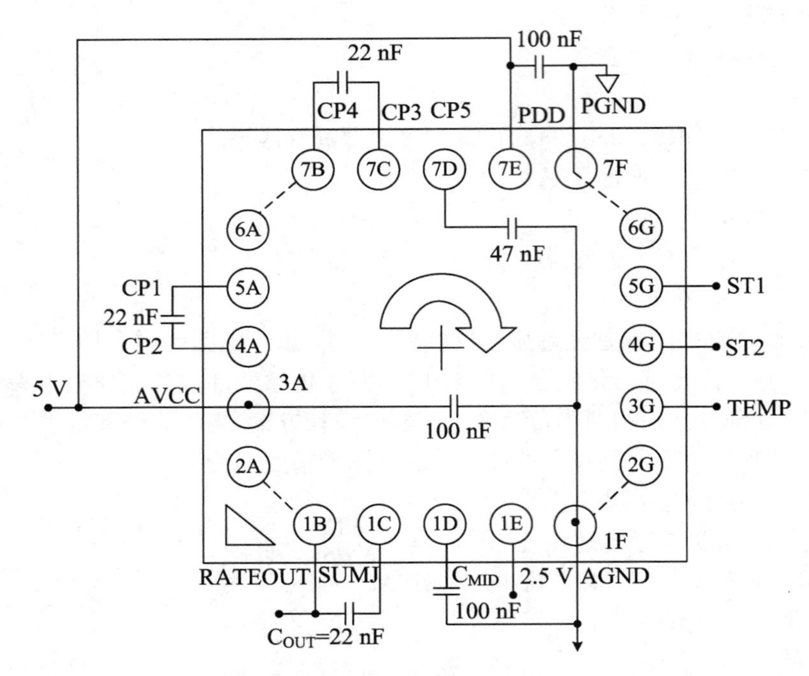

图 14.25 ADXRS300 的典型应用及电路设计图

闭合 S2 时 ST1 端接高电平，对角速度传感器进行自检，此时可模拟一个－50 rad /s 的角速度信号，使 RATEOUT 端产生－280 mV 的电压变化量（从 2.50 V 降为 2.22 V）；同理，闭合 S1 时能模拟一个＋50 rad/s 的角速度信号，使 RATEOUT 端产生＋280 mV 的变化量（从 2.50 V 升至 2.78 V）。而且，即使同时闭合 S1、S2 也不会损坏芯片，只是因为两个角速度传感器不可能完全匹配，此时输出端电压会偏离零点。

在上电过程中将 ST1 端（或 ST2 端）置成高电平，还可进行上电自检。要想构成角速度检测系统，需增加 A/D 转换器、单片机，再配上键盘、显示器等外围电路。

在实际电路设计中我们需要注意如下问题：

(1) 设置带宽。改变 C_{OUT} 的电容量可以设置角速度输出信号的带宽，计算带宽的公式为

$$B_W = \frac{1}{2\pi R_{OUT} C_{OUT}}$$

当取 $R_{OUT}=180\ \text{k}\Omega$、$C_{OUT}=0.022\ \mu\text{F}$ 时，$B_W=40.2\ \text{Hz}\approx 40\ \text{Hz}$，这就是带宽的标称值。若取 $C_{OUT}=0.033\ \mu\text{F}$，则 $B_W=26.8\ \text{Hz}$。为减小整个系统的噪声，带宽应设计得尽可能窄一些。

(2) 扩展测量范围。在 RATEOUT 与 SUMJ 引脚之间并联一只设定电阻 R_{SET}，使新的输出电阻 $R'_{OUT}=R_{OUT}//R_{SET}<R_{OUT}$，即可改变测量范围。例如，当 $R_{SET}=330\ \text{k}\Omega$ 时，$R'_{OUT}=300\ \text{k}\Omega//330\ \text{k}\Omega=116.5\ \text{k}\Omega$，测量范围就增加了 $\frac{R_{OUT}}{R'_{OUT}}=1.54$ 倍，即扩展了 54%。

需要说明两点：第一，测量范围最多允许扩展到 4 倍，达到 1 200 rad/s，因此并联后的总电阻值不能小于 45 kΩ；第二，扩展测量范围之后输出零漂会增大，必须重新调整零位。

(3) 调整零位。ADXRS300 的零位输出电压为 2.50 V，这是针对对称摆动范围而言的。

某些情况下可能需要不对称的摆动范围，为此，可在 SUMJ 端与 GND(或 VCC)端之间并联一只调零电阻 R_N，其电阻值由下式确定：

$$R_N = \frac{U_{N0} R_{OUT}}{U_{N0} - U_{N1}} \tag{14.11}$$

式中，U_{N0} 为调整前的零位输出电压，U_{N1} 为调整后所要达到的零位电压。若 $U_{N0} < U_{N1}$，则 R_N 应接在 SUMJ 端与 GND 端之间；反之，当 $U_{N0} > U_{N1}$ 时，R_N 需接在 SUMJ 端与 VCC 端之间。

(4) VCC 端与 PDD 端必须分别接退耦电容。退耦电容要尽量靠近所接的电源引脚。在构成测试系统时，ADXRS300 可以和其他模拟电路共用 +5 V 电源，但不要使用数字电路的 +5 V 电源，以免受到高频噪声及瞬态干扰的影响。

14.6　辅 助 电 路

辅助电路主要用于调试和指示功能，主要包括：8 段 LED、串行 EEPROM、信号指示灯、拨码开关等。各自的实现方法为：

(1) 选用共阴极 8 段 LED，通过串并转换芯片 74HC595 将 DSP 的 I/O 口发来的数据显示出来。该 LED 可用来显示机器人号码、指示程序运行情况等。

(2) 对串行 EEPROM 的控制是由 DSP 的 SPI 口来实现的，该 EEPROM 用来存储重要的调试数据，比如对控制参数的整定结果。

(3) 信号指示灯有两种实现方式：一种是接到独立的 I/O 口上，可根据需要编程控制；另一种是接到需要观察的信号引脚上，可根据指示灯情况判断信号是否正常。

(4) 拨码开关的引脚都是直接接到 I/O 口上的，可当作 DSP 的数据输入，用于调试。

14.6.1　74HC595

74HC595 为一种 8 位的串并转换芯片，广泛应用于简单的低速 I/O 口扩展方案。本系统中使用此芯片扩展 I/O 口，使之驱动 8 段 LED 数码管，以显示机器人状态，为辅助调试提供方便。

16 脚双列直插式封装 HC595 的引脚如图 14.26 所示。

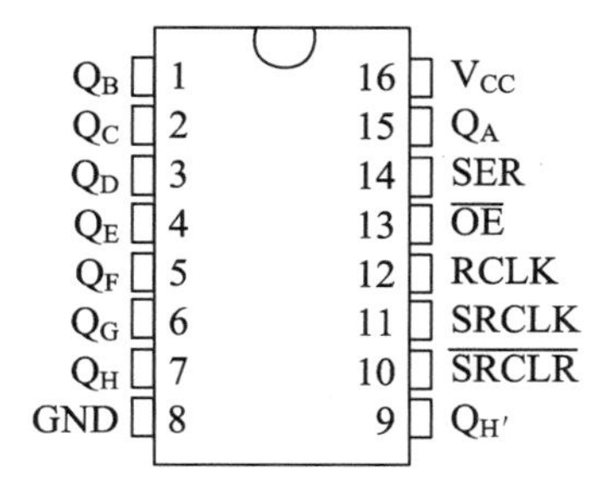

图 14.26　HC595 引脚结构图

引脚描述和功能描述如表 14.9 所示。

表 14.9 HC595 引脚功能描述

引脚	名称	描述
1～7,15	$Q_A \sim Q_H$	三态并行数据输出口
8	GND	电源地
9	$Q_{H'}$	输出,不经 D 触发器缓冲
14	$\overline{\text{SRCLR}}$	低有效,清空移位寄存器数据
11	SRCLK	移位寄存器时钟
12	RCLK	D 触发器缓存时钟
13	$\overline{\text{OE}}$	低有效,输出使能信号
14	SER	输入,串行输入口
16	V_{CC}	电源,正极

HC595 拥有独立的移位寄存器时钟和输出缓存时钟,且都为上升沿触发有效,其移位寄存器数据可由$\overline{\text{SRCLR}}$直接清空。当输出使能脚$\overline{\text{OE}}$为"1"时,输出脚处于高阻态。其芯片内部逻辑图如图 14.27 所示。

从图中可以十分清楚地推出,芯片工作时状态如表 14.10 所示。

表 14.10 HC595 芯片工作状态

输入状态					功能
SER	SRCLK	$\overline{\text{SRCLR}}$	RCLK	$\overline{\text{OE}}$	
X	X	X	X	H	输出 $Q_A \sim Q_H$ 为高阻态
X	X	X	X	L	输出 $Q_A \sim Q_H$ 使能
X	X	L	X	X	清除移位寄存器内容
L	↑	H	X	X	移位寄存器第 1 位变为低,其他位状态不变
H	↑	H	X	X	移位寄存器第 1 位变为高,其他位状态不变
X	X	X	↑	X	将移位寄存器中数据存储到存储寄存器中

其时序图如图 14.28 所示。

利用 HC595 与 TMS320F2812 接口驱动共阴极 LED 数码管的接口电路如图 14.29 所示。

DSP 中利用 HC595 驱动 8 段数码管的程序如下所示:

```
int  LedData[ ]={
        0x0FD,   0x00D,   0x0DB,   0x0F3,
        0x067,   0x0B7,   0x0BF,   0x0E1,
        0x0FF,   0x0F7,   0x0EF,   0x03F,
        0x09D,   0x07B,   0x09F,   0x08F
        };
int UseLed(int DataShow)
{
```

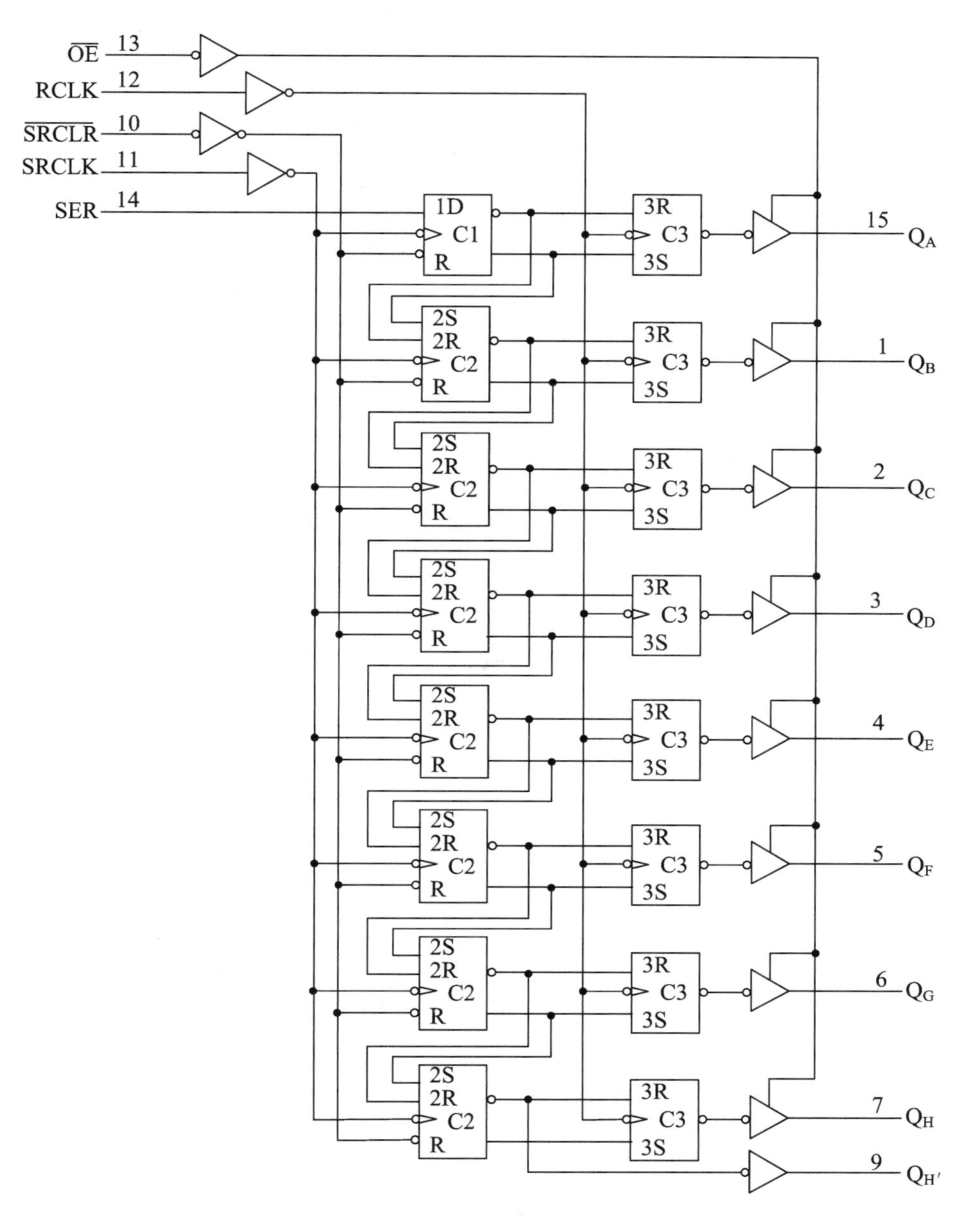

图 14.27　HC595 芯片内部逻辑

```
    if (DataShow>256)
        return 0;

    UnLedParalletOut();     //关闭并行输出
    SendLedParaData(DataShow);
    return 1;
}
void UnLedParalletOut(void)
{
```

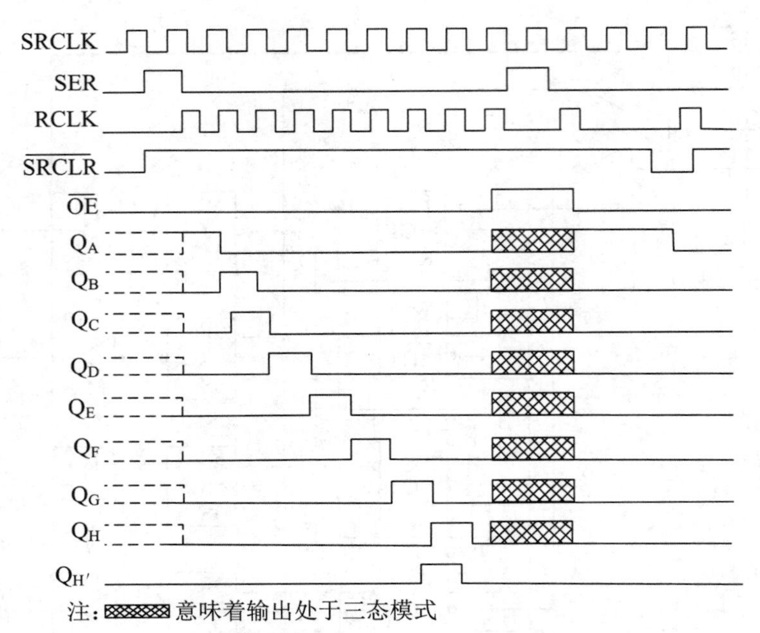

图 14.28 HC595 芯片工作时序

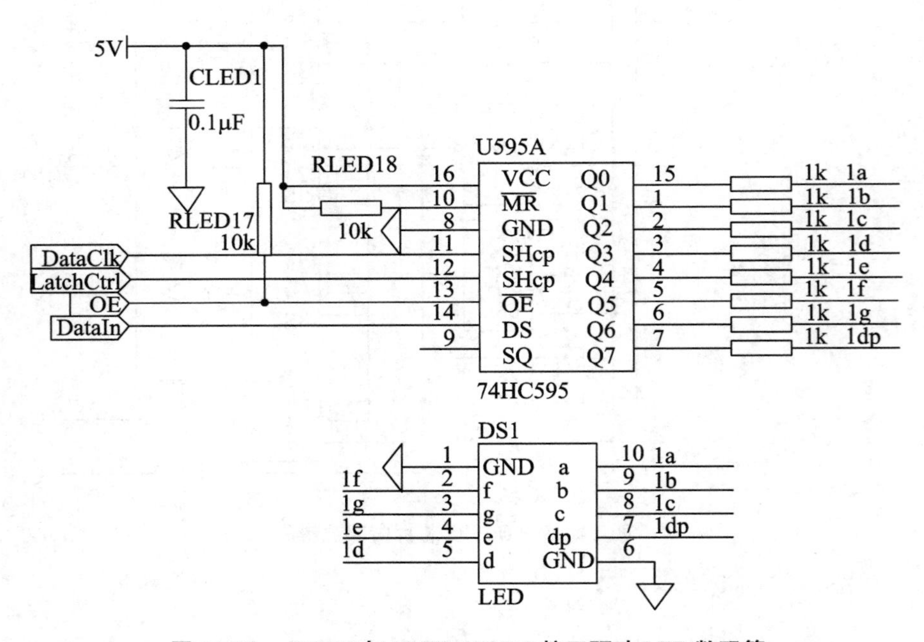

图 14.29 HC595 与 TMS320F2812 接口驱动 LED 数码管

```
        PEDATDIR |= 0x0141;
}
void EnLedParalletOut(void)
{
        PEDATDIR &=0xFFFE;
}
```

```
void SendLedParaData(int ledparameter)
{
    int i,MidData,MidOne,MidTwo;

    for(i=0;i<8;i++)
    {
        MidOne    =1;
        MidData   = LedData[ledparameter];
        MidOne    = MidOne<<i;
        MidData &= MidOne;
        if(MidData>=1)
        MidTwo=1;
        else
        MidTwo=0;
        switch(MidTwo)
        {
            case 0:PEDATDIR &=0x0FFBF;
                break;
            case 1:PEDATDIR |=0x0040;
                break;
        }
        LedShiftClk();
    };
    EnLedParalletOut();
    LedStorClk();
}
void LedStorClk(void)
{
    PDDATDIR &=0xFFFE;
    PDDATDIR |=0x0001;
    PDDATDIR &=0xFFFE;
}
void LedShiftClk(void)
{
        PBDATDIR &=0xFFF7;
        PBDATDIR |=0x0008;
        PBDATDIR &=0xFFF7;
}
```

14.6.2　EEPROM

存储器从功能上可分为两类。一类是可读可写随机存储器(RAM),这类存储器在有工作电压时,数据是稳定不变的,但工作电压掉电时写入的数据会全部丢失。另一类是只能读，不能在常规工作电压下用一条指令时间写入的只读存储器(ROM)。这类存储器不论是否掉电，已写入数据都不会丢失。随着半导体工艺的进步，ROM 类产品中也产生了在工作电压下可以读也可以写的 EPROM。但是，RAM 可用一条指令直接读写(一般读或写一个字节的时间在 10 ns 至 100 ns 之间，由 CPU 读写指令时间决定)，而 EPROM 可以用一条指令时间读，但写入一个字节时比较慢，一般在 100 μs 至 1 ms 之间，比用一条指令写入 RAM 数据要慢几个数量级。(注：1 s=1 000 ms，1 ms=1 000 μs，1 μs=1 000 ns。)

目前 EPROM 主要应用于存储程序或已有数据。在实际应用中，在不同环境和不同工况条件下，有时需要修改校准数据、A/D 变换零漂数据、临时产生的重要参数、当前使用的无线通信频率以及原主程序的走向等数据，这时就需要向 EPROM 写数据。那么 CPU 与 EPROM 应满足哪些条件写数据时才能正常工作？除必须片选该接口芯片外，还要具备如下条件：其一，写入时需要使用 RAM 作为缓冲器，完成写入指令后保持较长时间内数据不变，以保证此次写入正确。其二，CPU 与 EPROM 要有相互通知状态和准备要工作的信号(参见图 14.31、图 14.39)。AT45DB161B 的 EPROM 接口芯片为了加快读写时间，在芯片内设置了输入、输出各 512 字节的 RAM 缓冲器。但这样 CPU 只能成批(512 字节)读写，也就是说写一个字节也要完成一批写入后才算完成，因此要修改某一字节时，先要把该字节所在 EPROM 地址 512 字节整体读出并修改该字节后，再把该批数据(512 字节)一起发到输入缓冲器中，才能命令 EPROM 开始写。随着半导体工艺的进步，目前对 EPROM 512 字节整体写入时，已使用顺序重叠写入技术，因此写入 EPROM 512 字节的时间只相当于写入 EPROM 一个字节时间的几倍，所以批量写入还是很快的，但还是远大于 RAM 的一条指令写入时间。因此在编程时应尽可能地把临时需要修改的数据集中管理，尽可能更有效地成批完成写入操作。

作为工业控制领域的顶极 DSP，TMS320F2812 虽然有着接口丰富、处理能力强等优点，但它也存在着本身存储空间不足且地址空间仅有 4 M 的缺点。为了存储更多数据，我们采用外扩 Flash 来扩展存储空间。

Flash 存储器按其接口可分为串行和并行两大类。串行 Flash 存储器大多采用 I^2C 接口或者 SPI 接口进行读写。它与并行 Flash 存储器相比，所需引脚少、体积小、易于扩展，与单片机或控制器连接简单、工作可靠。所以选用串行 Flash 进行存储空间外扩是个比较方便且可行的方法。

我们最终选用的 AT45DB161B 产品属于 Atmel 公司的 DataFlash 系列，采用 NOR 技术制造，可用于存储数据或者程序代码。此系列产品型号为 AT45DB，它具有许多优点：存储器容量较大，一般为 1～256 Mb；封装尺寸小，最小封装型是 CBGA，尺寸为6 mm×8 mm；采用 SPI 接口进行读写，硬件连线少；内部页面尺寸较小，8 Mb 容量的页面尺寸为 264 字节，16 Mb 和 32 Mb 容量的页面尺寸为 512 字节，64 Mb 容量的页面尺寸为1 456 字节，128 Mb 容量和 256 Mb 容量的页面尺寸为 2 112 字节。另外，AT45DB 系列存储器内部集成了两个与主存页面相同大小的 SRAM 缓存，极大地提高了整个系统的灵活性，简化了数据的读写过程。此外，AT45DB 系列存储器的工作电压较低，只需 2.7 V～3.6 V；整个芯片的功耗也较小，典型的读取电流为 4 mA，待机电流仅为 2 μA。所有这些特点使得此系列存储器非常适合于构成微型、低功耗的测控系统。

AT45DB161B 为 DataFlash 系列中的中档产品，它通过一个 SPI 接口进行通信，最大时钟频率可达 20 MHz。主存储区容量为 16 Mb，分成 4 096 页，每页为 528 字节。除主存以外，AT45DB161B 还提供了 2 个 528 字节的 SRAM 数据缓存。AT45DB161B 通过一个 SPI 串口(8 位)来顺序地和单片机之间传送数据。SPI 接口利用 SCK、SI 和 SO 这 3 条线来进行数据读和写。其引脚排列如图 14.30 所示。

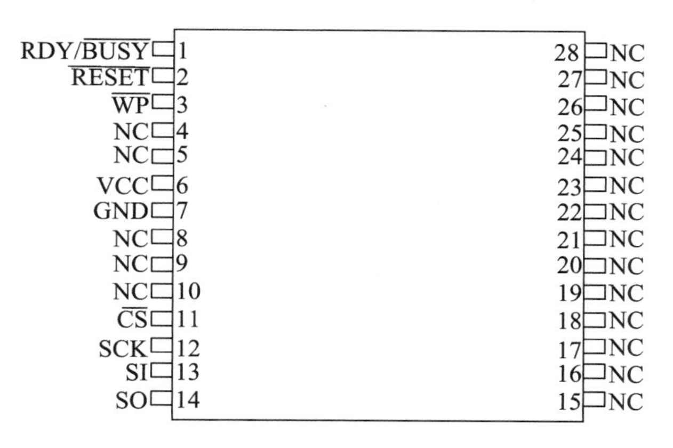

图 14.30 AT45DB161B 引脚结构图

引脚功能如表 14.11 所示。

表 14.11 AT45DB161B 引脚功能描述

引脚名称	功能描述
$\overline{CS}$	片选
SCK	串行时钟
SI	串行输入
SO	串行输出
$\overline{WP}$	页面写保护
$\overline{RESET}$	复位
RDY/$\overline{BUSY}$	准备好/忙
NC	未使用

AT45DB161B 的内部逻辑结构分为三个部分(如图 14.31 所示)：存储器页阵列(主存)、缓存与 I/O 接口。它的 17 301 504 比特存储空间被分为 4 096 页，每页占据 528 字节。除了以上主存储区，AT45DB161B 还带有两页 SRAM 数据缓存，每页有 528 字节的空间。当主存中的一页正在进行诸如读写一个持续的数据段等改写操作时，缓存允许接收数据。

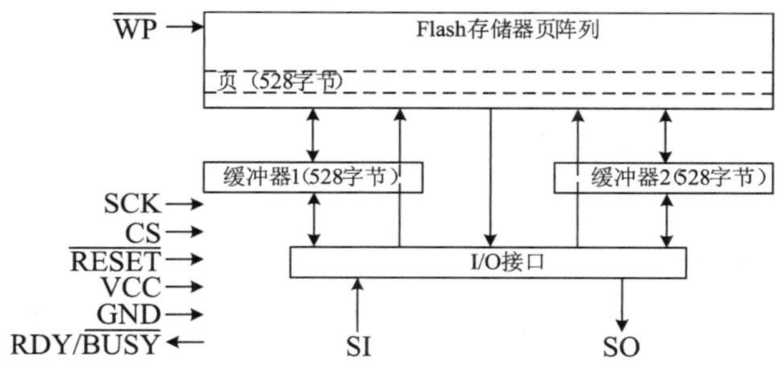

图 14.31 AT45DB161B 的内部逻辑结构

SPI 接口共有四种操作模式，分别为 0、1、2、3。SPI 操作模式决定了设备接收和发送数据时的时钟相位和极性，即决定了时钟信号的上升沿和下降沿与数据流动方向之间的关系，如图 14.32 所示。

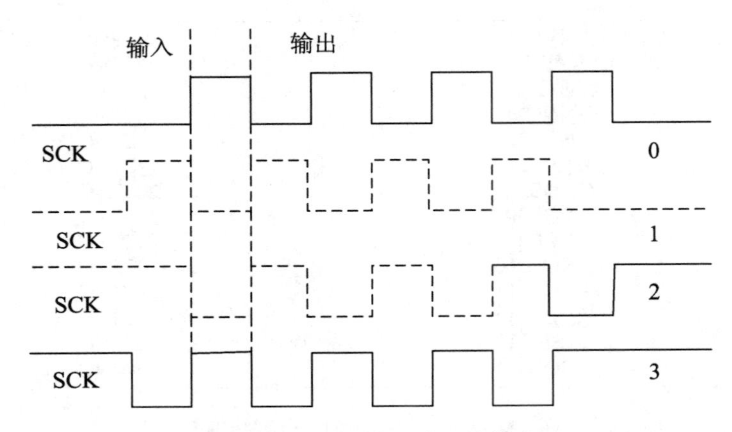

图 14.32 SPI 的四种工作模式

数据输出并不开始于和数据输入同一时钟周期的下降沿，
而是开始于下一个时钟周期的下降沿

DataFlash 系列存储器仅支持使用得最为广泛的 SPI 模式 0 和 3。在这两种模式下，SCK 信号的上升沿触发数据输入，下降沿触发数据输出。两者的区别在于 SCK 信号的起始电平不同。

除了基本存储单元外，DataFlash 系列存储器内部还包括命令用户接口（Command User Interface，CUI）和状态机。CUI 接收用户软件的操作命令，将其翻译成状态机内部操作，一个 8 位的状态寄存器（Status Register）用来指示设备的操作状态。向存储器输入读状态寄存器命令可将状态寄存器的数据从最高位开始依次读出。状态寄存器各位的意义如表 14.12 所示。

表 14.12 状态寄存器

bit 7	bit 6	bit 5	bit 4	bit 3	bit2	bit 1	bit 0
RDY/$\overline{\text{BUSY}}$	COMP	1	0	1	X	X	X

第 7 位为“1”时表示芯片已准备好接收下一个命令，否则表示正处于“忙”状态。

第 6 位为比较位，当其为“0”时表示主存页（Main Memory Page）的数据和缓存中的数据相同；当其为“1”时表示主存页的数据和缓存中的数据至少有 1 位不相同。

第 5、4、3 位表示容量。

第 2、1、0 位为保留位，供将来使用。

为了使存储器进行所需的操作，例如读、写、擦除等，必须从 SI 引脚输入相应的操作命令，然后从 SO 或 SI 引脚读取或写入数据。除读状态寄存器命令外，所有命令的格式为：1 字节操作码＋3 字节地址码。操作码指示所要进行的操作，DataFlash 系列存储器共有 26 条操作码。3 字节地址码用来寻址存储器页阵列或缓存。图 14.33 为 AT45DB161B 的读、写命令格式。

3 字节地址码中，低 14 位（bit0～bit13）指定页内的字节/缓存地址，bit14～bit21 为页地

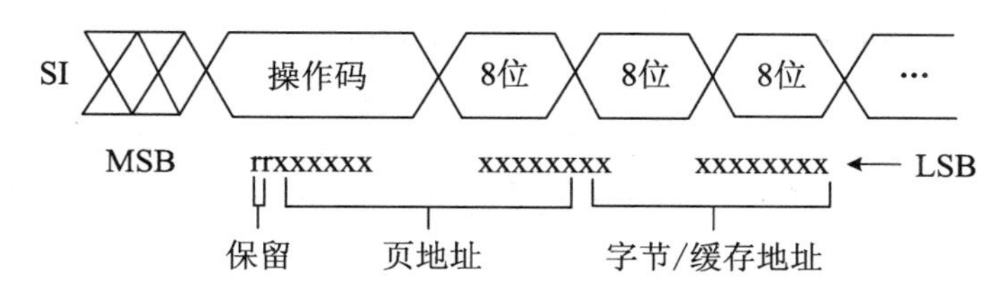

图 14.33　AT45DB161B 的读、写命令格式

址，bit22～bit23 为保留字。

AT45DB161B 基本读写操作时序图如图 14.34 所示(在 SPI 模式 3 下)。

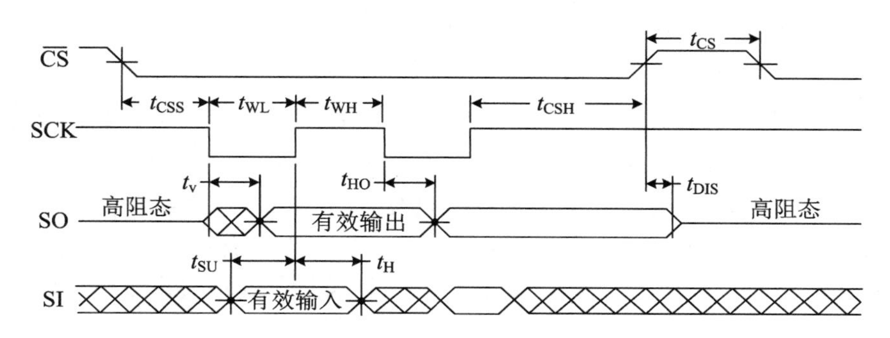

图 14.34　在 SPI 模式 3 下 AT45DB161B 基本读写操作时序

AT45DB161B 向主存储队列中写入数据之前，必须先把数据写入缓存，然后再把缓存中的数据转移到主存，具体流程见图 14.35。

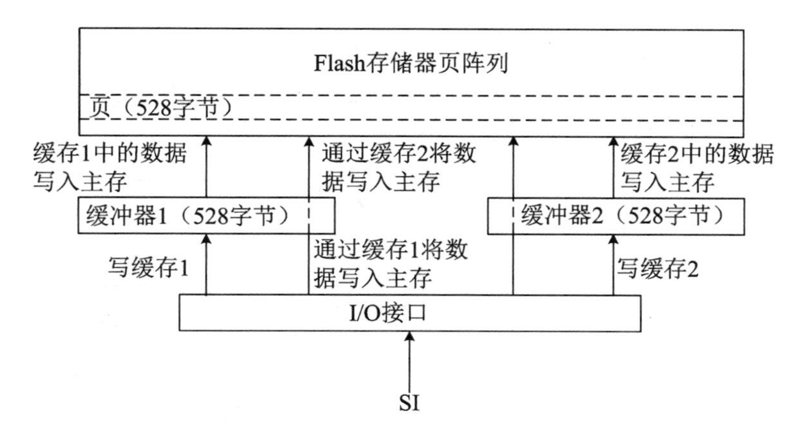

图 14.35　AT45DB161B 写操作流程

把缓存中的数据写入主存和通过 I/O 口(SI)把数据写入缓存的操作基本上是一样的，除了控制字不同以外，前者甚至比后者更容易实现。因为前者只需向 I/O 口输入控制字和一些必要的地址信号，缓存中的数据就会自动转入主存。而对于后者，所有的控制字、地址和需要写入的数据信号都将通过 I/O 口(SI)输入。

写缓存的时序图如图 14.36 所示。

以写缓存 1 为例，其控制字(Opcode)为 84H。在写入数据之前，写入 SI 端口的数据见表 14.13。

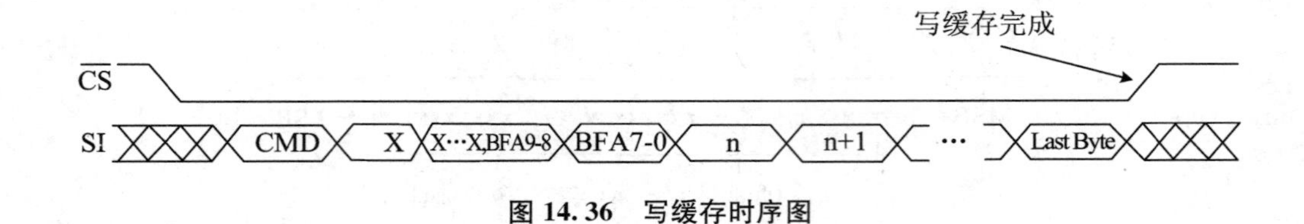

图 14.36 写缓存时序图

表 14.13 位串行发送顺序

控制字	地址字节	地址字节	地址字节	其他不用考虑所需字节
	RR PA11～PA6	PA5～PA0 BA9 BA8	BA7～BA0	
1400 0140	x x x x x x x x	x x x x x x B B	BBBBBBBB	N/A

注：R＝保留，P＝页地址位，B＝字节/缓存地址位，x＝任意。

从表中可以看出，当数据通过 SI 引脚写入缓存 1 时，必须先写入 8 比特的控制字 84H，接着是 14 个无所谓比特（Don't Care Bits），然后是 Flash 14 比特的地址信号（PA11～PA0），之后写入缓存地址，需要写入的数据就可以跟在后面写入 SI 端口了。其中 14 比特地址信号确定了需要写入的第 1 个字节在缓存中的位置。如果写到了缓存的底部，器件会自动把后面接着的数据从缓存顶部写入。因此数据可以持续不断地写入缓存，直到$\overline{CS}$引脚信号出现从低到高的跳变为止。

读主存中的数据可以同把数据写入主存一样，通过缓存来转移数据；也可以直接读取主存中的数据（具体流程见图 14.37）。后者的优点是可以绕过两块缓存直接读取主存，从而保护缓存中的数据不被改变。从图 14.35 和图 14.36 得出 I/O 口与芯片 AT45DB161B 交换数据有如下几种方式。其一，I/O 口可直接读芯片中 Flash 所存数据。其二，I/O 口可以通过缓冲器（RAM 结构）读数据。其三，I/O 口通过缓冲器向 Flash 写数据。在芯片内部还有缓冲器向 Flash 写数据。因为向 Flash 写数据很慢（相对对 RAM 写数据而言），所以I/O 口必须先向缓冲器写数据，再由指令、控制字和芯片内部控制最后完成。

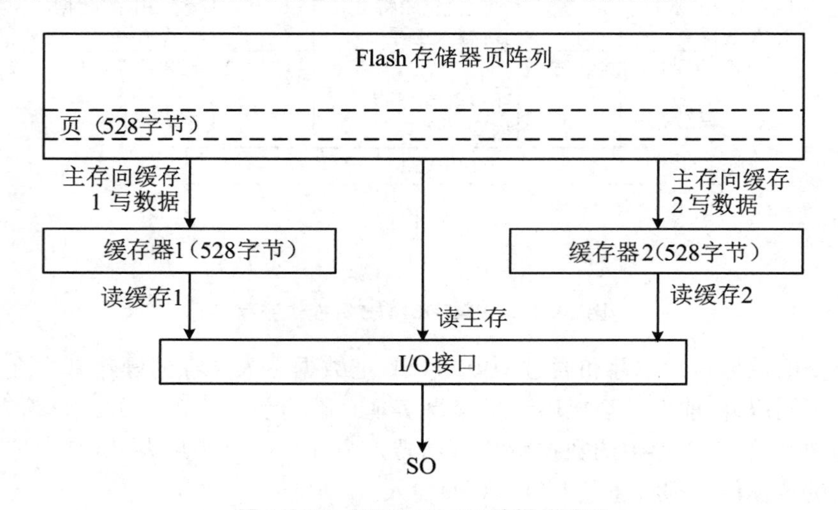

图 14.37 AT45DB161B 读操作流程

读缓存的时序图如图 14.38 所示。

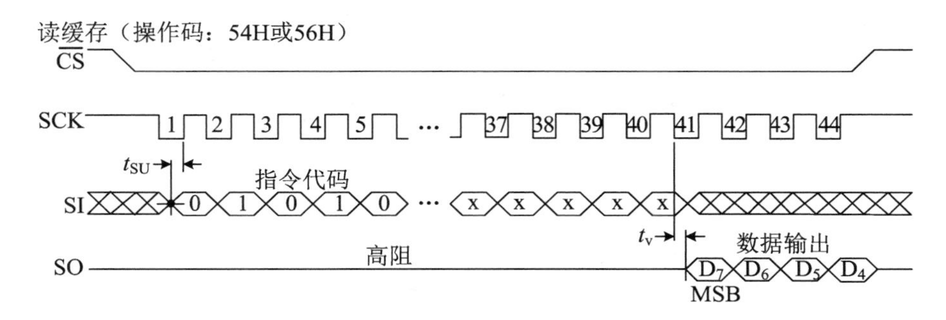

图 14.38　AT45DB161B 典型读操作时序图

以读缓存 1 为例，其控制字(Opcode)是 54H。在通过 SO 引脚读出数据之前，写入 SI 端口的数据见表 14.14。

表 14.14　位串行发送顺序

控制字	地址字节	地址字节	地址字节	其他不用考虑所需字节
	RR PA11～PA6	PA5～PA0 BA9 BA8	BA7～BA0	
0141 0140	x x x x x x x x	x x x x x x B　B	BBBBBBBB	1 Byte

注：R ＝保留，P ＝页地址位，B ＝字节/缓存地址位，x ＝任意。

从表 14.14 可以看出，当读取缓存 1 中的数据时，必须先向 SI 引脚写入 8 比特的控制字 54H，接着是 14 个无所谓比特，然后是 14 比特的地址信号(PA11～PA0)和 8 个无所谓比特，之后缓存中的数据就可以跟着从 SO 端口输出了。其中 14 比特地址信号确定了需要读出的第 1 个字节在缓存中的位置。如果读到了缓存的底部，器件会自动跳到缓存顶部读取数据。因此数据可以持续不断地从缓存中读出，直到$\overline{CS}$引脚信号出现从低到高的跳变为止。在载入控制字、地址信号和无所谓比特以及读取数据的时候，$\overline{CS}$引脚信号必须保持低位状态。

特别需要注意的是，连续时钟 SCK 信号和其他引脚信号(特别是 SI)必须严格遵循图 14.38 中的时序。

DataFlash 系列存储器可以按地址从低到高顺序读写，也可以随机读写任一字节的数据。对于顺序读数据，可以使用连续读主存页阵列命令(操作码为 68H 或者 E8H)从给定的起始地址开始连续读出，中间不需要用户干预；也可以使用读单页主存命令(操作码为 52H 或者 D2H)，自行提供页地址读取数据。对于顺序写数据，可以使用通过缓存写主存命令(操作码为 82H 或者 85H)直接将数据写入主存；也可以先使用写缓存命令(操作码为 83H 或者 86H)将缓存中的数据写入主存。使用何种读写取决于特定的应用场合与要求。

DataFlash 系列存储器几乎可以与任何类型处理器接口，无论处理器是否有 SPI 接口。以下对有 SPI 接口和无 SPI 接口分别加以讨论。

AT45DB161B 和 TMS320F2812 的 SPI 口连接电路图如图 14.39 所示，由于直接使用了 SPI 端口，故只需将相应写命令字等以芯片资料(Datasheet)上说明的时序输入输出即可，这里不做进一步讨论。本书机器人系统中使用了此方法。

很多情况下由于处理器的 SPI 接口已被其他资源占用或者根本没有 SPI 口，我们就需要用 I/O 口模拟 SPI 口时序。以下给出一个单片机 I/O 口模拟 SPI 接口与 AT45DB161B

通信的例子,希望对大家能有所帮助。

我们选用了 C8051F236 增强型 51 单片机,图 14.40 为 AT45DB161B 与 C8051F236 单片机连接接口的实例。

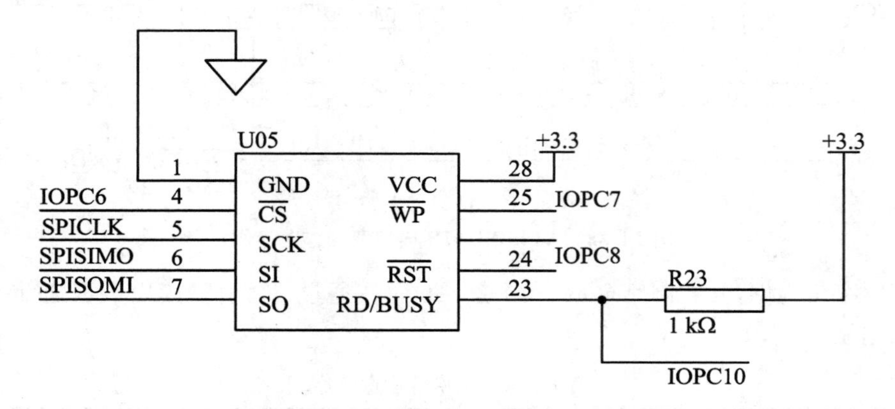

图 14.39 AT45DB161B 和 TMS320F2812 的 SPI 接口电路

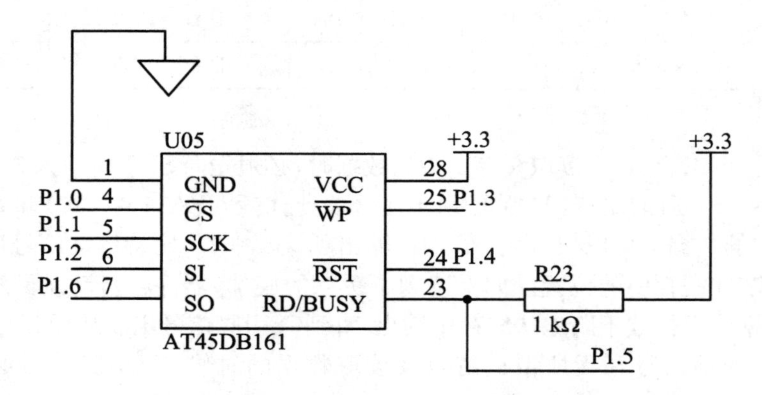

图 14.40 AT45DB161B 与 C8051F236 通用 I/O 口的接口

程序如下:

```
void main(void)
{
    unsigned char numofdata = 14;
    unsigned char bufferin = 0xaa;                  //数据等待写入缓存
    unsigned char bufferout[14] = {0};              //保存从缓存读取的数据
    unsigned short page_addr, pagebyte_addr, buffer_addr, pagetemp,
           buffertemp, pagebytetemp;
    unsigned char  i = 0;
    unsigned short si = 0;
    int temp;
    bit flag=0;
    // 禁止看门狗定时器
    WDTCN = 0xde;
    WDTCN = 0xad;
    PORT_Init ();
```

```
//OSCICN=0x07;
//复位 Inactive Clock Plarity Low
AT_CS=1;
AT_SCK=0;
AT_RESET = 1;
AT_CS=0;
delay(2);

AT_SCK=1;
AT_SCK=0;
AT_SCK=1;
AT_SCK=0;
AT_RESET = 0;
delay(2);
AT_CS=1;
delay(2);
AT_RESET = 1;
//复位完成
AT_WP = 1;              // 使能写主存中前 256 个页面
//开始写
page_addr = 0x0300;              //块内页面偏移地址
buffer_addr = 0x0000;       //缓存内字节偏移地址
pagebyte_addr = 0x0000;       //页内字节偏移地址
pagetemp = page_addr << 4;
buffertemp = buffer_addr << 6;
pagebytetemp = pagebyte_addr << 6;
AT_CS = 0;
while(AT_RB == 0) ;       //等待 Flash 准备好
SendSIByte(8,Page_Prog_Through_B1);       //缓存 1:82H
SendSIByte(2,0x00);                              //2 个保留位
SendSI2Byte(12,pagetemp);
SendSI2Byte(14,buffertemp);
SendSIByte(numofdata,0x00);
for(si=0;si<528;si++)
{
    SendSIByte(8,0x00);
}
AT_CS=1;
while(AT_RB == 0)       // 等待 Flash 准备好
{
    temp=1;
}
delay(14);
```

```
    delay(14);
    delay(14);
    //开始读
    AT_CS = 1;      // 使能数据 Flash
    AT_SCK=0;
    AT_CS = 0;
    SendSIByte(8,Main_Memory_Page_Read);          //读页面:52H
    SendSIByte(2,0x00);                            //2 个保留位
    SendSI2Byte(12,pagetemp);
    SendSI2Byte(14,pagebytetemp);
    SendSI4Byte(32,0x00);                     //32 位任意数字
    AT_SCK=0;
    AT_SCK=1;
    for (i=0;i<numofdata;i++)
    {
        bufferout[i] = GetSOBit();      // 从引脚 SO 读数据
    }
            AT_CS = 1;      //使能数据 Flash
    AT_CS=1;
    while(1)
    {
    delay(14);
    }
}
/******************************************************************************
*************************************************/
/******************************************************************************
*************************************************/
void PORT_Init (void)
{
   PRT1MX = 0x00;
   PRT1CF = 0x9f;
   P1=0xff;
   P1MODE = 0x60;
   PRT2MX = 0xff;  //初始化 P1^5 P1^6 为输入口,其他为输出口
}

void resetflash(void)
{
    //复位 Inactive Clock Polarity Low
    AT_CS=1;
    AT_SCK=0;
    AT_RESET = 1;
    AT_CS=0;
```

```
    AT_SCK=1;
    AT_SCK=0;
    AT_SCK=1;
    AT_SCK=0;

    AT_RESET = 0;
    AT_CS=1;//AT_RESET置高之前AT_CS必须写1
    AT_RESET = 1;
    //复位完成
    AT_WP = 1;          //使能写主存中的前256个页面
}
void send8bits(unsigned char datain)
{
    unsigned char i;
    unsigned char sendbit;
    for(i=0;i<8;i++)
    {
        AT_SCK = 0;
        sendbit = (datain>>(7-i)) & 0x01;
        AT_SI = sendbit;
        AT_SCK = 1;

    }

}
unsigned char readbuffer()
{
    unsigned char dataout=0;
    AT_SCK = 0;
    AT_SCK = 1;
    dataout = AT_SO;
    return dataout;
}

void Buffer1Write(void)
{
    //Buffer_1_Write 0x84 用 Inactive Clock Polarity Low
    //要向buffer中写的数据保存在datasave中
    int i;
    AT_CS = 1;
    AT_SCK = 0 ;
    AT_CS = 0;
```

```
    send8bits(Buffer_1_Write);//发送命令
    send8bits(bit1);
    send8bits(bit2);
    send8bits(bit3);
    for(i=0;i<1;i++)
    {
        send8bits(datasave);//发送数据
    }
    while(AT_RB==0)//等待 Flash 准备好
    {
    }
}
void Buffer1Read (void)
{
    //Buffer_1_Read  用 Inactive Clock Polarity Low
    //读到的数据保存在 receivebuffer_byte 中
    int i;
    AT_CS = 1;
    AT_CS = 0;
    AT_SCK = 0 ;
    send8bits(Buffer_1_Read);//发送指令
    send8bits(bit1);
    send8bits(bit2);
    send8bits(bit3);
    send8bits(0x00);//8 位任意数字
    for(i=0;i<8;i++)
    {
        receivebit[i] = readbuffer();//读一个 bit
        receivebuffer_byte=receivebuffer_byte<<1;
        receivebuffer_byte|=receivebit[i];
    }
}
void B1ToPageWithErase(void)
{
    //B1_To_Page_With_Erase 0x83  用 Inactive Clock Polarity Low
    AT_CS = 1;
    AT_SCK = 0 ;
    AT_CS = 0;
    send8bits(B1_To_Page_With_Erase);//发送指令
    send8bits(bit1);
    send8bits(bit2);
    send8bits(bit3);
    AT_CS = 1;//开始写 main
```

```
    while(AT_RB==0);//等待 Flash 准备好
}
void ConArrayRead(void)
{
    //Con_Array_Read 0x68
    //读到的数据保存在 receivepage_byte 中
    int i;
    AT_CS = 1;
    AT_SCK = 0 ;
    AT_CS = 0;
    send8bits(Con_Array_Read);//发送指令
    send8bits(bit1);
    send8bits(bit2);
    send8bits(bit3);
    send8bits(0x00);//32 位任意数字
    send8bits(0x00);
    send8bits(0x00);
    send8bits(0x00);
    AT_SCK = 0 ;//凑齐 65 个时钟
    AT_SCK = 1 ;
    for(i=0;i<8;i++)
    {
        receivebit[i] = readbuffer();//读一个 bit
        receivepage_byte=receivepage_byte<<1;
        receivepage_byte|=receivebit[i];
    }
}
void PageToB1Xfer(void)
{
    AT_CS = 1;
    AT_SCK = 0 ;
    AT_CS = 0;
    send8bits(Page_To_B1_Xfer);// 发送指令
    send8bits(bit1);
    send8bits(bit2);
    send8bits(bit3);
    AT_CS = 1;
    while(AT_RB==0);//等待 Flash 准备好
}
void main(void)
{

    //初始化
```

```
    //禁用看门狗计时器
    WDTCN = 0xde;
    WDTCN = 0xad;
    PORT_Init ();
    OSCICN=0x05;
    resetflash();//Flash 复位
    receivebuffer_byte=0;
    receivepage_byte=0;
    //指定地址
    bit1=0x3f;
    bit2=0xa0;
    bit3=0x02;//4096 个 page = 0x1400   ;528bytes = 0x214

    datasave=0x47;
    Buffer1Write ();
    Buffer1Read ();
    B1ToPageWithErase();
    ConArrayRead();

    //测试修改 main
    //1 把 buffer 相应地址清零,并读出,看清零是否正确
    datasave=0x00;
    Buffer1Write ();
    Buffer1Read ();
    datasave=0x00;//用来设置断点观察上一步结果
    //2 PageToB1Xfer
    PageToB1Xfer();
    //3 读 buffer,看 PageToB1Xfer 是否正确
    Buffer1Read ();

    //4 通过 buffer1 写其他数据给 main
    datasave=0x29;
    Buffer1Write ();
    Buffer1Read ();
    B1ToPageWithErase();
    //5 从 main 中读出,看是否正确
    ConArrayRead();

    AT_CS = 1;
    while(1)
    {
    }
}
```

第 15 章　足球机器人底层控制及运动控制算法

15.1　底层控制系统的实现

足球机器人底层控制系统的各模块实现与整合，包括指令的接收与处理，击、挑球机构和带球机构的控制，异常预防与处理，以及软件实现等。(注：后续本章中把足球机器人简称为机器人。)

15.1.1　控制系统简介

如图 15.1 所示，底层控制系统主要完成两个任务：接收指令和执行指令。指令主要包括：机器人的运动控制，击球、挑球、传球及带球控制。此外，为了维持机器人的正常运作，还必须完成异常状态的预防和处理等。从机器人的角度而言，指令的执行须经过如下步骤：

(1) 机器人上电复位，完成软硬件资源的初始化，等待命令到来。

(2) 决策发送一条指令，机器人接收该条指令。如成功则转下一步，否则重复等待。

(3) 将该条指令分解，并执行其中的每一部分。

(4) 检测执行效果，如不行则重复执行直到达到效果或命令改变。

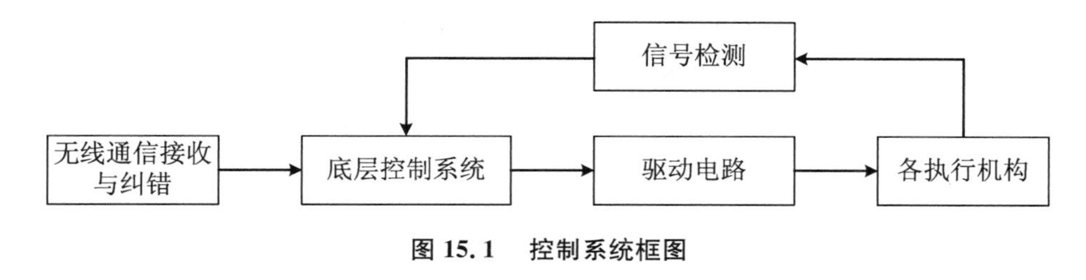

图 15.1　控制系统框图

15.1.2　指令信息的接收与处理

为了能让机器人及时、准确地接收到上层决策发下来的指令信息，通信的快速、可靠及稳定性具有非常重要的作用。

指令帧数据的格式定义见表 15.1。

表 15.1 指令帧格式

0	1	2			3	4	5	6
帧头	帧头	机器人编号	带球指令	指令类型				CRC 校验
0xFF	0x01	0～4(xxxx)	0/1 (x)	xxx				

指令帧由 7 字节数据组成。前 2 个字节是握手信号，用来防止信道干扰。第 3 个字节分为 3 部分：前 4 位表示机器人的编号(从 0 到 4)，后 1 位是带球指令(0 表示关闭，1 表示打开)，最后 3 位表示指令类型。紧接着的 3 个字节其内容随着指令类型的改变而不同，其相互关系见表 15.2，其中 SpeedX、SpeedY 和$\dot{\theta}$分别表示机器人的期望速度在 X 方向和 Y 方向的分量以及角速度分量。由此可以看出，就机器人的运动而言，上层决策将指令简化为在一个指令周期(20 ms)内对机器人运动速度的要求，而底层不用知道该运动是为了达到跑位、进攻、防守还是别的目的，从而简化了无线通信的复杂度，也使得底层控制更容易操作。最后 1 字节用于 CRC 校验，这是为了防止发送错误的指令。

表 15.2 指令类型

字节数 / 指令类型	3	4	5
4	SpeedX	SpeedY	$\dot{\theta}$
5	击球	挑球	传球

每当有一完整无误的指令帧被 DSP 接收到，通信接收程序就将该指令帧保存起来，并将通信接收标志 cmdValid 置 1，由此通知主循环新指令接收完毕。底层控制系统就将该指令帧数据根据表 15.1 和表 15.2 进行解码，对不同的指令采取不同的操作，如图 15.2 所示，这些操作分别为：

(1) 对调速指令，将其按照 13.3 节中介绍的方法分解为四个轮子的期望速度，供运动控制模块调用(在 13.3 节和 15.2 节中已经介绍了底层运动控制的方法)。

(2) 对击球、挑球或传球指令，将命令参数转化为放电时间，打开放电开关和计时器。

(3) 检测带球指令位，更新带球标志。

主程序如下所示：

```
int main(void)
{
    //系统初始化
    SysInit();
    //用户特定代码
    //函数定义详见 Robot.C 文件
    dspConfig();
    robotReset();
    //死循环，处理接收和发送命令
    CommandLoop();
}
```

命令解析程序如下所示：

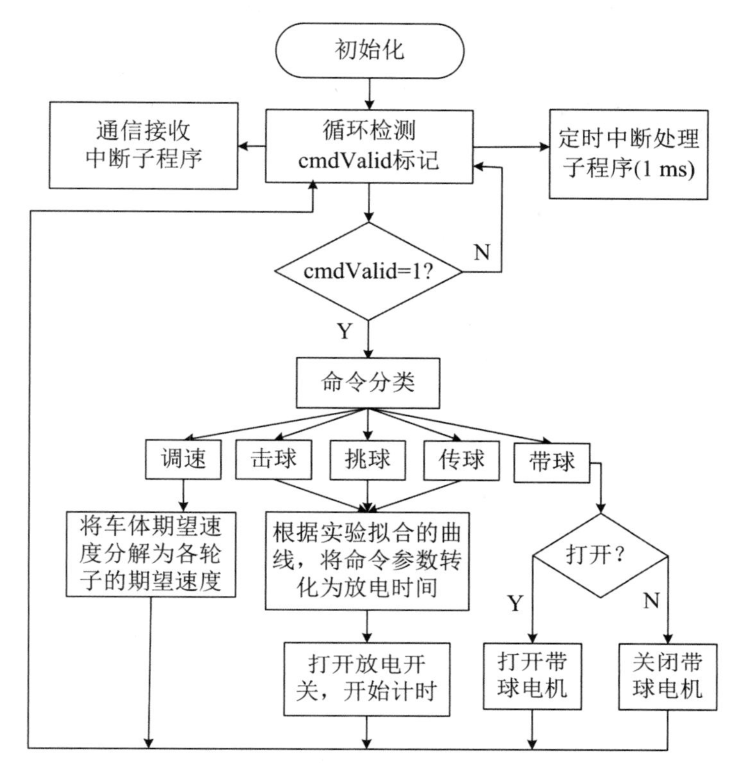

图 15.2　指令的分类

```
void CommandLoop(void)
{
    Command * pCmd;
    for ( ; ; )
    {
        pCmd = getCommand();
        if (pCmd)
        {
            if(pCmd->RobotNum != currentNum)
            {
                UseLed(pCmd->RobotNum);
                currentNum = pCmd->RobotNum;
            }
            switch (pCmd->type){
            case CTSpeed: // 发出速率大小
                setSpeed((float)pCmd->param1,(float)pCmd->param2,
                        (float)pCmd->param3);
                break;
            case CTKick:  // 打开击球或挑球设置
                if(ballCatch)  // 如果球在可控范围内
                {
```

```
                if (pCmd->param3 > 0)
                    kickBall(calcPassBall(pCmd->param3) + KICK_DELAY);
                else if (pCmd->param1 > 0)
                    kickBall(calcKickPeriod(pCmd->param1)+KICK_DELAY);
                        // 击球
                else if (pCmd->param2 > 0)
                    chipKick(calcChipKickPeriod(pCmd->param2)
                            +KICK_DELAY);  // 挑球
            }
            break;
        case CTStop:  // 停止机器人
            moveStop();
            break;
        case CTDash:  // 没用到
            break;
        case CTTurn:  //没用到
            break;
        case CTArc:   //没用到
            break;
        default:
            break;
        }
    }
  }
}
```

通信解码程序如下所示：

```
int crc8_table[] = {
0x00, 0x5e, 0xbc, 0xe2, 0x61, 0x3f, 0xdd, 0x83,
0xc2, 0x9c, 0x7e, 0x20, 0xa3, 0xfd, 0x1f, 0x41,
0x9d, 0xc3, 0x21, 0x7f, 0xfc, 0xa2, 0x40, 0x1e,
0x5f, 0x01, 0xe3, 0xbd, 0x3e, 0x60, 0x82, 0xdc,
0x23, 0x7d, 0x9f, 0xc1, 0x42, 0x1c, 0xfe, 0xa0,
0xe1, 0xbf, 0x5d, 0x03, 0x80, 0xde, 0x3c, 0x62,
0xbe, 0xe0, 0x02, 0x5c, 0xdf, 0x81, 0x63, 0x3d,
0x7c, 0x22, 0xc0, 0x9e, 0x1d, 0x43, 0xa1, 0xff,
0x46, 0x18, 0xfa, 0xa4, 0x27, 0x79, 0x9b, 0xc5,
0x84, 0xda, 0x38, 0x66, 0xe5, 0xbb, 0x59, 0x07,
0xdb, 0x85, 0x67, 0x39, 0xba, 0xe4, 0x06, 0x58,
0x19, 0x47, 0xa5, 0xfb, 0x78, 0x26, 0xc4, 0x9a,
0x65, 0x3b, 0xd9, 0x87, 0x04, 0x5a, 0xb8, 0xe6,
0xa7, 0xf9, 0x1b, 0x45, 0xc6, 0x98, 0x7a, 0x24,
0xf8, 0xa6, 0x44, 0x1a, 0x99, 0xc7, 0x25, 0x7b,
0x3a, 0x64, 0x86, 0xd8, 0x5b, 0x05, 0xe7, 0xb9,
0x8c, 0xd2, 0x30, 0x6e, 0xed, 0xb3, 0x51, 0x0f,
```

```
0x4e, 0x10, 0xf2, 0xac, 0x2f, 0x71, 0x93, 0xcd,
0x15, 0x4f, 0xad, 0xf3, 0x70, 0x2e, 0xcc, 0x92,
0xd3, 0x8d, 0x6f, 0x31, 0xb2, 0xec, 0x0e, 0x50,
0xaf, 0xf1, 0x13, 0x4d, 0xce, 0x90, 0x72, 0x2c,
0x6d, 0x33, 0xd1, 0x8f, 0x0c, 0x52, 0xb0, 0xee,
0x32, 0x6c, 0x8e, 0xd0, 0x53, 0x0d, 0xef, 0xb1,
0xf0, 0xae, 0x4c, 0x12, 0x91, 0xcf, 0x2d, 0x73,
0xca, 0x94, 0x76, 0x28, 0xab, 0xf5, 0x17, 0x49,
0x08, 0x56, 0xb4, 0xea, 0x69, 0x37, 0xd5, 0x8b,
0x57, 0x09, 0xeb, 0xb5, 0x36, 0x68, 0x8a, 0xd4,
0x95, 0xcb, 0x29, 0x77, 0xf4, 0xaa, 0x48, 0x16,
0xe9, 0xb7, 0x55, 0x0b, 0x88, 0xd6, 0x34, 0x6a,
0x2b, 0x75, 0x97, 0xc9, 0x4a, 0x14, 0xf6, 0xa8,
0x74, 0x2a, 0xc8, 0x96, 0x15, 0x4b, 0xa9, 0xf7,
0xb6, 0xe8, 0x0a, 0x54, 0xd7, 0x89, 0x6b, 0x35
};

static int fcs_calc(int fcs, int c)
{
    return crc8_table[(fcs) ^ (c) & 0xFF];
}

static int crc_calc( int * buf, int len)
{
    int fcs = 0;
    int i;
    for( i=0; i<len; i++){
        fcs = fcs_calc(fcs, buf[i]);
    }
    return fcs;
}

Command * getCommand()
{
    if(cmdValid ){
        cmdValid = FALSE;
        return &currentCmd; //新指令
    }
    return FALSE; //没有新指令
}

int charToInt(int c)  //将字符数据变成整型数据
{
    if( c >= 128){
```

```
        return c - 256;
    }
    return c;
}

// 将数据从帧格式转化成命令格式
void frameToCmd(int buffer[])
{
    //CRC 错误检测过程
    int crc;
    int new_crc;

    crc = buffer[DATA_SIZE] & 0xF0;
    new_crc = crc_calc(buffer,DATA_SIZE) & 0xF0;
    if( crc ! = new_crc ){ /* 检验错误 */
        return;
    }
    //解码步骤
    dribbleCmd = (buffer[0] & 0x08) >> 3;        // 提取命令
    currentCmd. RobotNum = (buffer[0] & 0x0F0) >> 4;     // 提取队员数目
    currentCmd. type = buffer[0] & 0x07;
    if( currentCmd. type == CTKick ){
        // 击球的参数只有正值
        currentCmd. param1 = buffer[1] * AMP_FACTOR;
        currentCmd. param2 = buffer[2] * AMP_FACTOR;
        currentCmd. param3 = buffer[3] * AMP_FACTOR;
    }else{
        currentCmd. param1 = charToInt(buffer[1]) * AMP_FACTOR;
        currentCmd. param2 = charToInt(buffer[2]) * AMP_FACTOR;
        currentCmd. param3 = charToInt(buffer[3]) * AMP_FACTOR;
    }
    if (currentCmd. type == CTSpeed)
        currentCmd. param3 = charToInt(buffer[3]) * 6;
    cmdValid = TRUE;  // 有新的命令
}
// 检验/保存信号数据
int frameCheck(int data)
{
    static int counter = 0;
    switch (counter)
    {
        case 0:
            if (data == FRAME_HEAD1)
                counter++;
```

```
            else
                counter = 0;
            break;
        case 1:
            if (data == FRAME_HEAD2)  // 起始位收到,准备接收命令数据
                counter++;
            else
                counter = 0;
            break;
        case 2:
        case 3:
        case 4:
        case 5:
              currentFrame[counter++ - 2] = data;  // 保存指令数据
            break;
        case 6:
            currentFrame[counter++ - 2] = data;
            counter = 0;  // 1 帧结束
            return 1;
        default:
            break;
    }
    return 0;
}
```

15.1.3　机构控制

1. 带球机构

出于简化系统设计的考虑并结合实际需要,带球电机设有码盘,且控制电路只允许其往一个方向转动。因此,带球电机转速与电压的关系需要通过实验获得。对带球的控制主要是为了消除或改善带球过程中球的抖动和脱离现象。当带球机构与带球电机确定后,带球效果主要取决于带球电机的转速与机器人运动速度之间的相互关系。实验发现,当机器人做平动运动时,电机转速越快(即电压越高),则球越容易抖动,但球不容易脱离机器人,机器人带球的最大后退速度较大;而电压低则效果相反。当机器人做转动运动时,电机转速过快,球容易因惯性而脱离机器人;转速过低则由于摩擦不够,也容易脱离。

因此,实际的电压与带球效果的关系要由实验决定。使用时将实验结果做成表格,用查表的方式来进行带球控制。

实验时,对带球效果的评价除了目测之外,还利用了球检测电路。该电路的输出仅需一个 I/O 口就能检测,底层控制系统对其进行定时检测,并经过软件滤波以确定球是否被机器人带住。滤波算法原理见图 15.3,在每一个底层控制周期内,控制系统都将检测 1 次带球状态,将结果存储到数组内。指针依次指向 1 到 n 并无限循环,指针所指向的存储单元数据被释放,用最新的检测状态代替。带球状态由 n 个数据之和决定,如大于某个门限则表示球被

机器人所控，否则球已丢失。该算法简单实用，复杂度很小。

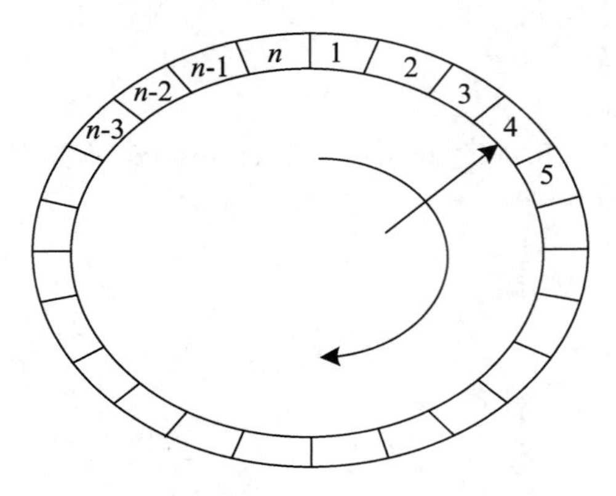

图 15.3 简易滤波算法

因为带球机构在带球时并不能保证每时每刻都在带球范围内，带球机构、球和场地都有弹性，所以在带球过程中球在微观上其实是跳跃的，如果仅用单次检测信号来判断是否已将球带住会导致误差非常大。本算法其实就是取了一个时间段的均值，相当于将检测信号中由于外界环境引起的随机误差做了一次滤波，故该算法简单而有效，在实际系统中效果极好。

程序如下：

```
// Check ball catch status with software filtering
void checkBallDetectStatus()
{
    static int serial = 0, sum = 0;
    int temp = 0;
    temp = ballDetect[serial];      //ballDetect[] 初始化为“0”;
    ballDetect[serial] = ballDetectStatus();  // 保存现在检测结果
    sum -= temp;
    sum += ballDetect[serial];  // 综合所有球的检测结果,判断球是否被控
    serial++;
    if (serial == DETECT_NUM)
        serial = 0;
    if (sum > DETECT_NUM * 5 / 7)
        ballCatch = TRUE;      // 球在控制范围内
    else
        ballCatch = FALSE;  // 球失控
}
int ballDetectStatus(void)   // IOPF6 反映捕获球的状态
{
    return (PFDATDIR & 0x0040) >> 6;
}
```

最新的规则将带球距离限制在 50 cm 以内，因此，如果机器人需要控球至更长距离，就不得不放弃这种主动式的控球方法。换句话说，机器人必须能够在不用带球机构的情况下推球超过 50 cm。理论分析和实验都证明这是可行的，具体可参见相关文献。

2. 击、挑球机构

击球和挑球是比赛时最重要的进攻和防守手段，传球是对两者的一个应用。由于击、挑球电磁铁的输出力度较大，为了提高击球效率和控制精度，我们对击、挑球做了细致的实验，并对实验结果进行了曲线拟合（见图 15.4），拟合的结果为

$$P_k = \frac{1}{T}(8.2\times10^{-6}v^2 + 0.002\,456v + 1.115\,324) \tag{15.1}$$

$$P_c = \frac{1}{T}(6.746\times10^{-5}s^2 + 0.007\,918s + 1.992\,583) \tag{15.2}$$

其中，T 表示定时器周期，P_k 和 P_c 分别为击球和挑球需要持续的周期数，v 为期望击球速度，s 为期望挑球距离。程序中调用拟合的曲线对放电电路进行开关时间控制（见图 15.2），由此达到精确控制的目的。由图 15.4 看出，击球的最大出射速度可达 4 m/s，挑球的最远飞行距离可达 2 m。

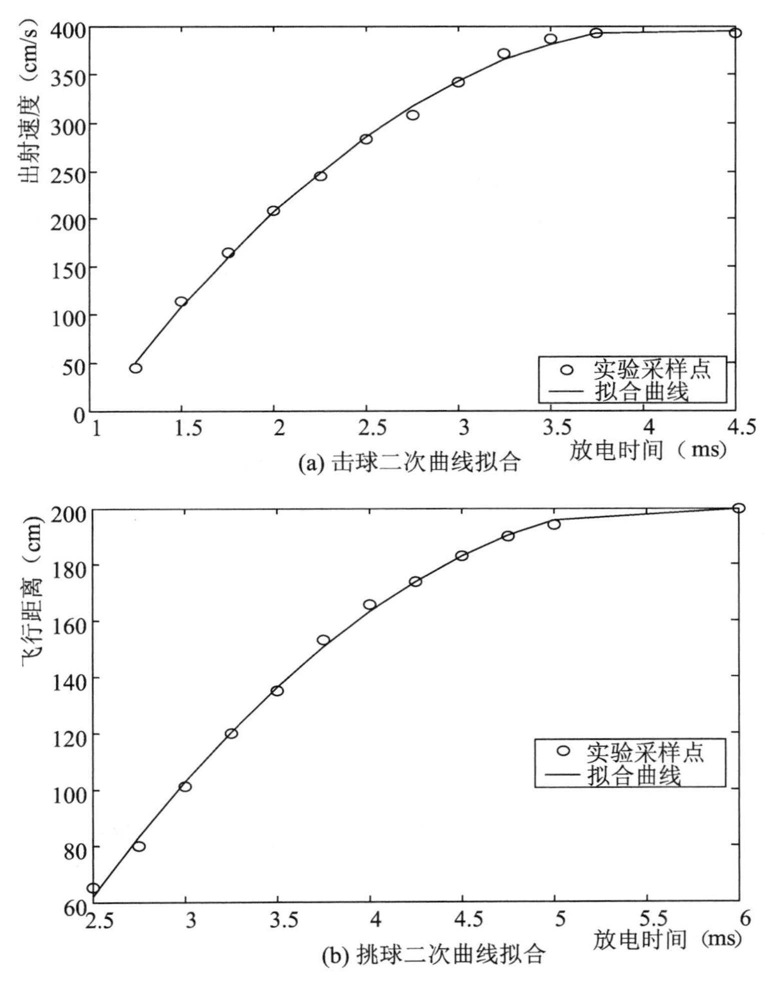

图 15.4　击、挑球实验的曲线拟合

需要指出的是，击、挑球机构的使用还应受到球检测情况的限制。这是因为，如果球没有紧挨着机器人，那么击球和挑球动作就没法达到其应有的效果，甚至只是无谓的出击，白

白损失进攻机会。因此,仅当确定球紧挨着机器人时才允许打开放电电路,否则仍需等待机会。

15.1.4 异常预防与处理

就底层控制而言,异常情况主要包括两个方面:通信异常和执行机构工作异常。

尽管通信已做了较大的提高,但是比赛中同频干扰或通信死区现象仍然不能完全解决。因此,底层控制需要检测这一现象,并采取适当的手段。由于决策每 20 ms 发送一次新命令,通过对命令间隔的计时就能检测出是否存在通信异常。如果存在,则底层控制系统代替上层决策发送随机游走及转动命令,以期让机器人到达一个通信正常的区域。

由于击、挑球机构在比赛过程中出现异常时程序无法挽救,所以需要对此采取预防措施来保护电路与机构,包括:

(1) 为了保护升压电路以及保证击、挑球的准确性,击、挑球动作的使用频率需要有所限制(每秒钟最多使用 1 次),因此控制系统需要对此进行检测和控制。

(2) 击球和挑球动作不能同时使用,虽然硬件上已经加了互斥电路,为保险起见,软件中也应该对两种动作进行互斥处理。

带球机构和四个轮子都是由电机驱动的,而堵转很容易烧毁电机。因此,底层控制系统对堵转现象进行了监测,一旦发现堵转现象,则马上关闭堵转的电机一段时间(比如 300 ms),以防止电机过热(如图 15.5 所示)。一种检测方法为:如果电机转速很小,而 PI 控制算法对它的输出电压却很高(比如到最高电压的 90%以上)并且持续了一段时间(比如 200 ms),则可判断该电机处于堵转状态。另一种方法是通过实时计算电机电流来检测电机发烫情况,并采取措施。

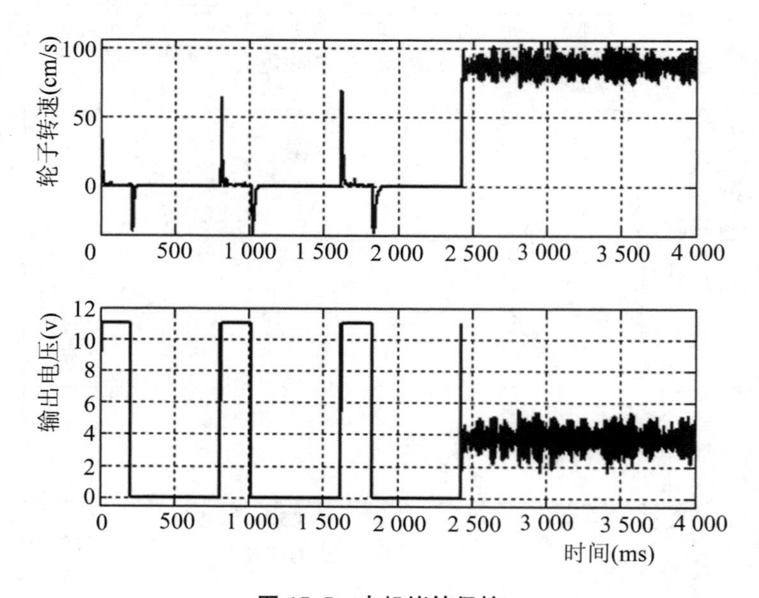

图 15.5 电机堵转保护

从图 15.5 中可以清楚地看出堵转保护的作用,当输出电压达到满刻度(15 V)而轮子转速依然维持在 0 的情况下持续 200 ms 以后,由于软件保护,输出电压将关断为 0 持续

600 ms,如此反复,直到轮子停止堵转,即从 2 400 ms 处开始了正常调速。如果没有堵转保护功能,在此种情况下电机很容易烧毁。

底层控制系统的大部分工作都是在定时中断中完成的,具体如图 15.6 所示。定时中断每 1.6 ms 执行一个循环,保证了响应速度。

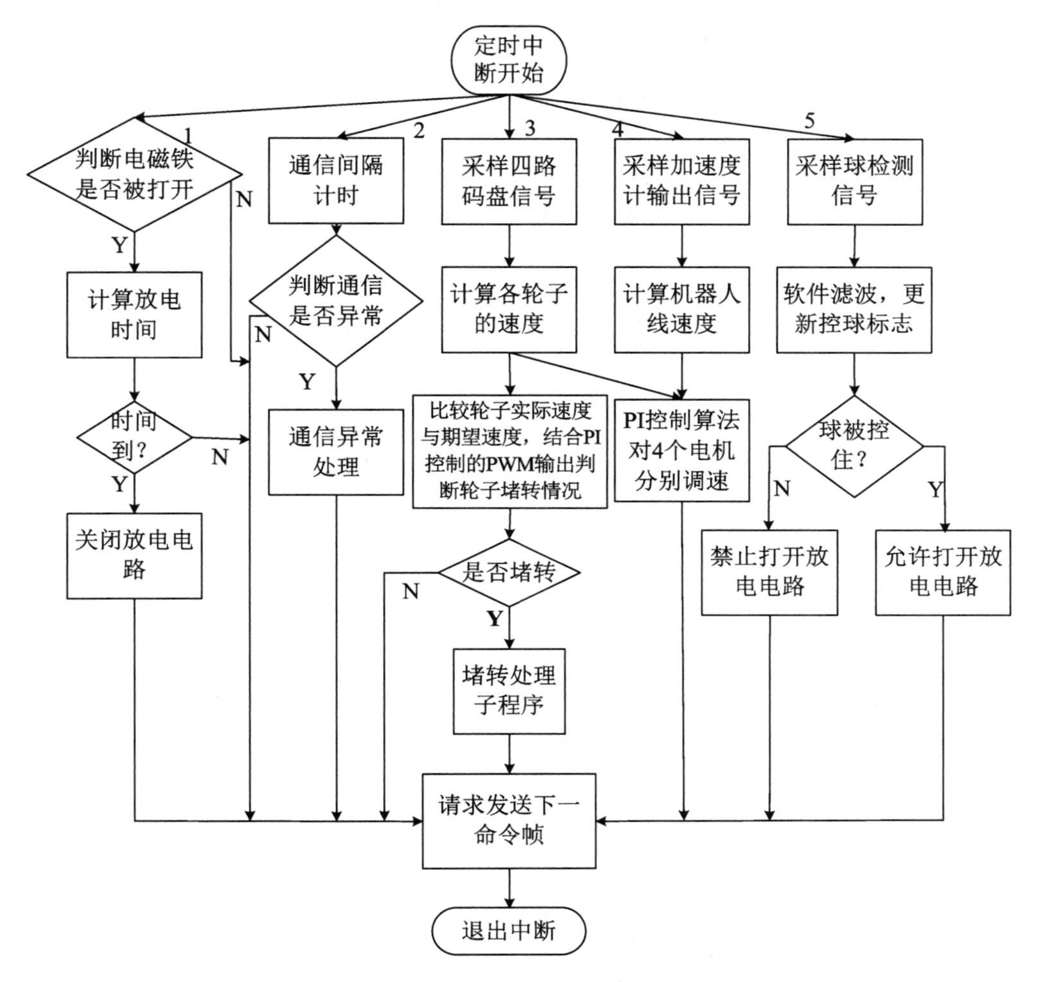

图 15.6　定时中断程序流程

15.1.5　软件实现

底层控制软件运行于 Texas Instruments 出品的专为 DSP 编程调试使用的 Code Composer Studio 2.0 中,主要文件包括:

(1) Commprocess.c——接收并检验决策指令。

(2) Main.c——系统初始化,循环检测有无新指令到来,如果有则分解指令信息,否则继续等待。

(3) Robot.c——指令分解与指令执行的程序接口。

(4) Implementation.c——定时中断程序,调用各底层控制函数。

(5) MotorCtrl. c——包含运动控制和电机保护程序。

(6) KickAndChipkickControl. c——击球、挑球和传球控制程序。

(7) RobotStatus. c——包含机器人状态的初始化、码盘信号检测和轮子转速的获得、带球状态的检测等程序。

(8) Gpio. c——包含所有直接与 I/O 口相关的函数。

(9) Ev. c——DSP 的双事件管理器部分的初始化和操作程序。

(10) Sci. c——SCI 口的初始化和操作程序。

(11) 其他文件,包括存储器分配、中断使能等。

程序中共使用了两个中断:通信接收中断和定时器中断。为了防止程序跑飞,看门狗(Watch Dog)被打开,并在定时器中断响应时对其处理,以防止机器人死机。

15.2　运动控制

本节介绍机器人的运动控制方法,包括轨迹生成和底层运动控制两部分。其中轨迹生成采用了基于动力学模型的 bang - bang 算法来实现,算法复杂度低,易于实时处理;底层运动控制包括电机调速和参数优化两部分。

15.2.1　综述

就单个机器人的运动控制而言,可分为全局运动控制和底层运动控制两部分。足球机器人和自平衡两轮机器人的运动控制过程有很多相似之处,两者的主要区别是足球机器人是四轮的,而自平衡两轮机器人是两轮的,但运动控制过程是一样的,因此足球机器人的底层运动控制流程可参考第 12 章图 12.8 和图 12.9。全局运动控制包括轨迹规划与生成两部分,决定了机器人在比赛场地上该如何运动(包括平动和转动)。其输入为机器人当前的速度(包括线速度和角速度)、位移和方向等信息,这些信息由视觉部分处理得到。由于视觉采样和处理、决策、无线通信以及机器人响应都会产生系统延时(约 150 ms),因此当决策发送给机器人的命令被机器人响应时其初始状态已经改变。为了消除或减轻系统延时的影响,有必要通过预测对视觉处理得到的信息进行调整。常用的滤波算法有 Kalman 滤波和神经网络方法等,本章不详细讨论,可参考相关文献。全局运动控制的输出是机器人的期望速度,需要由底层控制实现。

底层运动控制的根本任务是实现机器人接收到上层命令的期望速度,这最终是通过调整电机电压从而调节轮子转速实现的。为了达到尽量好的效果,需要对底层控制进行优化。

15.2.2　基于动力学模型的实时次优轨迹生成算法

1. 建模

第 13 章已经指出,修正的四轮结构(图 15.7(a))与标准四轮结构的机器人运动性能是非常相似的。为了简化数学推导,以下分析均以标准四轮结构为准,并将坐标系修改为如图

15.7(b)所示。该算法可以直接运用于修正的四轮结构的运动控制。

(a) 轮子布局实物图

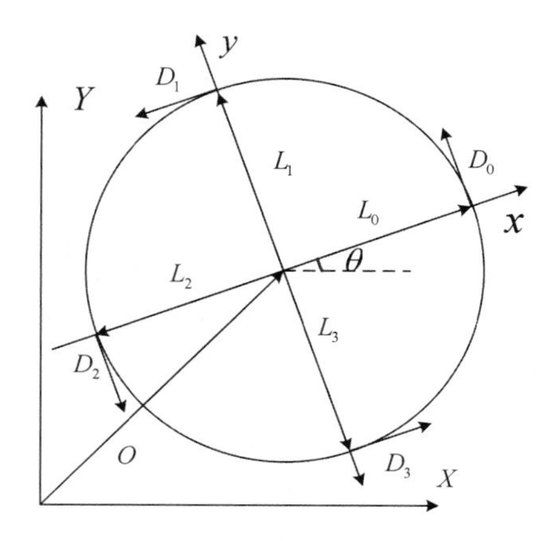

(b) 坐标系

图 15.7　新坐标系

在该坐标系下,有

$$D_0=\begin{bmatrix}0\\1\end{bmatrix},\quad D_1=\begin{bmatrix}-1\\0\end{bmatrix},\quad D_2=\begin{bmatrix}0\\-1\end{bmatrix},\quad D_3=\begin{bmatrix}1\\0\end{bmatrix} \tag{15.3}$$

$$L_0=\begin{bmatrix}L\\0\end{bmatrix},\quad L_1=\begin{bmatrix}0\\L\end{bmatrix},\quad L_2=\begin{bmatrix}-L\\0\end{bmatrix},\quad L_3=\begin{bmatrix}0\\-L\end{bmatrix} \tag{15.4}$$

由式(13.11)知道,各轮子的坐标为 $r_i=O+R(\theta)L_i(i=0,1,2,3)$,两边求导,得

$$v_i=\dot{O}+\dot{R}(\theta)L_i,\quad i=0,1,2,3$$

继续求导得 $a_i=\ddot{O}+\ddot{R}(\theta)L_i(i=0,1,2,3)$。

由此得到各轮子转动方向的加速度大小为

$$a_i=a_i^{\mathrm{T}}R(\theta)D_i=\dot{O}^{\mathrm{T}}R(\theta)D_i+L_i^{\mathrm{T}}\dot{R}(\theta)^{\mathrm{T}}R(\theta)D_i,\quad i=0,1,2,3 \tag{15.5}$$

结合 13.3.2 小节,机器人的运动学模型如下:

$$\begin{bmatrix}v_0\\v_1\\v_2\\v_3\end{bmatrix}=\begin{bmatrix}-\sin\theta & \cos\theta & L\\ -\cos\theta & -\sin\theta & L\\ \sin\theta & -\cos\theta & L\\ \cos\theta & \sin\theta & L\end{bmatrix}\begin{bmatrix}\dot{x}\\ \dot{y}\\ \dot{\theta}\end{bmatrix} \tag{15.6}$$

$$\begin{bmatrix}a_0\\a_1\\a_2\\a_3\end{bmatrix}=\begin{bmatrix}-\sin\theta & \cos\theta & L\\ -\cos\theta & -\sin\theta & L\\ \sin\theta & -\cos\theta & L\\ \cos\theta & \sin\theta & L\end{bmatrix}\begin{bmatrix}\dot{x}\\ \dot{y}\\ \dot{\theta}\end{bmatrix}+\dot{\theta}\begin{bmatrix}-\cos\theta & -\sin\theta\\ \sin\theta & -\cos\theta\\ \cos\theta & \sin\theta\\ -\sin\theta & \cos\theta\end{bmatrix}\begin{bmatrix}\dot{x}\\ \dot{y}\end{bmatrix} \tag{15.7}$$

设所有轮子和电机组合的性能参数完全一致,轮子的转动惯量为 $J_{\mathrm{w}}=\frac{1}{2}mr^2$,摩擦力为 ξ_i,β 为轮子与车体之间的夹角,减速比为 k,减速效率为 ε,不打滑时满足:

$$J_w\xi_i=k\varepsilon(\bar{\alpha}U_i-\bar{\beta}w_i)-f_ir,\quad i=0,1,2,3 \tag{15.8}$$

$$\xi_ir=a_i \tag{15.9}$$

由此求得

$$f_i = \frac{k\varepsilon\bar{\alpha}}{r}U_i - \frac{k\varepsilon\bar{\beta}}{r^2}v_i - \frac{J_w}{r^2}a_i = \alpha U_i - \beta v_i - \frac{m}{2}a_i,\quad i = 0,1,2,3 \tag{15.10}$$

又因为

$$\sum_{i=0}^{3} f_i R(\theta) D_i = M\dot{O} \tag{15.11}$$

$$L\sum_{i=0}^{3} f_i = J\dot{\theta} \tag{15.12}$$

结合式(15.6)、式(15.7)、式(15.10)、式(15.11)、式(15.12)可得

$$\begin{bmatrix}(M+m)\dot{x}\\(M+m)\dot{y}\\(J+2mL)\dot{\theta}\end{bmatrix} + 2\beta\begin{bmatrix}\dot{x}\\\dot{y}\\2L^2\dot{\theta}\end{bmatrix} + \begin{bmatrix}0 & 1\\-1 & 0\\0 & 0\end{bmatrix}\begin{bmatrix}\dot{x}\dot{\theta}\\\dot{y}\dot{\theta}\\\dot{\theta}\end{bmatrix} = \alpha\begin{bmatrix}-\sin\theta & -\cos\theta & \sin\theta & \cos\theta\\\cos\theta & -\sin\theta & -\cos\theta & \sin\theta\\L & L & L & L\end{bmatrix}\begin{bmatrix}U_1\\U_2\\U_3\\U_4\end{bmatrix}$$

式中 M 为车体质量。

为了进一步分析，考虑如下目标：

(1) 为了简化算法，将机器人的平动和转动分开来处理。

(2) 在比赛中机器人的平动比转动更为普遍，也重要得多，因此控制算法应尽量增大用于平动部分的输入域，对转动部分则相反，从而尽可能减小转动对平动的影响。

根据以上分析，忽略角速度 $\dot{\theta}$ 对平动部分的影响，将模型近似为

$$\begin{bmatrix}(M+m)\dot{x}\\(M+m)\dot{y}\\(J+2mL)\dot{\theta}\end{bmatrix} + 2\beta\begin{bmatrix}\dot{x}\\\dot{y}\\2L^2\dot{\theta}\end{bmatrix} = \alpha\begin{bmatrix}-\sin\theta & -\cos\theta & \sin\theta & \cos\theta\\\cos\theta & -\sin\theta & -\cos\theta & \sin\theta\\L & L & L & L\end{bmatrix}\begin{bmatrix}U_1\\U_2\\U_3\\U_4\end{bmatrix} \tag{15.13}$$

显然，该模型对角速度小的运动更适合。

引入如下量纲：

$$Z = \frac{\alpha(M+m)U_{\max}}{4\beta^2},\quad \Theta = \frac{\alpha(M+m)^2 LU_{\max}}{4(J+2mL)\beta^2},\quad T = \frac{M+m}{2\beta} \tag{15.14}$$

并令

$$x = Zx',\quad y = Zy',\quad \theta = \Theta\theta',\quad t = Tt',\quad U_i = U_{\max}U_i' \tag{15.15}$$

将以上变换代入方程，去掉撇号后得到

$$\begin{bmatrix}\dot{x}\\\dot{y}\\\dot{\theta}\end{bmatrix} + \begin{bmatrix}\dot{x}\\\dot{y}\\\frac{2mL^2}{J}\dot{\theta}\end{bmatrix} = \begin{bmatrix}-\sin\theta & -\cos\theta & \sin\theta & \cos\theta\\\cos\theta & -\sin\theta & -\cos\theta & \sin\theta\\1 & 1 & 1 & 1\end{bmatrix}\begin{bmatrix}U_1\\U_2\\U_3\\U_4\end{bmatrix} \tag{15.16}$$

也可以表示为

$$\dot{X}(t) = \dot{X}(t) = P(\theta)U(t) \tag{15.17}$$

2. 输入域的解耦和分离

因为 $U_i(t)\in[-1,1]$ $(i=0,1,2,3)$，所以输入域 $U(t)$ 为各电压组合形成的四维超立方体：

$$U(t) = \{U(t) \mid |U_i(t)| \leqslant 1\} \tag{15.18}$$

为了消除输入域和 θ 耦合的问题，需要找出与 θ 无关的输入域，也就是

$$\Omega(t)=\bigcap_{\theta[0,2\pi)}P(\theta)U(t) \tag{15.19}$$

此外

$$P(\theta)=R(\theta)P(0) \tag{15.20}$$

其中

$$R(\theta)=\begin{bmatrix}\cos\theta & -\sin\theta & 0\\ \sin\theta & \cos\theta & 0\\ 0 & 0 & 1\end{bmatrix},\quad P(0)=\begin{bmatrix}0 & -1 & 0 & 1\\ 1 & 0 & -1 & 0\\ 1 & 1 & 1 & 1\end{bmatrix} \tag{15.21}$$

$P(0)$将输入域$U(t)$从四维空间线性映射到三维空间的封闭图形$P(0)U(t)$，然后$R(\theta)$使其绕轴旋转一周，形成的图形就是与θ无关的共同部分，如图15.8(a)所示。图15.8(b)和图15.8(c)显示的是该部分的剖面图。

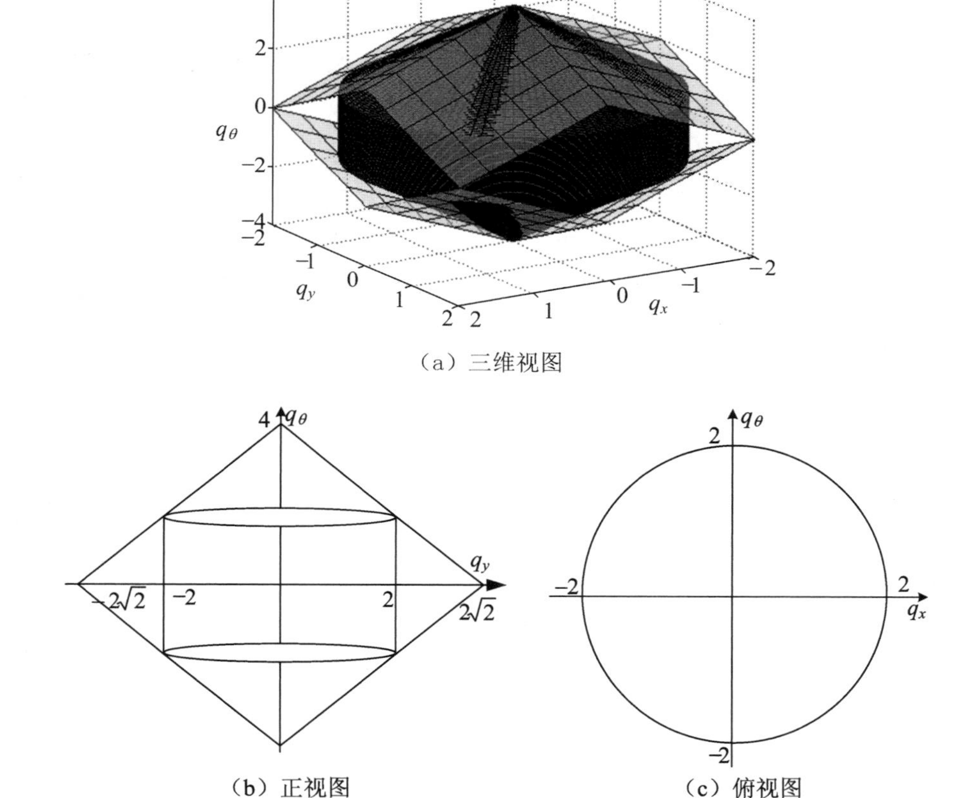

图15.8　输入域解耦图示

由图得知：

$$q_x^2+q_y^2\leqslant r(q_\theta)^2 \tag{15.22}$$

其中

$$r(q_\theta)=\begin{cases}2, & |q_\theta|\leqslant 4-2\sqrt{2}\\ \dfrac{4-|q_\theta|}{\sqrt{2}}, & 4-2\sqrt{2}<|q_\theta|\leqslant 4\end{cases} \tag{15.23}$$

为将平动和转动的输入域分离，并将平动部分最大化，不妨将输入域限制为图中的圆柱形区域，同时改写式(15.16)，得

$$\begin{cases}\ddot{x}+\dot{x}=q_x \\ \ddot{y}+\dot{y}=q_y \\ qx^2+qy^2\leqslant 4\end{cases} \tag{15.24}$$

$$\begin{cases}\ddot{\theta}+\dfrac{2mL^2}{J}\dot{\theta}=q_\theta \\ \mid q_\theta \mid\leqslant 4-2\sqrt{2}\end{cases} \tag{15.25}$$

至此已顺利地将平动和转动的控制分离，且将平动部分的输入域最大化，这说明上一小节对模型的近似是可行的。下面考虑平动部分的控制方法（即轨迹生成算法），转动部分的控制方法类似，并更简单。

3. 基于 bang - bang 控制的轨迹生成算法

对平动而言，当 $q_x^2+q_y^2=4$ 时可得到最小时间轨迹，为了获得易于实时处理的算法，进一步将输入域限制为 $|q_z(t)|=$ 常数（z 代表 x 或 y），此时可采用 bang - bang 控制算法来处理。该算法的求解形式为

$$\ddot{z}+\dot{z}=q_z,\quad 0\leqslant t\leqslant t_1 \tag{15.26}$$

$$\ddot{z}+\dot{z}=-q_z,\quad t_1<t<\leqslant t_f \tag{15.27}$$

边界条件：$z(0)=z_0$，$z(t_\mathrm{f})=z_\mathrm{f}$，$\dot{z}(0)=v_0$，$\dot{z}(t_\mathrm{f})=0$。其中 t_1、t_f 和 q_z 的正负号均未知。设定末速度为 0 是为了满足控制的连续性，实际使用时由于目标位置在不停变化，因此不一定会出现末速度为 0 的情况。

解上述方程得

$$z(t)=\begin{cases}\mathrm{e}^{-t}(q_z-v_0)+q_z(t-1)+v_0+z_0, & 0\leqslant t\leqslant t_1 \\ q_z(t_\mathrm{f}-t-\mathrm{e}^{(t_\mathrm{f}-t)}+1)+z_\mathrm{f}, & t_1<t\leqslant t_\mathrm{f}\end{cases} \tag{15.28}$$

$$v(t)=\begin{cases}\mathrm{e}^{-t}(v_0-q_z)+q_z, & 0\leqslant t\leqslant t_1 \\ q_z(\mathrm{e}^{(t_\mathrm{f}-t)}-1), & t_1<t\leqslant t_\mathrm{f}\end{cases} \tag{15.29}$$

此外，t_1 时刻应满足位移和速度的连续性，由此得到

$$\mathrm{e}^{-t_1}(q_z-v_0)+q_z(t_1-1)+v_0+z_0=q_z(t_2-\mathrm{e}^{t_2}+1)+z_\mathrm{f} \tag{15.30}$$

$$\mathrm{e}^{-t_1}(v_0-q_z)+q_z=q_z(\mathrm{e}^{t_2}-1) \tag{15.31}$$

解得

$$t_1=t_2-\frac{c}{q_z} \tag{15.32}$$

$$t_2=\ln(1+\sqrt{D}) \tag{15.33}$$

其中

$$c=v_0+z_0-z_\mathrm{f} \tag{15.34}$$

$$D=1+\mathrm{e}^{\frac{c}{q_z}}\left(\frac{v_0}{q_z}-1\right) \tag{15.35}$$

由于 $t_1\geqslant 0$，$t_2\geqslant 0$，因此需满足

$$D\geqslant 0 \tag{15.36}$$

$$\sqrt{D}\geqslant \mathrm{e}^{\frac{c}{q_z}}-1 \tag{15.37}$$

当 $c=0$ 时，由式(15.35)、式(15.36)、式(15.37)推出

$$q_z = |q_z| \operatorname{sgn}(v_0) \tag{15.38}$$

结合式(15.28)和式(15.29)知道，上式对 $v_0=0$ 的情况依然成立。

当$\frac{c}{q_z}<0$ 时，需满足式(15.36)，由此得到 $e^{-\frac{c}{q_z}}-1\geqslant-\frac{v_0}{q_z}$，也就是

$$e^{\left|\frac{c}{q_z}\right|}-1 \geqslant \frac{v_0}{c}\left|\frac{c}{q_z}\right| \tag{15.39}$$

当$\frac{c}{q_z}>0$ 时，需满足式(15.35)，得到 $e^{\frac{c}{q_z}}-1\leqslant\frac{v_0}{q_z}$，也就是

$$e^{\left|\frac{c}{q_z}\right|}-1 \leqslant \frac{v_0}{c}\left|\frac{c}{q_z}\right| \tag{15.40}$$

令

$$A = e^{\left|\frac{c}{q_z}\right|}-1-\frac{v_0}{c}\left|\frac{c}{q_z}\right| \tag{15.41}$$

由式(15.39)和式(15.40)知道：如果 $\operatorname{sgn}(A)=1$，则 $q_z=-|q_z|\operatorname{sgn}(c)$；如果 $\operatorname{sgn}(A)=-1$，则 $q_z=|q_z|\operatorname{sgn}(c)$。以上两式综合为

$$q_z = -|q_z| \operatorname{sgn}(Ac) \tag{15.42}$$

另外，如果 $A=0$，则式(15.39)或式(15.40)等于 0 时是相符合的，因为式(15.41)和式(15.40)中都有等于 0 的条件，此时有 $\operatorname{sgn}(v_0)=\operatorname{sgn}(c)$。如果式(15.39)成立，则 $q_z=-|q_z|\operatorname{sgn}(v_0)$；如果式(15.40)成立，则 $q_z=|q_z|\operatorname{sgn}(v_0)$。因此，此时 q_z 可正可负。

综合以上分析得到

$$q_z = \begin{cases} -|q_z| \operatorname{sgn}(Ac), & c\neq 0, A\neq 0 \\ \pm|q_z|, & c\neq 0, A=0 \\ |q_z| \operatorname{sgn}(v_0), & c=0 \end{cases} \tag{15.43}$$

一旦确定了 q_z 的符号，则最小时间可表示为

$$t_{f\min} = t_1+t_2 = 2\ln(1+\sqrt{D})-\frac{c}{q_z} \tag{15.44}$$

4. 轨迹同步

上一小节已经解决了在绝对值为任意大小输入下的 x 或 y 方向最小时间轨迹生成方法。在实际使用时还需解决 x 和 y 方向运动的时间同步问题，即需满足 $t_{fx}=t_{fy}$。

我们定义

$$w = \frac{1}{2q_z} \tag{15.45}$$

此时式(15.30)可改写为

$$t_2 = \frac{t_f}{2}+cw \tag{15.46}$$

因此式(15.30)可改写为

$$e^{-cw} = \cosh\frac{t_f}{2}-v_0 e^{-\frac{t_f}{2}}w \tag{15.47}$$

以 w 为自变量，方程左右两边可看作 w 的函数。不妨设 $c>0$，此时左右函数如图 15.9 所示。

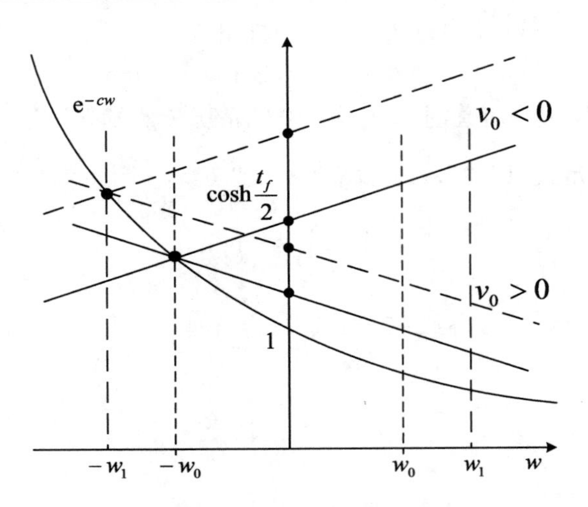

图 15.9　输入与时间的关系图解

由于 $\cosh\dfrac{t_f}{2}$ 在$[0,+\infty)$上为单调增函数，且当 $t_f>0$ 时，$\cosh\dfrac{t_f}{2}>1$，由图 15.9 可知，当 w 一定时，无论 v_0 取何值，总存在一个 $t_v\geqslant t_{f\min}$ 使两边的函数相等，且 t_f 随着 w 绝对值的增加而增加。当$|q_z|\leqslant|q_z|_{\max}$时，存在如下关系式：

$$\lim_{|q_z|\to 0} t_f \to +\infty,\qquad \lim_{|q_z|\to|q_z|_{\max}} t_f \to t_{f\min} \tag{15.48}$$

同时，对任意 $t_f\geqslant t_{f\min}$，也一定能找到一个相应的 $w\geqslant w_{\min}$ 使方程成立。由此可知，$t_{fx}(q)-t_{fy}(\sqrt{4-q^2})$是 $q\in[0,2]$的单调减函数，且一定存在一个 q 使该式等于 0。因此可用二分法找出使 x 和 y 方向时间同步的$|q|$值。

5. 结果

根据以上分析，整个算法的闭环执行流程如下：

(1) 计算当前位置与目标位置的偏差，如果大于允许误差则转下一步，否则算法结束。

(2) 将当前时刻的位置、速度和目标位置以及采样频率按照 15.2.2 小节中公式进行转换。

(3) 按照二分法从 $q\in[0,2]$中取一个值，根据 15.2.2 小节中公式求取 q_x，并求出 t_{x1}、t_{x2} 和 t_{xf} 的值。

(4) 令输入为$\sqrt{4-q^2}$，同理求出 q_y、t_{y1}、t_{y2} 和 t_{yf} 的值。

(5) 如果 $t_{fx}(q)-t_{fy}(\sqrt{4-q^2})\to 0$，则转下一步，否则回到(3)。

(6) 将(3)、(4)两步得到的结果代入最后公式，得到机器人下一步需要达到的位置和速度，并将结果根据 15.2.2 小节中公式进行反变换。回到第(1)步。

我们选用的是德国 Faulhaber 公司的 2224006SR 型号电机，其电机常数为：$\bar{\alpha}=0.003\,533\ \text{N}\cdot\text{m}\cdot\text{V}^{-1}$，$\bar{\beta}=2.468\,8\times10^{-5}\ \text{N}\cdot\text{m}\cdot\text{rad}^{-1}\cdot\text{s}^{-1}$；配套的减速箱参数为：$k=14$，$\varepsilon=80\%$；输入最高电压为：$U_{\max}=11$ V。机器人参数为：$M=2.6$ kg，$m=0.05$ kg，$L=0.088$ m，$r=0.026$ m。

将以上参数代入式(15.10)得到：$\alpha=1.521\,9$，$\beta=0.409\,0$。将得到的值代入式(15.14)可求出各新量纲的大小为 $T=3.239\,4$，$\Theta=819.357\,6$，$Z=66.290\,7$。

不妨设定边界条件为 $x_0=0$，$y_0=0$，$v_{x0}=-1.5$ m/s，$v_{y0}=1.5$ m/s，$x_f=0.5$ m，$y_f=$

0.8 m，此时算法的执行结果如图 15.10 所示，包括开环（即算法执行一个循环得到的轨迹和速度变化曲线）和闭环两部分。由图 15.10 看出，开环和闭环执行得到的结果相当吻合。由于该算法将机器人的运动学和动力学限制都考虑进去了，所以得到的结果一般来说是机器人所能够达到的。此外，由于该算法的复杂度很小，所以非常适合于像小型组这样的高速运动场合的实时处理。

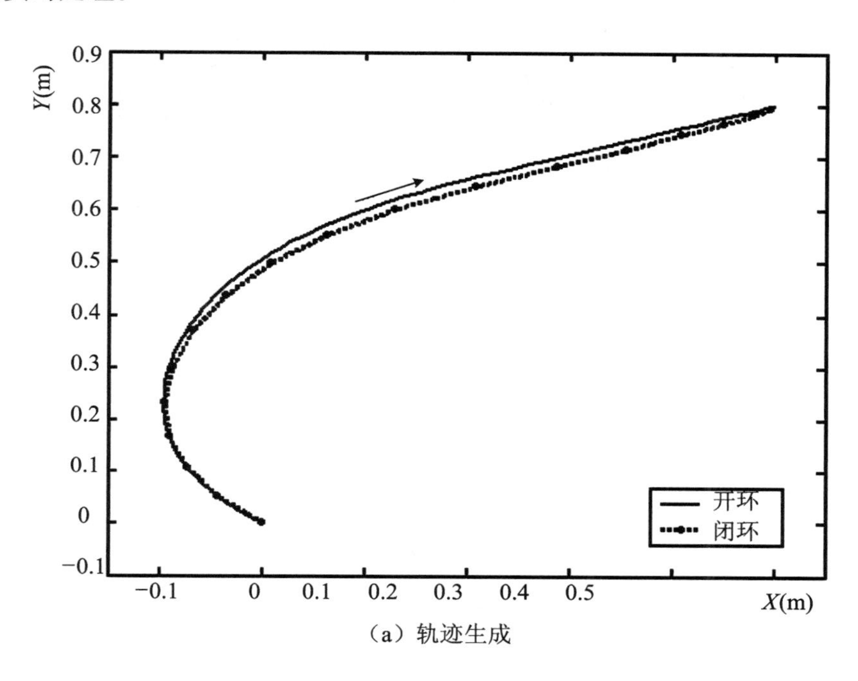

（a）轨迹生成

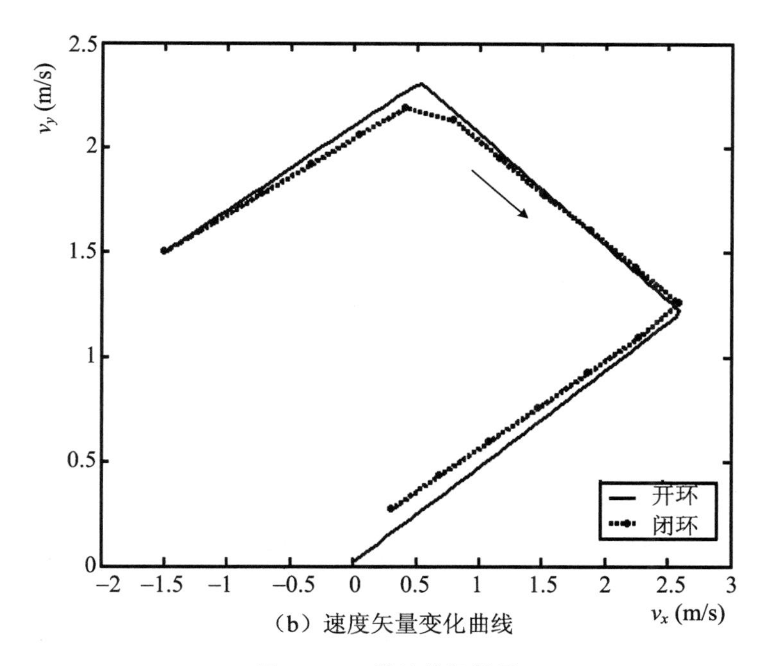

（b）速度矢量变化曲线

图 15.10　算法执行效果

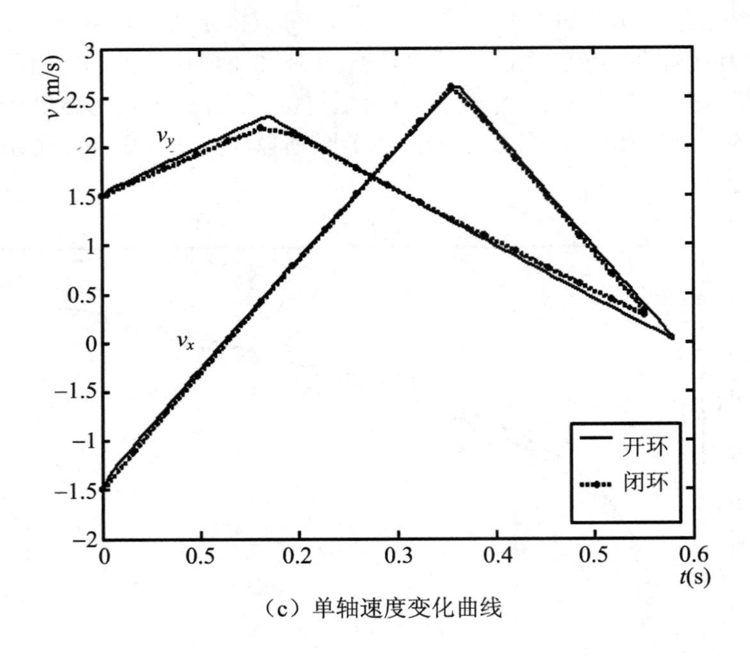

（c）单轴速度变化曲线

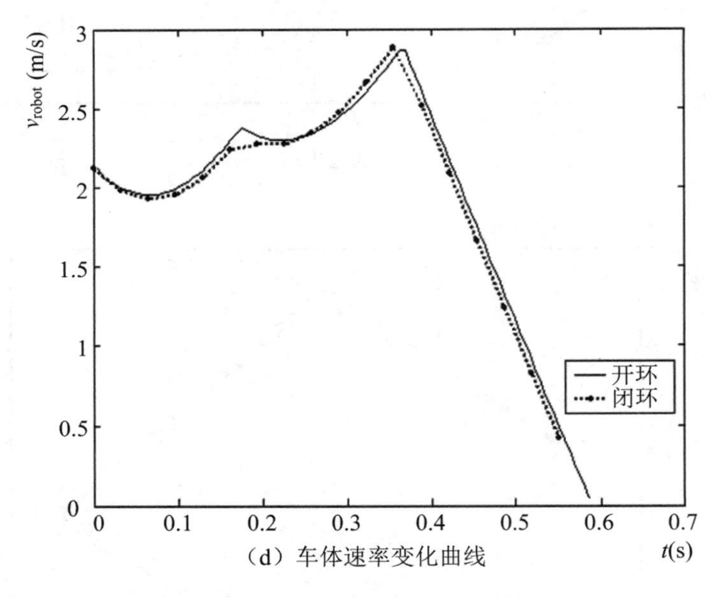

（d）车体速率变化曲线

图 15.10　算法执行效果(续)

当然，该算法解决的只是单个机器人在无障碍情况下的运动控制问题，而实际上它是被作为机器人的路径规划算法的一部分来使用的。

考虑到机器人的坐标系与全局坐标系之间存在偏角 θ，因此机器人的期望速度$(\dot{x},\dot{y},\dot{\theta})^{\mathrm{T}}$在发送给机器人之前应先乘以 $R(\theta)^{-1}=\begin{bmatrix}\cos\theta & \sin\theta\\ -\sin\theta & \cos\theta\end{bmatrix}$，以消除 θ 的影响。

15.2.3　底层运动控制

1. 基于数字 PI 算法的电机调速

理想的模拟 PID 算法为

$$u(t)=K_{\mathrm{P}}\left(e(t)+\frac{1}{T_{\mathrm{I}}}\int_{0}^{t}e(t)\mathrm{d}t+T_{\mathrm{D}}\frac{\mathrm{d}e(t)}{\mathrm{d}t}\right) \tag{15.49}$$

其中，K_{P} 为比例系数，T_{I} 为积分时间，T_{D} 为微分时间。对上式进行拉氏变换，再经过离散化和一阶向后差分处理后，就得到了理想的数字 PID 算法：

$$u(k)=u(k-1)+(K_{\mathrm{P}}+K_{\mathrm{I}}+K_{\mathrm{D}})e(k)-(K_{\mathrm{P}}+2K_{\mathrm{D}})e(k-1)+K_{\mathrm{D}}e(k-2) \tag{15.50}$$

其中，$K_{\mathrm{I}}=K_{\mathrm{P}}\dfrac{T}{T_{\mathrm{I}}}$，$K_{\mathrm{D}}=K_{\mathrm{P}}\dfrac{T_{\mathrm{D}}}{T}$，$T$ 为采样周期。由于微分算子容易受噪声影响，同时为了加快算法的处理速度，以及简化参数优化的复杂度，我们采用了数字 PI 算法来进行电机调速，也就是将式(15.50)化简为

$$u(k)=u(k-1)+(K_{\mathrm{P}}+K_{\mathrm{I}})e(k)-K_{\mathrm{P}}e(k-1) \tag{15.51}$$

图 15.11 揭示了电机调速的控制过程。决策程序以每秒 50 帧的频率向机器人发送命令数据，每当机器人接收到决策发来的已经调整到机器人坐标系方向的整体期望速度 v_{robot} 后，首先按照式(15.16)换算得到每个轮子的期望速度 v_{wheel}，然后运用 PI 算法进行电机调速，控制周期约为 1.6 ms。其中的反馈信息为根据码盘信号算得的轮子的实际转速，计算公式为

$$v_{\mathrm{real}}=\frac{n}{N\tau k}\cdot 2\pi r \tag{15.52}$$

其中，N 表示电机码盘所带的栅格数目，n 为一个调速周期 τ 内检测到的栅格数，r 表示轮子半径，k 代表减速比。控制器的输出为 PWM 信号的占空比。因为实际输出电压为

$$U=fU_{\max} \tag{15.53}$$

因此，通过对 PWM 周期内导通时间百分比 f 的调节可改变输出电压，达到调速的目的。

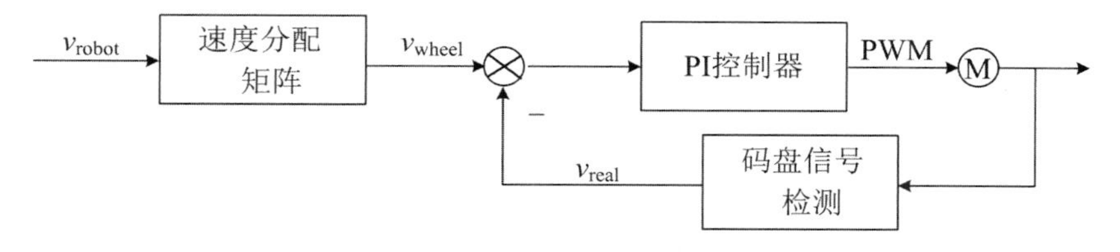

图 15.11　电机调速框图

以直线运动为基准，按照扩充临界比例法进行手工参数整定。图 15.12 记录了机器人以 1 m/s 的速度直线运动时各轮子的速度响应曲线，其中正、负号分别表示速度方向是逆时针和顺时针。由图可知，各轮子的响应时间均小于 50 ms，转速平稳，虽有超调现象，但影响较小。

2. 针对扭矩控制的改进数字 PI 算法

对机器人的电机控制存在两个主要的问题：一是轮子存在打滑现象；二是由于堵转和对电机的超负荷使用，容易导致电机发烫甚至烧毁。引起这两个问题的一个主要原因是电机

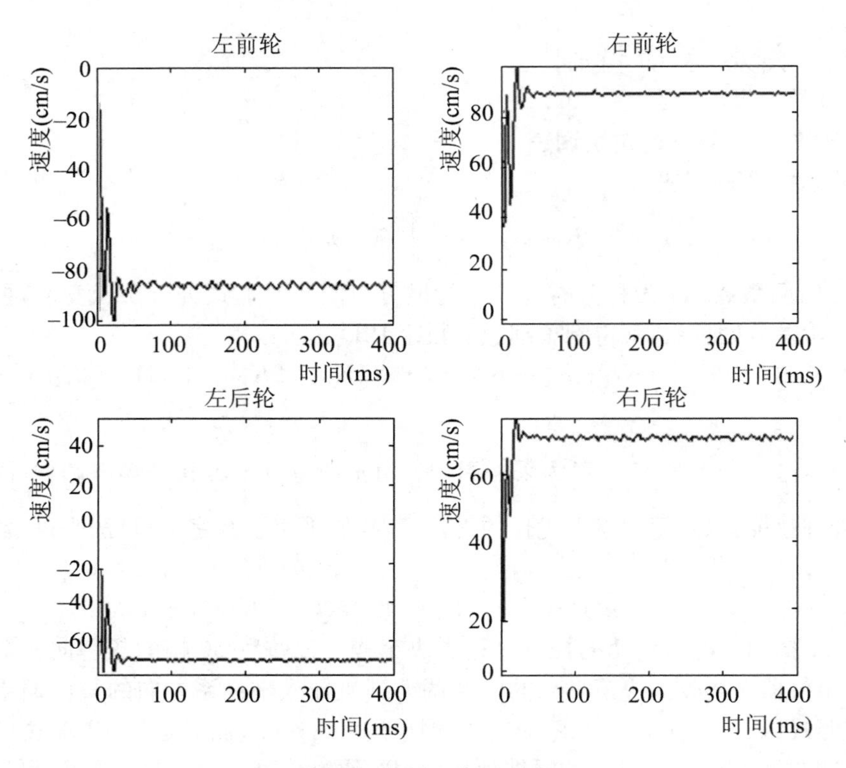

图 15.12 电机调速效果

的输出扭矩过大，扭矩越大，则越容易打滑，且由于输出扭矩与电流成正比关系，电流也会越大，容易损害电机。上一小节所述的 PI 控制算法不需要考虑被控对象的模型，因而实现起来非常方便，但是它对检测扭矩和电流却无能为力。为此，将传统的 PI 算法进行了改进，方法如下：

电机的内部电流可表示为

$$I(t)=\frac{U(t)-k_w w(t)}{R} \tag{15.54}$$

因此输出扭矩可表示为

$$T(t)=k_i I(t)=k_i\cdot\frac{U(t)-k_w w(t)}{R}=\alpha U(t)-\beta w(t) \tag{15.55}$$

采用 PWM 控制时电压是不连续的，由于周期很小，忽略 PWM 周期内电机转速的变化，那么一个 PWM 周期内的平均输出扭矩可表示为

$$T_{\mathrm{ave}}(k)=\frac{T_{\mathrm{on}}(k)(\alpha U_{\max}-\beta w(k))-T_{\mathrm{off}}(k)\beta w(k)}{T}=f(k)\alpha U_{\max}-\beta w(k) \tag{15.56}$$

其中 T 表示 PWM 周期，T_{on}和 T_{off}分别表示导通和关闭的时间，f 的定义同式(15.53)。令扭矩为 PI 控制算法的输出控制量，即

$$T_{\mathrm{des}}(k)=K_{\mathrm{P}}e(k)+K_{\mathrm{I}}\sum_{i=0}^{k}e(i) \tag{15.57}$$

控制算法的目标就是让电机的实际输出扭矩 T_{ave}达到期望值 T_{des}，这可以通过调节 f 得到，此时有

$$f(k)\alpha U_{\max}-\beta w(k)=K_{\mathrm{P}}e(k)+K_{\mathrm{I}}\sum_{i=0}^{k}e(i) \tag{15.58}$$

至此已将扭矩引入了 PI 控制算法中。为了简化算法的复杂度，对式(15.58)两边同时取一阶向后差分，得到算法的递推公式：

$$f(k)=f(k-1)+K'_{\mathrm{P}}(e(k)-e(k-1))+K'_{\mathrm{I}}e(k) \tag{15.59}$$

其中

$$K'_{\mathrm{P}}=\frac{K_{\mathrm{P}}}{\alpha U_{\max}} \tag{15.60}$$

$$K'_{\mathrm{I}}=\frac{K_{\mathrm{I}}+\dfrac{\beta}{r}}{\alpha U_{\max}} \tag{15.61}$$

比较式(15.51)和式(15.59)发现，两者的形式是完全相同的，这说明上述改进算法并没有给电机调速增加任何难度。但是，该算法通过式(15.56)得到了电机输出扭矩的计算方法，由此可以顺利地知道电机电流的大小，从而采取措施防止电机烧毁。

15.2.2 小节已经给出：$\alpha=0.003\ 533\ \mathrm{N\cdot m\cdot V^{-1}}$，$\beta=2.468\ 8\times10^{-5}\ \mathrm{N\cdot m\cdot rad^{-1}\cdot s^{-1}}$，输入最高电压为 $U_{\max}=11\ \mathrm{V}$。另外，扭矩常数 $k_i=0.006\ 92\ \mathrm{N\cdot m\cdot A^{-1}}$，轮子半径 $r=0.026\ \mathrm{m}$。将参数代入式(15.55)和式(15.56)得到

$$T_{\mathrm{ave}}(k)=0.038\ 863f(k)-9.495\times10^{-4}v(k) \tag{15.62}$$

$$I(t)=5.616f(k)-0.137\ 2v(k) \tag{15.63}$$

仍以 1 m/s 的直线运动为例，图 15.13 显示了右后方电机速度、导通时间比例、扭矩、电流的变化过程，其他电机类似。由图 15.13 得到，电机电流从起始时的近 3 A 迅速下降到约 200 mA，其响应时间和其他曲线完全一致。考虑到机器人的速度可能会大大超过 1 m/s，以及可能发生堵转等情况都会导致电机电流的迅速提高，因此检测电流的大小是很有意义的。

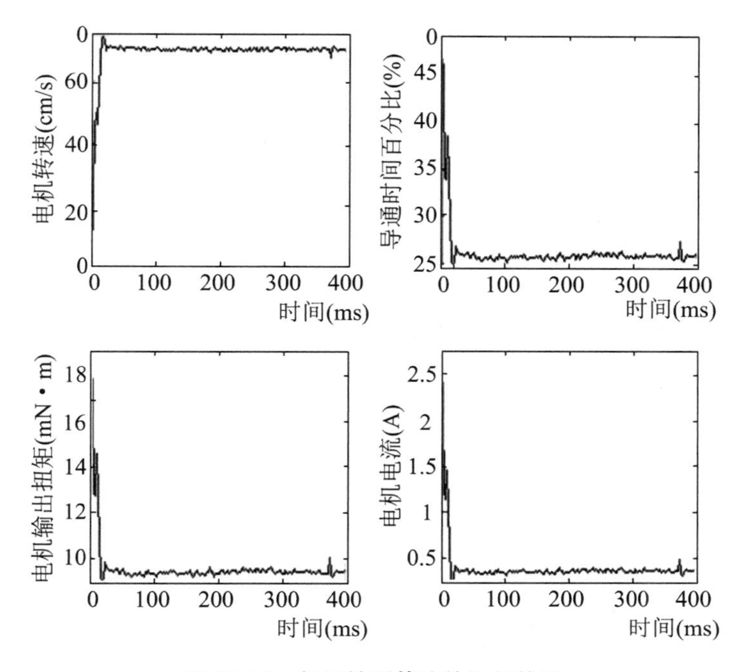

图 15.13　扭矩控制算法的执行效果

值得一提的是，式(15.57)将扭矩的作用过程、减速箱的作用等因素全部都包含到PI参数中了，因而省去了进一步的模型推导，简化了问题的难度。当需要限制扭矩的大小以减低打滑影响时，只需将减速箱考虑在内，算出减速后的输出扭矩即可。

3. 基于强化学习的参数整定方法

对轮型机器人机械结构所做的力学分析在实测时并不一定效果最好。这是因为，机器人在场上运动时4个轮子之间是相互影响的，即使单个电机的参数都已达到最优，对机器人而言也不一定能达到好的效果。此外，场地材料不同对力学模型参数设定也有很大影响。由于比赛的时间是很有限的，因此整定方法也不能占用过多的时间，所以采用策略梯度强化学习来进行现场参数整定。

该算法假设PID算法的参数可各自独立调试，在此基础上为每个电机都分配一个PI控制器，并将所有的参数看作一个组合 $\Gamma=(p^1,p^2,\cdots,p^8)$。开始时将手工调试的参数作为起始点，每个循环都随机产生 n 个新的组合：

$$\Gamma_i=(p^1+\delta_i^1,p^2+\delta_i^2,\cdots,p^8+\delta_i^8),\quad i=1,2,\cdots,n \tag{15.64}$$

其中 δ_i^j 是从组合 $\{-\xi^j,0,+\xi^j\}$ 中随机抽取的，ξ^j 是人为设定的一个常数小量。

每一个新的组合都需要运用到机器人上进行实验测试，为此设计如下路径让机器人开环运动：以2 m/s的速度向前方直线运动1秒，并马上停止。测试的评估标准有距离偏差、走向偏差、旋转偏差。每次的效果由评价函数 $E(\Gamma_i)$ 决定，评价函数的表达式为

$$E(\Gamma_i)=\alpha\frac{|\Delta L|}{L}+\beta\frac{|\Delta\Phi|}{\Phi}+\frac{\Delta\Theta}{\Theta} \tag{15.65}$$

其中 $L=2$ m，可根据需要加以调整。$\Delta\Phi$ 表示机器人偏离直线的角度差，$\Delta\Theta$ 表示机器人自转转过的角度。考虑实际的运动可能性，可以令 $\Phi=\Theta=90^\circ$。α 和 β 用来调整三部分偏差的影响权值，默认值取1。由式(15.65)可知，参数优化的目标是将评价函数最小化。

当 n 组数据全部都经过实验测试后，针对每个参数的随机变化情况将其归为3类：

$$\begin{aligned}
&Q_+^j=\{\Gamma_i\mid\delta_i^j=+\xi^j,\quad i=1,2,\cdots,n\}\\
&\Omega_0^j=\{\Gamma_i\mid\delta_i^j=0,\qquad i=1,2,\cdots,n\}\\
&\Omega_-^j=\{\Gamma_i\mid\delta_i^j=-\xi^j,\quad i=1,2,\cdots,n\}
\end{aligned} \tag{15.66}$$

然后，对每一类都进行效果评估：

$$\Psi_+^j=\frac{\sum_{\Gamma_i\in\Omega_+^j}E(\Gamma_i)}{\|\Omega_+^j\|},\Psi_0^j=\frac{\sum_{\Gamma_i\in\Omega_0^j}E(\Gamma_i)}{\|\Omega_0^j\|},\Psi_-^j=\frac{\sum_{\Gamma_i\in\Omega_-^j}E(\Gamma_i)}{\|\Omega_-^j\|} \tag{15.67}$$

通过式(15.66)和式(15.67)得到8个参数的每一个的增加、减小和不变这3种可能的效果评价，取评估值最小的那个作为该参数在这一步决定采取的操作，如式(15.68)所示：

$$p^j(k+1)=\begin{cases}p^j(k)+\xi^j, & \text{如果 }\Psi_+^j\text{ 最小}\\ p^j(k)-\xi^j, & \text{如果 }\Psi_-^j\text{ 最小}\\ p^j(k), & \text{其他}\end{cases} \tag{15.68}$$

当所有的参数都选定后，新的参数组合就形成了。如此循环往复，直至评价函数不能被进一步优化为止。图15.14给出了一个实例，评价函数的值逐渐减小，不足之处是振荡较大。

如上所示，每一个周期最多能产生的参数组合有 3^8 个，故实验时每个周期只能测试其中很少的一部分。如果能进一步减少参数的数量，对整定是很有帮助的。P. D. Roberts提出了一种简化的扩充临界比例法，又称PID归一参数整定法。该方法人为规定以下条件：

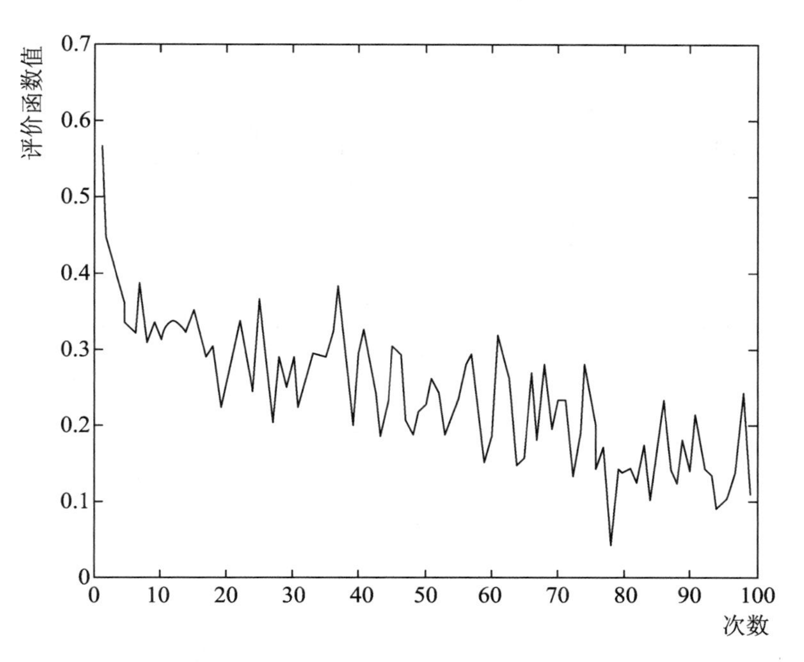

图 15.14　参数整定实例

$$\begin{cases} T = 0.1T_{cr} \\ T_i = 0.5T_{cr} \\ T_d = 0.125T_{cr} \end{cases} \tag{15.69}$$

式中 T_{cr}为临界振荡周期，代入式(15.51)可得

$$u(k) = u(k-1) + K_P(2.45e(k) - 3.5e(k-1)) \tag{15.70}$$

如此将 PI 参数从 2 个减少为 1 个，那么待整定的参数就从 8 个变成了 4 个。

附录 A　C - Lib 中的函数集

表 A.1　字符函数集一览

序号	调用方式	功能详述
1	int isalnum(int c)	若参数 c 是一个字母(A～Z 或 a～z)或是一个数字(0～9),则函数返回非零值,否则返回零
2	int isalpha(int c)	若参数 c 为字母表中的字母(A～Z 或 a～z),则函数返回非零值,否则返回零
3	int isascii(int c)	若参数 c 为 ASCII 字符,即 c 的低字节在 0～127(0x00～0x7F)之间,则函数返回非零值,否则返回零
4	int iscntrl(int c)	若参数 c 为控制符,即 c 为删除(delete)控制符(0x7F)或一般控制符(0x00～0x1F),则函数返回非零值,否则返回零
5	int isdigit(int c)	若参数 c 为十进制数字(0～9),则函数返回非零值,否则返回零
6	int islower(int c)	若参数 c 为小写字母(a～z),则函数返回非零值,否则返回零
7	int isprint(int c)	若参数 c 为可打印字符(0x20～0x7E),则函数返回非零值,否则返回零
8	int isgraph(int c)	与 isprint 函数类似,只是不包含空格符(0x20)
9	int ispunct(int c)	若参数 c 为可打印的标点符号,即(isgraph(c) && ! isalnum(c))为非零值,则函数返回非零值,否则返回零
10	int isspace(int c)	若参数 c 为空格、水平或垂直制表符、回车符、换行符及进纸符等(0x09～0x0D,0x20),则函数返回非零值,否则返回零
11	int isupper(int c)	若参数 c 为大写字母(A～Z),则函数返回非零值,否则返回零
12	int isxdigit(int <[c]>)	若参数 c 为十六进制数字(0～9,a～f 或 A～F),则函数返回非零值,否则返回零
13	int toascii(int c)	将整型参变量 c 转换成范围为 0～127 的 ASCII 码
14	int tolower(int c)	将整型参变量 c 转换成小写字母值(a～f)

续表

序号	调用方式	功能详述
15	int _tolower(int＜[c]＞)	与 tolower 函数功能相似，但本函数只能用于已知参数是大写字母(A～Z)的情况，否则函数的返回值不定
16	int toupper(int c)	将整型参变量 c 转换成大写字母值(A～Z)
17	int _toupper(int＜[c]＞)	与 toupper 函数功能相似，但本函数只能用于已知参数是小写字母(a～f)的情况，否则函数的返回值不定

表 A.2　字符串和内存函数集一览

序号	调用方式	功能详述
1	int bcmp (const char * s1, const char * s2, int n)	比较由参数 s1 和 s2 指向的两数组的前 n 个字符，若 s1 指向的数组大于、等于或小于 s2 指向的数组，函数分别返回一个大于、等于或小于 0 的整数
2	void bcopy (const char * in, char * out, int n)	将参数 in 指向的存储区的 n 个字节复制到参数 out 指向的存储区
3	void bzero (char * b, int length)	将指针为参数 b、长度为参数 length 的存储区内数据初始化为零
4	void * charpack (void * dst, char * s)	将由参数 s 所指的以 16 位数表示的字符串压缩转换成由参数 dst 所指的以 8 位数表示的字符串，并返回指针 dst 值。被压缩字符串中的空字符会结束转换
5	void * charunpack (void * dst, void * s)	将由参数 s 所指的以 8 位数表示的字符串转换成由参数 dst 所指的以 16 位数表示的字符串，并返回指针 dst 值。解压缩字符串中的空字符会结束转换
6	char * index (const char * string, int c)	在参数 string 指向的字符串(包含结束符)中查找已转换成字符的参数 c，并返回查到 c 处的指针。若未查找到 c，则返回空指针
7	void * memccpy (void * out, const void * in, int c, int n)	将参数 in 所指内存内容拷贝到参数 out 所指内存中，当拷贝了 n 个字节后或者第一次遇到的参数 c 被拷贝后就停止拷贝操作。若拷贝了 c，则返回指向 out 中紧跟 c 后字符的指针，否则返回空指针
8	void * memchr (const void * src, int c, int length)	在由参数 src 所指的存储区中前 length 个字节内搜索参数 c，返回一个指向在 src 中最先遇到的 c 的指针，若未找到 c 则返回空指针
9	int memcmp (const void * s1, const void * s2, int n)	比较参数 s1、s2 指向的数组的前 n 个字符。若 s1 指向的数组大于、等于或小于由 s2 指向的数组，则函数分别返回一个大于、等于或小于零的整数。若两数组比较区域重叠，则函数的行为非法

续表

序号	调用方式	功能详述
10	void * memcpy (void * out, const void * in, int n)	从参数 in 所指的数组中拷贝 n 个字符到参数 out 所指的数组中,并返回一个指向 out 的指针。若两数组区域重叠,则函数的行为非法
11	void * memmove (void * dst, const void * src, unsigned length)	从 src 所指的数组中拷贝 length 个字符到 dst 所指的数组中,并返回一个指向 dst 的指针。数组区域重叠不会影响内容正确地拷贝
12	char * rindex (const char * string, int c)	在参数 string 指向的字符串(包括空终止符)中,查找最后一次出现的字符 c。此函数的作用与 strrchr()函数相同。返回值:函数返回 string 里最后一次出现的字符值 c 的指针,若未搜索到 c,则返回空指针
13	void setmem(char * dst, int length, char c)	将参数 dst 所指向的数组中 length 个字节的块全部都设置为字符参数 c
14	char * stpcpy(char * dst, const char * src)	将参数 src 指向的数组中字符串拷贝到参数 dst 指向的数组中,直到遇到结束符为止,并返回指针 dst+strlen(src)之值
15	int strcasecmp (const char * a, const char * b)	对参数 a、b 所指的两个字符串进行比较,并识别大小写。若按字典顺序 a 排在 b 后(都转换为大写),函数返回一个正数;若 a 排在 b 前,函数返回一个负数;若两个字符串匹配,函数返回零
16	char * strcat(char * dst, const char * src)	把参数 src 指向的字符串(包含结束符)连到参数 dst 指向的字符串尾部,src 指向的第一个字符覆盖 dst 的结束符,并返回合并后的字符串指针
17	char * strrchr (const char * string, int c)	在参数 string 所指的字符串(包括空终止符)中搜索字符 c 最后出现的位置。返回值:若在 string 所指的字符串里找到指定字符,则函数返回该字符在串中最后一次出现的位置;否则函数返回空指针
18	int strcmp (const char * a, const char * b)	对参数 a、b 所指的字符串进行比较。按字典顺序,若 a 排在 b 后,函数返回一个正数;若 a 排在 b 前,函数返回一个负数;若两个字符串匹配,则函数返回零
19	int strcoll(const char * stra, const char * strb)	对参数 stra、strb 所指的字符串进行比较。依据 stra 字符串大于、小于或等于 strb 字符串,函数将相应返回一个正数、负数或零
20	char * strcpy(char * dst, const char * src)	将参数 src 指向的字符串(包含结束符)拷贝到参数 dst 指向的数组中去,并返回 dst 的指针。若两数组区域重叠,则函数行为非法

续表

序号	调用方式	功能详述
21	int strcspn(const char * s1, const char * s2)	返回参数 s1 所指字符串的初始子串长度,该子串中任一字符都不包含于参数 s2 所指的字符串中(结束符除外)
22	int strlen(const char * str)	计算并返回参数 str 所指字符串的长度。方法是计数字符个数直至结束符为止(结束符不计在内)
23	char * strlwr(char * a)	把参数 a 指向的字符串中每个字符都变为小写字母,并返回指针 a
24	int strncasecmp(const char * a, const char * b, int length)	对参数 a、b 指向的两个字符串中 length 个字符进行比较,并识别其大小写。按字典顺序,若 a 排在 b 后(都转换为大写),函数返回一个正数;若 a 排在 b 前,函数返回一个负数;若两个字符串匹配,则函数返回零
25	char * strncat(char * dst,const char * src, int length)	将参数 src 指向的字符串(包含结束符)中前 length 个字符连接到参数 dst 指向的字符串尾部,src 中第一个字符覆盖 dst 的结束符。函数返回 dst 指针值
26	int strncmp(const char * a, const char * b, int length)	比较参数 a、b 指向的两个字符串中前 length 个字符。按字典顺序,若 a 排在 b 后(都转换为大写),函数返回一个正数;若 a 排在 b 前,函数返回一个负数;若两个字符串匹配,函数返回零
27	char * strncpy(char * dst, const char * src, intlength)	将参数 src 指向的字符串(包括结束符)中前 length 个字符拷贝到参数 dst 指向的数组中去。若 src 数组中少于 length 个字符,会在 dst 数组中添加空字符至凑够 length 个字符。函数返回 dst 指针值
28	char * strnset(char * dst, char c, unsigned n)	将参数 dst 指向的字符串中前 n 个字符设置为字符参数 c 的值
29	char * strpbrk(const char * s1, const char * s2)	在参数 s1 指向的字符串中查找与参数 s2 指向的字符串中任何一个字符相匹配的第一个字符(空字符不包含在内),并返回其位置指针。若没有匹配字符,则返回空指针
30	char * strrchr(const char * string,int c)	在参数 string 指向的字符串(包含结束符)中查找最后一次出现的字符参数 c,并返回其位置指针;若未找到 c,则返回空指针
31	char * strrev(char * s)	将参数 s 指向的字符串中所有字符顺序都颠倒过来(结束符除外),并返回指向颠倒顺序后的字符串指针
32	char * strset(char * s, char c)	将参数 s 所指字符串中所有字符都设置成字符参数 c,并返回指针 s

续表

序号	调用方式	功能详述
33	int strspn(const char * s1, const char * s2)	在参数 s1 所指字符串中查找第一个不属于参数 s2 所指字符串中字符的位置(结束符除外),计算并返回从起始到此位置的长度值
34	char * strstr(const char * s1, const char * s2)	在参数 s1 所指字符串中查找第一次遇到的参数 s2 所指字符串(结束符除外),并返回其位置指针。若未找到相匹配的字符串,返回空指针;若 s2 指向的字符串长度为零,则返回指针 s1
35	char * strtok(char * source, const char, * delimiters)	返回参数 source 所指字符串中指向下一个由参数 delimiters 指定的字符或字符串分隔符的指针,若无分隔符则返回一个空指针。函数实际上修改了由 source 指向的字符串。每找到一个分隔符后,一空字符就被放到分隔符处。函数用此方法连续查遍该字符串
36	char * strupr (char * a)	将参数 a 指向的字符串中所有字符都变为大写字母,并返回指针 a
37	int strxfrm(char * s1, const char * s2, int n)	将参数 s2 所指字符串中的字符进行转换后的最多 n 个字符(包括空终止符)置入参数 s1 所指的数组中。转换规划:如果用 strcmp()函数比较两个转换后的字符串,其返回值与调用 strcoll()函数比较两个初始串的结果相同,分别返回一个大于、等于或小于 0 的值。如果参数 n 为零,则 s1 可能是一个空指针。如果转换发生在两个重叠的区域内,则转换的结果将是不确定的返回值:函数返回串中转换的字符数(不包括空终止符)。如果返回值大于或等于 n,则 s1 指向的数组中内容不确定
38	void swab(char * from,char * to, unsigned n)	从参数 from 指向的字符串中拷贝 n 个字符到参数 to 指向的字符串中,并交换相邻的偶、奇数字节

表 A.3　数学函数集一览

序号	调用方式	功能详述
1	float acosf(float x)	返回参变量 x 的反余弦值，以弧度表示；x 的定义域为[−1,1]
2	float acoshf(float x)	返回参变量 x 的反双曲余弦值
3	float asinf(float x)	返回参变量 x 的反正弦值,以弧度表示；x 的定义域为[−1,1]
4	float asinhf(float x)	返回参变量 x 的反双曲正弦值
5	float atanf(float x)	返回参变量 x 的反正切值,以弧度表示

续表

序号	调用方式	功能详述
6	float atan2f (float y, float x)	返回参变量运算 y/x 的反正切值
7	float atanhf (float <[x]>)	返回参变量 x 的反双曲正切值
8	float cabs(struct complex z)	返回复数参变量 z 的绝对值
9	float cbrtf(float x)	返回参变量 x 的立方根值
10	float ceilf(float x)	返回不小于参变量 x 的最小整数
11	float copysignf (float x, float y)	构造一个数,其值为参量 x 的绝对值,其符号为参量 y 的符号
12	float cosf(float x)	返回参变量 x 的余弦值,以弧度表示
13	float coshf(float x)	返回参变量 x 的双曲余弦值
14	float dremf (float x, float y)	返回参变量运算 x/y 的余数值
15	float erff(float x)	估算落在参数 x 标准平均误差范围内的概率(假设为正态分布)统计值
16	float erfcf(float x)	直接计算函数 erff 的互补概率 1−erff(x)。用此函数可以避免通过计算 1 - erff(x)造成的精度损失
17	float expf(float x)	计算并返回参变量 x 的指数值,即 e^x;e 约为 2.718 28
18	float expm1f(float x)	计算并返回 e^x-1;参变量 x 值即使很小,亦能保证精度。但若使用 expf 函数计算 e^x-1,则会丢失有效位
19	float fabsf(float x)	返回参变量 x 的绝对值
20	int finitef(float x)	若参变量 x 为有限值,返回非零值;否则返回零
21	float floorf(float x)	返回不大于参变量 x 的最大整数
22	float fmodf (float x, float y)	返回浮点数单精度型参变量运算 x/y 的余数
23	float frexpf(float val, int * exp)	把参量 val 分解成一个 0.5~1 范围内的尾数和一个整型指数,即 val=尾数 * 2^{exp};其中尾数由函数返回,指数存储在参量 exp 中
24	float gammaf(float x)	计算参变量 x 的 gamma 函数的自然对数
25	float lgammaf(float x)	是 gammaf 函数的别名

续表

序号	调用方式	功能详述
26	Float gammaf_r(float x, int * signgamp)	计算参变量 x 的 gamma 函数的自然对数,并将 gamma 函数的符号存储在参量 signgamp 中
27	float lgammaf_r(float x, int * signgamp)	同上
28	float hypotf(float x, float y)	返回由给定直角三角形的两个直角边计算的其斜边长度值
29	int ilogbf(float val)	所有非零数都可表示为 m^{*2p}。若参变量 val 的定义域在 0～INF[1]范围内,函数返回 p;若 val 定义为零,返回－INT_MAX;定义为 INF 或超出定义域,则函数返回 INT_MAX
30	float infinityf(void)	返回 INF[1]值
31	int isinff(float x)	若参变量 x 为 INF 值,返回非零值;否则返回零
32	int isnanf(float arg)	若参数变量为 NAN[2]值,返回非零值;否则返回零
33	float j0f(float x)	求解微分方程的第一类贝塞尔函数的零阶特例函数
34	float j1f(float x)	求解微分方程的第一类贝塞尔函数的一阶特例函数
35	float jnf(int n, float x)	求解微分方程的第一类 n 阶贝塞尔函数
36	float y0f(float x)	求解微分方程的第二类贝塞尔函数的零阶特例函数
37	float y1f(float x)	求解微分方程的第二类贝塞尔函数的一阶特例函数
38	float ynf(int n, float x)	求解微分方程的第二类 n 阶贝塞尔函数
39	float ldexpf(float val, int exp)	计算并返回 val $*2^{exp}$ 的值,若计算发生溢出,则返回 HUGE_VAL
40	float logf(float x)	返回参变量 x 的自然对数值;x 的定义域为(0,INF)
41	float log10f(float x)	返回参变量 x 以 10 为底的对数值;x 的定义域为(0,INF)
42	float log1pf(float x)	返回 1＋x 的自然对数值;参量 x 很小时用此函数运算精度高
43	int logbf(float val)	同 ilogbf()函数
44	int matherr(struct exception * err)	用于常见的数学错误处理,用类型为 exception 的参数调用,其结构为: struct exception{int type; char * name; double arg1, arg2, retval;int err;}
45	float modff(float val, float * ipart)	将参变量 val 分解成整数部分和小数部分;其中小数由函数返回,整数则存储在参变量 ipart 中
46	float nanf(void)	返回 NAN[2]值
47	float nextafterf(float val, float dir)	返回参量 val(IEEE 格式)向参量 dir 方向变化的下一个数值

续表

序号	调用方式	功能详述
48	float polyf(float x, int n,float c[ ])	计算参数 x 的 n 阶多项式的值。例如当 n=3 时,则函数将计算 c[3]x^3+c[2]x^2+c[1]x+c[0]的值
49	float powf (float x, float y)	返回以参变量 x 为底的 y 次幂,即 x^y 之值
50	float remainderf (float x, float y)	同 dremf()函数
51	float rintf(float x)	返回将参变量 x 经四舍五入处理后的整数值
52	float scalbf (float x, float n)	返回 $x*2^n$ 之运算值,n 为单精度型数
53	float scalbnf (float x, int n)	返回 $x*2^n$ 之运算值,n 为整型数
54	float significandf (float x)	返回函数 scalbnf(x, (float) -ilogb(x))调用的结果值
55	float sinf(float x)	返回参变量 x 的正弦值,x 以弧度表示
56	float sinhf(float x)	返回参变量 x 的双曲正弦值
57	float sqrtf(float x)	返回参变量 x 的平方根值;x 的定义域为[0,INF]
58	float tanf(float x)	返回参变量 x 的正切值,x 以弧度表示
59	float tanhf(float x)	返回参变量 x 的双曲正切值;x 以弧度表示

注:[1] INF 值即为单精度型数的下限值。[2] NAN 值即为超出参变量定义域范围之值。

表 A.4　标准库函数集

序号	调用方式	功能详述
1	void abort(void)	程序检测到一种无法处理的异常情况时终止程序运行
2	int abs(int x)	返回整型参数 x 的绝对值
3	void assert(int <[expression]>)	用于在程序中嵌入调试诊断信息的宏。若程序正常运行,表达式参数 expression 为非零值;若程序运行出现异常,则 expression 为零值,可调用 abort()函数以终止程序运行
4	float atoff(char * s)	返回将参数 s 所指字符串的起始部分转换成的单精度数。若转换未成功(包括溢出),返回 0.0;若转换值超出了其可代表数的范围,则会返回-HUGE_VAL 或 HUGE_VAL
5	int atoi(char * s)	返回将参数 s 所指的字符串转换成的整型数,转换未成功则返回零

续表

序号	调用方式	功能详述
6	long atol (const char * s)	返回将参数 s 所指的字符串转换成的长整型数;转换未成功则返回零
7	void * bsearch(const void * key, const void * base, size_t nmemb, size _ t size, int (* compar)(const void * , const void *))	在参数 base 所指的排序数组中执行二元搜索,并返回指向与 key 所指关键字相匹配的第一个元素的指针;若数组未含关键字,则返回空指针。数组中元素数目由参数 nmemb 指定,且每个元素的大小(以字节表示)由参数 size 给定。数据类型 size_t 在 stdlib. h 中被定义为 unsigned int
8	void * calloc(size_t ＜[n]＞, size _ t ＜[s]＞)	为具有 n 个长度为 s 的数据数组分配内存区域,并返回该区域第一字节的指针;若无足够的内存可分配,则返回空指针
9	div_t div(int n, int d)	将两整型数相除的商和余数返回在结构型参数 div_t 中
10	char * ecvtf (float val, int chars, int * decpt, int * sgn)	将单精度浮点型参数 val 转换成长度为参数 chars 的字符串,并返回指向该字符串的指针。参数 decpt 指向小数点的位置,而参数 sgn 则指向符号变量
11	char * fcvtf (float al, int decimals, int * decpt,int * sgn)	fcvtf()函数的参数 decimals 与 chars 不同,它指定的是小数点后的数值转换成字符串的长度
12	char * gcvtf(float val, int precision, char * buf)	将单精度浮点型参数 val 转换成长度为参数 precision 的字符串,参数 buf 作为指向该字符串数组的指针而被返回
13	void exit(int ＜[code]＞)	使得程序立即终止运行。状态参数 code 被传递到调用过程,若其为零,则表明程序正常终止;若其为非零值,则表明存在执行错误
14	long labs(long x)	返回长整型参数 x 的绝对值
15	ldiv_t ldiv(long n, long d)	两长整型参数 n、d 相除,商和余数返回在结构型参数 div_t 中
16	void * malloc(size_t ＜[nbytes]＞)	申请分配大小(以字节表示)为参数 nbytes 的内存区域并返回其首字节的指针。若申请未成功,则返回空指针
17	void free (void * ＜[aptr]＞)	释放由参数 aptr 指向的内存区域,并将它返回给堆

续表

序号	调用方式	功能详述
18	void qsort (void * base, size_t nmemb, size_t size, int (* compar)(const void *, const void *))	对数组进行排序。通过重复调用用户定义的比较函数(由compar定义)对表中的元素进行排序。参数:base指向要排序数组的头一个元素;nmemb是数组中元素个数;size为元素的长度;compar()为指定的比较函数,根据此函数的结果进行排序。返回值:无
19	int rand(void)	返回伪随机数序列中0～RAND_MAX(包括RAND_MAX)之间的一个整数
20	void * realloc (void * <[aptr]>, size_t <[nbytes]>)	将参数aptr指向的已分配内存大小变成由参数nbytes确定的新内存块大小,并返回指向新块首字节的指针。若堆中分配不出nbytes个字节,则函数返回空指针
21	void srand(unsigned int seed)	建立由rand()函数所产生的伪随机数序列数值的起始点,它允许多个程序用不同的伪随机数序列运行
22	char * strdup (_CONST char * str)	按参数str所指字符串的长度开辟内存区,将字符串内容拷贝到该存储区域并返回指向该区域首字节的指针
23	float strtodf(const char * str, char * * endptr)	返回参数str所指向的以数值形式表示的字符串转换成的一个单精度型数,参数 * endptr指向被转换字符串的结束符(null)。若转换未成功或转换值溢出,函数返回零;若转换值超出其所能代表数的范围,则函数分别会返回±HUGE_VAL
24	long strtol (const char * s, char * * ptr, int base)	返回将参数s所指的数值形式的字符串转换成的一个长整型数,数值的进制由参数base确定。若转换未成功,函数返回零;若转换值上溢或下溢,则函数分别会返回LONG_MAX或LONG_MIN
25	unsigned long strtoul (const char * s, char * * ptr, int base)	功能与strtol()函数类似。不同之处在于本函数将字符串转换成一无符号长整型数
26	int system(char * s)	从一正在执行的C程序中执行系统命令。参数s指向该命令字符串。若函数调用成功,返回零;否则返回非零值

注:表中1、3、8、13、16为虚函数。

表A.5　I/O函数集

调用方式	功能详述
int printf (const char * format, …)	按参数format指定的格式,将其后参量表中列出的参数写到流文件[1]中

注:[1] 程序中若需调用printf()函数,应使m'nSP™ IDE运行在Simulator方式下并进行如下操作:选择Project菜单的setting选项,进入Device属性页,在Device Set中有一个缺省的I/O口地址0x7016,选择Output单选按钮后,Sound复选框被激活,但不要选择Sound;在Output File文本框中输入流文件名即可。

表 A.6 针对错误号 errnum 的错误信息

errnum	错误信息串	含义
E2BIG	Arg list too long	参数表太长
EACCES	Permission denied	不允许
EADDRINUSE	Address already in use	地址已被占用
EADV	Advertise error	警告错误
EAFNOSUPPORT	Address family not supported by protocol family	地址体系超出规定范围
EAGAIN	No more processes	没有更多的步骤
EALREADY	Socket already connected	接口已经连接
EBADF	Bad file number	错误的文件号
EBADMSG	Bad message	错误的信息
EBUSY	Device or resource busy	设备或资源正被使用
ECHILD	No children	无子系统
ECOMM	Communication error	通信错误
ECONNABORTED	Software caused connection abort	软件错误引起连接失败
ECONNREFUSED	Connection refused	连接未成功
EDEADLK	Deadlock	死锁
EDESTADDRREQ	Destination address required	未给目标地址
EEXIST	File exists	文件已存在
EDOM	Math argument	计算函数参数的域错误
EFAULT	Bad address	错误的地址
EFBIG	File too large	文件太长
EHOSTDOWN	Host is down	主机故障
EHOSTUNREACH	Host is unreachable	主机功能达不到
EIDRM	Identifier removed	标识符丢失
EINPROGRESS	Connection already in progress	连接已在处理中
EINTR	Interrupted system call	中断系统调用
EINVAL	Invalid argument	非法参数
EIO	I/O error	输入/输出错误
EISCONN	Socket is already connected	插口已被连接
EISDIR	Is a directory	路径错误
ELIBACC	Cannot access a needed shared library	要求共享的库不能被访问

续表

errnum	错误信息串	含义
ELIBBAD	Accessing a corrupted shared library	要访问的共享库已被破坏
ELIBEXEC	Cannot exec a shared library directly	不可直接执行一个共享库
ELIBMAX	Attempting to link in more shared libraries than system limit	链接的共享库已超出限度
ELIBSCN	<<. lib>> section in a. out corrupted	在 *. out 文件中的<. lib>损坏
EMFILE	Too many open files	要打开的文件太多
EMLINK	Too many links	要链接的模块太多
EMSGSIZE	Message too long	信息太长
EMULTIHOP	Multihop attempted	非法的多重接收
ENAMETOOLONG	File or path name too long	文件或路径名太长
ENETDOWN	Network interface not configured	网络接口未配置
ENETUNREACH	Network is unreachable	网络功能达不到
ENFILE	Too many open files in system	系统中打开的文件太多
ENODEV	No such device	所需要的设备不存在
ENOENT	No such file or directory	输入的文件或路径不存在
ENOEXEC	Exec format error	执行的格式错误
ENOLCK	No lock	未锁
ENOLINK	Virtual circuit is gone	实际电路已不存在
ENOMEM	Not enough space	无足够的存储空间
ENOMSG	No message of desired type	无所需类型的信息
ENONET	Machine is not on the network	所要搜索的机器未上网
ENOPKG	No package	未经压缩
ENOPROTOOPT	Protocol not available	协议不可用
ENOSPC	No space left on device	设备未留有足够的空间
ENOSR	No stream resources	非流资源
ENOSTR	Not a stream	不是一个流
ENOSYS	Function not implemented	函数未被执行
ENOTBLK	Block device required	未接通所需的模块设备
ENOTCONN	Socket is not connected	插口未连接
ENOTDIR	Not a directory	并非路径

续表

errnum	错误信息串	含义
ENOTEMPTY	Directory not empty	路径名仍在占用
ENOTSOCK	Socket operation on non - socket	插口连接未成
ENOTSUP	Not supported	不支持
ENOTTY	Not a character device	非字符设备
ENXIO	No such device or address	无此设备或地址
EPERM	Not owner	并非物主
EPIPE	Broken pipe	破坏的流通管道
EPROTO	Protocol error	协议错误
EPROTOTYPE	Protocol wrong type for socket	协议接口警告
EPROTONOSUP-PORT	Unknown protocol	未知协议
ERANGE	Result too large	运算结果超出范围
EREMOTE	Resource is remote	资源位置太远
EROFS	Read - only file system	只读文件系统不可写入
ESHUTDOWN	Can't send after socket shutdown	接口关闭后不能传输信息
ESOCKTNOSUP-PORT	Socket type not supported	不支持此类接口类型
ESPIPE	Illegal seek	非法搜寻
ESRCH	No such process	无此过程
ESRMNT	Srmount error	高级装配错误
ETIME	Stream ioctl time out	I/O 流控制超时
ETIMEDOUT	Connection timed out	连接时间太长
ETXTBSY	Text file busy	文本文件在处理中
EXDEV	Cross - device link	设备交叉链接

附录 B 解耦图形的推导

令 $A=P(0)U(t)$，也就是

$$\begin{bmatrix} x \\ y \\ z \end{bmatrix} = \begin{bmatrix} 0 & -1 & 0 & 1 \\ 1 & 0 & -1 & 0 \\ 1 & 1 & 1 & 1 \end{bmatrix} \begin{bmatrix} U_1 \\ U_2 \\ U_3 \\ U_4 \end{bmatrix} \tag{B.1}$$

展开得到

$$\begin{cases} x = -U_2 + U_4 \\ y = U_1 - U_3 \\ z = U_1 + U_2 + U_3 + U_4 \end{cases} \tag{B.2}$$

由式(B.2)知道 x 和 y 相互独立，又因为 $U_i(t)\in[-1,1](j=0,1,2,3)$，因此

$$x, y \in [-2, +2] \tag{B.3}$$

据此将 z 改写为

$$z = x + y + 2U_2 + 2U_3 \tag{B.4}$$

将式(B.2)的前两式改写为

$$\begin{cases} U_4 = x + U_2 \in [-1,1] \\ U_1 = y + U_3 \in [-1,1] \end{cases} \tag{B.5}$$

结合考虑 $U_i(t)\in[-1,1](i=0,1,2,3)$，可得如下两组方程：

$$\begin{cases} -1 - x \leqslant U_2 \leqslant 1 - x \\ -1 \leqslant U_2 \leqslant 1 \end{cases} \tag{B.6}$$

$$\begin{cases} -1 - y \leqslant U_3 \leqslant 1 - y \\ -1 \leqslant U_3 \leqslant 1 \end{cases} \tag{B.7}$$

由此可得 z 在不同象限的极值表达式为

$$z_{\max} = \begin{cases} 4 - x - y, & x \geqslant 0, y \geqslant 0 \\ 4 - x + y, & x \geqslant 0, y \leqslant 0 \\ 4 + x - y, & x \leqslant 0, y \geqslant 0 \\ 4 + x + y, & x \leqslant 0, y \leqslant 0 \end{cases} \tag{B.8}$$

而每个象限的极小值表达式都与极大值相反：$z_{\min} = -z_{\max}$。

由此就可画出封闭图形，见图 B.1。图中只画了上、下底，四周的垂直封闭图形没有显示。其公共部分由直线 L_1 绕轴旋转一周得到，不过必须注意的是旋转所得图形不能超越由 L_2 外端所限制的垂直平面。

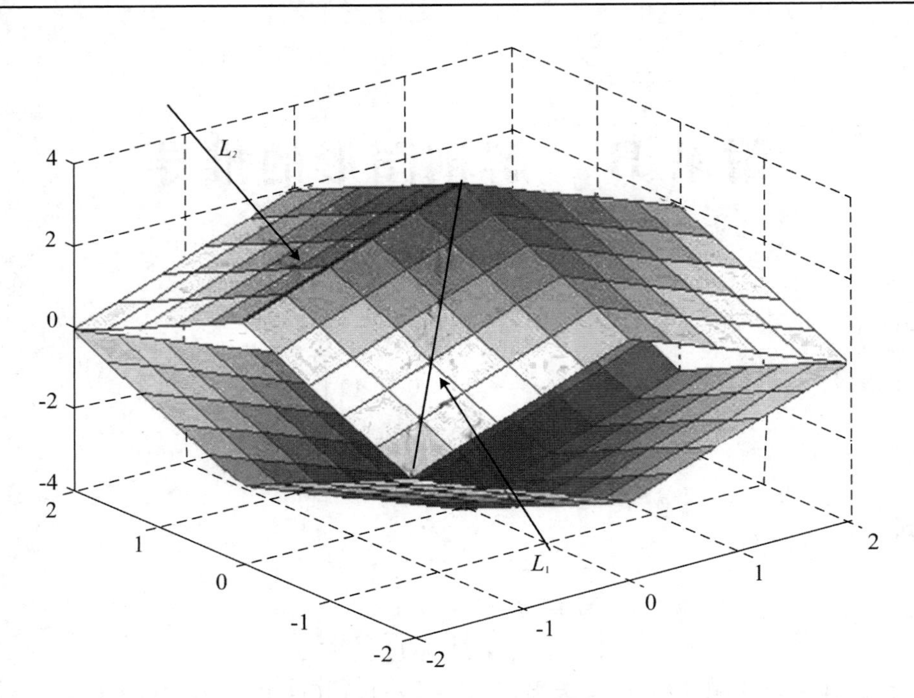

图 B.1 降维后的图形

附录 C　足球机器人电机调速程序

```
//=================================================================
=====================================
// File: MotorCtrl. c
// Title: Motors control algorithm functions
//=================================================================
=====================================
//=================================================================
=====================================
// Coodinates:
//          X
//          ^
//       ___|___
//      /   |   \
//   -(----------)-> Y
//      \   |   /
//          |
//-----------------------------------------------------------------
-------------------------------------
// Kinematic model:
//  -  ----                                              ---   -  -
// | v1 |    | -sin(FRONT_ANGLE)     cos(FRONT_ANGLE)     ROBOT_RADIUS | | Vx |
// | v2 | = |  sin(-REAR_ANGLE)    -cos(-REAR_ANGLE)     ROBOT_RADIUS | |-Vy |
// | v3 |    |  sin(REAR_ANGLE)     -cos(REAR_ANGLE)     ROBOT_RADIUS | | -@ |
// | v4 |    | -sin(-FRONT_ANGEL)    cos(-FRONT_ANGLE)   ROBOT_RADIUS | - -
//  -  ----                                              ---
//-----------------------------------------------------------------
-------------------------------------
// Units: speed(cm/s), angular speed(degree/s)
// Positive: anticlockwise, Negative: clockwise
//=================================================================
=====================================
#include "math. h"
#include "Robot. h"
#define MOTOR_PROTECT_PERIOD 300    // ms
#define COLLISION_PERIOD 100    // ms
#define KP * *
```

```
#define KI * *                //将实际 PID 值代入此两参数
#define ROBOT_RADIUS 7.5 // cm
#define MY_SIN1 0.868
#define MY_SIN2 0.707
#define MY_COS1 0.5
#define MY_COS2 0.707         //与实际轮子之间夹角有关
int wheelsDeadPeriodCounter = 120/COMMAND_LOOP;
// 如果 120 ms 内没有收到新的命令,则停止机器人运动
int dribbleDeadPeriodCounter = 120/COMMAND_LOOP;
// 如果 120 ms 内没有收到新的命令,则停止带球
float out[4] = {0, 0, 0, 0};  // 当前值与 PWM 的输出值相比较
float e0[4] = {0, 0, 0, 0};
float e1[4] = {0, 0, 0, 0};
float para = ROBOT_RADIUS * M_PI / 180;
extern int forbidDribble;
void setWantedWheelSpeeds(float Vx, float Vy, float omiga)
{
    wantedWheelSpeeds.v0 = -MY_SIN1 * Vx - MY_COS1 * Vy - para * omiga;
    wantedWheelSpeeds.v1 = -MY_SIN2 * Vx + MY_COS2 * Vy - para * omiga;
    wantedWheelSpeeds.v2 =  MY_SIN2 * Vx + MY_COS2 * Vy - para * omiga;
    wantedWheelSpeeds.v3 =  MY_SIN1 * Vx - MY_COS1 * Vy - para * omiga;
    if (Vx || Vy || omiga)
    // 当命令行驶时恢复计数器的初始值
    wheelsDeadPeriodCounter = 120/COMMAND_LOOP;
    dribbleDeadPeriodCounter = 120/COMMAND_LOOP;
    // 当任何命令到达时,恢复计数的初始值
}

void setWheelsDir(void)
{
    if (out[0] > 0)              // Positive
        setMotorDir(0, P);         // 逆时针方向
        else   // Negative
        setMotorDir(0, N);         // 顺时针方向
    if (out[1] > 0)
        setMotorDir(1, P);
    else
        setMotorDir(1, N);
    if (out[2] > 0)
        setMotorDir(2, P);
    else
        setMotorDir(2, N);
```

```
    if (out[3] > 0)
        setMotorDir(3, P);
    else
        setMotorDir(3, N);
}

void motorCtrl()
{
    int i, j;
    static int tCounter = 0, collisionDetectCounter = 0;
    static int noOutput = FALSE;
    static int a[4] = {0, 0, 0, 0};
    float delta[4] = {0, 0, 0, 0};
    if (! wheelsDeadPeriodCounter)  // 在确定一段时间内没有收到命令
    {
        for (i = 0; i < 4; i++)
        {
            out[i] = 0;  // 关闭所有电机
            setPWM(i, &out[i]);
        }
    }
    else
    {
        //--wheelsDeadPeriodCounter;
        // 计算四个轮子的转速
        calcWheelSpeeds(&robotWheelSpeeds);
        e1[0] = wantedWheelSpeeds.v0 - robotWheelSpeeds.v0;
        e1[1] = wantedWheelSpeeds.v1 - robotWheelSpeeds.v1;
        e1[2] = wantedWheelSpeeds.v2 - robotWheelSpeeds.v2;
        e1[3] = wantedWheelSpeeds.v3 - robotWheelSpeeds.v3;
        for (i = 0; i < 4; i++)
        {
            // PI控制算法补偿
            delta[i] = (KP + KI) * e1[i] - KP * e0[i];  // Increments of outputs
            out[i] += delta[i];
            //置位 PWM(i, &out[i]);
            e0[i] = e1[i];
        }
        // 检测碰撞
        if (! noOutput){
            if (robotWheelSpeeds.v0 < 30 && out[0] > MAX_PWM * 4 / 5)
                a[0]++;
            else
                a[0] = 0;
            if (robotWheelSpeeds.v1 < 30 && out[1] > MAX_PWM * 4 / 5)
```

```
            a[1]++;
        else
            a[1] = 0;
        if (robotWheelSpeeds.v2 < 30 && out[2] > MAX_PWM * 4 / 5)
            a[2]++;
        else
            a[2] = 0;
        if (robotWheelSpeeds.v3 < 30 && out[3] > MAX_PWM * 4 / 5)
            a[3]++;
        else
            a[3] = 0;
        if (a[0] > COLLISION_PERIOD/COMMAND_LOOP || a[1] >
COLLISION_PERIOD/COMMAND_LOOP
            || a[2] > COLLISION_PERIOD/COMMAND_LOOP || a[3] >
COLLISION_PERIOD/COMMAND_LOOP)
        { // 检测到碰撞
            forbidDribble = TRUE;  // 停止带球
            noOutput = TRUE;
            tCounter = 0;
            for (i = 0; i < 4; i++)  // 切断电机电源
            {
                out[i] = 0;
                setPWM(i, &out[i]);
                a[i] = 0;
            }
        }
    }
    //  在碰撞过程中保护电机,以防长期堵转
    if (++tCounter >= MOTOR_PROTECT_PERIOD / COMMAND_LOOP)
    {
        if (noOutput == TRUE)
        {
            noOutput = FALSE;  // 使能驱动输出
            forbidDribble = FALSE;  // 使能带球
        }
        tCounter = 0;
    }
    if (! noOutput)     // 无碰撞
    {
        for (i = 0; i < 4; i++)
            setPWM(i, &out[i]);
        setWheelsDir();  // 设置轮子转动方向
    }
}
```

```
    }
    // End of MotorCtrl. c
    /*****************************************************************************/
    /*****************************************************************************/
    void robotStatusInit()
    {
        int i;
        for (i = 0; i < DETECT_NUM; i++)    // Initalize ball detect signal count buffer to 0
                ballDetect[i] = 0;
    //  置所有轮子转速为 0
        robotWheelSpeeds. v0 = 0;
        robotWheelSpeeds. v1 = 0;
        robotWheelSpeeds. v2 = 0;
        robotWheelSpeeds. v3 = 0;
    //  Set kicker and chip kicker status flags both zero
        kickerStatus = FALSE;
        chipKickerStatus = FALSE;
    //  Get speed calculating constant
        calcSpeedConstant = 2 * M_PI * WHEEL_RADIUS / ((COMMAND_LOOP + EXTRA_
TIME)
    * 1e-3 * LINES_PER_CIRCLE * SPEED_REDUCTION_RATIO * FREQUENCE_ADJ);
    //  close Led   xdzheng
        UnLedParalletOut();
    //  Reset code wheel counters of two HCTL2000s
        codeWheelRst1(LOW);  // 重置左后轮码盘计数
        NOP;
        codeWheelRst3(LOW);  // 重置右前轮码盘计数
        NOP;
        codeWheelRst1(HIGH);
        NOP;
        codeWheelRst3(HIGH);
        NOP;
    }
    /// 根据编码器得出当前轮子的转速
    // 注意:由于硬件设计原因,结果必须取反才能返回
    float calcSingleSpeed(int numOfCodeWheel)   // cm/s
    {
        float currentSpeed = numOfCodeWheel * calcSpeedConstant;
        return -currentSpeed;
    }
    // 计算四个轮子的速度
```

```
void calcWheelSpeeds(WHEEL_SPEEDS * wheelSpeeds)
{
    wheelSpeeds->v0 = calcSingleSpeed(readCodeWheel0());
    wheelSpeeds->v1 = calcSingleSpeed(readCodeWheelFromXintf(1));
    wheelSpeeds->v2 = calcSingleSpeed(readCodeWheel2());
    wheelSpeeds->v3 = calcSingleSpeed(readCodeWheelFromXintf(3));
}
/*************************************************************************/
/*************************************************************************/
int readCodeWheel0()
{
    int16 currentT2Counter = T2CNT - 0x7FFF;  // 定时器 2 的计数值
    T2CNT = 0x7FFF;  // 恢复定时器 2 的初始值
    return currentT2Counter;
}
int readCodeWheel2()
{
    int16 currentT4Counter = T4CNT - 0x7FFF;  //定时器 4 的计数值
    T4CNT = 0x7FFF;  //恢复定时器 4 的初始值
    return currentT4Counter;
}
void setPWM(int pin, float * out)
{
    switch (pin){
    case 0:  // 设置 PWM1
        if (fabs( * out) >= MAX_PWM)
        {
            CMPR1 = MAX_PWM;
            * out = sign( * out) * MAX_PWM;      // 调整输出
        }
        else
            CMPR1 = fabs( * out);
        break;
    case 1: // 设置 PWM3
        if (fabs( * out) >= MAX_PWM)
        {
            CMPR2 = MAX_PWM;
            * out = sign( * out) * MAX_PWM;
        }
        else
            CMPR2 = fabs( * out);
        break;
```

```
        case 2:  // 设置 PWM7
            if (fabs( * out) >= MAX_PWM)
            {
                CMPR4 = MAX_PWM;
                 * out = sign( * out) * MAX_PWM;
            }
            else
                CMPR4 = fabs( * out);
            break;
        case 3:  // 设置 PWM9
            if (fabs( * out) >= MAX_PWM)
            {
                CMPR5 = MAX_PWM;
                 * out = sign( * out) * MAX_PWM;
            }
            else
                CMPR5 = fabs( * out);
            break;
        default:
            break;
        }
}

int sign(int num)   // 得到整数的符号
{
    if (num > 0)
        return 1;
    else if (num < 0)
        return -1;
    else
        return 0;
}
```

附录 D　倒立摆/随动系统实验指导书

D.1　实验仪器及其连接方式

PC 机

硬件要求

1. CPU:Pentium、Pentium Pro、Pentium Ⅱ、Pentium Ⅲ、AMD Athlon 或者更高。
2. 内存:至少 128 MB,推荐 256 MB 以上。
3. 硬盘:至少预留 500 MB 的硬盘空间。
4. 支持 RS-232 串口通信。

软件要求

1. Microsoft Windows 2000 或者 Windows XP。
2. Matlab 6.1 或更高。
3. Visual C++ 6.x。
4. 倒立摆/随动系统界面相关文件:XZ-FFⅠ的 PendulumⅠ.exe 和 XZ-FFⅡ的 PendulumⅡ.exe,存放在文件夹 Pendulum 中。
5. 随动系统数据处理程序是用 Matlab 的 m 语言编写的"DataAnalyse.m"数据处理程序,该程序文件也存放在文件夹 Pendulum 中。

实验系统

旋转式倒立摆系统/随动系统有两种型号,XZ-FFⅠ型环形倒立摆/随动系统如图 D.1 所示,XZ-FFⅡ型旋转式倒立摆/随动系统如图 D.2 所示。

倒立摆系统主体包括转杆、摆杆、电位器、直流力矩电机等,而随动系统则用铁质圆饼代替旋臂和摆杆。机箱内置 DSP 控制器、电源与驱动电路、变压器等。机箱外部有电源开关、电源插口以及串行通信接口。实验系统通过 RS-232 串行总线将倒立摆与计算机相连,由 PC 机选择工作方式,可工作在监视模式下由 DSP 控制运行,也可以工作在控制模式下由 PC 机控制运行。

图 D.1　XZ-FFⅠ型倒立摆/随动系统实物图

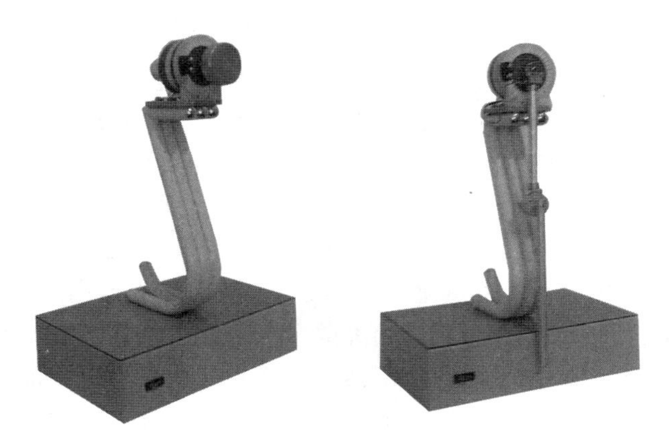

图 D.2　XZ-FFⅡ型倒立摆/随动系统实物图

系统机械结构主要包括作为被控对象的摆杆(倒立摆系统)和铁质圆饼(随动系统),作为控制执行机构的直流力矩电机(包括转杆),以及作为测量反馈元件的角位移电位器。

主要器件的尺寸和型号如下:

转杆采用全新的铝合金材料设计,质量较小,包括电位器在内为 165.3 g。

摆杆质量为 52.7 g。

测量电位器采用 WDD35D 导电塑料电位器,阻值 1 kΩ,独立线性度 0.1%,寿命达 5 000 万转,有效电气转角 345°±2°,耐压 500 V,引出线头 3 个,质量 72.9 g。

直流力矩电机采用 70LY53 永磁直流力矩电机,堵转电压 $U_f = 27$ V,满额电流 $I_f = 2.26$ A,堵转力矩 $M_f = 0.627$ N·m,最大空载转速 $N_{omax} = 900$ r/min。

转杆、摆杆和铁质圆饼转动的角度位置由电位器测量。

D.2　实验原理简介

旋转式倒立摆系统的实验原理是:转杆由转轴处的直流力矩电机带动,可绕转轴在水平面内转动。转杆和摆杆之间由电位器的活动转轴相连,摆杆可绕转轴在垂直于转轴的铅直平面内转动。摆杆与垂直线的夹角由连接处电位器测量,而转杆转过的位置由与电机转轴同轴连接的电位器测量;由角位移的差分可得到角速度信号,然后根据一定的反馈控制算法,计算出控制律,并转化为电压信号提供给驱动电路,以驱动直流力矩电机运动,通过电机带动转杆转动来控制摆杆的运动。其工作原理如图 D.3 所示。

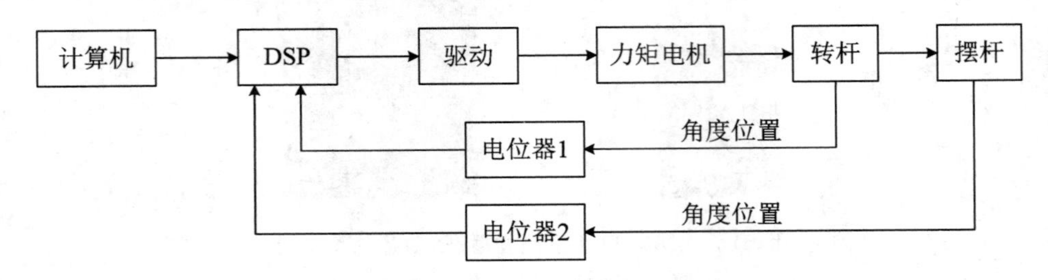

图 D.3　倒立摆系统工作原理图

DSP 控制器是核心控制器件,它负责采样、基本的控制运算和 PWM 输出。

系统的执行机构是永磁直流力矩电机,由专门的驱动电路驱动,控制倒立摆的运动。

倒立摆的控制目标是使系统在不稳定平衡点附近的运动成为一个稳定的运动,控制转杆和摆杆的 2 个角位移信号在各自的零点位置附近变化。整个过程是一个动态平衡,在实控中,表现为在平衡位置附近的来回振荡。由于一级环形倒立摆系统是一个速度比较快的系统,且线性度很小,要求的采样时间比较小(10 ms 左右),所以用连续系统的设计方法来设计数字控制器是可行且有效的,而无需用离散系统的方法来设计控制器。

由于系统是可控的,设计状态反馈控制器可以使系统达到稳定。而在实控中,系统可测的状态只有 2 个,即旋臂的角度和摆杆的角度,故按照常规的原则,需对未知的状态进行重构,即设计状态观测器。状态观测器的方法往往由于估计误差较大而难以保证良好的控制效果,因此在对倒立摆系统的控制中采用角度差分的方法构造角速度,从而使另外 2 个状态变量可计算。

将倒立摆系统的摆杆取下,为电机轴安装圆形铁质圆饼负载,系统就成为一个随动系统。随动系统的实验原理如图 D.4 所示。

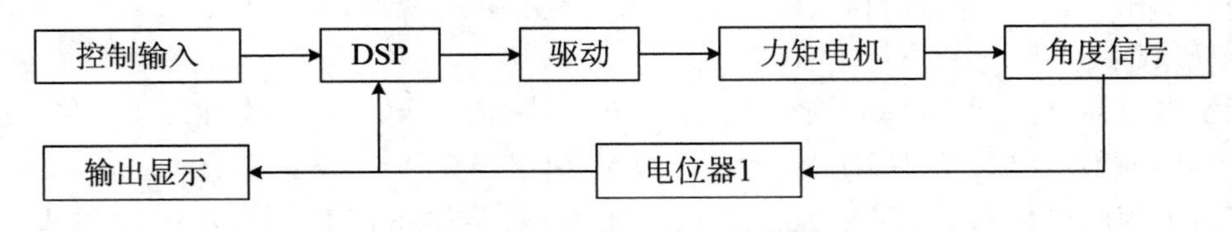

图 D.4　随动系统工作原理图

对于反馈控制系统,如果输入信号为任意时间函数,其变化规律事先无法确定,而当输入信号作用于系统后,要求输出信号能准确迅速地复现输入信号的变化,这类系统就称之为随动系统。

对于本随动系统来说,其实验原理是:系统的输入信号是任意的可编程的电压信号,该输入信号也可由外接的信号发生器产生;系统的输出是电机所带动的圆形铁质负载转动产生的角位移,通过电位器将角位移信号转化为电压信号反馈到输入端与系统所跟踪的输入信号求得偏差,再经过一定的控制率得到控制量,并将其转化为电机驱动所需的电压控制信号驱动电机,完成对输入信号的跟踪。

实验结果可以通过通信发送到上位机，由上位机中相应的数据处理程序执行显示、保存和分析等操作。

D.3　实验任务

实验1　认识XZ-FFⅠ型、XZ-FFⅡ型旋转式倒立摆实验系统

实验目的

1. 熟悉倒立摆系统的系统构成，并掌握其使用方法。
2. 熟悉随动系统的系统构成，并掌握其使用方法。

系统简介

旋转式倒立摆系统采用直流力矩电机驱动和内置DSP芯片控制。启动后可以脱离计算机控制直接运行，也可以通过串口通信用计算机控制运行。图D.5为基于DSP的XZ-FFⅠ型倒立摆系统的总体结构图。旋转式XZ-FFⅡ型倒立摆系统的总体结构图如图D.6所示。

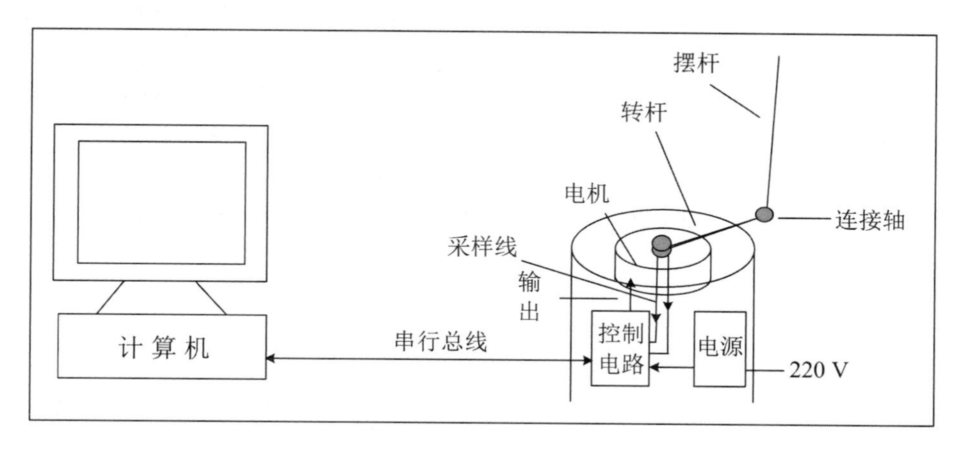

图D.5　XZ-FFⅠ型倒立摆系统总体结构图

系统采用TMS320LF2407 DSP控制器为核心器件，能够独立执行实时控制算法，也可以通过RS-232串行总线与计算机通信，进行在线控制算法调试。它的工作原理如上一节所述，是由电位器测量得到2个角位移信号(转杆与初始位置的夹角，摆杆与垂直线之间的相对角度)，并通过位置差分获得相应的角速度信号，作为系统的4个输入量被送入计算机；计算机根据一定的控制算法计算出控制律，并转化为电压信号提供给驱动电路，来控制直流力矩电机运动的方向和快慢，通过电机带动转杆转动来控制摆杆的倒立。

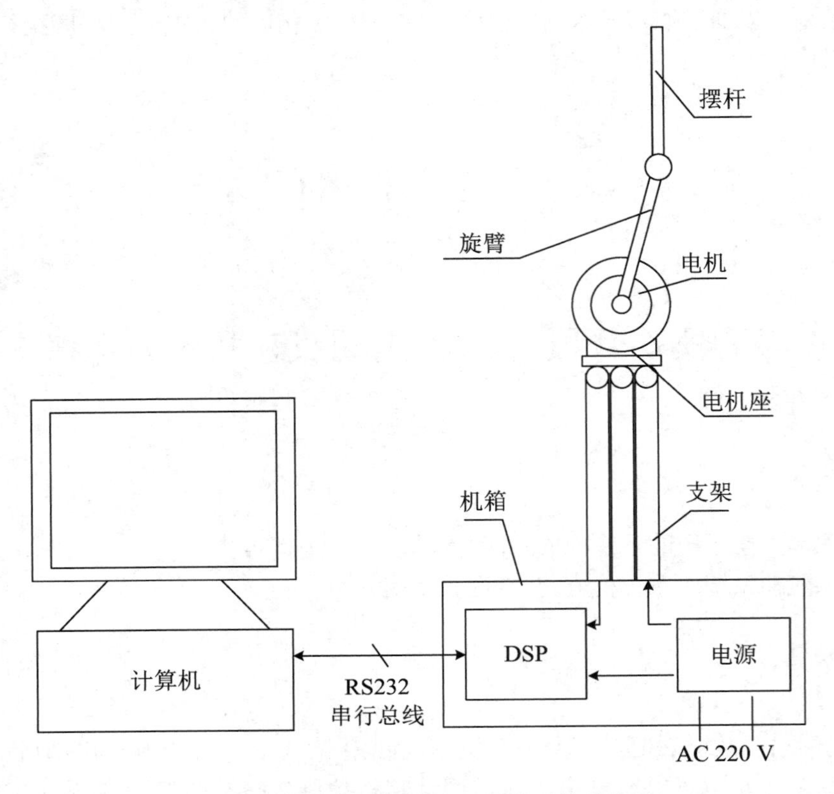

图 D.6　XZ-FFⅡ型倒立摆系统总体结构图

将 XZ-FFⅠ型和 XZ-FFⅡ型的转杆卸下,安装铁质圆饼作为负载。注意铁质圆饼的起始线对准电机轴的缺口处,并将螺钉旋紧固定,加固圆饼和电机轴,具体见图 D.7,其他的如倒立摆系统不变(随动系统改装为倒立摆时,则保持电机的缺口方向与转杆同向)。拆下转杆与摆杆换上圆形铁质负载后,系统就变成一个随动系统,可以进行相关随动系统实验了。通过对铁质圆饼输出的角度信号反馈的测量,与系统输入信号求得偏差,由计算机根据一定的控制算法计算出控制律,将其转化为电压信号提供给驱动电路,驱动直流力矩电机运动,最终通过电机带动铁质圆饼转动来控制铁质圆饼的角度输出对输入信号的跟随。

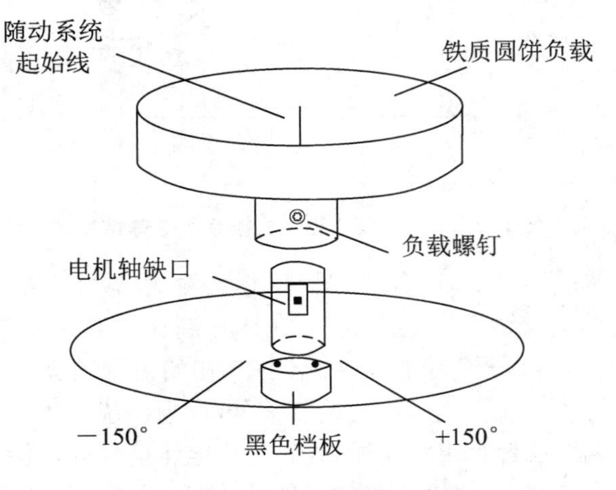

图 D.7　随动系统安装示意图

这里需要特别说明的是，在 4.3.3 小节中，我们使用的电位器是航空用测量角度 WDD35D 导电塑料电位器。该电位器阻值 1 kΩ，独立线性度 0.1%，有效电气转角 345°±2°，寿命达 5 000 万转。电位器存在一个缺口，设备出厂时已将该缺口对准了实验装置上的黑色挡板，用户不必理会。但是由于缺口的存在，做随动实验时不能转过满一圈。所以我们规定了随动实验都必须在±150°范围内进行。如果电位器转过满圈，电位器阻值将从 0 变到阻值 1 kΩ，后变为无穷大值，再到最小值 0，产生一个跳变过程。由于长期实验可能使负载螺丝松动，使铁质圆饼的起始线与角度电位器黑色挡板线有相对位移，造成角度中心位置较大变化（电位器中心值应为 0.5 kΩ 左右），由此造成运动杆的角度和角速度产生较大误差，因此做实验前应检查一下电位器中值线是否对准圆盘的黑色线。为了防止温漂产生的电位器中值偏移，每次实验前都要认真在计算机界面上进行角度的校准。不论是 XZ - FFⅠ型还是 XZ - FFⅡ型，在做实验时都应注意以上两点。

XZ - FFⅠ型电机轴安装于垂直方向，XZ - FFⅡ型电机轴安装于水平方向。

注意事项

1. 为了安全起见，在进行系统连线、拆装和安装之前，必须关闭系统电源。

2. 为避免设备失控造成人身伤害，操作时有关人员应该与设备保持安全距离。

3. 为了保证实验效果更佳，在每次做倒立摆实验开始前先手动将摆杆稳定到平衡位置，并做系统调零操作。随动实验也要注意进行调零操作。

4. 开启设备后，如果出现异常情况，请即刻关闭系统电源。

5. 倒立摆实验平台转换为随动实验平台时，再次检查铁饼起始线是否对准了电机的缺口位置，对准后旋紧螺钉，根据各种不同实验的实验要求将圆饼上的红色线指向刻度盘上的适宜位置（一般指向－150°或 0°）；随动实验更改为倒立摆实验时则使转杆与缺口方向相同，旋紧螺钉，转杆指向 0°位置附近（更换时不要求精密地指向 0°，系统调零操作可避免零点漂移造成的影响）。

系统使用

软件说明

1. 菜单：主要包括文件、控制平台、控制方式三个菜单项，如图 D.8 所示。

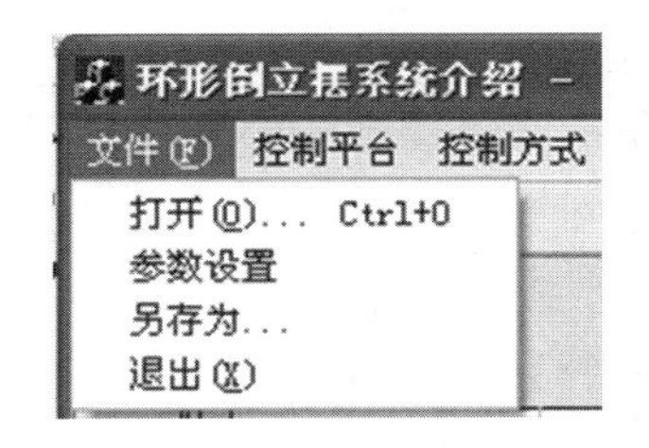

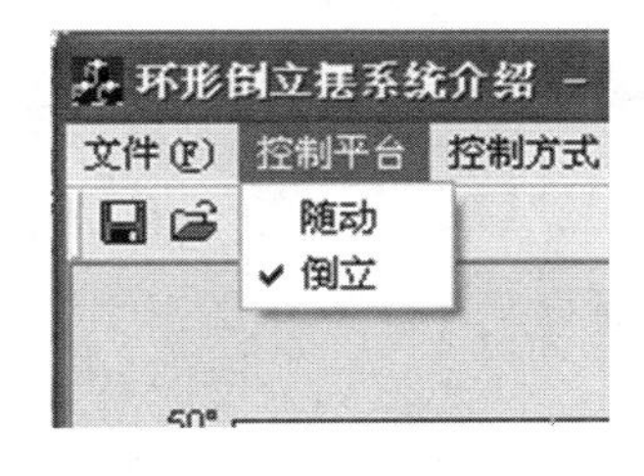

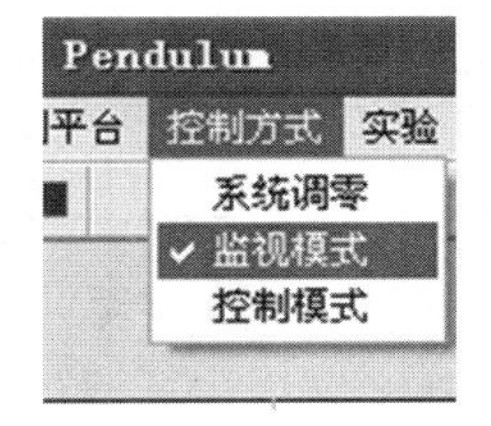

图 D.8　菜单介绍

控制平台菜单主要用来选择做实验的平台：随动控制平台和倒立摆控制平台。

控制方式菜单中，“系统调零”是对系统初始位置的校正操作，以避免桌面不平及角度仪电传器位置变化和圆盘位置相对变化等因素导致的零点漂移对控制的干扰；“监视模式”表示由底层DSP实现控制算法，上位机只显示控制效果；“控制模式”表示由上位机实现控制算法，并通过串口将控制数据发往底层实现控制，以上两种模式的控制算法都是厂家已经编好的。

文件菜单主要包括对文件的几个主要操作：

(1) 打开：用于打开一个曾经保存过的文件对应的界面，主要是保存该文件时对应显示周期内的运动图像。界面如图D.9所示。

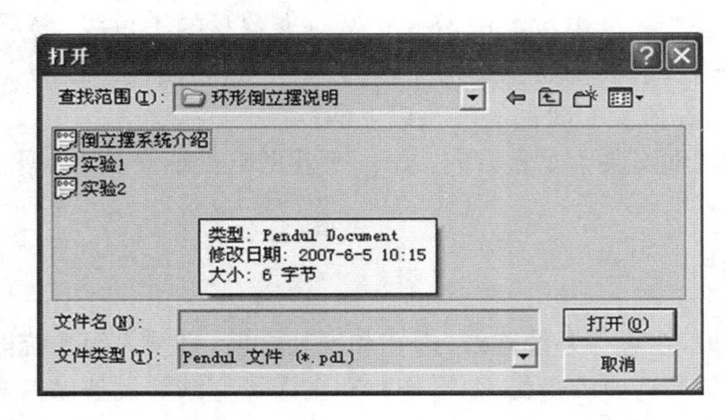

图D.9　打开文件

(2) 参数设置：用于选择控制方式，设置反馈系数和死区电压、满额电压等参数。界面如图D.10所示。

① 控制方式：同“控制方式”菜单。

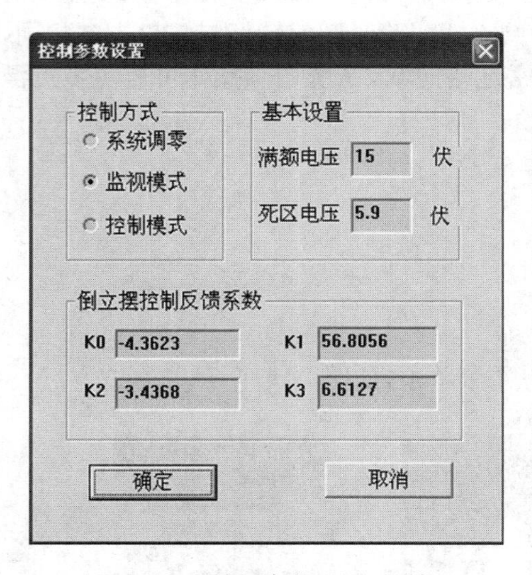

图D.10　控制参数设置对话框

② 基本设置：用于设置硬件参数，包括电机的满额电压和死区电压。死区电压根据测量倒立摆/随动系统所用电机的死区设置；满额电压是系统所能输出的最大电压，必须先调整内部的LM317输出电压，再将相应的电压设置为满额电压(系统出厂时，满额电压为15 V)。

“控制方式”和“基本设置”两个设置框是倒立摆系统与随动系统都需要的基本参数设置框，在做倒立摆系统实验或者随动系统实验前都需要在这里对系统基本参数进行相应的设置。对于随动系统，具体每个实验的参数在“实验”菜单中进行设置，详细步骤见后随动系统实验。

③ 倒立摆控制反馈系数：K0，K1，K2，K3是倒立摆控制中4个控制参数所对应的反馈系数。因为反馈系数需要传给底层DSP，为减少处理器负担，反馈系数实际上只精确到0.01，所以更新设置时，如果改变量小于0.01，系统将认为设置没有改变，并不进行更新操作。(实际上，DSP产生PWM也是有精度限制的，反馈系数过于微小的改变最终很可能不会产生PWM占空比的改变。)

（3）另存为：保存倒立摆控制过程中最近一段时间内的控制数据，包括控制量以及摆杆、转杆位置数据，最多保存最近 1 min 内的数据，界面显示曲线对应的是最近 10 s 内的数据，也同时保存。控制量、摆杆位移、转杆位移数据保存到文件“Data. txt”中，对应的界面保存到文件“Data. pdl”中。“Data. txt”中的数据每组间隔 10 ms，依次为转杆位移、摆杆位移、控制量。保存在“Data. txt”中的数据可以通过 Matlab 读取，以用于分析控制效果；保存在“Data. pdl”中的数据可以通过 PendulumⅠ. exe 或 PendulumⅡ. exe 打开，以显示图像。保存的文件格式如图 D. 11 所示，其中第一列为转杆位移或随动输出的角位移（单位：度），第二列为摆杆位移（单位：度），第三列为控制量对应的 PWM 占空比百分比的整数部分（即 $\dfrac{\text{控制量}}{\text{满额电压}}\times 100\%$的整数部分）。

```
Data - 记事本
文件(F) 编辑(E) 格式(O) 查看(V) 帮助(H)
11.331378    1.035004    -7
11.466278    1.035004    -11
11.533725    0.966003    -8
11.601171    0.897003    -5
11.668619    0.828003    -1
11.736066    0.759003    1
11.803513    0.690002    4
11.803513    0.345001    14
11.887825    0.431252    14
11.972137    0.517502    13
12.056450    0.603752    13
12.140762    0.690002    12
11.803513    0.690002    -4
11.803513    0.759003    -4
11.803513    0.828003    -3
11.803513    0.897003    -3
11.803513    0.966003    -2
11.803513    1.035004    -2
11.803513    0.690002    0
11.719204    0.776253    1
11.634895    0.862503    2
11.550587    0.948753    3
11.466278    1.035004    4
11.129028    1.380005    -13
10.791784    1.311005    -10
10.454541    1.242004    -6
10.117297    1.173004    -3
9.780054     1.104004    0
```

图 D. 11 data. txt 文件中的数据格式

2. 工具栏：包括保存、打开、运行、停止按钮，如图 D. 12 所示。

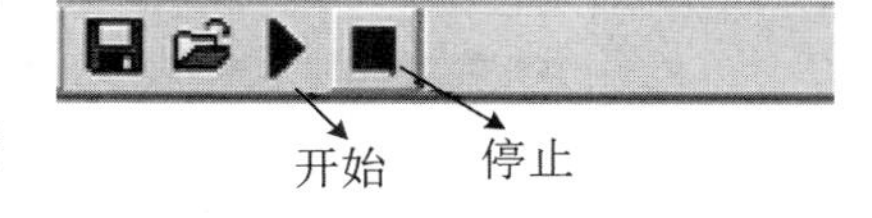

图 D. 12 工具栏

（1）开始：每次选择控制方式后，都要点击开始按钮，以命令 DSP 开始新的控制。

（2）停止：停止界面的工作，包括数据接收与显示、控制模式下的控制（若处于监视模式下，则并不对倒立摆停止控制，可以断电实现停止）。

（3）保存：同菜单“文件”→“另存为”。

（4）打开：同菜单“文件”→“打开”。

3. 显示窗口：系统提供了三种数据显示方式，即动画、数值和趋势图。

在控制和监视过程中，动画方式直接反映被控对象的真实运动情况；数值则显示当前的角度测量值和输出控制量；从趋势图可以看到最近一段时间内的控制曲线。其中角度以度为单位，控制量电压为实际控制电压与满额控制电压的百分比。

显示窗口以 10 s 为单位，显示最新的控制数据。当本显示周期内数据显示结束，则这些数据将被暂存到内存中，开始下一个 10 s 数据的显示；若 1 min 内没有保存数据命令，则将内存中暂存的所有数据丢弃，开始保存下一个周期的数据。

曲线的横坐标为时间，单位为秒；摆杆和转杆转动位置曲线的纵坐标单位为度；控制量曲线纵坐标单位为占满额电压的百分比。

摆杆位置曲线为蓝色曲线，转杆角位移曲线为红色曲线。

随动系统实验输出的角位移曲线为红色曲线。

主要操作说明

1. 校正系统：

（1）通过界面菜单“控制方式”→“系统调零”选择调零操作。系统调零实质就是调倒立摆垂直位置和随动系统的起始位置。

（2）将倒立摆摆杆手动扶正至竖直位置，并使其自己能静止于该位置（这需要点耐心）。

（3）点击“开始”按钮，即开始调零。

（4）点击“停止”按钮，结束调零，选择其他控制方式，即可开始相应的控制（在调零过程中，务必保证摆杆处于竖直静止状态）。

注意：在做倒立摆实验时，每次关机重启后都需要重新校正系统。随动校正时，应把起始线对准－150°或0°，再执行(3)、(4)即可。

2. 监视模式：

通过菜单“控制方式”→“监视模式”选择由底层DSP控制，上位机负责显示控制效果和保存控制数据。

3. 控制模式：

通过菜单“控制方式”→“控制模式”选择由上位机控制，上位机负责实现已有的控制算法、显示控制效果和保存控制数据；底层DSP负责采样和控制量输出。

随动系统操作

1. 用RS-232串行通信接口将实验系统和计算机连接。

2. 运行PendulumⅠ.exe或PendulumⅡ.exe，进入实验系统PC机控制界面，在“控制平台”中选择“随动”，进入随动实验界面，如图D.13所示。

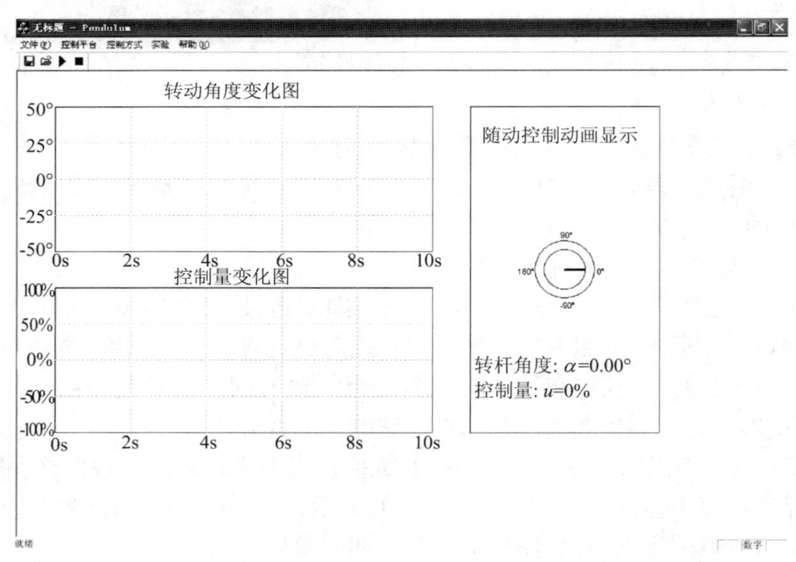

图D.13 随动系统PC机界面

3. 点击菜单"控制方式"，选择"监视模式"，如图 D.14 所示；或者通过"文件"→"参数设置"，在"控制方式"中选择"监视模式"，进入如图 D.15 所示界面。

4. 选择"文件"→"开始"（或者在工具栏中点击"开始"按钮），系统即开始运行。实验过程中，可点击"保存"按钮保存数据。

5. 实验结果，点击"停止"按钮终止程序，最后关闭实验系统机箱上的开关。

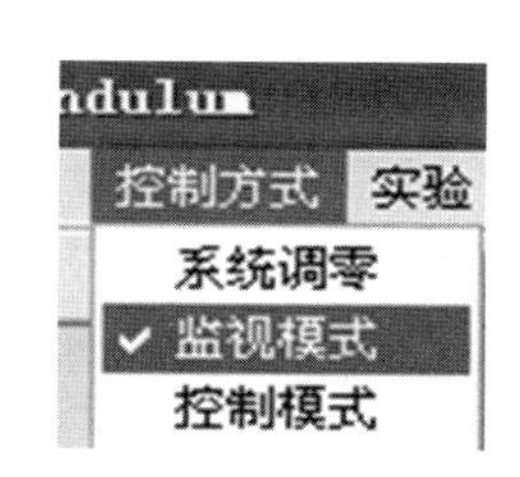

图 D.14　"控制方式"菜单项

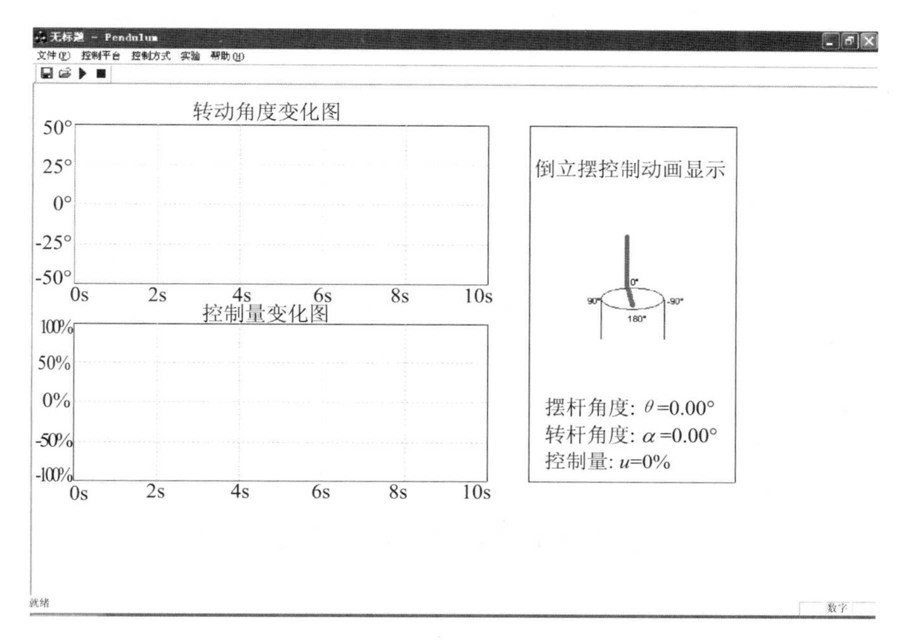

图 D.15　XZ-FFⅠ型倒立摆系统 PC 机界面

倒立摆系统操作

1. 用 RS-232 串行通信接口将实验系统和计算机连接，并打开电源。

2. 运行 XZ-FFⅠ型倒立摆的执行程序 PendulumⅠ.exe，出现如图 D.15 所示界面（系统默认控制平台为倒立摆）。运行 XZ-FFⅡ型倒立摆的执行程序 PendulumⅡ.exe，则进入实验系统 PC 机控制界面，在实验平台中选择倒立摆，如图 D.16 所示。

3. 手动将倒立摆摆杆置于平衡位置，选择"控制方式"→"系统调零"，对系统进行校正操作。

4. 选择"控制方式"→"监视模式"，然后点击"开始"按钮，开始实验。实验过程中，可根据需要更改控制方式或者设置控制参数；也可点击"保存"按钮保存数据。

5. 终止程序前，请先用手扶住倒立摆摆杆和转杆，再关闭电源，在控制模式下，也可以选择"停止"按钮，停止实验。

注意：

1. 运行时请退出其他应用程序，以免内存不足及系统执行多任务影响串行通信，以致影响系统正常工作。

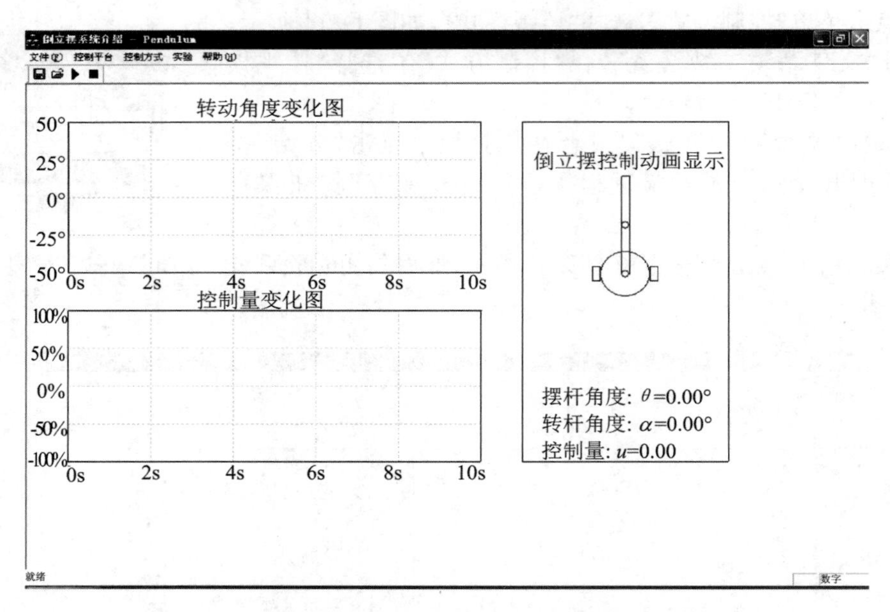

图 D.16 XZ-FFⅡ型倒立摆系统 PC 机界面

2. 保存数据后，请及时将数据拷贝或者更改文件名，以免下次保存时被覆盖。

实验内容选择

点击菜单项“实验”，出现如图 D.17 所示菜单，可以选择相应实验。

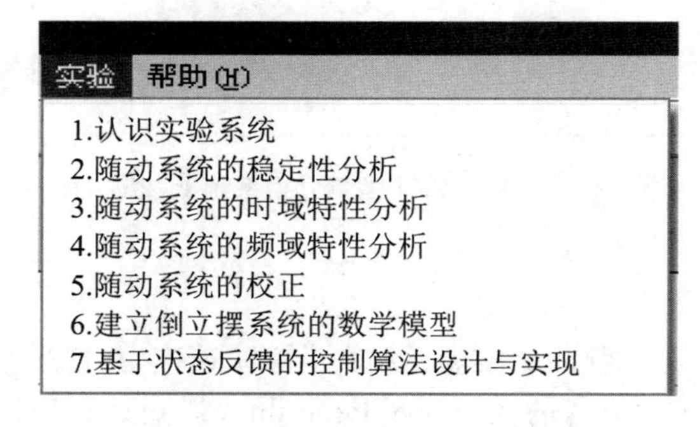

图 D.17 实验选择

实验 2 XZ-FFⅠ型、XZ-FFⅡ型随动系统的稳定性分析

实验目的

1. 熟悉反馈控制系统的结构和工作原理。
2. 分析并掌握前向增益对系统稳定性的影响。

实验系统参考方块图

实验原理简图及实验系统参考方块图分别如图 D. 18、图 D. 19 所示。

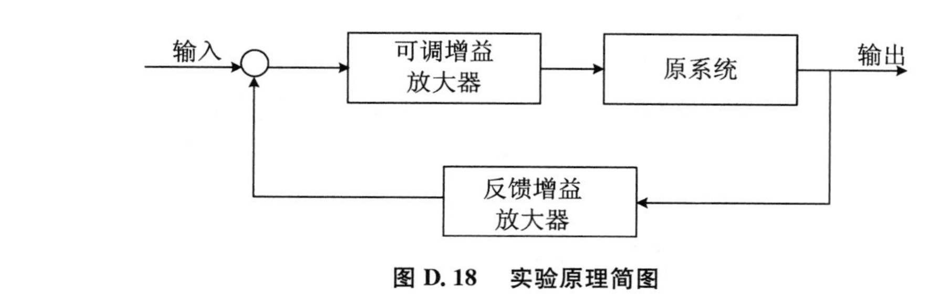

图 D. 18 实验原理简图

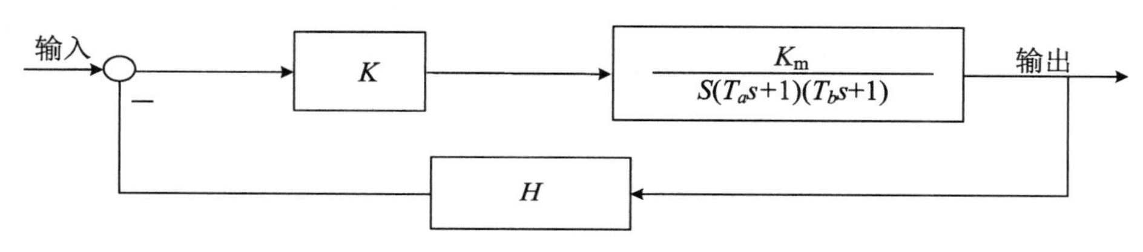

图 D. 19 实验系统参考方块图

实验内容

1. 熟悉实验原理。
2. 系统负反馈闭环实验。

本系统采用电位器采样角度，由于电位器的结构限制，不宜做系统开环实验，故只做闭环实验。

通过实验，观察并记录其不同的输出响应曲线，分析系统前向增益 K 与系统稳定性的关系。

设置系统输入为阶跃信号 2 V，固定反馈增益 H 为 1，设置不同前向增益 K(前向增益 K 首次设置为 1)。需要注意的是，由于电位器测量的死区限制，系统的输出不能过大而进入电位器的死区，所以每次实验的时候需要根据系统的稳态增益来确定输入信号的大小。

给出三阶系统方块图如图 D. 20 所示。

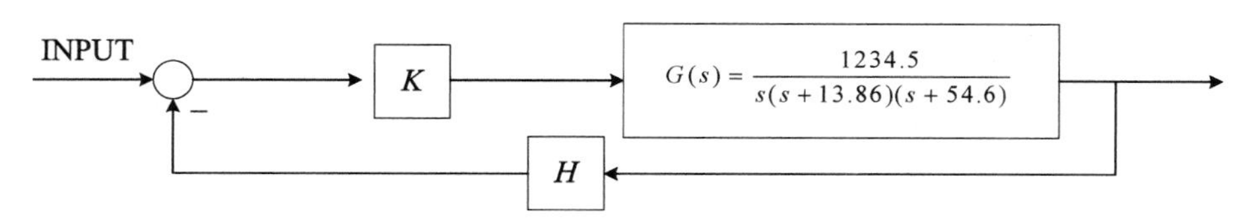

图 D. 20 三阶系统方块图

实验步骤

1. 将圆饼负载的起始线对准刻度盘的$-150°$位置。

2. 打开 XZ-FFⅠ型或 XZ-FFⅡ型的执行程序 PendulumⅠ.exe 或 PendulumⅡ.exe，进入 PC 机操作界面，进行系统调零操作。

3. 选择“控制方式”→“监视模式”。

4. 点击菜单项“实验”→“2. 随动系统的稳定性分析”，出现“随动系统的稳定性分析”参数设置对话框，如图 D.21 所示，其中有 3 个参数可供选择：参考输入 INPUT(系统跟踪电压信号输入)、前向增益 K 和反馈增益 H，设置好参数后点击“OK”按钮。

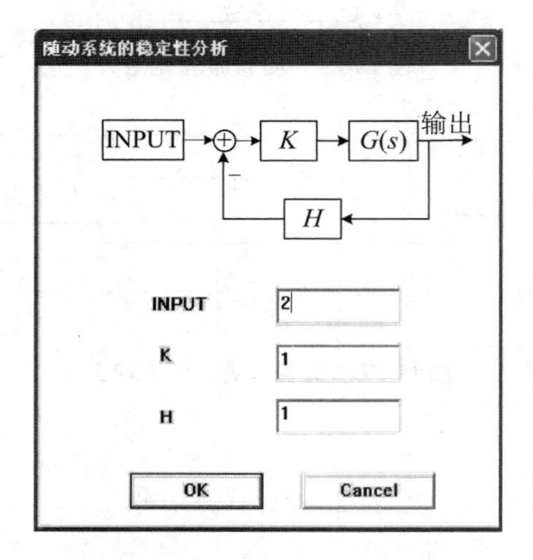

图 D.21 随动系统的稳定性分析参数设置

5. 点击“开始”按钮，开始实验，随后可以得到结果，示意图如图 D.22 所示。实验结束，如果需要保存数据，先点击“停止”按钮，再点击“保存”按钮，此时本次实验所有数据就会被保存到文件夹 Pendulum 下默认的“Data.txt”文件中，文件中的第一列数据即为随动实验输出的角位移。由于每次实验结束以后实验系统都默认地将数据写入“Data.txt”文件中，建议用户按照实验参数的设置修改文件名进行保存，以避免实验数据被覆盖(例如将图 D.21 参数下实验得到的数据文件命名为“Data_Input2_K1.txt”)。

6. 如需进行多次实验，重复上述步骤即可。(注意重复实验时，要保证圆饼负载的初始位置不变，本实验中即让圆饼负载的起始线对准刻度盘的$-150°$位置；每次实验结束，注意将数据文件“Data.txt”重命名另存以完成数据的保存。)

实验结果分析与总结

1. 实验数据处理。

显示界面中，显示了运动角位移变化曲线。如果要对该曲线做进一步分析，可以打开 Matlab 软件，调用“DataAnalyse.m”数据处理程序，在 Matlab 中画出角位移变化曲线。

步骤如下：

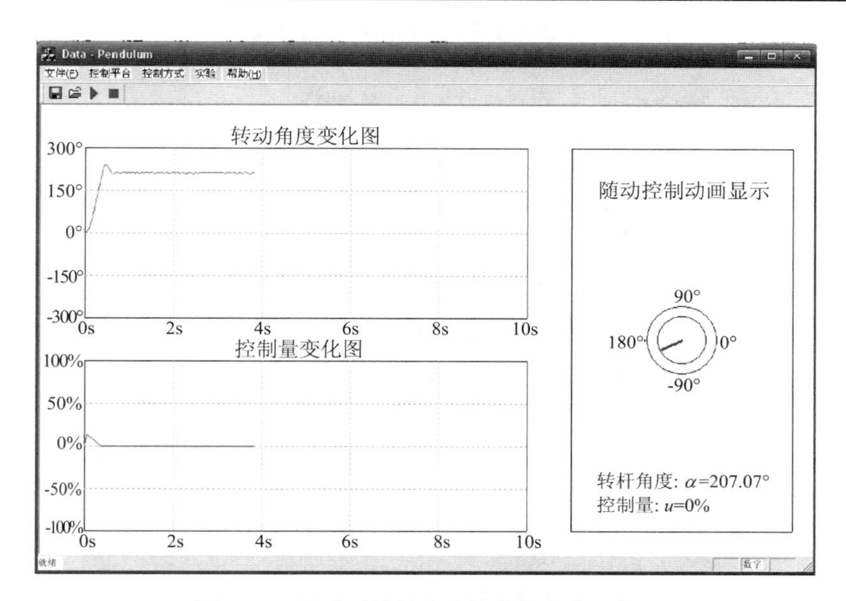

图 D.22　随动系统的稳定性分析实验示意图

（1）打开 Matlab 软件。

（2）打开"DataAnalyse.m"数据处理程序，在程序中修改实验数据文件"Data_Input1_K1.txt.txt"的保存路径为实际的保存路径。

例如，"Data.txt"的路径是"E:\ Pendulum\ Data_Input2_K1.txt "，则程序中修改为：

```
expdata=' E:\ Pendulum\ Data_Input2_K1.txt '   %数据文件存放路径
data=textread(expdata);   %读取数据文件的数据到 data 矩阵
```

（3）运行该程序，就可以得到实际的实验曲线。

（4）根据控制理论的相关知识对实验曲线做进一步分析。

```
%%%%%%%%%%%%%%%%%%%%%% %
%"DataAnalyse.m"   程序文件内容   %
%%%%%%%%%%%%%%%%%%%%%%%
clc
clear
close('all')
                              %设置数据文件"Data_Input2_K1.txt"的路径
expdata='E:\Pendulum(Temp)\ Data_Input2_K1.txt'
data=textread(expdata);        %读取数据文件"Data_Input2_K1.txt"的数据
[n,m]=size(data);              %向下取整
for i=1:1:n
   Output_Alpha(i) = data(i,1) * pi/180;
   %随动系统输出角度，即数据文件"Data_Input2_K1.txt"的第一列数据
end

figure(1)
t=0:0.01:(n-1) * 0.01;
```

```
plot(t,Output_Alpha,'r');        %随动系统跟踪输出角位移曲线
axis([0 3 0 4]);
%横坐标 0～3 s,纵坐标 0～4 弧度,用户根据各自需要调整
xlabel('时间/单位(秒)')
ylabel('角度/单位(弧度)')
grid on;
```

2. 实验结果分析。

本次实验固定反馈放大系数为1(系统为单位反馈系统),改变开环放大系数(开环放大系数调节前为1),阶跃输入采用幅值为2.0 V的电压信号,输出在Matlab软件中使用“DataAnalyse.m”程序处理数据并画出实验曲线。

作为示例,图D.23、图D.24、图D.25给出了开环放大系数K分别为1、10和42时,系统输出的三种明显不同的过渡响应曲线。建议三次实验的数据文件分别保存为“Data_Input2_K1.txt”“Data_Input2_K10.txt”“Data_Input2_K42.txt”。

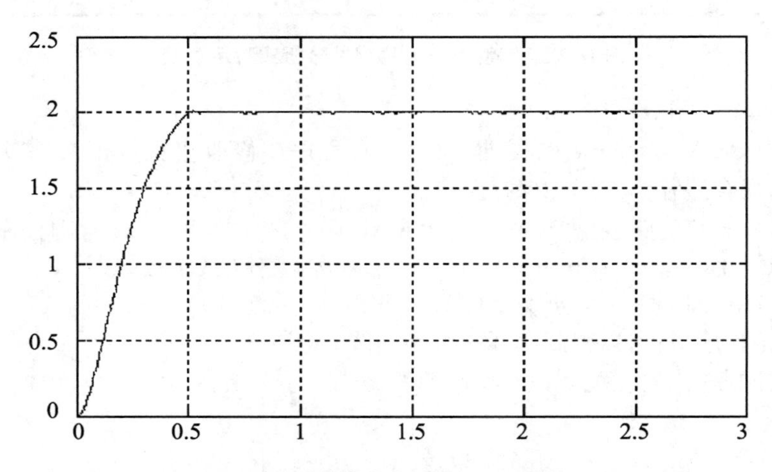

图D.23　系统输出指数曲线,开环增益K=1

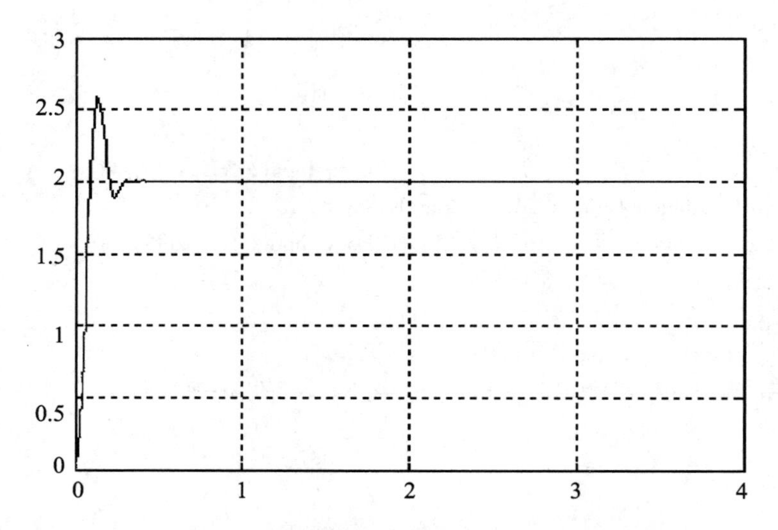

图D.24　系统输出衰减曲线,开环增益K=10

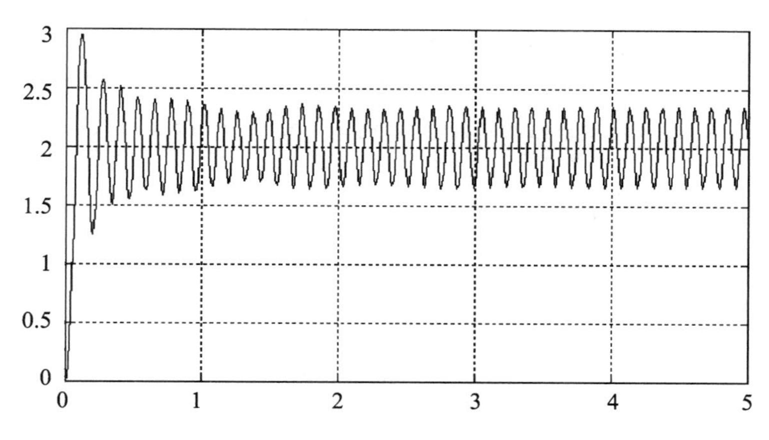

图 D.25 系统等幅振荡曲线，开环增益 $K=42$

根据图 D.20 所示的系统方块图可以写出闭环系统的传递函数如下：

$$G(s)=\frac{K\times 1\ 234.5}{s(s+13.86)(s+54.6)+K\times 1\ 234.5}$$

很明显，此传递函数分母为 3 阶，而且只有常数项含有参数 K，由劳斯判据可以知道：当 $K=42$ 时，系统已是临界稳定系统，系统响应是等幅振荡，从图 D.25 可以看到这个等幅振荡曲线。从图 D.23 可以看出当系统开环增益 $K=1$ 时，系统为过阻尼系统，输出为指数曲线。从图 D.24 可以看出当 K 增大到 10 时，系统为欠阻尼系统，输出为振荡衰减曲线。

实验曲线的变化说明，前向增益 K 增大时，系统的稳定性变差，系统从指数上升变化到有超调的衰减振荡，再变化到等幅振荡。

实验报告要求

1. 记录三组不同参数 K 下的实验结果以及实验曲线。
2. 结合实验现象及实验曲线，定性分析前向增益的变化对系统稳定性的影响。
3. 写出实验结论以及实验心得。

实验 3 XZ-FFⅠ型、XZ-FFⅡ型随动系统的时域特性分析

实验目的

1. 了解简化后二阶系统的工作状态。
2. 掌握随动系统时域特性的测试方法及其响应曲线的记录方法。
3. 分析随动系统的时域性能指标。

实验原理简图及系统参考方块图

实验原理简图及系统参考方块图分别如图 D. 26、图 D. 27 所示。

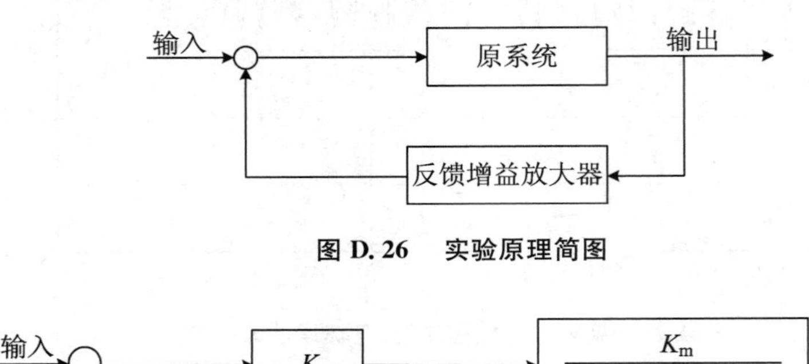

图 D. 26 实验原理简图

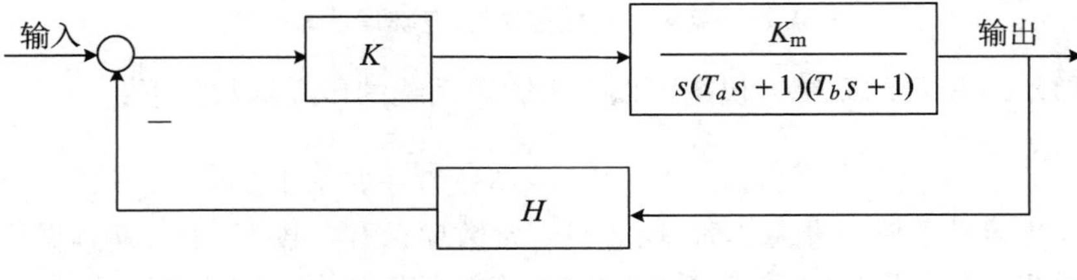

图 D. 27 系统参考方块图

实验内容

1. 熟悉并掌握实验原理。

2. 观察并记录系统时域特性曲线。

本次实验固定前向增益 K 为 1，改变反馈增益 H 和系统输入 INPUT，观察并记录系统的时域响应曲线，如实验二所观察的，这时系统响应会出现单调上升、衰减振荡和自激等情况。需要注意的是，由于电位器测量的死区限制，系统的输出不能过大而进入电位器的死区，所以每次实验的时候需要根据系统的稳态增益来确定输入信号的大小。

给出简化后二阶系统方块图如图 D. 28 所示。

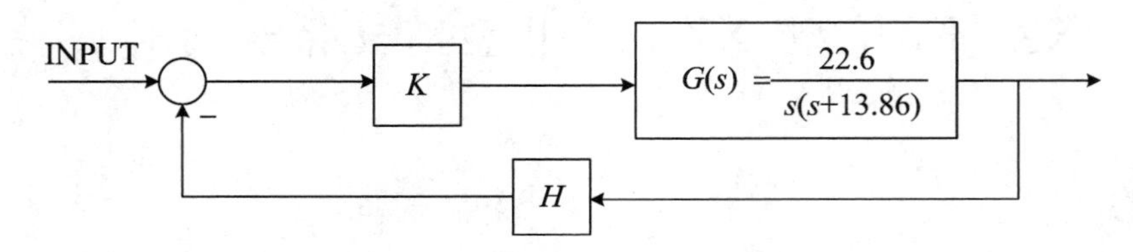

图 D. 28 简化后二阶系统方块图

3. 这里我们只观察和记录单调上升和衰减振荡曲线，分析其时域性能指标。分析的时域性能指标主要有：

(1) 超调量 σ：$\sigma=\frac{y(t_p)-y(\infty)}{y(\infty)}\times 100\%$，其中 $y(t_p)$ 为响应曲线的第一个峰值，$y(\infty)$ 为响应曲线的稳态值。

(2) 上升时间 t_r：响应曲线从稳态值的 10%上升到它的 90%所需要的时间。

（3）调整时间 t_s：在响应曲线的稳态值上，用稳态值的百分数（通常取 5%或 2%）作一允许误差范围，当响应曲线进入并永远保持在这一允许误差范围内时，响应曲线最初进入该误差范围所用的时间就是调整时间 t_s。

（4）峰值时间 t_p：响应曲线达到第一个峰值所需要的时间。

实验步骤

1. 将圆饼负载的起始线对准刻度盘的－150°位置。

2. 打开 PendulumⅠ. exe 或 PendulumⅡ. exe，进入 PC 机操作界面，进行系统调零操作。

3. 选择"控制方式"→"监视模式"。

4. 点击菜单项"实验"→"3. 随动系统的时域特性分析"，出现"随动系统的稳定性分析"参数设置对话框，如图 D. 29 所示，其中有 3 个参数可供选择：参考输入 INPUT（系统跟踪电压信号输入）、前向增益 K 和反馈增益 H，设置好参数后点击"OK"按钮。

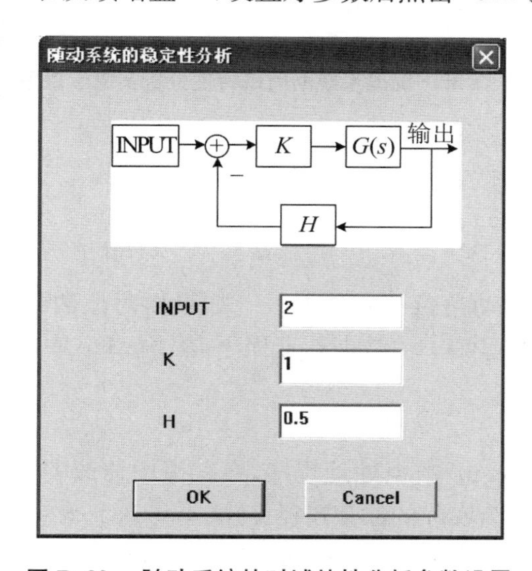

图 D. 29　随动系统的时域特性分析参数设置

5. 点击"开始"按钮，开始实验，随后可以得到结果，示意图如图 D. 30 所示。实验结束，如果需要保存数据，先点击"停止"按钮，再点击"保存"按钮，此时本次实验所有数据就会被保存到文件夹 Pendulum 下默认的"Data. txt"文件中，文件中的第一列数据即为随动实验输出的角位移。由于每次实验结束以后实验系统都默认地将数据写入"Data. txt"文件中，建议用户按照实验参数的设置修改文件名进行保存，以避免实验数据被覆盖（例如将图 D. 29 参数下实验得到的数据文件命名为"Data_Input2_K1_H0. 5. txt"）。

6. 如需进行多次实验，重复上述步骤即可。（注意重复实验时，要保证圆饼负载的初始位置不变，本实验中即让圆饼负载的起始线对准刻度盘的－150°位置；注意将数据文件"Data. txt"重命名另存以完成数据的保存。）

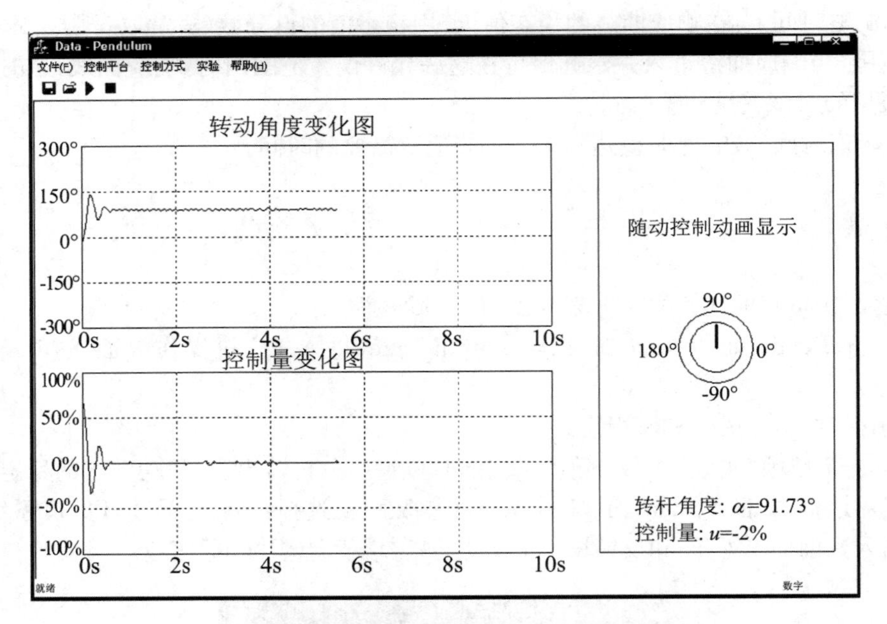

图 D.30　随动系统的时域特性分析实验示意图

实验结果分析与总结

1. 实验数据处理。

显示界面中，显示了运动角位移变化曲线。如果要对该曲线做进一步分析，可以打开 Matlab 软件，调用“DataAnalyse.m”数据处理程序，在 Matlab 中画出角位移变化曲线。

步骤如下：

(1) 打开 Matlab 软件。

(2) 打开“DataAnalyse.m”数据处理程序，在程序中修改实验数据文件“Data_Input1_K1_H0.5.txt”的保存路径为实际的保存路径。

例如，“Data.txt”的路径是“E:\ Pendulum\ Data_Input2_K1_H0.5.txt ”，则程序中修改为：

```
expdata=' E:\ Pendulum\ Data_Input2_K1_H0.5.txt '   %数据文件存放路径
data=textread(expdata);                    %读取数据文件的数据到 data 矩阵
```

(3) 运行该程序，就可以得到实际的实验曲线。

(4) 根据控制理论的相关知识对实验曲线做进一步分析。

```
%%%%%%%%%%%%%%%%%%%%%% %
%“DataAnalyse.m” 程序文件内容%
%%%%%%%%%%%%%%%%%%%%%%%
clc
clear
close('all')          %设置数据文件“Data_Input2_K1_H0.5.txt”的路径
expdata='E:\Pendulum(Temp)\ Data_Input2_K1_H0.5.txt'
data=textread(expdata); %读取数据文件“Data_Input2_K1_H0.5.txt”的数据
```

```
[n,m]=size(data);                    %向下取整
for i=1:1:n
                                     %随动系统输出角度,即数据文件
                                     %"Data_Input2_K1_H0.5.txt"的第一列数据
    Output_Alpha(i) = data(i,1) * pi/180;
end

figure(1)
t=0:0.01:(n-1) * 0.01;
plot(t,Output_Alpha,'r');         %随动系统跟踪输出角位移曲线
axis([0 3 0 4]);
%横坐标 0~3 s,纵坐标 0~4 弧度,用户根据各自需要调整
xlabel('时间/单位(秒)')
ylabel('角度/单位(弧度)')
grid on;
```

2. 实验结果分析。

本次实验固定前向增益 K 为 1,改变反馈增益 H,相应改变阶跃输入的电压信号,输出在 Matlab 软件中使用"DataAnalyse.m"程序处理数据并画出实验曲线。

作为示例,图 D.31、图 D.32、图 D.33 给出了不同反馈增益 H、不同阶跃输入 INPUT 下,系统输出的三种过渡响应曲线,按照时域性能指标的各项定义,在图中进行读取计算。建议三次实验的数据文件分别保存为"Data_Input2_K1_H0.5.txt""Data_Input10_K1_H10.txt""Data_Input40_K1_H40.txt"。

(1) 输入信号 INPUT 为 2,反馈放大系数 H 为 0.5 时,指数响应曲线如图 D.31 所示。

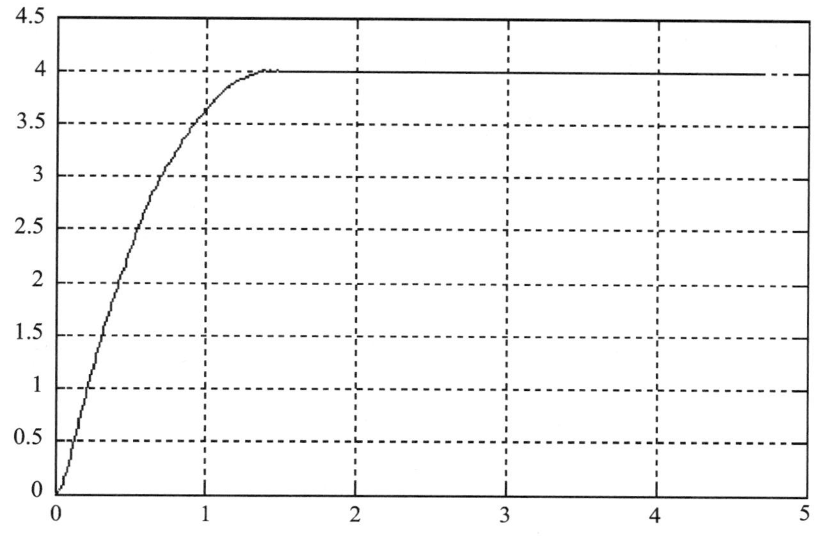

图 D.31　指数响应曲线

此时系统的时域性能指标为 $\sigma=0$,$t_s=1.1$ s,$t_r=0.86$ s,$t_p=1.36$ s。

(2) 输入信号 INPUT 为 10,反馈放大系数 H 为 10 时,振荡衰减响应曲线如图 D.32 所示。

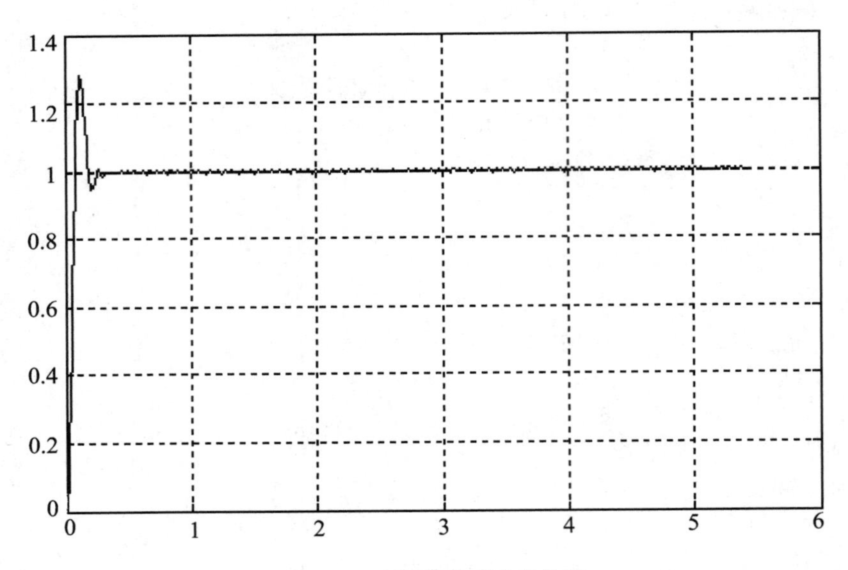

图 D.32 振荡衰减响应曲线

此时系统的时域性能指标为 $\sigma=28\%$，$t_s=0.22$ s，$t_r=0.06$ s，$t_p=0.12$ s。

(3) 输入信号 INPUT 为 40，反馈放大系数 H 为 40 时，振荡衰减响应曲线如图 D.33 所示。

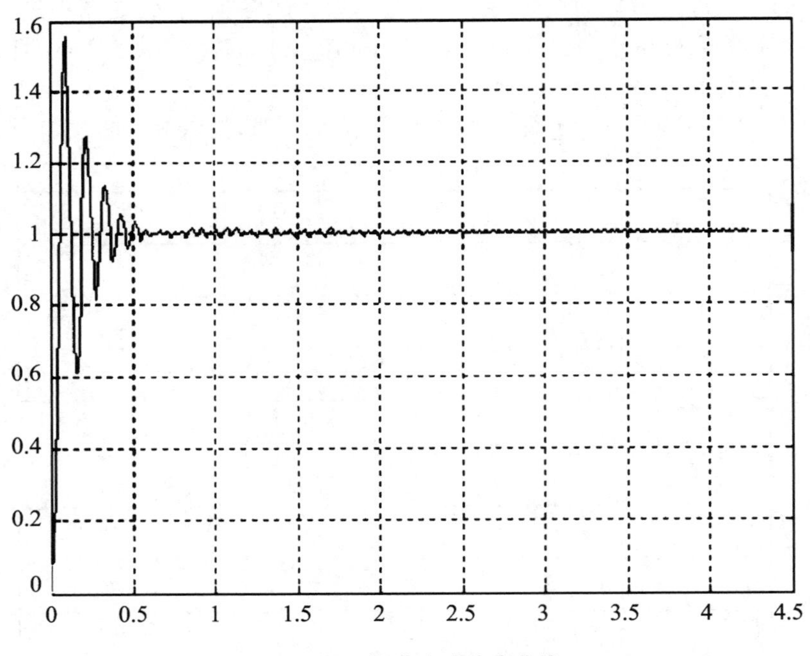

图 D.33 振荡衰减响应曲线

此时系统的时域性能指标为 $\sigma=56\%$，$t_s=0.43$ s，$t_r=0.04$ s，$t_p=0.09$ s 。

实验曲线的变化说明，反馈增益 H 增大时，系统响应速度变快，但系统的稳定性变差。系统输出曲线从无超调的指数上升变化到有超调的衰减振荡，且随着 H 增大超调变大，衰减率变小。从时域性能指标值上看，H 增大时，超调量 σ 变大，上升时间 t_r 和峰值时间 t_p 都变小，由于超调和振荡的存在，调节时间 t_s 先变小再变大。

实验报告要求

1. 认真记录系统在不同情况下的时域响应曲线。
2. 对各种情况进行理论分析并计算其时域性能指标。
3. 对实验结果进行讨论并写下实验心得。

实验 4 XZ-FFⅠ型、XZ-FFⅡ型随动系统的频域特性分析

实验目的

1. 了解线性系统频域分析法。
2. 掌握系统频率特性的测试方法，进一步理解频率特性的物理意义。
3. 根据闭环幅频特性求出被测系统相应的开环传递函数。

实验系统结构简图

实验原理简图及系统方块图分别如图 D.34、图 D.35 所示。

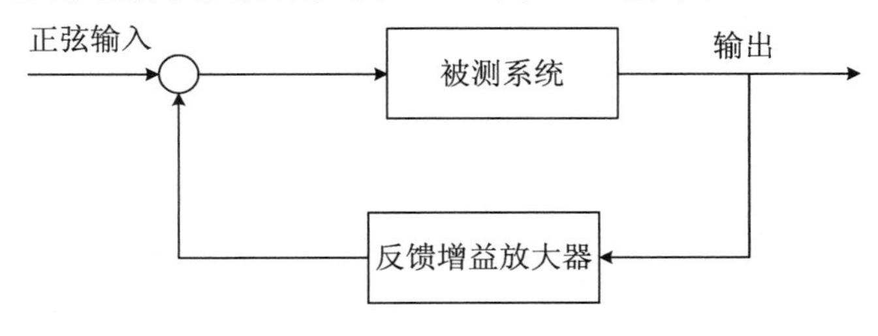

图 D.34 实验原理简图

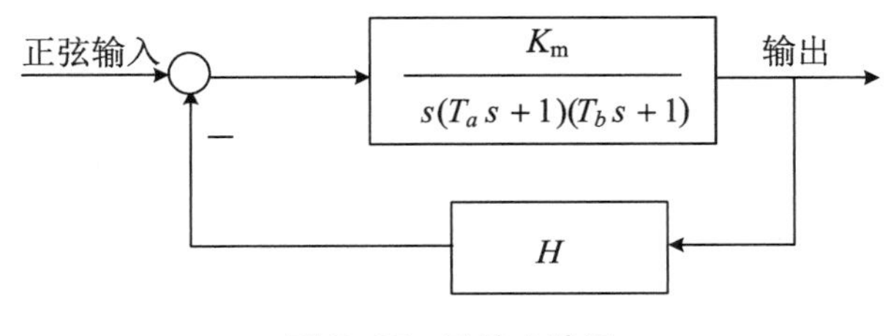

图 D.35 系统方块图

实验内容

1. 熟悉并掌握实验原理。
2. 幅频特性测试。

通过界面设置实验起始频率为 0.1 Hz，终止频率为 5.0 Hz，开始实验。

固定反馈增益 H 为 20，由先验知识可以知道，此随动系统具有低通特性，且频带较窄。实验时，输入信号采用正弦信号，频率从 0.1 Hz 到 5.0 Hz（同一型号的不同电机可能会有较小的差异）。由幅相特性波特图性质，系统在低频段时，频率间隔需要较小的取值以便于绘图，当系统频率逐渐增大后，频率间隔可以适当加大。在本实验中，在 0.1 Hz 到 2.0 Hz 之间，可以取系统频率间隔为 0.1 Hz，在 2.0 Hz 后可以将间隔增大到 0.4 Hz。选择适当的输入信号的幅值，只要计算输出与输入信号的幅值之比即可。记录输入输出信号幅值比及相应的频率，同时把相应的频率换算成角频率，然后作出 Bode 图，从而分析其幅频特性。由于本次实验反馈增益设置为 20，可以知道此时系统的稳态增益为$\frac{1}{20}$。为了使输出保持一定的大小以避免被噪音淹没，这里将系统的输入信号设置为 40.0 V，则系统输出的跟踪信号幅值大小实际是 2.0 rad。

实验步骤

1. 将圆饼负载的起始线对准刻度盘的 0 刻度线（即刻度盘的正中央位置）。

2. 打开 Pendulum.exe 文件，进入 PC 机操作界面，先进行系统调零操作。

3. 选择“控制方式”→“监视模式”。

4. 点击菜单项“实验”→“4. 随动系统的频域特性分析”，出现“随动系统的频域特性分析”参数设置对话框，如图 D.36 所示，其中有 5 个参数可供选择：正弦输入信号的幅值 A、反馈系数 H、实验起始频率 W_s、终止频率 W_d 及频率间隔 dW，选择好参数后点击“OK”按钮。

5. 点击“开始”按钮，开始实验，随后可以得到结果，示意图如图 D.37 所示。实验结束，如果需要保存数据，先点击“停止”按钮，再点击“保存”按钮，此时本次实验所有数据就会被保存到文件夹 Pendulum 下默认的“Data.txt”文件中，文件中的第一列数据即为随动实验输出的角位移。由于每次实验结束以后实验系统都默认地将数据写入“Data.txt”文件中，建议用户按照实验参数的设置修改文件名进行保存，以避免实验数据被覆盖（例如将图 D.36 参数下实验得到的数据文件命名为“Data_A40_H20_Ws0.1_Wd2.0_dW0.1.txt”。）

（注：由于频率实验的重复性，一次实验中包括连续递增的多个不同频率的等幅正弦波驱动电机（电机转角随之在 0°附近左右摆动），记录表示摆角状态的实验数据，并保存在同一个数据文件中，且在每两个频率实验之间，加入停顿时间间隔以便于数据读取。）

6. 如需进行多次实验，重复上述步骤即可。（注意重复实验时，要保证圆饼负载的初始位置不变，本实验中即让圆饼负载的起始线对准刻度盘的 0°刻度线；注意将数据文件“Data.txt”重命名另存以完成数据的保存。）

实验结果分析与总结

1. 实验数据处理。

显示界面中，显示了运动角位移变化曲线。如果要对该曲线做进一步分析，可以打开 Matlab 软件，调用“DataAnalyse.m”数据处理程序，在 Matlab 中画出角位移变化曲线。

步骤如下：

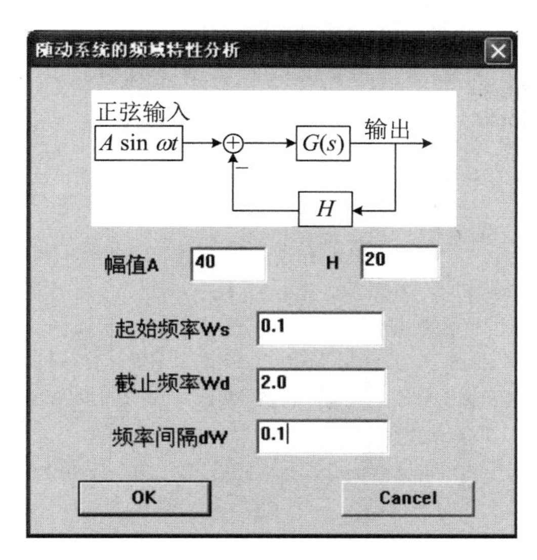

图 D.36　随动系统的频域特性分析参数设置

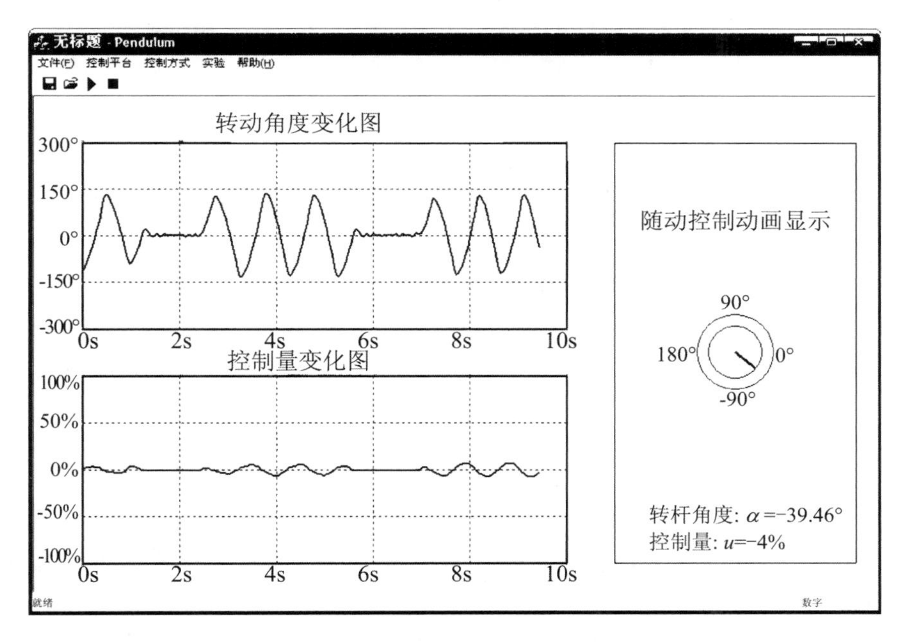

图 D.37　随动系统的频域特性分析实验示意图

（1）打开 Matlab 软件。

（2）打开"DataAnalyse. m"数据处理程序，在程序中修改实验数据文件"Data_A40_H20_Ws0. 1_Wd2. 0_dW0. 1. txt"的保存路径为实际的保存路径。

例如，"Data. txt"的路径是"E:\ Pendulum\Data_A40_H20_Ws0. 1_Wd2. 0_dW0. 1. txt"，则程序中修改为

```
expdata=' E:\ Pendulum\ Data_A40_H20_Ws0. 1_Wd2. 0_dW0. 1. txt '
                                        %数据文件存放路径
data=textread(expdata);                 %读取数据文件的数据到 data 矩阵
```

(3) 运行该程序,就可以得到实际的实验曲线。

(4) 根据控制理论的相关知识对实验曲线做进一步分析。

```
%%%%%%%%%%%%%%%%%%%%%%% %
%"DataAnalyse.m"  程序文件内容  %
%%%%%%%%%%%%%%%%%%%%%%%%
clc
clear
close('all')
                         %设置数据文件
                         %"Data_A40_H20_Ws0.1_Wd2.0_dW0.1.txt "的路径
expdata ='E:\Pendulum(Temp)\ Data_A40_H20_Ws0.1_Wd2.0_dW0.1.txt '
data=textread(expdata);  %读取数据文件
                         %"Data_A40_H20_Ws0.1_Wd2.0_dW0.1.txt"的数据
[n,m]=size(data);        %向下取整

for i=1:1:n
     Output_Alpha(i) = data(i,1) * pi/180;  %随动系统输出角度,即数据文件
           %"Data_A40_H20_Ws0.1_Wd2.0_dW0.1.txt"的第一列数据
end

figure(1)
t=0:0.01:(n-1) * 0.01;
plot(t,Output_Alpha,'r');  %随动系统跟踪输出角位移曲线
axis([0 3 0 4]);           %横坐标 0~3 s,纵坐标 0~4 弧度
                           %用户根据各自需要调整
xlabel('时间/单位(秒)')
ylabel('角度/单位(弧度)')
grid on;
```

2. 实验结果分析。

(1) 图 D.38 为本次实验输出曲线。曲线图的横坐标是时间,纵坐标是输出的角位移(弧度)。图中曲线按频率逐渐递增变化,用户可以根据实验参数的设置和曲线的间隔,来读取频率与幅值。

在图中找到产生谐振处的频率 f_r(Hz),计算对应角频率 $\omega_r=2\pi f_r$,并读出谐振处的幅值。这里 $f_r=3.3$ Hz,$M_r=\frac{3.3\ \text{rad}}{2}=1.65$ rad。

我们可以近似认为此系统为一个振荡环节,由低频特性可以知道其增益为$\frac{1}{20}$。由振荡环节的特性知 $M_r=\frac{1}{2\xi\sqrt{1-\xi^2}}$,由此可以算出 ξ;再由 $\omega_r=\sqrt{1-2\xi^2}\omega_n$,可以算出 ω_n。则根据 $G(s)=\frac{\omega_n^2}{s^2+2\xi\omega_n+\omega_n^2}$可写出传递函数如下:

$$G(s)=\frac{22.60}{s^2+13.86s+451.9}$$

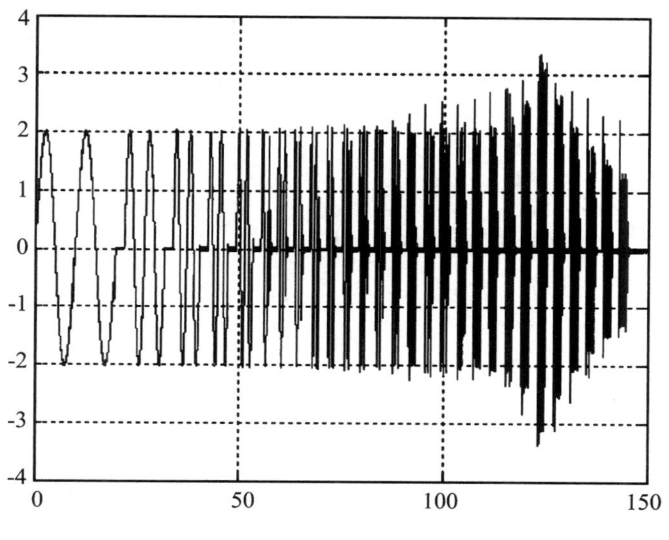

图 D.38　实验响应曲线

其中 $\xi=0.326$，$\omega_n=21.26$。

（2）输入正弦信号频率继续增高后，系统输出信号变小，几乎被噪声淹没。此时读出的幅值存在较大的误差，故不继续进行实验。但是理论上系统还应该有一个更大的负实极点，这个极点我们可以根据实验二中系统临界稳定时的开环增益求出，这里不再详述，求出此负实极点为 $p=-54.6$，此时系统开环传递函数为

$$G_{开}(s)=\frac{1\,234.5}{s(s+13.86)(s+54.6)}$$

极点 $p=-54.6$，对系统输出响应的贡献较小，我们将其忽略。则系统开环传递函数变为

$$G'_{开}(s)=\frac{22.60}{s(s+13.86)}$$

（注：每个实验装置的电机特性是稍有不同的，所以不同的实验装置的实验参数及实验结果是不同的。用户必须在实验中对参数进行调节才能得到预期的输出效果。用户必须针对具体的实验装置进行针对性的精确建模。）

实验报告要求

1. 取在 0.1～5.0 Hz 范围内的不同频率，记录系统输出响应曲线。
2. 作出闭环系统的 Bode 图，并分析求得其相应的开环传递函数。
3. 对上述结论进行讨论，思考实验时应如何选择实验频率及频率间隔，并写出实验心得。

实验5　XZ-FFⅠ型、XZ-FFⅡ型随动系统的校正

实验目的

1. 了解线性系统最常用的校正方法。
2. 掌握校正网络的设计。
3. 掌握校正的概念和设计方法。

实验系统结构简图

实验原理简图与系统方块图分别如图 D.39、图 D.40 所示。其中，图 D.39 中 $a=\frac{1}{\alpha}$。

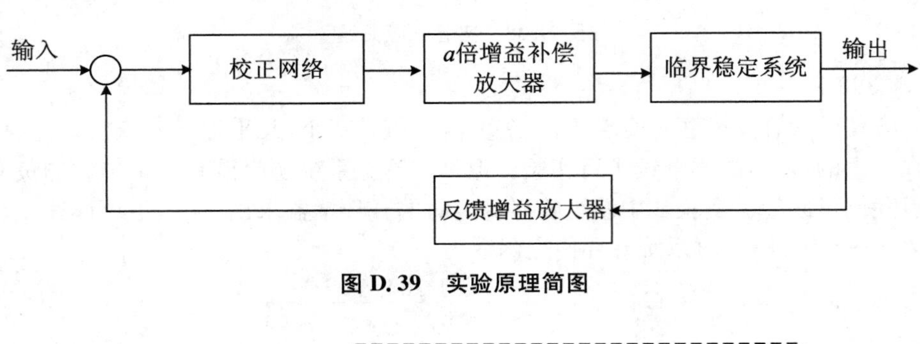

图 D.39　实验原理简图

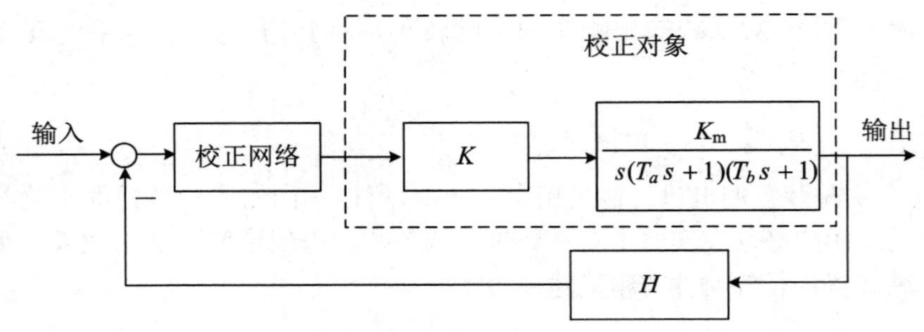

图 D.40　系统方块图

实验内容

1. 熟悉并掌握实验原理。
2. 将系统前向增益增大到使系统临界稳定(参见实验二中相关内容)。
(1) 固定反馈增益 H 为 1。
(2) 增大前向增益 K 到 42(初始为 1)使系统到达临界稳定。
3. 利用校正网络在保证系统稳态控制精度的前提下，使系统稳定(不能单纯地减小系统前向增益)。

在系统处于临界稳定的情况下，设计并实现校正网络来提高系统的相角裕度，使闭环系统稳定。本实验采用的超前校正网络传递函数如下：

$$G_c(s)=\frac{\alpha(Ts+1)}{\alpha Ts+1}$$

实验步骤

1. 将圆饼负载的起始线对准刻度盘的－150°位置。

2. 打开 Pendulum. exe 文件，进入 PC 机操作界面，先进行系统调零操作。

3. 选择"控制方式"→"监视模式"。

4. 点击菜单项"实验"→"5. 随动系统的校正"，出现"随动系统的校正"参数设置对话框，如图 D. 41 所示，其中有 4 个参数可供选择：参考输入 INPUT 和前向增益 K，以及两个校正环节参数 T_1 和 T_2，设置好参数数值后点击"OK"按钮。

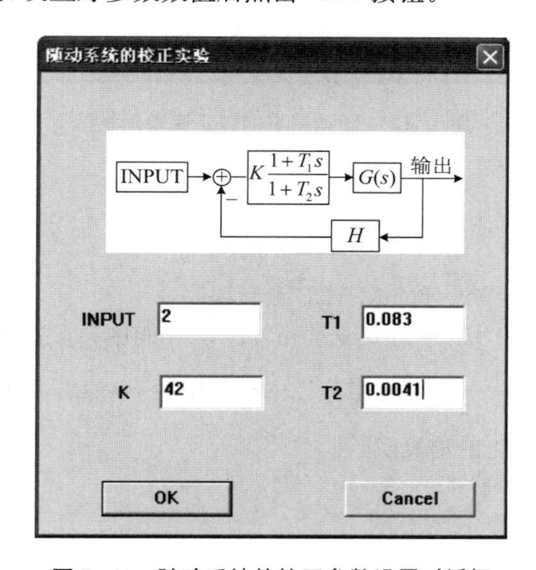

图 D. 41　随动系统的校正参数设置对话框

5. 点击"开始"按钮，开始实验，随后可以得到结果，示意图如图 D. 42 所示。实验结束，如果需要保存数据，先点击"停止"按钮，再点击"保存"按钮，此时本次实验所有数据就会被保存到文件夹 Pendulum 下默认的"Data. txt"文件中，文件中的第一列数据即为随动实验输出的角位移。由于每次实验结束以后实验系统都默认地将数据写入"Data. txt"文件中，建议用户按照实验参数的设置修改文件名进行保存，以避免实验数据被覆盖(例如将图 D. 41 参数下实验得到的数据文件命名为"Data_Input2_K42_T10. 083_T20. 0041. txt")。

6. 如需进行多次实验，重复上述步骤即可。(注意重复实验时，要保证圆饼负载的初始位置不变，本实验中即让圆饼负载的起始线对准刻度盘－150°位置；注意将数据文件"Data. txt"重命名另存以完成数据的保存。)

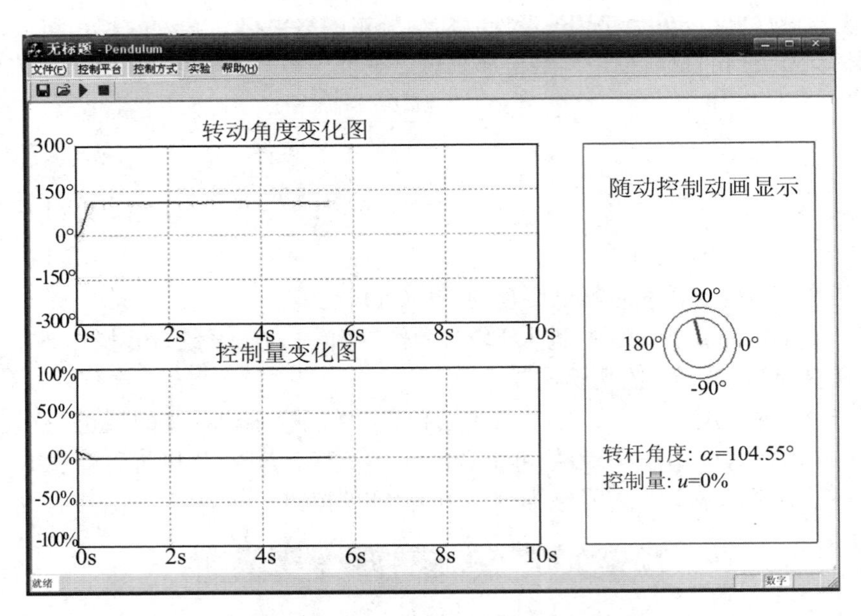

图 D.42 随动系统的校正实验示意图

实验结果分析与总结

1. 系统分析与校正环节设计的 Matlab 参考程序。

在 Matlab 中建立文件"ChQianJiaoZh. m",用实验四中得到的被控对象模型传递函数 $G_{开}(s)=\dfrac{1\,234.5}{s(s+13.86)(s+54.6)}$,结合实验二中开环增益 $K=42$,系统等幅振荡的情况下,对该临界稳定系统做超前校正的仿真实验。

```
%%%%%%%%%%%%%%%%%%%%%%%%%%% %
%"ChQianJiaoZh. m"  程序文件内容          %
%%%%%%%%%%%%%%%%%%%%%%%%%%%%
clc
clear
num=[1 234.5];
den=[1,68.46,756.76,0];
Gs=tf(num,den);
K=42;                                   %校正前开环系统
figure(1);margin(K * Gs);               %未校正,K=42,幅相频率特性波特图
T1=0.083;                               %超前校正环节设计
a=0.049;
CQKs=tf([T1,1],[a * T1,1]);
figure(2);margin(CQKs);                 %校正网络波特图
GOs2=CQKs * Gs * K;                     %校正后开环系统
figure(3);
margin(GOs2);                           %校正后系统开环波特图
```

2. 实验数据处理。

显示界面中，显示了运动角位移变化曲线。如果要对该曲线做进一步分析，可以打开 Matlab 软件，调用“DataAnalyse. m”数据处理程序，在 Matlab 中画出角位移变化曲线。

步骤如下：

(1) 打开 Matlab 软件。

(2) 打开“DataAnalyse. m”数据处理程序，在程序中修改实验数据文件“Data_ Input2_K42_T10. 083_T20. 0041. txt”的保存路径为实际的保存路径。

例如，“Data. txt”的路径是“E:\ Pendulum\ Data_ Input2_K42_T10. 083_T20. 0041. txt”，则程序中修改为

```
expdata=' E:\ Pendulum\ Data_ Input2_K42_T10. 083_T20. 0041. txt'
                                        %数据文件存放路径
data=textread(expdata);                 %读取数据文件的数据到 data 矩阵
```

(3) 运行该程序，就可以得到实际的实验曲线。

(4) 根据控制理论的相关知识对实验曲线做进一步分析。

```
%%%%%%%%%%%%%%%%%%%%% %
%"DataAnalyse. m"  程序文件内容         %
%%%%%%%%%%%%%%%%%%%%%
clc
clear
close('all')
expdata='E:\Pendulum(Temp)\Data. txt'   %设置数据文件
                    %"Data_ Input2_K42_T10. 083_T20. 0041. txt"的路径
data=textread(expdata);  %读取数据文件
                    %"Data_ Input2_K42_T10. 083_T20. 0041. txt"的数据
[n,m]=size(data);  %向下取整
for i=1:1:n
    Output_Alpha(i) = data(i,1) * pi/180;   %随动系统跟踪输出角度，即数据文件
                    %"Data_Input2_K1_H0. 5. txt"的第一列数据
end

figure(1)
t=0:0. 01:(n-1) * 0. 01;
plot(t,Output_Alpha,'r');               %随动系统跟踪输出角位移曲线
axis([0 3 0 4]);                        %横坐标 0～3 s,纵坐标 0～4 弧度
                                        %用户根据各自需要调整
xlabel('时间/单位(秒)')
ylabel('角度/单位(弧度)')
grid on;
```

3. 实验结果分析。

加入校正网络的目的是使原临界稳定系统，经过校正网络后，变成一个具有一定稳定裕量的稳定系统，在 Matlab 中，可以自动画出稳定裕量对应的虚线，并给出具体的值。

控制理论中，稳定裕量包括幅值裕量和相角裕量。在 $G(j\omega_c)H(j\omega_c)$ 的对数频率特性图上，相频特性和 $-180°$ 线相交时的频率 ω_c 为相位交界频率，在该频率点所对应的对数幅值相反的数为幅值裕量，即 $K_g(db)=-20\log|G(j\omega_c)H(j\omega_c)|$。幅值裕量的意义在于指出了系统在变成临界稳定系统时，增益能够增大多少。在对数频率特性图上，对数幅频特性和横轴相交时的频率点所对应的相频特性和 $-180°$ 线之间的角度为相角裕度。相角裕度的意义在于，通过相角裕度的正负，可以判断系统是否稳定。

本实验对临界稳定系统做超前校正的仿真实验时，可以得到以下三个图：图 D. 43 为未校正系统 $K=42$ 时对数幅相特性波特图，图 D. 44 为校正网络波特图，图 D. 45 为校正后系统开环对数幅相特性波特图。每幅波特图（Bode Digram）都包括对数幅频特性图（Magnitude(dB)）和对数相频特性图（Phase(deg)），图中横坐标都是频率的对数，所以称为对数频率特性图。

（1）未加校正前，开环增益为 42 时的开环幅相特性波特图如图 D. 43 所示。

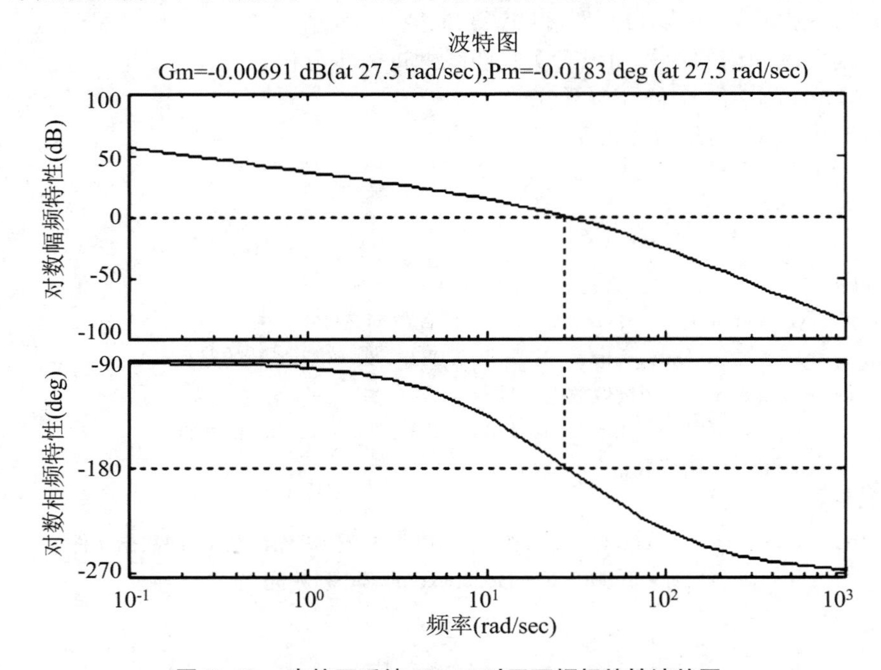

图 D. 43　未校正系统 $K=42$ 时开环幅相特性波特图

从图 D. 43 可以看出，$\omega=27.5$ rad/s，系统的幅值裕量为 $-0.006\,91$ dB，相角裕量为 $-0.018\,3°$，都约为 0，即此时系统临界稳定。

（2）图 D. 44 为校正网络（包含 a 倍增益电路）的幅相特性波特图。

（3）校正后系统开环幅相特性波特图如图 D. 45 所示。

从图 D. 45 可以看出，$\omega=54.6$ rad/s，系统的幅值裕量为 12 dB，相角裕量为 $34.6°$，显然校正后系统稳定。

（4）输入为 2.0 V 时，校正后闭环系统的输出响应曲线如图 D. 46 所示。

从图 D. 46 可以看出，相对于未校正前（图 D. 25），系统达到稳定，没有稳态误差，动态特性变化不大，基本达到控制要求。从图中也可以看到，系统响应曲线在稳定之后，有较大的毛刺，这是因为超前校正网络是一个高通滤波器（见图 D. 44），对高频噪声有放大作用。

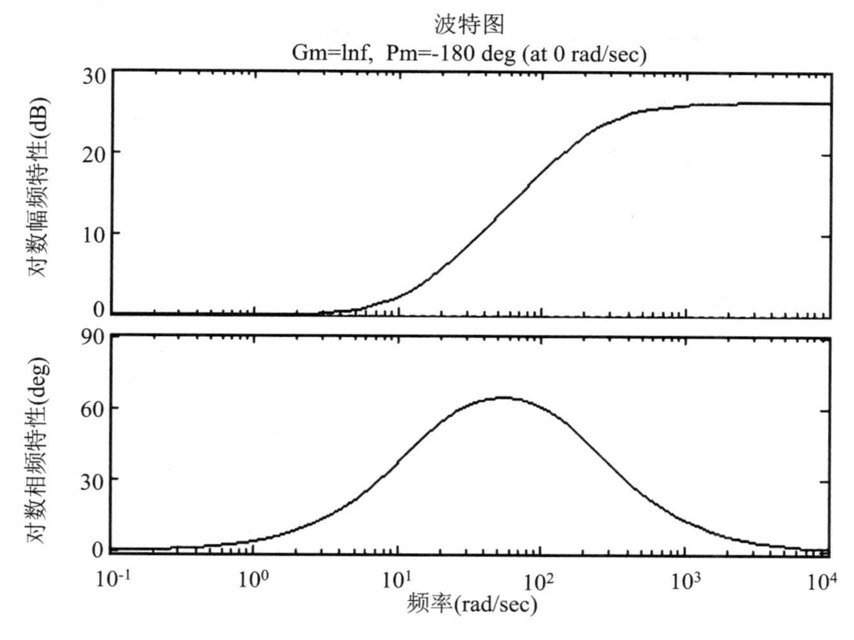

图 D.44　校正网络波特图

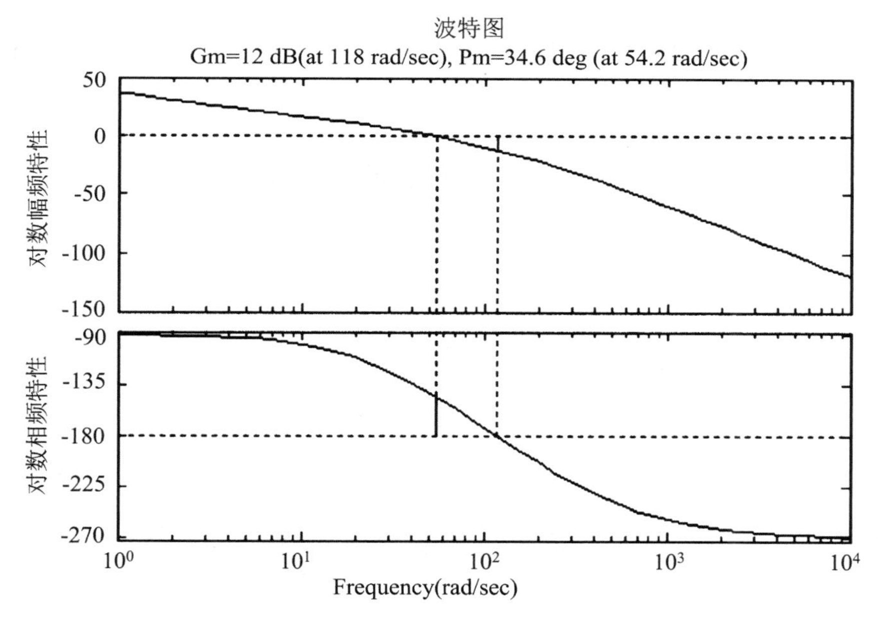

图 D.45　校正后系统开环幅相特性波特图

实验报告要求

1. 根据实验四建立的电机模型，在 Matlab 中求得图 D.43、图 D.44、图 D.45 和校正环节的参数值。

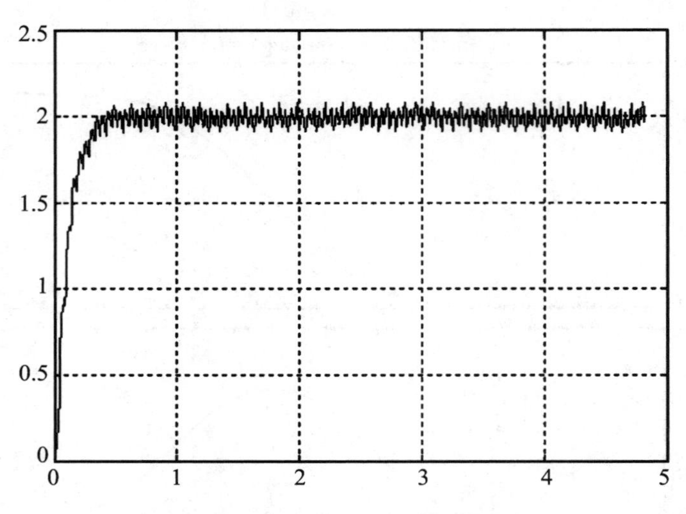

图 D. 46 校正后系统闭环输出响应曲线

2. 做校正控制实验，记录系统在不同参数校正下的输出响应曲线。
3. 用频域或时域法分析不同的校正方法对系统各项性能指标的影响。
4. 总结实验结论并写出实验心得。

实验 6 旋转式倒立摆系统的数学模型建立和仿真

(A) XZ-FF Ⅰ型倒立摆

实验目的

建立环形倒立摆系统的数学模型，进行仿真实验。

实验要求

对系统做动力学分析，得到系统的状态空间方程。在 Matlab 环境下进行仿真，验证模型正确与否。

理论分析

系统的主要机械参数及变量如表 D. 1 所示。

表 D.1　倒立摆系统物理参数

转杆质量 m_1:165.3 g	摆杆质量 m_2: 52.7 g
电位器质量 m_3:72.9 g	重力加速度 g:9.8 m/s^2
转杆长 L_1:19 cm	摆杆长 L_2:25.4 cm
电机力矩系数 K_m:0.023 6 N·m/V	电机反电势系数 K_e: 0.286 5 V·s
转杆连接处阻尼系数 c_1:0.01 N·m·s	摆杆连接处阻尼系数 c_2:0.001 N·m·s

最后得到的非线性数学模型为

$$\begin{cases}\left(\frac{1}{3}m_1L_1^2+m_2L_1^2+m_3L_1^2+\frac{1}{3}m_2L_2^2\sin^2\theta_2\right)\dot{\theta}_1+\frac{1}{3}m_2L_2^2\sin2\theta_2\dot{\theta}_1\dot{\theta}_2\\ \quad+\frac{1}{2}m_2L_1L_2\sin\theta_2\dot{\theta}_2^2-\frac{1}{2}m_2L_1L_2\cos\theta_2\dot{\theta}_2^2=M-c_1\dot{\theta}_1=K_mU-(K_mK_e+c_1)\dot{\theta}_1\\ \frac{1}{3}m_2L_2^2\dot{\theta}_2^2-\frac{1}{2}m_2L_1L_2\cos\theta_2\dot{\theta}_1^2-\frac{1}{6}m_2L_2^2\sin2\theta_2\dot{\theta}_1^2-\frac{1}{2}m_2gL_2\sin\theta_2=-c_2\dot{\theta}_2\end{cases}\quad(1)$$

系统的仿真和开环响应

在 Matlab 中,将各个参数值代入这个非线性数学模型,进行仿真,也就是利用 ODE 函数求解微分方程式(1),对几种典型情况进行仿真。

1. 不考虑输入电压,即 $u=0$,输出的是 θ_1、θ_2 的变化曲线。

初始值 $\theta_1(0)=\theta_2(0)=0.01$ rad(0.57°),也就是将旋臂和摆杆都置于稳定平衡位置附近(即 0°位置附近),由于没有控制电压,旋臂和摆杆都自由转动。

观察输出特性是否跟实际系统的情况一致,从而检验所建模型的正确性。

2. 令输入 u 为阶跃信号,观察开环系统的阶跃响应。

实验报告要求

1. 对环形倒立摆系统进行动力学分析,并推导其数学模型。

2. 编写 Matlab 仿真程序,记录输出的数据、曲线,并进行理论分析。

倒立摆数据模型建立(供参考)

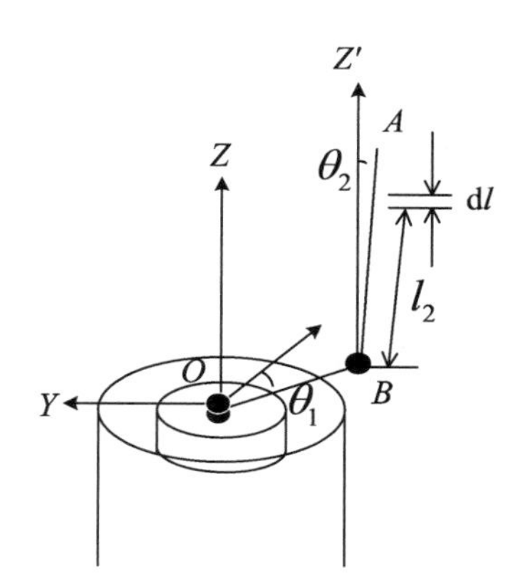

图 D.47　倒立摆模型

建立如图 D.47 所示坐标系,设转杆长为 L_1、质量为 m_1,摆杆长为 L_2、质量为 m_2,B 位置处电位器质量为 m_3,θ_1 为转杆与 X 轴正向夹角,θ_2 为摆杆与 Z 轴正向夹角。由变分法,对于摆杆上距离连接点距离 l_2 处长为 dl 的一段,其坐标为

$$\begin{cases} x = L_1\cos\theta_1 + l_2\sin\theta_1\sin\theta_2 \\ y = L_1\sin\theta_1 - l_2\cos\theta_1\sin\theta_2 \\ z = l_2\cos\theta_2 \end{cases} \tag{2}$$

动能为

$$\mathrm{d}T = \frac{1}{2}\frac{m_2}{L_2}\mathrm{d}l(\dot{x}^2 + \dot{Y}^2 + \dot{z}^2) \tag{3}$$

于是,摆杆上总动能为

$$\begin{aligned} T_2 &= \int_0^{l_2}\mathrm{d}T = \int_0^{l_2}\frac{1}{2}\frac{m_2}{L_2}\mathrm{d}l(\dot{x}^2 + \dot{y}^2 + \dot{z}^2) \\ &= \left(\frac{1}{2}L_1^2 + \frac{1}{6}L_2^2\sin^2\theta_2\right)m_2\dot{\theta}_1^2 - \frac{1}{2}m_1L_1L_2\cos\theta_2\dot{\theta}_1\dot{\theta}_2 + \frac{1}{6}m_2L_2^2\dot{\theta}_2^2 \end{aligned} \tag{4}$$

同理,转杆的总动能为

$$T_1 = \frac{1}{6}m_1L_1^2\dot{\theta}_1^2 \tag{5}$$

摆杆与转杆连接处电位器动能为

$$T_3 = \frac{1}{2}m_3L_1^2 \tag{6}$$

系统总动能为

$$T = T_1 + T_2 + T_3 \tag{7}$$

以摆杆自然下垂时质心位置为势能零点,则系统总势能为

$$V = \frac{1}{2}m_1gL_2 + \frac{1}{2}m_2(1+\cos\theta_2)gL_2 + \frac{1}{2}m_3gL_3 \tag{8}$$

记拉格朗日算子 $L=T-V$,系统广义坐标 $q=\{\theta_1,\theta_2\}$,广义坐标 θ_1 上的非有势力对应广义外力为电机输出转矩和摩擦力,θ_2 上非有势力对应广义外力为摩擦力,由拉格朗日方程:

$$\frac{\mathrm{d}}{\mathrm{d}t}\frac{\partial L}{\partial \dot{q}_i} - \frac{\partial L}{\partial q_i} = f_i,\quad i = 1,2 \tag{9}$$

代入式(4)~式(9),得系统运动方程:

$$\begin{cases} \left(\frac{1}{3}m_1L_1^2 + m_2L_1^2 + m_3L_1^2 + \frac{1}{3}m_2L_2^2\sin^2\theta_2\right)\dot{\theta}_1 + \frac{1}{3}m_2L_2^2\sin2\theta_2\dot{\theta}_1\dot{\theta}_2 \\ \quad + \frac{1}{2}m_2L_1L_2\sin\theta_2\dot{\theta}_2^2 - \frac{1}{2}m_2L_1L_2\cos\theta_2\dot{\theta}_2^2 = M - c_1\dot{\theta}_1 = K_mU - (K_mK_e + c_1)\dot{\theta}_1 \\ \frac{1}{3}m_2L_2^2\dot{\theta}_2^2 - \frac{1}{2}m_2L_1L_2\cos\theta_2\dot{\theta}_1^2 - \frac{1}{6}m_2L_2^2\sin2\theta_2\dot{\theta}_1^2 - \frac{1}{2}m_2gL_2\sin\theta_2 = -c_2\dot{\theta}_2 \end{cases} \tag{10}$$

其中 $M=K_m(U-K_e\dot{\theta}_1)$ 为电机输出转矩,U 为电机输入电压,K_m 为电机力矩系数,K_e 为电机反电势系数,c_1、c_2 分别为转杆和摆杆绕轴转动的阻尼系数。

非线性数学模型的仿真(供参考)

为方便起见,令

$$K_1 = \frac{1}{3}m_1L_1^2 + m_2L_1^2 + m_3L_1^2 + \frac{1}{3}m_2L_2^2\sin^2\theta_2$$

$$K_2 = -\frac{1}{2}m_2 L_1 L_2 \cos\theta_2$$

$$K_3 = K_m U - (K_m K_e + c_1)\dot{\theta}_1 - \frac{1}{3}m_2 L_2^2 \sin 2\theta_2 \dot{\theta}_1 \dot{\theta}_2 - \frac{1}{2}m_2 L_1 L_2 \sin\theta_2 \dot{\theta}_2^2$$

$$K_4 = -\frac{1}{2}m_2 L_1 L_2 \cos\theta_2$$

$$K_5 = \frac{1}{3}m_2 L_2^2$$

$$K_6 = \frac{1}{6}m_2 L_2^2 \sin 2\theta_2 \dot{\theta}_1^2 + \frac{1}{2}m_2 g L_2 \sin\theta_2 - c_2 \dot{\theta}_2$$

则运动方程式(10)变为

$$\begin{cases} K_1\dot{\theta}_1 + K_2\dot{\theta}_2 = K_3 \\ K_4\dot{\theta}_1 + K_5\dot{\theta}_2 = K_6 \end{cases} \tag{11}$$

在 Matlab 中建立文件 Nonlinear_Fun. m：

```
function xdot=Nonlinear_Fun(t,x);
%各个参数值
m1=0.165 3;  m2=0.052 7;  m3=0.072 9;
L1=0.19;         L2=0.254/2;
L3=0.18;
Ke=0.286 5;      Km=0.023 6;
c1=0.01;
c2=0.001;
g=9.8;

u=0;     %%%输入,状态反馈时 u = -K * x
%%%%%%%%%%%%%%%%%%%%%%%%%%%%%%%%%%%
xdot=zeros(4,1);
K5=(4/3) * m2 * (L2^2);
K1=(1/3) * m1 * (L1^2)+m2 * (L1^2)+m3 * (L3^2)+K5 * ((sin(x(2)))^2);
K2=-m2 * L1 * L2 * cos(x(2));
K3=Km * u-(Km * Ke+c1) * x(3)-K5 * ((sin(x(2)))^2) * x(3) * x(4)-m2 * L1 * L2 * sin(x
(2))..... * (x(4)^2);
K4=K2;
K6=(K5/2) * sin(2 * x(2)) * (x(3)^2)+m2 * g * L2 * sin(x(2))-c2 * x(4);

xdot(1)=x(3);
xdot(2)=x(4);

KKK=K2 * K4-K1 * K5;
xdot(3)=(K2 * K6-K3 * K5)/KKK;
xdot(4)=(K3 * K4-K1 * K6)/KKK;

%求解非线性方程的文件 myode.m
```

```
function myode();
t0=0;tf=20;
x0=[0.01;0.01;0;0];                          %初始状态值,角度的单位为弧度
[t,x]=ode45('Nonlinear_Fun',[t0,tf],x0);   %求解 Nonlinear_Fun 描述的微分方程
figure;
Q=180/3.1415926;                             %以度为单位画出实验曲线
plot(t,x(:,1)*Q,'r',t,x(:,2)*Q,'b');
title('输出曲线');
legend('转杆角度','摆杆角度');
```

保存文件,运行文件 myode.m 或者在 Matlab Command 窗口键入 myode 执行,查看仿真结果。注意:在运行前需将该文件所在目录添加到 Matlab Path 里。

仿真结果

令系统初始状态为(0.01,0.01,0,0),即系统摆杆和转杆都处于偏离平衡位置约 0.57°的位置,并且控制量为 0,得到系统零输入响应仿真结果如图 D.48 所示。

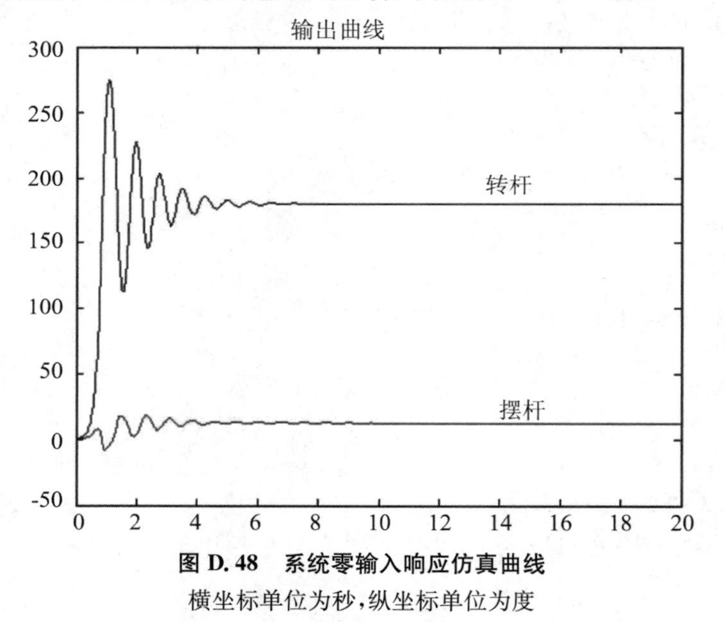

图 D.48 系统零输入响应仿真曲线

横坐标单位为秒,纵坐标单位为度

从图中可见,摆杆偏离平衡位置后,做自由摆动直到最后静止于自然下垂位置(即 180°位置),转杆在摆杆带动下运动,最后停留在约 12.5°的位置。

由仿真结果可知,倒立摆系统的平衡点为不稳定平衡点,必须加以控制,才能使系统平衡。

(B) XZ-FFⅡ型倒立摆

实验目的

建立旋转式倒立摆系统的数学模型,进行仿真实验。

实验要求

对系统做动力学分析,得到系统的状态空间方程。在软件平台上编程进行仿真,验证模型正确与否。

理论分析

系统的主要机械参数及变量如表D.2所示。

表D.2 倒立摆系统物理参数

转杆位置 θ_1		摆杆位置 θ_2	
转杆质量 m_1	0.200 kg	摆杆质量 m_2	0.052 kg
转杆长度 R	0.20 m	摆杆长度 R_2	0.25 m
转杆质心到转轴距离 L_1	0.10 m	摆杆质心到转轴距离 L_2	0.12 m
电机力矩-电压比 K_m	0.023 6 N·m/V	电机反电势-转速比 K_e	0.286 5 V·s

在建模过程中,需要的参数还有旋臂绕轴的转动摩擦力矩系数 f_1,摆杆绕轴的转动摩擦力矩系数 f_2,旋臂绕轴的转动惯量 J_1,摆杆绕轴的转动惯量 J_2。这要通过测量和计算得到。

系统的受力分析如图D.49所示。θ_1、θ_2 分别为旋臂和摆杆与垂直线的夹角,以逆时针方向为正;u 为加在电机上的控制电压。

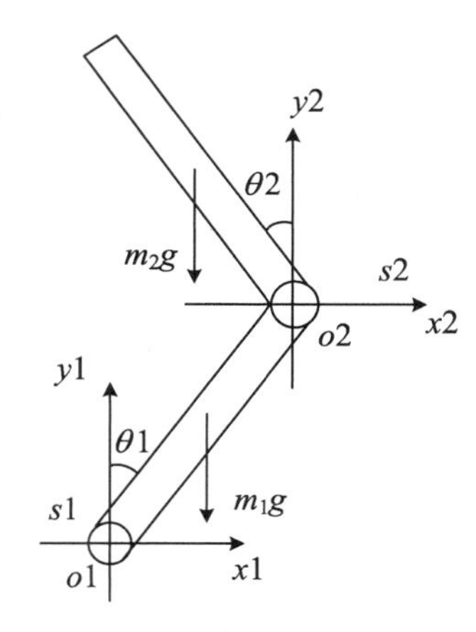

图D.49 系统的受力分析

最后得到的非线性数学模型为

$$\begin{bmatrix} J_1+m_2R^2 & m_2RL_2\cos(\theta_1-\theta_2) \\ m_2RL_2\cos(\theta_1-\theta_2) & J_2 \end{bmatrix}\begin{bmatrix} \dot{\theta}_1 \\ \dot{\theta}_2 \end{bmatrix}$$

$$+\begin{bmatrix} f_1+K_mK_e & m_2RL_2\sin(\theta_1-\theta_2)\dot{\theta}_2 \\ m_2RL_2\sin(\theta_2-\theta_1)\dot{\theta}_1 & f_2 \end{bmatrix}\begin{bmatrix} \dot{\theta}_1 \\ \dot{\theta}_2 \end{bmatrix}$$

$$=\begin{bmatrix} K_m \\ 0 \end{bmatrix}u+\begin{bmatrix} m_1gL_1\sin\theta_1+m_2gR\sin\theta_1 \\ m_2gL_2\sin\theta_2 \end{bmatrix} \quad (12)$$

系统的仿真和开环响应

在 Matlab 中，将各个参数值代入这个非线性数学模型，进行仿真，也就是利用 ODE 函数求解微分方程(式(1))，对几种典型情况进行仿真。

1. 不考虑输入电压，即 $u=0$，输出是 θ_1、θ_2 的变化曲线。

(1) 初始值 $\theta_1(0)=\theta_2(0)=1.57$ rad，也就是将旋臂和摆杆都平放到 $+90°$ 的位置，由于没有控制电压，旋臂和摆杆都自由转动。

(2) 初始位置 $\theta_1(0)=0.5$ rad，$\theta_2(0)=-0.2$ rad，将旋臂和摆杆都放到不稳定平衡位置，即 0°位置附近，其中旋臂的位置在 30°左右，而摆杆的位置在 $-15°$ 左右，由于没有控制电压，旋臂和摆杆都自由转动。

观察输出特性是否跟实际系统的情况一致，从而检验所建模型的正确性。

2. 令输入 u 为阶跃信号，观察开环系统的阶跃响应。

实验报告要求

1. 对旋转式倒立摆系统进行动力学分析，并推导其数学模型。
2. 编写 Matlab 仿真程序，记录输出的数据、曲线，并进行理论分析。

模型分析与参数测量

系统建模和参数测量是控制算法设计的第一步，建立比较精确的数学模型是控制系统设计的基础。在这里，采用分析力学方法，用牛顿力学对模型进行一个简单的分析。

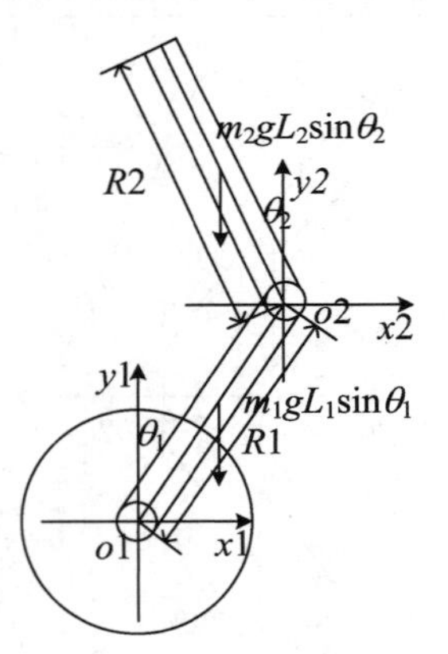

图 D.50 模型分析

1. 模型分析。

如图 D.50 所示，根据牛顿力学：

(1) 在非惯性系 $S2$ 中，对摆杆，有

$$J_2\dot{\theta}_2+f_2\dot{\theta}_2=M_{12}+m_2gL_2\sin\theta_2 \tag{13}$$

其中，M_{12} 为旋臂对摆杆的作用力矩，有

$$M_{12}=m_2L_2\left[R\dot{\theta}_1^2\sin(\theta_1-\theta_2)-R_2\dot{\theta}_1\cos(\theta_1-\theta_2)\right] \tag{14}$$

(2) 在惯性系 $S2$ 中，对旋臂，有

$$J_1\dot{\theta}_1+f_1\dot{\theta}_1=M_0+M_{21}+m_1gL_1\sin\theta_1 \tag{15}$$

其中，M_0 为电机输出转矩：

$$M_0=K_m(u-K_e\dot{\theta}_1) \tag{16}$$

M_{21} 为摆杆对旋臂的作用力矩，利用反作用规律，有

$$\begin{aligned}M_{21}&=m_2\left[g+\frac{d^2}{dt^2}(R\cos\theta_1+L_2\cos\theta_2)\right]\cdot R\sin\theta_1-m_2\left[\frac{d^2}{dt^2}(R\sin\theta_1+L_2\sin\theta_2)\right]\cdot R\cos\theta_1\\&=m_2gR\sin\theta_1-m_2R^2\dot{\theta}_1-m_2RL_2\dot{\theta}_2^2\sin(\theta_1-\theta_2)-m_2RL_2\dot{\theta}_2\cos(\theta_1-\theta_2)\end{aligned} \tag{17}$$

(3) 联立式(13)～式(17)，消去中间变量 M_{12} 和 M_{21}，并将 M_0 代入，得矩阵形式的系统

非线性数学模型：

$$\begin{bmatrix} J_1+m_2R^2 & m_2RL_2\cos(\theta_1-\theta_2) \\ m_2RL_2\cos(\theta_1-\theta_2) & J_2 \end{bmatrix}\begin{bmatrix}\dot{\theta}_1\\ \dot{\theta}_2\end{bmatrix} + \begin{bmatrix} f_1+K_mK_e & m_2RL_2\sin(\theta_1-\theta_2)\dot{\theta}_2 \\ m_2RL_2\sin(\theta_2-\theta_1)\dot{\theta}_1 & f_2 \end{bmatrix}\begin{bmatrix}\dot{\theta}_1\\ \dot{\theta}_2\end{bmatrix} = \begin{bmatrix}K_m\\ 0\end{bmatrix}u+\begin{bmatrix} m_1gL_1\sin\theta_1+m_2gR\sin\theta_1 \\ m_2gL_2\sin\theta_2 \end{bmatrix} \tag{18}$$

2. 参数测量。

在上述推导过程中，J_1、J_2分别为转杆与摆杆对相应转轴的转动惯量，f_1、f_2为相应的摩擦系数，m_1、m_2为转杆与摆杆的质量，L_1、L_2为质心到相应转轴的距离，R_1、R_2为转杆与摆杆的长度且有 $R=R_1$；K_m、K_e分别为电机的力矩-电压比和反电动势-转速比，θ_1、θ_2分别为转杆和摆杆与垂直线的夹角，以顺时针方向为正，U 为加在电机上的控制电压。

主要机械参数如表 D. 3 所示，其中，J_1 包括电机转轴自身的转动惯量在内。

表 D. 3　主要机械参数

转杆质量 m_1	0.200 kg	摆杆质量 m_2	0.052 kg
转杆长度 $R_1(R)$	0.20 m	摆杆长度 R_2	0.25 m
转杆质心到转轴距离 L_1	0.10 m	摆杆质心到转轴距离 L_2	0.12 m
电机力矩-电压比 K_m	0.023 6 N·m/V	电机反电势-转速比 K_e	0.286 5 V·S
转杆绕轴转动摩擦力矩系数 f_1	0.01 N·m·S	摆杆绕轴转动摩擦力矩系数 f_2	0.001 N·m·S
转杆绕轴转动惯量 J_1	0.004 kg·m²	摆杆绕轴转动惯量 J_2	0.001 kg·m²

非线性模型的 Matlab 仿真(供参考)

为方便起见，令

$$a=J_1+m_2R^2,\quad b=m_2RL_2,\quad c=J_2,\quad d=f_1+K_mK_e,$$
$$e=(m_1L_1+m_2R)g,\quad f=f_2,\quad h=m_2gL_2$$

且不考虑输入电压，即 $u=0$，则非线性数学模型变为

$$\begin{bmatrix} a & b\cos(\theta_2-\theta_2) \\ b\cos(\theta_1-\theta_2) & c \end{bmatrix}\begin{bmatrix}\dot{\theta}_1\\ \dot{\theta}_2\end{bmatrix}+\begin{bmatrix} d & b\sin(\theta_1-\theta_2)\dot{\theta}_2 \\ b\sin(\theta_2-\theta_1)\dot{\theta}_1 & e \end{bmatrix}\begin{bmatrix}\dot{\theta}_1\\ \dot{\theta}_2\end{bmatrix} + \begin{bmatrix}-f\sin\theta_1\\ -h\sin\theta_2\end{bmatrix}=0$$

运行 Matlab 6.0 以上的版本，选择菜单 file→new→m - file，建立文件 dlfun. m：

```
function   xdot=dlfun(t,x);
m1=0.200; m2=0.052; l1=0.10; l2=0.12; r=0.20; km=0.0236; ke=0.2865;
```

```
g=9.8; j1=0.004; j2=0.001; f1=0.01; f2=0.001; %各个参数值

a=j1+m2*r*r; b=m2*r*l2;c=j2;d=f1+Km*Ke;
e=(m1*l1+m2*r)*g; f=f2; h=m2*l2*g;
u=0;  %控制量,构成状态反馈时,令 u=-k*x
xdot=zeros(4,1);
xdot(1)=x(3);
xdot(2)=x(4);
xdot(3)=((-d*c).*x(3)+(f*b*cos(x(2)-x(1))).*x(4)...
+b*b*sin(x(2)-x(1)).*cos(x(2)-x(1)).*x(3).*x(3)...
-b*c*sin(x(1)-x(2)).*x(4).*x(4)+e*c*sin(x(1))...
-h*b*sin(x(2)).*cos(x(2)-x(1))+km*c*u)...
/(a*c-b*b.*cos(x(1)-x(2)).*cos(x(2)-x(1)));
xdot(4)=((d*b*cos(x(1)-x(2))).*x(3)-(a*f).*x(4)...
-a*b*sin(x(2)-x(1)).*x(3).*x(3)...
+b*b*sin(x(1)-x(2)).*cos(x(1)-x(2)).*x(4).*x(4)...
-e*b*sin(x(1)).*cos(x(1)-x(2))+a*h*sin(x(2))...
-b*cos(x(1)-x(2))*km*u)...
   /(a*c-b*b.*cos(x(1)-x(2)).*cos(x(2)-x(1)));
%描述非线性模型的微分方程
文件 myode.m
clear;
t0=0;tf=20;
x0=[0.05;0.05;0;0];%初始状态值
[t,x]=ode45('dlfun',[t0,tf],x0);  %求解微分方程
figure;
plot(t,x(:,1),'r',t,x(:,2),'b');  %画出响应曲线
title('输出曲线');
legend('转杆角度','摆杆角度');
```

保存这个文件,注意要将该文件所在的目录添加到 Matlab Path 里。在 Matlab COMMAND 窗口键入该文件名即执行这个文件。

仿真结果

取控制量 $u=0$,即考查系统的零输入响应。令初始值 $\theta_1(0)=1.57$ rad,$\theta_2(0)=3.14$ rad。对于实际系统,就是将转杆平放到+90°的位置,而摆杆自然下垂,也就是+180°的位置。由于没有控制电压,转杆和摆杆都自由转动。

对非线性模型进行仿真,其输出曲线如图 D.51 所示。图中 θ_1 为转杆角度,θ_2 为摆杆角度。

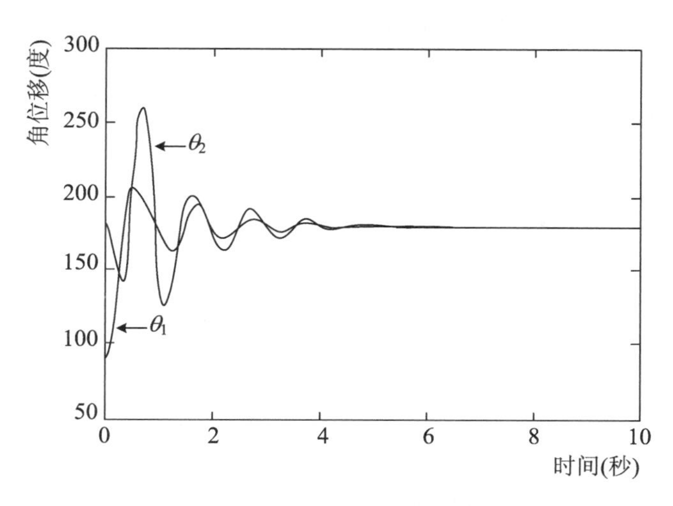

图 D.51　旋转倒立摆仿真实验曲线

实验7　基于状态反馈的控制算法设计与实现

(A)　XZ-FF Ⅰ 型倒立摆

实验目的

学习利用状态空间法实现对环形倒立摆系统的控制。

实验要求

用状态空间法设计控制器，使得倒立摆能够稳定在平衡位置，并有较好的抗干扰性。

理论分析

根据实验六中的非线性模型式(1)，令 $\theta_1\to 0,\theta_2\to 0$，则有线性化模型为

$$\begin{bmatrix} \left(\frac{1}{3}m_1+m_2+m_3\right)L_1^2 & -\frac{1}{2}m_2L_1L_2 \\ -\frac{1}{2}m_2L_1L_2 & \frac{1}{3}m_2L_2^2 \end{bmatrix}\begin{bmatrix}\ddot{\theta}_1\\ \ddot{\theta}_2\end{bmatrix}+\begin{bmatrix}K_\mathrm{m}K_\mathrm{e} & 0\\ 0 & c_2\end{bmatrix}\begin{bmatrix}\dot{\theta}_1\\ \dot{\theta}_2\end{bmatrix}$$

$$+\begin{bmatrix}0 & 0\\ 0 & -\frac{1}{2}m_2gL_2\end{bmatrix}\begin{bmatrix}\theta_1\\ \theta_2\end{bmatrix}=\begin{bmatrix}K_\mathrm{m}\\ 0\end{bmatrix}U$$

令

$$J=\begin{bmatrix}\left(\frac{1}{3}m_1+m_2+m_3\right)L_1^2 & -\frac{1}{2}m_2L_1L_2\\ -\frac{1}{2}m_2L_1L_2 & \frac{1}{3}m_2L_2^2\end{bmatrix},\quad F=\begin{bmatrix}K_mK_e & 0\\ 0 & c_2\end{bmatrix},$$

$$M=\begin{bmatrix}0 & 0\\ 0 & -\frac{1}{2}m_2gL_2\end{bmatrix},\quad K=\begin{bmatrix}K_m\\ 0\end{bmatrix}$$

则有

$$\begin{bmatrix}\dot{\theta}_1\\ \dot{\theta}_2\end{bmatrix}=-J^{-1}F\begin{bmatrix}\dot{\theta}_1\\ \dot{\theta}_2\end{bmatrix}+J^{-1}M\begin{bmatrix}\theta_1\\ \theta_2\end{bmatrix}+J^{-1}Ku$$

系统的状态方程如下：

$$\begin{cases}\dot{X}=AX+BU\\ Y=CX\end{cases},\quad X=\begin{bmatrix}\theta_1\\ \theta_2\\ \dot{\theta}_1\\ \dot{\theta}_2\end{bmatrix},\quad Y=\begin{bmatrix}\theta_1\\ \theta_2\end{bmatrix}$$

其中，$A=\begin{bmatrix}0_{2\times2} & I_{2\times2}\\ J^{-1}M & -J^{-1}F\end{bmatrix}$，$B=\begin{bmatrix}0_{2\times1}\\ J^{-1}K\end{bmatrix}$，$C=[I_{2\times2}\quad 0_{2\times2}]$。将参数值代入方程，在 Matlab 中可以求出系统的特征值，可看出系统开环不稳定。

因为 $\mathrm{rank}([B\quad AB\quad A^2B\quad A^3B])=4$，$\mathrm{rank}\left(\begin{bmatrix}C\\ CA\\ CA^2\\ CA^3\end{bmatrix}\right)=4$，系统是完全可控和完全可观测的，因此可以根据状态反馈确定反馈控制律，使系统闭环稳定。系统没有直接测量角速度的器件，角速度采用角度的差分进行近似。

采用极点配置法实现状态反馈的方法简单直观，但极点配置法对期望极点位置选择具有任意性，无法确定哪一组极点是最优的或较好的，主要依赖设计者的经验和反复实验来选取，所以可采用基于最优控制的线性二次状态调节器（LQR）来设计控制器。

取一组 Q 和 R，并利用 Matlab 的 lqr(A,B,Q,R) 函数求得 $K=[K0,K1,K2,K3]$（分别对应转杆位移、摆杆位移、转杆角速度和摆杆角速度状态变量）。控制量 $u=-Kx$，因此闭环系统为

$$\dot{x}=(A-BK)x$$

在 Matlab 中求解这个微分方程，初始值设为 $x(0)=[0.05,0.05,0,0]$，输出 θ_1、θ_2，观察仿真结果。

实时控制

打开 Pendulum.exe，选择“系统调零”对系统零点进行校正，然后选择“文件”→“参数设置”。在参数设置中，按设计好的反馈参数，设置 K0、K1、K2、K3（见图 D.52），点击“确定”完成参数设置。然后选择“控制方式”→“监视模式”，点击“开始”，系统就在所选择的控制模式

下，按照设置的反馈系数进行控制。控制中，可以根据倒立摆的实际运行情况，修改这些参数，改善控制效果。

在倒立摆成功实现倒立控制后，测试它的抗干扰等性能。人为给摆杆一定范围的扰动，倒立摆能够迅速回复到平衡位置，当干扰过大，倒立摆可能会失控而倒下。

需要保存数据时，点击工具栏中的“保存”按钮，数据会保存到文件中，以备分析。注意：保存后要尽快拷贝出来，否则下次保存时会把前一次保存的文件覆盖！

倒立摆控制仿真(供参考)

取 $R=1$。矩阵 Q 中的非零元素代表了控制过程中对各状态误差的要求，经反复测试，并参照控制中摆杆和转杆位移大小，这里取

$$Q=\begin{bmatrix}10 & 0 & 0 & 0\\ 0 & 3 & 0 & 0\\ 0 & 0 & 1 & 0\\ 0 & 0 & 0 & 1\end{bmatrix}$$

利用 lqr(A,B,Q,R)函数求得

$$K=[-3.1623\quad 57.3401\quad -3.3293\quad 6.7544]$$

对于闭环系统 $\dot{x}=(A-BK)x$，令 $Ac=A-BK$，取初始状态为(30,10,0,0)(角度单位为度，角速度单位为度/秒)，观察系统的零输入响应，结果如图 D.53 所示，可见系统是闭环稳定的。

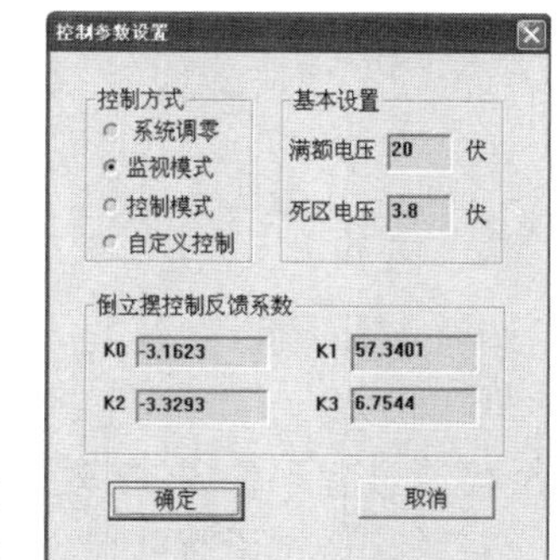

图 D.52　倒立摆实验参数设置

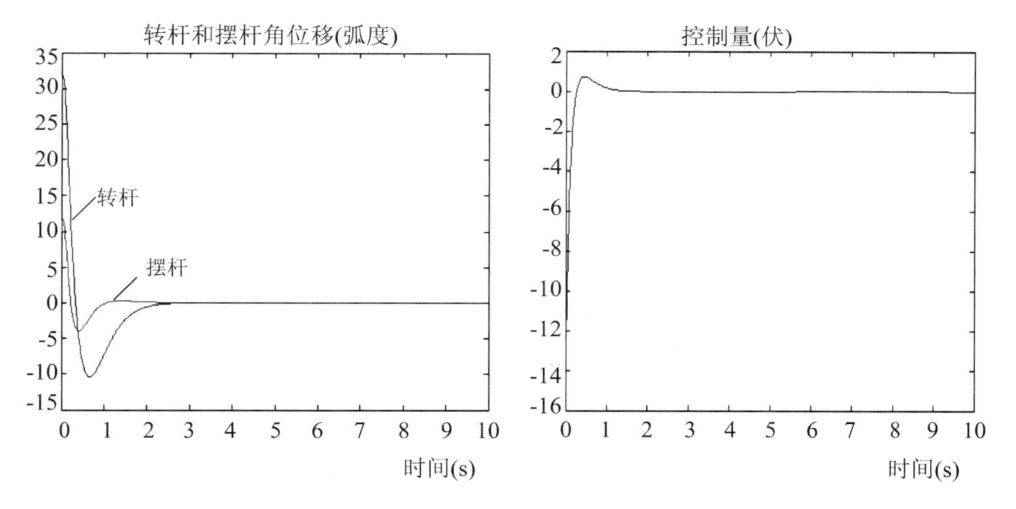

图 D.53　LQR 控制下系统零输入响应的仿真结果

从图中可以看出，摆杆超调约 3°，转杆超调约 10°，在大约 3 s 以后，系统即进入稳定状态，所以算法可以实现对倒立摆的控制。

倒立摆实时控制(供参考)

在图 D. 52 中设置各个 K 值(图 D. 52 中为设置后结果),在监视模式下开始实验,得到实验结果如图 D. 54 所示。

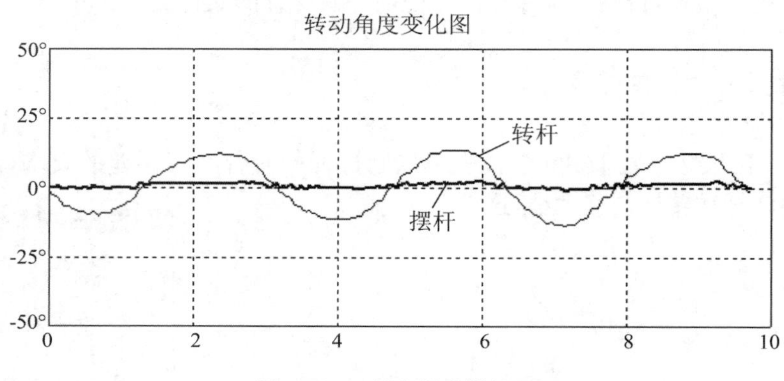

图 D. 54 倒立摆实控结果

从图 D. 54 可以看出,摆杆基本都在 2°以内,转杆位移在 15°以内,运动周期约为3. 5 s,整个控制过程平稳,控制效果良好。

对系统做抗干扰实验,结果如图 D. 55 所示。

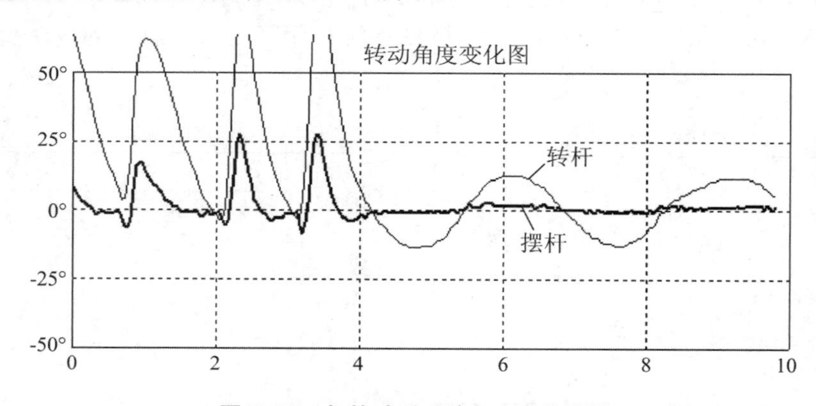

图 D. 55 加扰动后系统角度变化曲线

在实验中,连续给摆杆 3 个冲量,使摆杆偏离平衡位置,摆杆最大偏移达 27°,系统仍能迅速回到稳定控制状态,表明系统具有良好的抗干扰能力。

实验报告要求

1. 写出理论推导过程。
2. 在设计状态反馈参数中,给定多组 Q 和 R 进行实验,观测仿真结果,比较超调量、调节时间等性能指标。
3. 改变控制器参数,记录系统响应曲线,分析实验结果。
4. 记录系统对各种扰动的响应曲线。

(B) XZ-FFⅡ型倒立摆

实验目的

学习利用状态空间法实现对旋转式倒立摆系统的控制。

实验要求

用状态空间法设计控制器,使得倒立摆能够稳定在平衡位置,并有较好的抗干扰性。

理论分析

根据实验六的非线性模型(式(1)),令 $\theta_1 \to 0, \theta_2 \to 0$,则有线性化模型为

$$\begin{bmatrix} J_1 + m_2 R_1^2 & m_2 R_1 L_2 \\ m_2 R_1 L_2 & J_2 \end{bmatrix} \begin{bmatrix} \dot{\theta}_1 \\ \dot{\theta}_2 \end{bmatrix} + \begin{bmatrix} f_1 + K_m K_e & 0 \\ 0 & f_2 \end{bmatrix} \begin{bmatrix} \dot{\theta}_1 \\ \dot{\theta}_2 \end{bmatrix}$$
$$= \begin{bmatrix} (m_1 L_1 + m_2 R_1) g & 0 \\ 0 & m_2 g L_2 \end{bmatrix} \begin{bmatrix} \theta_1 \\ \theta_2 \end{bmatrix} + \begin{bmatrix} K_m \\ 0 \end{bmatrix} u$$

令

$$J = \begin{bmatrix} J_2 + m_2 R_1^2 & m_2 R_1 L_2 \\ m_2 R_1 L_2 & J_2 \end{bmatrix}, \quad F = \begin{bmatrix} f_1 + K_m K_e & 0 \\ 0 & f_2 \end{bmatrix},$$
$$M = \begin{bmatrix} (m_1 L_1 + m_2 R_1) g & 0 \\ 0 & m_2 g L_2 \end{bmatrix}, \quad K = \begin{bmatrix} K_m \\ 0 \end{bmatrix}$$

则有

$$\begin{bmatrix} \dot{\theta}_1 \\ \dot{\theta}_2 \end{bmatrix} = -J^{-1} F \begin{bmatrix} \dot{\theta}_1 \\ \dot{\theta}_2 \end{bmatrix} + J^{-1} M \begin{bmatrix} \theta_1 \\ \theta_2 \end{bmatrix} + J^{-1} K u$$

系统的状态方程如下:

$$\begin{cases} \dot{x} = Ax + Bu, \\ Y = Cx \end{cases}$$

其中 $x = \begin{bmatrix} \theta_1 \\ \theta_2 \\ \dot{\theta}_1 \\ \dot{\theta}_2 \end{bmatrix}, y = \begin{bmatrix} \theta_1 \\ \theta_2 \end{bmatrix}, A = \begin{bmatrix} 0_{2\times2} & I_{2\times2} \\ J^{-1} M & -J^{-1} F \end{bmatrix}, B = \begin{bmatrix} 0_{2\times1} \\ J^{-1} K \end{bmatrix}, C = [I_{2\times2} \quad 0_{2\times2}]$。

将参数值代入方程,在 Matlab 中可以求出系统的特征值,可看出系统开环不稳定。

因为 $\operatorname{rank}[B, AB, A^2B, A^3B]=4$, $\operatorname{rank}[C^T, (CA)^T, (CA^2)^T, (CA^3)^T]^T=4$,系统是完全可控和完全可观测的。因此可以根据状态反馈确定反馈控制律,使系统闭环稳定。系统没有直接测量角速度的器件,采用角度的差分进行近似,在角度测量上,硬件和软件部分

都采用了滤波手段。

利用极点配制的方法求反馈矩阵 K。任取一组稳定的极点 P，在 Matlab 中利用 place(A,B,P)函数求得 $K=[K0,K1,K2,K3]$。控制量 $u=-Kx$，因此闭环系统为

$$\dot{x}=(A-BK)x$$

在 Matlab 中求解这个微分方程，初始值设为 $x(0)=[0.05,0.05,0,0]$，输出 θ_1、θ_2，观察仿真结果。

实时控制

打开 Pendulum. exe，选择“监视模式”(也可以选择“控制模式”)。如图 D.56 所示，在参数设置中，按设计好的反馈参数，设置 K0、K1、K2、K3，点击“确定”，然后点击“开始”按钮开始控制。根据倒立摆的实际运行情况，可以修改这些参数，改善控制效果。

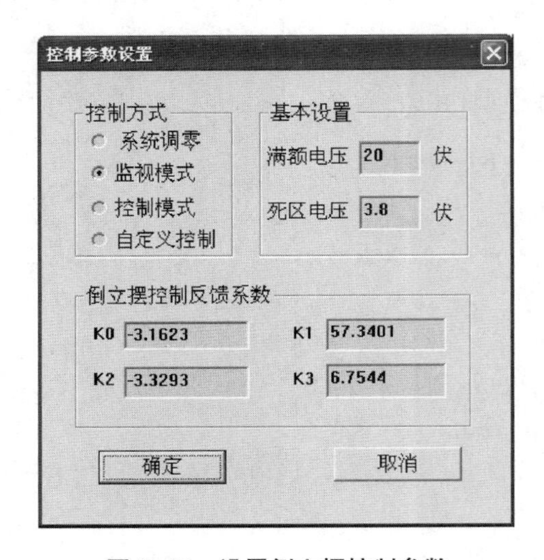

图 D.56　设置倒立摆控制参数

在倒立摆成功实现倒立控制后，测试它的抗干扰等性能。人为给摆杆一定范围的扰动，倒立摆能够迅速回复到平衡位置，当干扰过大，倒立摆可能会失控而倒下。

需要保存数据时，点击工具栏中的“保存”按钮，数据就会保存到文件中，以备分析。

实验报告要求

1. 写出理论推导过程。
2. 在设计状态反馈参数中，给定多组极点进行实验，观测仿真结果，比较超调量、调节时间等性能指标。
3. 改变控制器参数，记录系统响应曲线，分析实验结果。
4. 记录系统对各种扰动的响应曲线。